# 挥发性有机污染物治理
# 工程设计基础

焦 正 吴克食 陈秉宥 编著

上海大学出版社
·上海·

## 内 容 简 要

本书主要阐述了挥发性有机污染物控制系统的设计,共分为8章。首先从挥发性有机废气的基本特征入手,以废气收集系统的构成为主线,系统性地介绍了预处理系统各工序参数的设计、末端治理系统的工艺、控制系统硬件的选型,以及废气收集系统的调试与验收流程,并提供了污染治理工程设计的实例。

本书兼具理论深度与实践应用,是一本理论与实践相结合的专业著作。

本书适合作为高等院校环境工程相关专业的教科书,也可作为环保行业预处理、末端处理工艺与调试验收等技术工作人员的专业参考书。

**图书在版编目(CIP)数据**

挥发性有机污染物治理工程设计基础 / 焦正,吴克食,陈秉宥编著. --上海:上海大学出版社,2025.4.
(2025.7重印).
ISBN 978-7-5671-5232-8
Ⅰ. X513
中国国家版本馆 CIP 数据核字第 2025U9R038 号

责任编辑 李 双
封面设计 缪炎栩
技术编辑 金 鑫 钱宇坤

**挥发性有机污染物治理工程设计基础**
焦 正 吴克食 陈秉宥 编著
上海大学出版社出版发行
(上海市上大路99号 邮政编码200444)
(https://www.shupress.cn 发行热线 021-66135112)
出版人 余 洋
\*
南京展望文化发展有限公司排版
江苏凤凰数码印务有限公司印刷 各地新华书店经销
开本 787mm×1092mm 1/16 印张 18.5 字数 394 千
2025年6月第1版 2025年7月第2次印刷
ISBN 978-7-5671-5232-8/X·17 定价 82.00元

版权所有 侵权必究
如发现本书有印装质量问题请与印刷厂质量科联系
联系电话:025-57718474

# 本书编委会

**主　任**

焦　正　吴克食　陈秉宥

**副主任**

李　勇　许　夏　钟　颖

**编　委**（按姓氏笔画排序）

| 于　淼 | 王　菲 | 王　颖 | 王翼鹏 | 车晓轩 | 毛　娜 | 尹士飞 |
| 田　源 | 白　璐 | 关家乐 | 孙　淼 | 孙园园 | 孙传法 | 苏建华 |
| 李国昊 | 杨候剑 | 吴明亮 | 邹　智 | 辛国辉 | 沈志成 | 张　玥 |
| 张　岩 | 张　翔 | 张贤凯 | 张连秀 | 陈明功 | 周　斌 | 姚娟娟 |
| 施　博 | 翁路露 | 高　松 | 高　思 | 高　健 | 高攀峰 | 郭　涛 |
| 郭小荷 | 常　春 | 常鹏涛 | 颜炳君 | | | |

# 序 | Preface

党的十八大以来,党中央、国务院先后部署实施《大气污染防治行动计划》(国发〔2013〕37号)、《打赢蓝天保卫战三年行动计划》(国发〔2018〕22号)、《空气质量持续改善行动计划》(国发〔2023〕24号),细颗粒物($PM_{2.5}$)浓度大幅降低,重污染天气大幅减少,人民群众蓝天获得感显著提高。然而,随着"十四五"时期绿色低碳高质量发展的深入推进,我国大气污染治理进入深水区。特别是挥发性有机污染物作为细颗粒物($PM_{2.5}$)和臭氧生成的关键前体物,其排放控制已成为深入打好污染防治攻坚战的核心任务之一。

挥发性有机污染物的组成极为复杂,是导致$PM_{2.5}$和臭氧形成的重要前体物,其来源广泛,涉及行业众多。高强度挥发性有机污染物排放不仅会引起光化学烟雾等大气污染,其含有的有毒、有害、恶臭、异味的有机废气更会直接影响人群健康。挥发性有机污染物的减排控制不仅涉及标准法规、政策制度,也涉及排放特征、控制材料、工艺过程、技术设备、工程应用等多个方面。然而,目前这方面的系统培训教材不足,尤其是缺乏结合工程实践的高校研究生教材。

综上背景,由长期从事挥发性有机污染物控制技术研究的专家、上海大学教授、俄罗斯工程院外籍院士焦正,中华环保联合会VOCs污染防治专业委员会副主任委员兼秘书长吴克食和中华环保联合会第四届理事会理事陈秉宥共同编著的《挥发性有机污染物治理工程设计基础》一书应运而生,契合当前需求。本书注重理论与实践相结合,全面、系统和深入地总结了挥发性有机污染物治理工程从废气收集到最终系统调试与验收的全过程设计基础,详细论述了治理工程中不同末端治理技术的设备选型、参数要求与设计细节,同时为了加深理解,梳理了多种治理技术的工程案例,使读者能够全面了解挥发性有机污染物治理工程的设计基础,并从中深刻体会到作者对于环境保护事业的深刻洞察与执着探索。

本书作为高等院校环境科学与工程专业及其他相关专业的研究生教材或参考教材,具有较高的学术价值。本书的出版不仅可为环境科学与工程领域的教学和科研工作者提供借鉴,更将为相关领域的管理人员和工程技术人员提供较好的参考应用价值。

国家大气污染防治攻关联合中心副主任
中国环境科学研究院大气环境首席科学家

# 前言 | Foreword

随着我国工业化和城市化的快速推进,挥发性有机物(Volatile Organic Compounds, VOCs)的排放量持续增加,对环境造成了严重污染。VOCs 在大气中形成光化学烟雾,影响大气能见度和人类健康。同时,VOCs 还会导致臭氧层破坏、温室效应等全球性环境问题。因此,对 VOCs 污染进行有效治理已成为亟待解决的问题。

为了应对 VOCs 污染问题,我国陆续颁布了一系列法律法规,比如《中华人民共和国大气污染防治法》(以下简称《大气污染防治法》)和《中华人民共和国环境保护税法》(以下简称《环境保护税法》)等,明确了 VOCs 治理的相关要求。此外,还制定了 VOCs 的排放标准和治理技术规范,为 VOCs 治理提供了具体参数和技术指导。进入"十四五"时期后,国家进一步加强了对挥发性有机物的治理管控力度,《"十四五"节能减排综合工作方案》《深入打好重污染天气消除、臭氧污染防治和柴油货车污染治理攻坚战行动方案》等文件中均提出了 VOCs 的减排要求,并推动 VOCs 与氮氧化物的协同减排。

VOCs 治理工程设计基础的研究旨在为实际工程提供理论依据和技术支持。通过深入探讨 VOCs 的生成机理、排放特征、控制技术等方面的知识,我们可以不断完善治理策略,提高治理效果。这对于环境保护、经济发展和社会福祉都具有重大意义。作为环境保护工作者,作者依据多年从事教学、科研、工程实践的经验以及国家近年来的科学指导方向,编著了这本《挥发性有机物污染治理工程设计基础》。本书适用于高等院校环境科学与工程专业及其他相关专业的教学或自学,也可作为从事大气污染控制工程,特别是从事挥发性有机物治理的工程设计、科研和管理的工程技术人员的参考用书。希望此书的出版能为我国大气污染控制相关学科的广大师生和有关技术领域的科技工作者等提供一定的帮助。

本书共分为 8 章。第 1 章主要讲述 VOCs 的定义、来源、特征与危害,并介绍了相关治理工艺、法律和标准。第 2 章介绍了废气收集系统的各项设备及其设计参数。第 3 章详细介绍了预处理的基本原理与预处理设备的设计细节。第 4 章和第 5 章阐述了末端治理系统中各种处理技术与对应设备的设计原则与参数要求。第 6 章阐述了控制系统的各设备选型及其设计要求。第 7 章介绍了系统的调试与验收要求。第 8 章则分别介绍了一系列不同的废气收集系统设计案例。

在本书的编著过程中,我们得到了中华环保联合会以及众多同行专家的支持和协助,在此，我们向所有参与本书中相关研究的学者、专家和工作人员表示衷心的感谢，他们的辛勤工作为这些研究奠定了坚实的基础。同时，在此也对为我们提供支持的各级政府、企业和组织表示衷心的感谢！

如果本书的出版能够对广大读者有所助益，对我国的大气污染特别是挥发性有机物污染的控制有所贡献，将使我们感到莫大的欣慰。

鉴于本书所涉及的领域较广，书中难免存在疏漏和重复之处。尽管我们努力涵盖挥发性有机污染物的控制过程、材料与技术等诸多方面，但受限于作者的专业水平和认知，书中观点可能存在不成熟、疏漏甚至有待商榷之处，敬请各位教授、同行专家及广大读者批评指正。

编著者

2024 年 2 月

# 目录 | Contents

**第1章　绪论** ············································································· 1
  1.1　挥发性有机物的定义、来源、特征与危害 ······································ 1
    1.1.1　挥发性有机物的定义 ······················································· 1
    1.1.2　挥发性有机物的来源 ······················································· 2
    1.1.3　挥发性有机物的特征与危害 ·············································· 3
  1.2　我国挥发性有机物污染的治理现状 ············································· 4
    1.2.1　我国挥发性有机物污染主要问题 ········································· 4
    1.2.2　我国挥发性有机物污染控制思路 ········································· 6
    1.2.3　重点行业 VOCs 治理攻坚 ················································· 8
  1.3　挥发性有机污染物治理的工艺简介 ············································· 9
    1.3.1　挥发性有机污染物治理的主要工艺 ···································· 10
    1.3.2　挥发性有机污染物治理的新工艺 ······································· 14
    1.3.3　挥发性有机污染物治理工艺的适用范围 ······························ 15
  1.4　我国挥发性有机物相关的法律与标准 ········································ 17
    1.4.1　国家标准 ······································································ 17
    1.4.2　地方标准 ······································································ 18
    1.4.3　法律与标准体系建设 ······················································ 19
    1.4.4　法律法规政策的递进深化 ················································ 20
  课后习题 ······················································································ 24
  参考文献 ······················································································ 24

**第2章　废气收集系统** ······························································· 25
  2.1　废气收集系统概述 ································································· 25
    2.1.1　废气收集系统组成 ························································· 25
    2.1.2　相关要求 ······································································ 26
  2.2　收集系统介绍 ······································································· 27
    2.2.1　收集装置 ······································································ 27
    2.2.2　风管 ············································································ 29

2.2.3　风机 ·············································· 31
　　　2.2.4　阀门 ·············································· 32
　　　2.2.5　控制系统 ·········································· 34
　2.3　排风罩的设计计算 ·········································· 35
　　　2.3.1　密闭罩 ············································ 36
　　　2.3.2　排风柜 ············································ 36
　　　2.3.3　外部排风罩 ········································ 37
　　　2.3.4　接受式排风罩 ······································ 38
　　　2.3.5　吹吸式排风罩 ······································ 38
　2.4　收集装置与技术提升 ········································ 40
　　　2.4.1　射流辅助型高效排风罩 ······························ 40
　　　2.4.2　烘干室出口废气逸出抑制系统 ························ 42
　　　2.4.3　基于密闭罩的循环浓缩技术 ·························· 43
　　　2.4.4　与工艺联动的高效捕集装备 ·························· 45
　　　2.4.5　收集装置性能测试与评价 ···························· 46
　2.5　风管的设计计算 ············································ 48
　　　2.5.1　设计风速的选取 ···································· 48
　　　2.5.2　风管水力计算 ······································ 49
　　　2.5.3　计算案例 ·········································· 50
　2.6　多源废气收集系统关键技术 ·································· 53
　　　2.6.1　多源排风重叠率与系统设计 ·························· 53
　　　2.6.2　均匀排风装置 ······································ 55
　　　2.6.3　多末端简易总风量控制法 ···························· 56
　课后习题 ························································ 57
　参考文献 ························································ 57

第3章　预处理系统 ·················································· 58
　3.1　预处理系统概述 ············································ 58
　　　3.1.1　预处理的目的 ······································ 58
　　　3.1.2　预处理技术 ········································ 59
　3.2　换热器 ···················································· 59
　　　3.2.1　设备简介 ·········································· 59
　　　3.2.2　换热介质 ·········································· 61
　　　3.2.3　温度与传热量控制 ·································· 63
　　　3.2.4　设备设计选型 ······································ 64
　3.3　调湿 ······················································ 65

|       | 3.3.1 调湿设备 | 66 |
|---|---|---|
|       | 3.3.2 相对湿度控制 | 66 |
|       | 3.3.3 设备选型 | 66 |
| 3.4 | 过滤 | 68 |
|       | 3.4.1 过滤设备 | 68 |
|       | 3.4.2 流量与压差控制 | 70 |
|       | 3.4.3 过滤器的设计参数 | 71 |
|       | 3.4.4 设备选型 | 72 |
| 课后习题 | | 73 |
| 参考文献 | | 73 |

## 第4章 末端治理系统（上） … 74

- 4.1 末端治理系统概述 … 74
  - 4.1.1 吸附法 … 74
  - 4.1.2 吸收法 … 75
  - 4.1.3 催化氧化法 … 75
  - 4.1.4 生物法 … 76
- 4.2 吸附处理 … 77
  - 4.2.1 工艺流程 … 77
  - 4.2.2 吸附材料 … 78
  - 4.2.3 脱附再生 … 86
  - 4.2.4 吸附设备 … 87
  - 4.2.5 控制参数 … 90
  - 4.2.6 固定床吸附器的计算 … 91
- 4.3 吸收工艺 … 98
  - 4.3.1 工艺流程 … 98
  - 4.3.2 吸收液 … 98
  - 4.3.3 塔器设备 … 99
- 4.4 直燃式燃烧法 … 100
  - 4.4.1 工艺流程 … 100
  - 4.4.2 燃烧设备 … 100
  - 4.4.3 设计关键参数 … 101
  - 4.4.4 焚烧炉设计说明 … 102
- 4.5 光催化氧化法 … 104
  - 4.5.1 工艺机理 … 104
  - 4.5.2 工艺流程 … 105

|   |   | 4.5.3 工艺设备 | 106 |
|---|---|---|---|
|   |   | 4.5.4 主要控制参数 | 106 |
|   | 课后习题 | | 106 |
|   | 参考文献 | | 106 |

## 第5章 末端治理系统(下) ... 108

- 5.1 催化燃烧法 ... 108
  - 5.1.1 工艺流程 ... 109
  - 5.1.2 催化燃烧设备 ... 110
  - 5.1.3 催化剂 ... 111
  - 5.1.4 催化燃烧设计计算 ... 113
  - 5.1.5 设备结焦积灰的预防措施 ... 123
  - 5.1.6 安全措施及要求 ... 124
- 5.2 蓄热式燃烧法 ... 125
  - 5.2.1 工艺流程 ... 125
  - 5.2.2 蓄热式燃烧设备及工艺设计 ... 126
  - 5.2.3 蓄热式燃烧装置设计计算 ... 130
  - 5.2.4 安全措施要求 ... 133
- 5.3 生物处理法 ... 134
  - 5.3.1 工艺流程 ... 134
  - 5.3.2 生物洗提反应器的应用与技术经济比较 ... 138
  - 5.3.3 国内外研究进展与研究方向 ... 141
- 5.4 低温等离子法 ... 142
  - 5.4.1 定义及其特点 ... 142
  - 5.4.2 降解机理 ... 143
- 课后习题 ... 144
- 参考文献 ... 144

## 第6章 控制系统 ... 146

- 6.1 控制系统概述 ... 146
  - 6.1.1 集散控制系统 ... 146
  - 6.1.2 现场总线控制系统 ... 147
  - 6.1.3 FCS 与 DCS 对比 ... 147
  - 6.1.4 PLC 与 DCS 对比 ... 148
- 6.2 可编程逻辑控制器 ... 149
  - 6.2.1 定义与分类 ... 149
  - 6.2.2 功能 ... 151

  6.2.3 设计选型的依据与原则 ················································· 152
 6.3 变频器 ············································································· 155
  6.3.1 设备简介 ································································· 155
  6.3.2 对系统稳定性的作用 ···················································· 155
  6.3.3 设备设计选型 ···························································· 156
 6.4 在线监测系统 ···································································· 157
  6.4.1 在线监测系统概述 ······················································· 157
  6.4.2 设计与参数 ······························································· 158
 课后习题 ················································································· 160
 参考文献 ················································································· 160

## 第7章 调试与验收 ········································································ 161
 7.1 工程施工与调试 ································································· 161
  7.1.1 工程施工 ································································· 161
  7.1.2 调试工作 ································································· 162
 7.2 验收 ················································································· 165
  7.2.1 评估方法 ································································· 166
  7.2.2 验收要求 ································································· 167
  7.2.3 验收步骤 ································································· 168
  7.2.4 重点行业VOCs治理项目的验收 ······································ 170
 课后习题 ················································································· 177
 参考文献 ················································································· 177

## 第8章 污染治理工程设计案例 ·························································· 178
 8.1 设计资料及要求 ································································· 178
  8.1.1 设计依据 ································································· 178
  8.1.2 设计文件格式与要求 ···················································· 178
  8.1.3 设计标准与规范 ························································· 179
  8.1.4 设计范围 ································································· 180
  8.1.5 设计原则 ································································· 180
 8.2 设计案例 ·········································································· 181
  8.2.1 RTO处理涂布废气的工程案例 ········································ 181
  8.2.2 RTO处理医药化工废气的工程案例 ·································· 185
  8.2.3 浓缩转轮＋蓄热式催化燃烧工艺处理喷涂废气的工程案例 ······ 188
  8.2.4 热交换预热与直接燃烧装置治理彩涂线焚烧炉VOCs的案例 ···· 201
  8.2.5 活性炭吸附＋蒸汽脱附治理萃取剂车间废气的工程案例 ········· 208
  8.2.6 浓缩转轮＋RTO工艺治理集装箱喷涂废气的工程案例 ··········· 216

  8.2.7 撬装式治理装置处理石油化工 VOCs 恶臭气体的案例 …………… 227
  8.2.8 泄漏检测与修复石化行业案例分析 ………………………………… 233
  8.2.9 沸石浓缩转轮＋RTO 工艺治理造船行业涂装废气的工程案例 …… 241
  8.2.10 石家庄长安区某汽车产业园区沸石吸脱附浓缩转轮＋CO 催化
     氧化焚烧治理项目 ………………………………………………… 246
  8.2.11 石家庄某钣喷中心沸石吸脱附浓缩转轮＋CO 催化氧化焚烧治理
     项目 ………………………………………………………………… 250
  8.2.12 山西某企业钣喷中心沸石吸脱附浓缩转轮＋CO 催化氧化焚烧
     治理项目 …………………………………………………………… 253
  8.2.13 河北某新材料公司焙烘炉沥青烟尾气净化预处理 ……………… 256
课后习题 …………………………………………………………………………………… 262

**附录一 VOCs 污染治理存在的问题及对策建议** ……………………………………… 263

**附录二 VOCs 治理材料的选择与应用** …………………………………………… 266

**附录三 吸附理论** …………………………………………………………………… 275

**附录四 多技术联用控制 VOCs** ……………………………………………………… 280

# 第1章
# 绪　　论

随着工业化进程的推进,继硫氧化物、氮氧化物和氯氟烃之后,挥发性有机物(VOCs)的污染治理已经成为全球各国关注的焦点。我国也将挥发性有机物的污染问题纳入长期监控与研究的重点领域。当前,开发有效的 VOCs 废气处理技术已经迫在眉睫。本章旨在从 VOCs 的产生源与特征入手,使读者了解常见的治理工艺,并能够在工程设计实践中选择合适的处理技术。通过系统学习,结合工程实际需求和国家排放控制标准,读者基本能够构建一套完整的设计方案,以实现相应的环境治理目标。

## 1.1　挥发性有机物的定义、来源、特征与危害

### 1.1.1　挥发性有机物的定义

挥发性有机物(VOCs)通常是指在室温条件下具有较高蒸气压、分子量较小、沸点较低、易挥发的有机化合物。VOCs 包括以下几类化合物:非甲烷碳氢化合物(Non-Methane Hydrocarbons,NMHCs)、含氧挥发性有机物(Oxygenated Volatile Organic Compounds,OVOCs)、碳原子数超过 10 的高碳烃、卤代烃以及含氮和硫的化合物等。

不同国家和国际组织对 VOCs 的定义存在一定差异。例如,世界卫生组织(WHO)将总挥发性有机物(Total Volatile Organic Compounds,TVOCs)定义为熔点低于室温而沸点在 50~260 ℃ 的挥发性有机物的总称。欧盟(EU)官方将 VOCs 定义为在 20 ℃ 条件下,蒸气压大于 0.01 kPa 的所有有机化合物;而在涂料行业中,VOCs 被定义为在常压下,沸点或初馏点不超过 250 ℃ 的任何有机化合物。美国国家环保局(EPA)则将 VOCs 定义为除 $CO$、$CO_2$、$H_2CO_3$、金属碳化物、金属碳酸盐和碳酸铵之外,参与大气光化学反应的碳化合物。

我国在《挥发性有机物无组织排放控制标准》(GB 37822—2019)中将 VOCs 定义为

参与大气光化学反应的有机化合物,或者根据有关规定确定的有机化合物。而在《大气挥发性有机物源排放清单编制技术指南(试行)》中,挥发性有机物包括烷烃、烯烃、芳香烃、炔烃等$C_2 \sim C_{12}$非甲烷碳氢化合物,醛、酮、醇、醚、酯、酚等$C_1 \sim C_{10}$含氧有机物,卤代烃,含氮有机化合物,含硫有机化合物等。在表征VOCs总体排放情况时,根据行业特征和环境管理要求,可采用总挥发性有机物(TVOCs)、非甲烷碳氢化合物(NMHCs)作为污染物控制项目。

### 1.1.2 挥发性有机物的来源

VOCs的来源复杂且多样,主要分为自然源与人为源两大类。自然源主要来自植物排放,人为源则包括固定源和移动源,进一步可细分为工业过程散逸、有机溶剂挥发、化石燃料燃烧、生物质燃烧、机动车排放。

《挥发性有机物(VOCs)污染防治技术政策》(环境保护部公告2013年 第31号)中将VOCs的主要人为源分为工业源、生活源。工业源主要包括石油炼制与石油化工、煤炭加工与转化等含VOCs原料的生产行业,油类(燃油、溶剂等)储存、运输和销售过程,涂料、油墨、胶黏剂、农药等以VOCs为原料的生产行业,涂装、印刷、黏合、工业清洗等含VOCs产品的使用过程;生活源包括建筑装饰装修、餐饮服务和服装干洗。

实际上,不同研究者对人为源划分的方法不尽相同,这里仅列出一种分类方法供参考。不同VOCs排放源分类和典型排放过程见表1-1。

表1-1 VOCs排放源分类与典型排放过程

| VOCs排放源 | 类别 | 子类别 | 典型排放过程 |
| --- | --- | --- | --- |
| 人为源 | 工业源 | 产品生产 | 炼油、炼焦、化学品制造、合成制药、食品加工等行业的产品生产过程 |
| | | 溶剂使用 | 油漆、表面喷涂、干洗、溶剂脱脂、油墨印刷、人造革生产、胶黏剂使用、冶金铸造等 |
| | | 废物处理 | 污水处理、垃圾填埋与焚烧 |
| | | 存储输送 | 含VOCs原料和产品的储存、运输 |
| | | 燃料燃烧 | 煤燃烧、生物质燃烧 |
| | 交通源 | 交通运输 | 交通工具尾气排放 |
| | 农业源 | 畜禽养殖 | 养鸡、养猪、养牛 |
| | | 农田释放 | 作物和土壤释放 |
| | 生活源 | 产品使用 | 室内装修、家具释放 |
| 自然源 | — | — | 森林火灾、植物释放、火山喷发 |

## 1.1.3 挥发性有机物的特征与危害

VOCs 的主要特征包括：参与大气环境中臭氧和二次气溶胶的形成，对区域性大气臭氧污染、$PM_{2.5}$ 污染具有重要的影响；大多数 VOCs 具有令人不适的特殊气味，并具有毒性、刺激性、致畸性和致癌作用，特别是苯、甲苯、甲醛等会对人体健康造成很大的伤害；是导致城市灰霾和光化学烟雾的重要前体物；来源广泛，主要来源于煤化工、石油化工、燃料涂料制造、溶剂制造与使用等过程。

VOCs 的主要理化特征包括：含有 C、H、O、N、P、S 及卤素等非金属元素；熔点低，易分解，易挥发，能参与大气光化学反应，在阳光下产生光化学烟雾；常温下，大部分为无色液体，具有刺激性或特殊气味；大部分不溶于水或难溶于水，易溶于有机溶剂；种类繁多，大部分易燃易爆，部分有毒甚至剧毒；相对蒸气密度比空气大。

VOCs 的挥发性意味着它们可以轻易进入空气，并随着呼吸侵入人体。一旦进入体内，VOCs 可能引起一系列健康问题，如刺激眼睛和呼吸道，导致眼睛红肿、流泪，或者引发咳嗽、呼吸困难等症状。更为严重的是，部分 VOCs 具有致癌性，长期接触可能增加患癌症的风险。VOCs 还可能对肝脏、肾脏和神经系统等造成潜在的慢性损伤，这些损伤往往是不可逆的。

大多数 VOCs 有毒，如大气中的苯、多环芳烃、芳香胺、树脂化合物、醛和亚硝胺等有害物质对机体有致癌作用或产生致癌作用；某些芳香胺、醛、卤代烷烃及其衍生物、氯乙烯等有诱变作用。多数 VOCs 易燃易爆，存在安全隐患。

VOCs 在阳光照射下，与大气中的氮氧化合物、氧化剂等发生光化学反应，生成光化学烟雾，危害人体健康和作物生长，如光化学烟雾刺激人们的眼睛和呼吸系统；卤代烃类 VOCs 可破坏臭氧层等。从家具中的甲醛到石化企业排放的 BTEX（苯、甲苯、乙苯和二甲苯四种苯系物的统称），众多 VOCs 直接对人体构成健康威胁，如呼吸系统疾病等。VOCs 的危害主要包括造成温室效应、影响空气质量、危害人体健康等（见表 1-2）。

表 1-2 VOCs 的主要危害

| VOCs 的危害 | 说　明 |
| --- | --- |
| 造成温室效应 | 导致全球范围内的升温 |
| 影响空气质量 | VOCs 在太阳光和热的作用下，能与氧化氮反应并形成臭氧，臭氧导致空气质量变差且是夏季烟雾的主要组分<br>（$VOCs + NO_x \longrightarrow O_3$） |
| 危害人体健康 | 气味和感官：感官刺激，使人感觉干燥<br>黏膜刺激和其他系统毒性导致的病态：刺激眼黏膜、鼻黏膜、呼吸道和皮肤等<br>基因毒性和致癌性<br>抑制中枢神经系统：当 VOCs 达到一定浓度时，会引起头痛、恶心、呕吐、乏力等症状，严重时甚至引发抽搐、昏迷，伤害肝脏、肾脏、大脑和神经系统，造成记忆力减退等严重后果 |

## 1.2 我国挥发性有机物污染的治理现状

VOCs作为大气污染的关键组成部分,在我国的排放情况近年来引起了社会各界的广泛关注。这种隐性的污染威胁,已经成为我们呼吸之间不可忽视的负担。随着工业化进程的加速和城市化步伐的推进,VOCs排放量呈现出持续增长的态势,这无疑给我们的环保工作带来了前所未有的挑战。

在这一背景下,我国对VOCs污染治理的投入达到了前所未有的水平。政策层面的严格限制、企业层面的自我革新,以及社会各界的积极参与,共同构成了一股强大的合力,以应对这一环境问题。治理VOCs污染并非一蹴而就的事情,它要求我们持续地投入、研发和创新。政策制定者应从政策层面出发,制定严格的排放标准和法规,作为治理VOCs污染的重要手段。通过限制工业固定源和机动车的VOCs排放量,可以显著降低大气中的VOCs浓度。此外,推广环保技术和产品也是治理VOCs污染的有效途径。例如,鼓励使用低挥发性有机物含量的涂料、胶合剂等产品,可以有效减少家庭装修等日常生活源对大气环境的影响。

在VOCs污染治理过程中,加强监测和监管也是非常重要的环节。建立完善的监测体系,可以实时掌握大气中VOCs浓度及其动态变化,为制定和调整治理策略提供科学依据。同时,加大对排放源的监管力度,确保各项治理措施得以切实执行,也是保障治理效果的关键。

在治理VOCs污染的过程中,除了政策和技术手段的应用外,公众参与和教育也是不可或缺的环节。通过强化环境保护的宣传教育,提升公众对VOCs污染问题的认识和重视程度,可以激励更多的人参与到治理工作中。例如,倡导公众选择环保的出行方式、使用环保的生活用品等,都可以为降低VOCs排放作出贡献。

VOCs污染治理是一项复杂且艰巨的任务。要实现有效的治理目标,必须从政策、技术、监管和公众参与等多个方面入手,构建全方位的治理体系。只有这样,才能确保大气环境的持续改善,为人类健康和可持续发展创造更佳条件。

### 1.2.1 我国挥发性有机物污染主要问题

为了提升我国VOCs治理的科学性、针对性和有效性,以及协同控制温室气体排放,我国已于2019年颁布了《重点行业挥发性有机物综合治理方案》(环大气〔2019〕53号)。该方案指出,尽管我国$PM_{2.5}$污染控制已取得显著成效,但京津冀及周边地区的全解析结果显示,有机物(Organic Matter,OM)是$PM_{2.5}$的主要组分,占比达20%～40%,其中,二次有机物占OM比例为30%～50%,主要来源于VOCs的转化生成。同时,我国$O_3$污染问题日益凸显,京津冀及周边地区、长三角地区、汾渭平原等区域$O_3$浓度呈上升趋势,尤其是在夏秋季节已成为部分城市的首要污染物。相较于其他污染物的控制措施,VOCs 管理基础薄弱,已成为大气环境管理的短板。石化、化工、工业涂装、包装印刷、油品储运销等行业是我国 VOCs 重点排放源。

方案中还指出了我国 VOCs 治理存在的五个主要薄弱点:

(1) 源头控制力度不足。由于成本投入较高等原因,目前低 VOCs 含量原辅材料的源头替代措施明显不足。据调查,我国工业涂料中水性、粉末等低 VOCs 含量涂料的使用比例不足 20%,低于欧美等发达国家 40%~60% 的水平。

(2) 无组织排放问题突出。VOCs 挥发性强,涉及行业广泛,产排污环节多,无组织排放特征明显。尽管《大气污染防治法》等法律法规对 VOCs 无组织排放提出了密闭封闭等要求,但目前大量企业未采取有效管控措施,尤其是中小企业管理水平低下,收集效率低,逸散问题突出。研究显示,我国工业 VOCs 排放中无组织排放占比达 60% 以上。

(3) 治污设施简易低效。VOCs 废气组分复杂,治理技术多样,适用性差异大,技术选择和系统匹配性要求高。我国 VOCs 治理市场起步较晚,准入门槛低,加之监管能力不足等,治污设施建设质量参差不齐,应付治理、无效治理等现象突出。在一些地区,低温等离子、光催化、光氧化等低效技术应用甚至达 80% 以上,治污效果差。一些企业由于设计不规范、系统不匹配等原因,即便选择了高效治理技术,也未取得预期的治污效果。

(4) 运行管理不规范。VOCs 治理需要全面加强过程管控,实施精细化管理,但目前企业普遍存在管理制度不健全、操作规程未建立、人员技术能力不足等问题。一些企业采用活性炭吸附工艺,但长期不更换吸附材料;一些企业采用燃烧、冷凝治理技术,但运行温度等达不到设计要求;一些企业开展了泄漏检测与修复(Leak Detection and Repair,LDAR)工作,但未按规程操作等。

(5) 监测监控不到位。在我国,VOCs 的监测工作尚处于起步阶段。企业自行监测质量普遍不高,存在诸多问题,如监测点位设置不合理、采样方式不规范、监测时段缺乏代表性等。部分重点企业未按要求配备自动监控设施。涉及 VOCs 排放的工业园区和产业集群在监测溯源与预警机制方面存在明显不足。从监管方面来看,目前缺乏有效的现场快速检测手段,且走航监测、网格化监测等技术的应用尚不充分。

2022 年,生态环境部等七部门联合发布了《减污降碳协同增效实施方案》(环综合〔2022〕42 号)。该方案提出,到 2025 年,减污降碳协同推进的工作格局将基本形成;重点区域、重点领域结构优化调整和绿色低碳发展将取得明显成效;形成一批可复制、可推广的典型经验;减污降碳协同度有效提升。到 2030 年,减污降碳协同能力将显著提升,助力实现碳达峰目标;大气污染防治重点区域的碳达峰与空气质量改善将协同推进,取得显著成效;水、土壤、固体废物等污染防治领域的协同治理水平将显著提高。

方案中强调推进大气污染防治的协同控制,优化治理技术路线,加大氮氧化物、挥发性有机物(VOCs)以及温室气体的协同减排力度。一体推进重点行业大气污染深度治理与节能降碳行动,推动钢铁、水泥、焦化行业及锅炉超低排放改造,探索开展大气污染物与温室气体排放协同控制改造提升工程试点。VOCs等大气污染物治理优先采用源头替代措施。推进大气污染治理设备节能降耗,提高设备自动化智能化运行水平。加强消耗臭氧层物质和氢氟碳化物管理,加快使用含氢氯氟烃生产线改造,逐步淘汰氢氯氟烃使用。推进移动源大气污染物排放和碳排放协同治理。

目前,我国发生的VOCs污染治理典型事件包括以下几起:

(1) 长沙市某汽车制造企业涂装车间未对挥发性有机污染物进行处理,夏天刮东南风时,对下风向的居民区造成气味影响。

(2) 深圳市某电子厂喷涂废气直排问题:该厂喷涂废气未经处理直排,导致附近区域受到严重污染。经调查发现,该厂存在未履行环保责任、违法排放等问题。

(3) 天津市某塑料制品有限公司长期不正常运行喷涂废水治理设施问题:该公司在生产过程中会产生大量废气和粉尘,但并未采取有效的治理措施,导致周边环境受到严重影响。

(4) 临沂市某木业公司未批先建问题:该公司无视环保法规要求,在未经审批的情况下擅自建设喷漆房等项目,造成环境污染事故。

(5) 南京市某汽车制造企业喷涂车间废气直排问题:该企业在喷涂过程中产生的废气未经有效处理直接排放到大气中,对周围环境和人体健康造成了危害。

这些事件均揭示了我国在VOCs污染治理方面所面临的问题和挑战。为解决这些问题,需在加强技术研究与创新,规范设施运行与管理,强化政府监管与执法力度,加大资金投入与扶持力度,加强专业人才培养与引进等多方面进行努力。

### 1.2.2 我国挥发性有机物污染控制思路

我国对VOCs的控制手段主要从以下4个方面进行:

(1) 从生产源头使用无排放或低排放的涂料或加工方式进行替代。通过使用水性、粉末、高固体分、无溶剂、辐射固化等低VOCs含量的涂料,水性、辐射固化、植物基等低VOCs含量的油墨,水基、热熔、无溶剂、辐射固化、改性、生物降解等低VOCs含量的胶黏剂,以及低VOCs含量、低反应活性的清洗剂等,替代溶剂型涂料、油墨、胶黏剂、清洗剂等,从源头减少VOCs产生。

(2) 加强对无组织排放的控制措施以及设备与场所密闭管理。重点对含VOCs物料(包括含VOCs原辅材料、含VOCs产品、含VOCs废料以及有机聚合物材料等)储存、转移和输送、设备与管线组件泄漏、敞开液面逸散以及工艺过程等五类排放源实施管控,通过采取设备与场所密闭、工艺改进、废气有效收集等措施,削减VOCs无组织排放。VOCs物料的存储、运输、加工应在对应的密闭环境中进行,并提高场所内废气处理系统的运行效率。

(3) 推进建设适宜高效的治污设施。企业新建或改造治污设施时,应当根据实际情况合理选择治理技术。低浓度、大风量废气宜采用沸石转轮吸附、活性炭吸附、减风增浓等浓缩技术,提高VOCs浓度后净化处理;高浓度废气优先进行溶剂回收,难以回收的,宜采用高温焚烧、催化燃烧等技术。建设的同时规范工程设计,采用吸附处理工艺的,应满足相关技术规范要求设计。

(4) 因地制宜,围绕当地环境空气质量改善目标,根据$O_3$、$PM_{2.5}$来源解析,结合行业污染排放特征和VOCs物质光化学反应活性等,确定本地区VOCs控制的重点行业和重点污染物,兼顾恶臭污染物和有毒有害物质控制,提出有效管控方案,提高VOCs治理的精准性、针对性和有效性。

在当前的环境治理领域,如何显著降低污染治理成本成为众多中小型企业的迫切需求,这一问题在污染治理实践中尤为突出。近年来,以"集约建设、统一管理、共享式治污"为特征的"绿岛"项目,在VOCs的综合治理中逐渐凸显其重要性,为中小型企业提供了重要的解决方案。

"绿岛"一词,实为对污染集中控制治理设施的通俗化称谓。在国家政策层面,此类设施被正式命名为"污染集中控制治理"。它主要指由政府或组织共同投资,配套建设并共享共用的环保公共基础设施,旨在实施污染物的统一收集与集中治理,确保稳定达标排放的集中处理点。"绿岛"的产生可追溯至广东省率先提出的"共性工厂"理念。在广东省中山市,众多涂抹涂料产业聚集,导致VOCs排放量居高不下。为解决这一问题,2017年,中山市建成了一家专门从事家具制造的"共性工厂",为相关中小企业提供了一个共享场所,实现集中治污。

2022年11月10日,生态环境部、发改委、科技部等15部委联合发布了《深入打好重污染天气消除、臭氧污染防治和柴油货车污染治理攻坚战行动方案》(环大气〔2022〕68号)。该方案明确指出,将推进涉及VOCs的产业集群治理提升,并加快建设涉VOCs的"绿岛"项目。

"绿岛"项目根据服务产业和功能的不同,划分为不同类型:工业"绿岛",比如区域性活性炭集中再生、溶剂集中回收处置、集中喷涂中心等;农业"绿岛",比如畜禽养殖粪污处理等;服务业"绿岛",比如餐饮油烟集中治理等。

"绿岛"项目的核心是针对中小型企业的VOCs治理,形成系统性、全过程的"绿岛"治理模式。工业企业可以作为项目实施主体,申请中央大气污染防治资金,用于具体的工业污染治理项目。这些项目涵盖VOCs综合治理、工业炉窑综合治理等。中央大气污染防治资金按VOCs"绿岛"项目建设总投资的20%进行补贴。例如,滨湖区喷涂中心"绿岛"公益性项目,聚焦涂装和VOCs综合治理的前沿技术、材料、工艺的研发与产业化应用。该项目总投资6 000万元,占地2万平方米,于2021年年底启动建设,2022年9月正式投入使用。项目建设了2条自动喷漆线和1条大型件喷漆线,以及配套的手工修补房,可以满足胡埭工业园区内多数企业的涂装需求。每条自动喷漆线均可根据实际要求选用溶剂型涂料或水性涂料。有机废气处理装置采用"沸石转轮+蓄热式热氧化器(Regenerative Thermal Oxidizer, RTO)"技术,能有效解决分散喷涂废气和喷涂废渣的集中处置难题,确保所有喷涂废气得到高效收集与处置,减少企业 VOCs 的无组织逸散排放,同时解决了企业喷涂废渣的二次污染和处置难题,切实提升了区域环境治理水平。

实践表明,"绿岛"项目在污染治理中发挥了补短板、强弱项的重要作用,然而其在建设和推广过程中也面临着诸多的挑战。对于"绿岛"项目的选择,必须进行全面的评估和前期调研,做好必要性分析,核算清楚污染减排、总投资、运维三个重要因素。"绿岛"项目要开展多层次多模式的协同、共治、共享。一是推进高水平的建设,因地制宜,采取不同的治理模式;二是鼓励引入第三方治理等服务模式,组建专业性强、技术成熟的运行管理团队,实行市场化、专业化的运营模式;三是推进相关产业的发展,通过"绿岛"项目串起生态产业链,加速释放相关产业市场的潜在需求。

### 1.2.3 重点行业 VOCs 治理攻坚

2020 年内,全国各城市已根据当地产业结构特征、VOCs 排放来源等,重点针对烯烃、芳香烃、醛类等 $O_3$ 生成潜势大的 VOCs 物种,确定了当地的 VOCs 控制重点行业。各城市组织完成了涉 VOCs 工业园区、企业集群和重点管控企业的排查工作,明确了 VOCs 的主要产生环节,并逐一建立了管理台账。将同一乡镇及毗邻乡镇交界处同行业企业超过 10 家的被认定为"企业集群",VOCs 年产生量大于 10 吨的企业被认定为"重点管控企业"。重点排查对象包括石化、化工、制药、农药、电子、包装印刷、家具制造、汽车制造、船舶修造等行业为主导的工业园区,以及以制药、农药、涂料、油墨、胶黏剂、染料、日用化工、化学助剂、合成革、橡胶轮胎制造、有机化学原料制造等化工行业为主导的企业集群,这些企业集群主要使用溶剂型涂料、油墨、胶黏剂和其他有机溶剂,涉及家具、零部件制造、钢结构、铝型材、铸造、彩涂板、电子元器件、汽修、包装印刷、人造板、皮革制品、制鞋等行业。

重点行业的治理任务以下 6 个行业为代表:

(1) 石化行业:加大有机合成行业的治理力度,重点加强场所内 VOCs 物料的储运问题;深化 LDAR 工作,建立 VOCs 台账,并开展泄漏检修质控工作;加强废水与循环水系统中 VOCs 的收集处理;深化生产工艺中 VOCs 废气的处理,推行全密闭生产工艺。

(2) 化工行业:加强制药、农药、涂料、油墨、胶黏剂、橡胶和塑料制品等行业 VOCs 的治理力度;重点提升涉 VOCs 排放主要工序的密闭化水平,对密封点超过 2 000 个的开展 LDAR 工作;推广使用低 VOCs 含量或反应活性的 VOCs 原辅材料;加快生产设备的密闭化改造;实施废气分类收集处理,优先采用冷凝、吸附再生等回收技术;加强非正常工况废气排放控制。

(3) 工业涂装:加快使用粉末、水性、高固体分、辐射固化等低 VOCs 含量的涂料,替代传统的溶剂型涂料,积极推广紧凑式涂装工艺、先进的涂装技术和设备;有效控制无组织排放,应采用密闭设备或在密闭空间内进行操作;推进建设适宜且高效的治污设施。

(4) 包装印刷行业:重点推进塑料软包装印刷、印铁制罐等领域的 VOCs 治理,积极推进使用低(无)VOCs 含量原辅材料和环境友好型技术替代,全面强化无组织排放控制,建设高效的末端净化设施。

（5）油品储运销：加强汽油（含乙醇汽油）、石脑油、煤油（含航空煤油）以及原油等油品的VOCs排放控制；重点推进加油站、油罐车、储油库的油气回收治理；在重点区域，还应推进油船的油气回收治理工作。

（6）工业园区和产业集群：加大涉VOCs排放的工业园区和产业集群的综合整治力度，加强资源共享，实施集中治理，开展园区监测评估，建立环境信息共享平台。

## 1.3 挥发性有机污染物治理的工艺简介

挥发性有机污染物治理技术在我国环保领域的应用现状，呈现出多元化、综合化的发展趋势。从源头上减少挥发性有机物的产生，已经成为许多企业和研究机构的共识。通过采用低VOCs含量的原辅材料替代传统材料，以及实施清洁生产工艺改造，不仅有效降低了污染物的排放，还显著提升了生产效率和产品质量。

在生产过程中，密闭生产、废气收集和废气治理设施的高效运行等措施的应用，确保了挥发性有机物得到有效控制。这些措施的实施，不仅改善了车间环境，还降低了对周边环境的影响，实现了经济效益和环境效益的双赢。

在末端治理方面，吸附、吸收、冷凝、膜分离、燃烧等技术及其组合工艺的应用，为挥发性有机物的去除和治理提供了坚实的技术支持。这些技术的选择和运用，根据污染物的特性和具体处理要求，实现了对污染物的有效去除和达标排放。此外，这些技术的不断发展和创新，也为我国环保事业的发展注入了新的动力。

然而，值得一提的是，挥发性有机污染物治理技术在实践中的应用情况并不尽如人意。一些企业在技术应用上还存在诸多问题，如技术选择不当、设施运行不稳定、处理效果不佳等。这些问题的存在，不仅影响了污染治理效果，还可能对企业的正常生产和周边环境造成不良影响。因此，加强技术研发、提升技术应用水平、强化设施运维管理等方面的工作，仍然是我们面临的重要任务。

挥发性有机污染物治理技术的应用还需要政策引导和支持。政府应加大环保技术研发投入，促进技术创新和成果转化。同时，还应加强对企业的监管和引导，推动企业自觉履行环保责任，积极采用先进的污染治理技术，为我国的环保事业做出更大的贡献。

在未来的发展中，挥发性有机污染物治理技术将继续朝着高效、节能、环保的方向发展。我们相信，在全社会共同努力下，我们一定能够打赢污染防治攻坚战，实现人与自然和谐共生，为人民群众营造更加美好的生活环境。

为了更深入地了解挥发性有机污染物治理技术的应用现状和发展趋势，可以从以下几个方面进行详细探讨：

源头控制技术在挥发性有机污染物治理中具有举足轻重的地位。低VOCs含量原辅材料的替代和清洁生产工艺的改造,是源头控制技术的两大核心。通过选择低VOCs含量的原辅材料,可以在生产源头上减少挥发性有机物的产生。而清洁生产工艺的改造,则是通过优化生产工艺流程、提高资源利用效率、减少污染物排放等措施,实现生产过程的绿色化。这些源头控制技术的应用,对于降低挥发性有机物排放、提升环境质量具有重要意义。

过程控制技术在确保挥发性有机污染物得到有效控制方面发挥着关键作用。密闭生产、废气收集和废气治理设施的高效运行,是过程控制技术的三个重要环节。密闭生产可以确保生产过程中产生的挥发性有机污染物不泄漏到环境中,从而降低对周边环境的影响。废气收集则是将生产过程中产生的废气进行集中处理,避免废气的无组织排放。而废气治理设施的高效运行,则是确保废气处理效果的关键。这些过程控制技术的应用,可以有效地控制挥发性有机污染物的排放,保障生产过程的环保和安全。

此外,末端治理技术是挥发性有机污染物治理的最后一道防线。吸附、吸收、冷凝、膜分离、燃烧等技术及其组合工艺,是末端治理技术的常用手段。根据污染物的特性和处理要求,可以选择单独使用或组合使用这些技术,以实现对污染物的有效去除和达标排放。例如,吸附技术可以利用吸附剂的吸附作用将污染物从废气中分离出来;燃烧技术则可以通过高温氧化作用将污染物转化为无害物质。这些末端治理技术的应用,可以确保挥发性有机污染物得到彻底治理,避免对环境和人体健康造成危害。

总的来说,挥发性有机污染物治理技术在我国的应用现状呈现出积极的发展态势。从源头控制到过程控制再到末端治理,各种技术的应用都在不断地推动着环保事业的发展。我们也应清醒地认识到,挥发性有机污染物治理仍然面临着诸多挑战和问题。只有不断加强技术研发和创新、提高技术应用水平、加强政策引导和监管等方面的工作,我们才能更好地应对这些挑战和问题,推动挥发性有机污染物治理技术的进一步发展和应用。

### 1.3.1 挥发性有机污染物治理的主要工艺

挥发性有机污染物治理工艺主要分为回收技术与销毁技术。回收技术主要有吸收技术、吸附技术、冷凝技术、膜分离技术;销毁技术主要有催化燃烧技术、热力焚烧技术、生物处理技术、低温等离子技术、光催化技术。吸收技术、吸附技术、冷凝技术、催化燃烧技术、热力焚烧技术和生物处理技术是目前应用较为广泛的传统有机废气治理技术,其中,吸附技术、催化燃烧技术、热力焚烧技术和生物处理技术是目前应用较为广泛的VOCs治理技术。

**1. 吸收技术**

吸收技术的原理:通过废气和洗涤液接触,将VOCs从废气中移走,之后再利用化学药剂破坏VOCs的中和、氧化或其他化学反应(图1-1)。

吸收技术的优点:技术成熟、可去除废气和颗粒物、投资成本低、占地空间小、传质效率高、高效去除酸性气体。

吸收技术的缺点:存在后续废水处理问题、颗粒物浓度高可能导致洗涤塔堵塞、维护

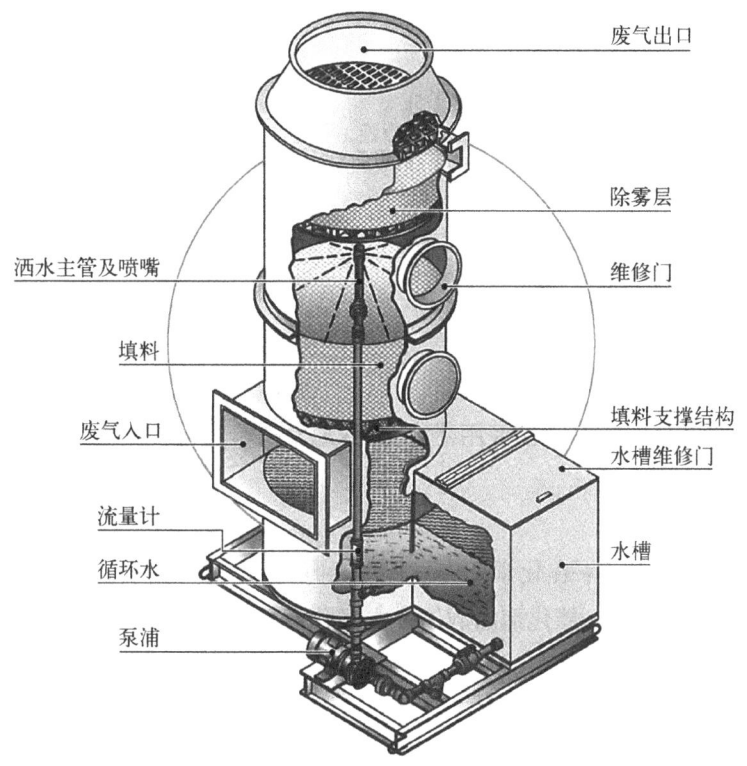

**图1-1 洗涤塔示意图**

费用高、可能冒白烟。

由于存在二次污染和安全性差等缺点，目前，吸收技术在有机废气治理中已较少使用。

2. 吸附技术

吸附技术原理：利用吸附剂与VOCs进行的物理结合或化学反应，将污染成分去除（图1-2）。

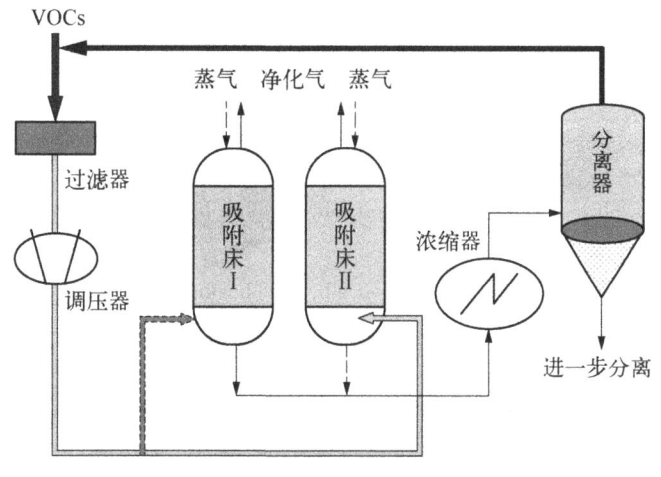

**图1-2 吸附技术示意图**

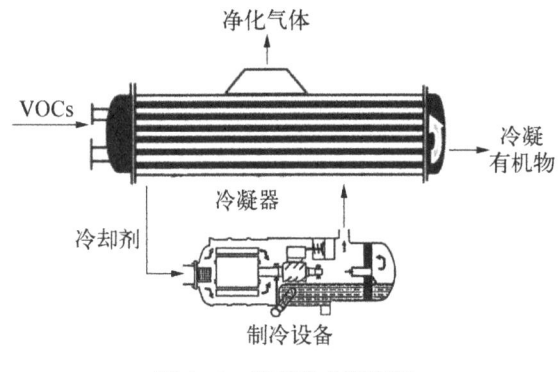

图 1-3 冷凝技术示意图

吸附技术的优点：污染物去除效率高，易于自动化控制。

吸附技术的缺点：不适用于高浓度、高温的有机废气，且吸附材料需定期更换。

3. 冷凝技术

冷凝技术的原理：通过冷凝将废气温度降至 VOCs 成分的露点以下，使之凝结为液态后加以回收（图 1-3）。

冷凝技术仅在高浓度下直接使用才有意义，通常搭配其他控制技术，如焚化、吸附、洗涤等作为前处理步骤使用。

4. 催化燃烧技术

催化燃烧技术的原理：在化学反应过程中，利用催化剂降低燃烧温度，加速气体氧化的方法，称为催化燃烧法。催化剂的载体是由多孔材料制作的，具有较大的比表面积和合适的孔径，当温度升高至 280 ℃（±10 ℃）的气体通过催化层时，氧气和气体被吸附在多孔材料表层的催化剂上，这增加了氧气和气体接触碰撞的概率，使气体与氧气发生剧烈的化学反应生成 $CO_2$ 和 $H_2O$，同时释放热量（图 1-4）。

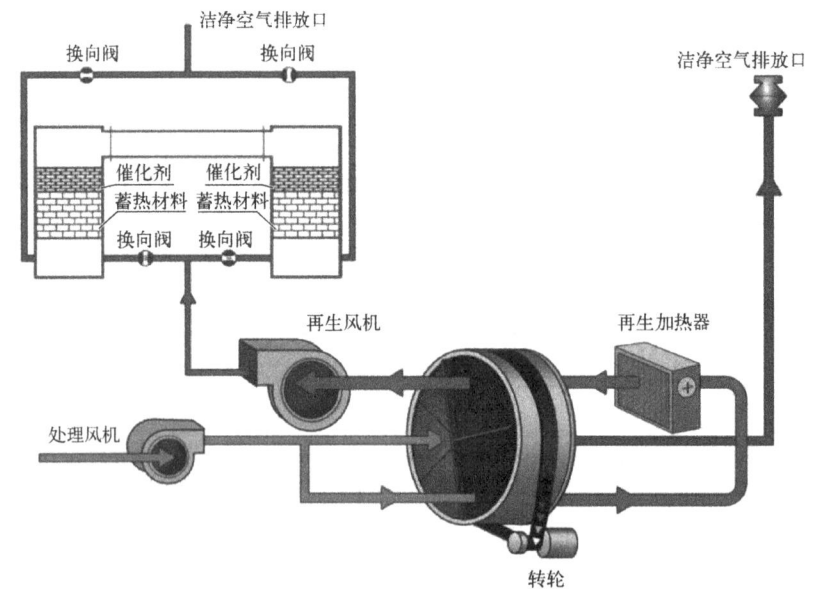

图 1-4 催化燃烧技术示意图

催化燃烧技术的优点：可以降低有机废气的起始燃烧温度；燃烧不受碳氢化合物浓度的限制；基本上不会造成二次污染；设备较简单，投资少，见效快。

缺点：催化剂易中毒且不耐高温。

5. 热力焚烧技术

热力焚烧技术的原理：将有机废气加热到 760 ℃以上，有机废气会发生热氧化反应，生成无毒的 $CO_2$ 和 $H_2O$，从而达到净化废气的效果(图 1-5)。

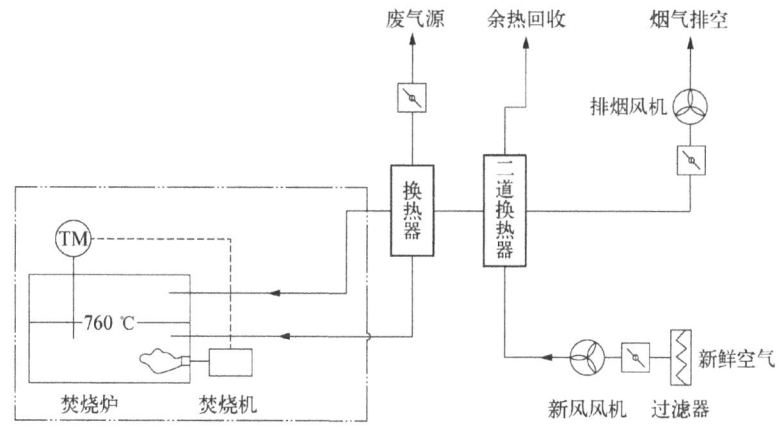

**图 1-5 热力焚烧技术示意图**

热力焚烧技术的优点：净化效率高；可净化各种有机废气，不需要预处理，不稳定因素少，可靠性高；在废气浓度高、设计合理的条件下，可回用热能。

热力焚烧技术的缺点：处理温度高，能耗大；存在二次污染；燃烧装置、燃烧室、热回收装置造价高，维修较难；处理大流量、低浓度废气时能耗过大，运行费用高。

6. 生物处理技术

生物处理技术的原理：利用微生物对废气中的污染物进行消化代谢，将污染物转化为无毒的 $CO_2$ 和 $H_2O$ 及其他无机盐类(图 1-6)。

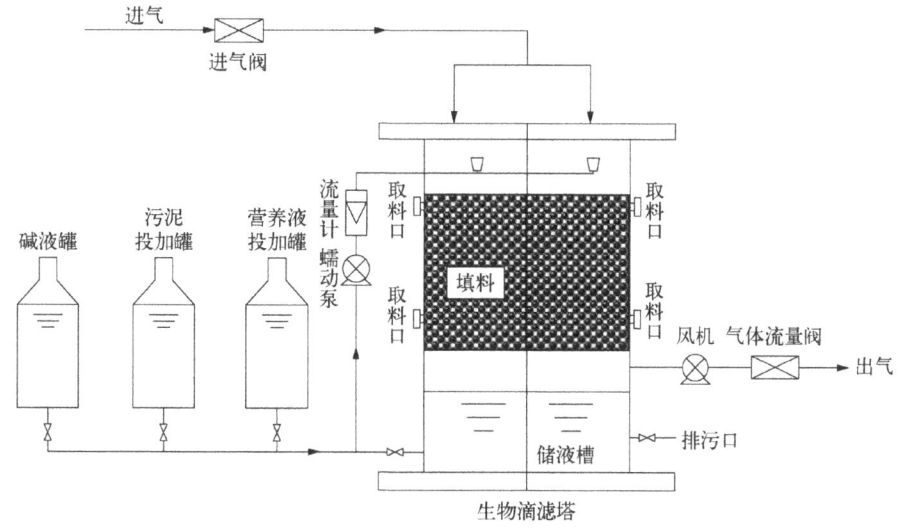

**图 1-6 生物处理技术示意图**

生物处理技术的优点：能耗低、费用低；氧化完全。

生物处理技术的缺点：能量利用率较低；催化剂可能失活；需创造良好的微生物成长环境。

### 1.3.2 挥发性有机污染物治理的新工艺

目前，挥发性有机污染物治理的新工艺主要有低温等离子技术、光催化技术和膜分离技术。

1. 低温等离子技术

低温等离子技术的原理：通过在常温下高压脉冲放电获得低温等离子体，从而实现 VOCs 的低温去除。在这个过程中，高能电子、离子和自由基等活性粒子可与多种污染物反应，将其转化为低害与无害的物质（图 1-7）。

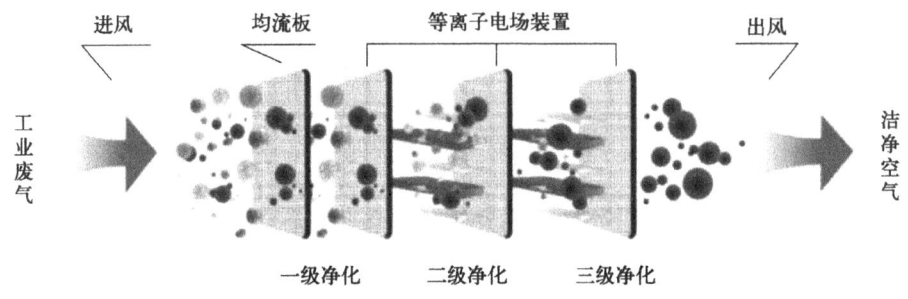

图 1-7 低温等离子技术示意图

低温等离子技术的优点：适用于低浓度、大风量的 VOCs 处理，效率高、能耗低；净化并清新空气。

低温等离子技术的缺点：一些易燃易爆的废气处理时具有危险性；设备部件的构型设计、制造精度、严密性等要求较高。

2. 光催化技术

光催化技术的原理：利用光催化剂（如 $TiO_2$）氧化吸附催化剂表面的 VOCs，其净化速率取决于所用催化剂的性能和光源的性能（图 1-8）。

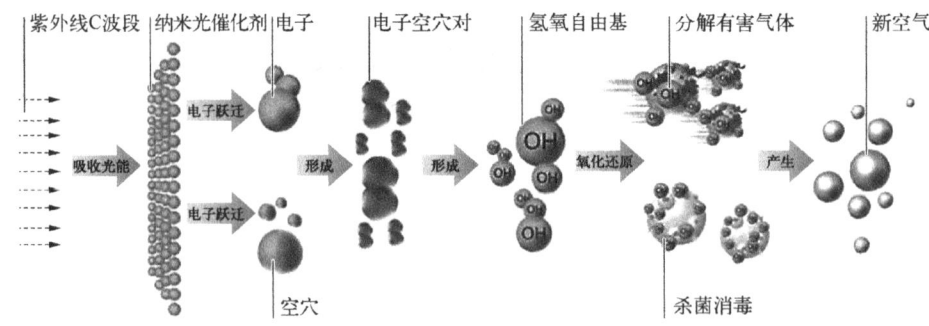

图 1-8 光催化技术示意图

光催化技术的优点：使用条件温和（常温常压）；设备简单、维护方便；减少甚至无二次污染。

光催化技术的缺点：催化剂容易磨损及失效；空气气流速度需控制得较慢，设备体积大；处理效率亟待提升。

3. 膜分离技术

膜分离技术的原理：利用天然或人工合成的膜材料，实现污染物高效分离的新型技术（图1-9）。

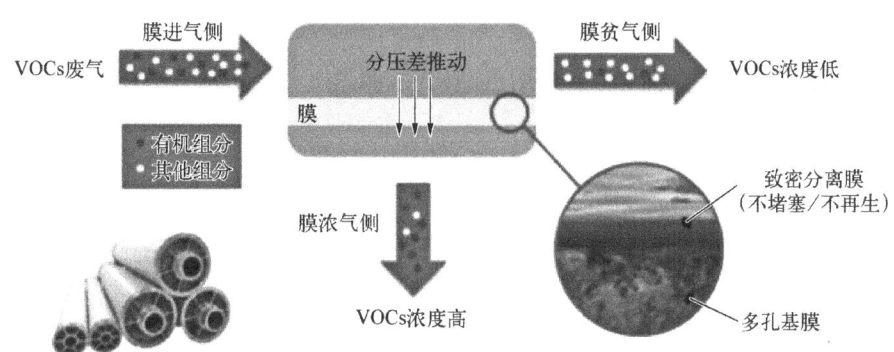

图1-9　膜分离技术示意图

膜分离技术的优点：可回收组分；治理效率高；可集成其余技术。

膜分离技术的缺点：成本较高；会造成膜污染；膜的稳定性差；通量小。

### 1.3.3　挥发性有机污染物治理工艺的适用范围

不同生产工艺排放的工艺废气工况条件（包括浓度、流量、排放模式、温度、湿度、颗粒物含量等）复杂多样，因此，选择合适的废气净化技术至关重要。

不同挥发性有机物治理工艺的适用范围见表1-3。

表1-3　不同挥发性有机物治理工艺的适用范围

| 治理工艺 | 适用范围 | 备注 |
| --- | --- | --- |
| 吸收技术 | 中低浓度VOCs的净化 | 处理效果较差，目前较少单独使用 |
| 吸附技术 | 用于高水溶性VOCs，不适用于低浓度气体的处理 | |
| 冷凝技术 | 多用于高浓度、单一组分有回收价值的VOCs的处理 | 多与其他技术联用，作为组合工艺的前处理环节 |
| 催化燃烧技术 | 适合于高浓度、小风量VOCs的净化 | |
| 热力焚烧技术 | 适用于喷涂和烘干设备产生的废气处理，以及石油化工、医药等行业排放的废气净化；对有机废气中含水溶性或黏性物质及高分子物质的气体净化更显示出其优点 | |

续表

| 治理工艺 | 适用范围 | 备注 |
|---|---|---|
| 生物处理技术 | 以微生物可分解物质为主,污染物为微生物的食物来源,可以生物处理的污染物包括:由碳、氢、氧组成的各类有机物、简单的有机硫化物、有机氮化物、硫化氢及氨气等无机物 | |
| 膜分离技术 | 适用于高浓度VOCs,其回收效率超过97% | 效果好,成本高,存在膜污染的风险 |

不同挥发性有机物治理工艺的适用范围比较,如图1-10所示。

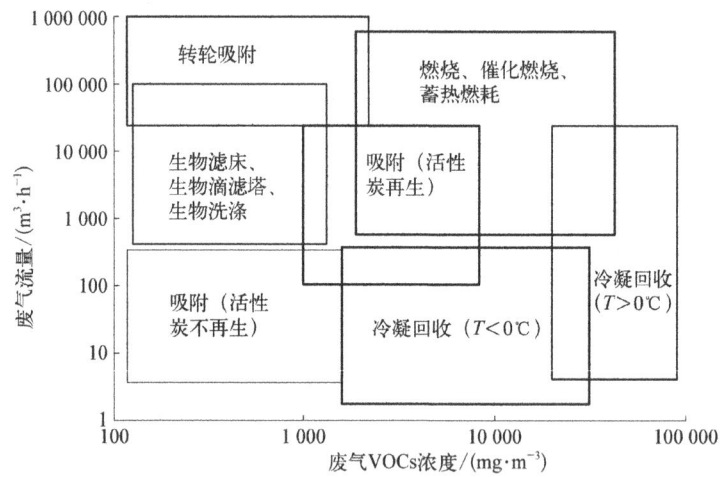

**图1-10 不同挥发性有机物治理工艺的适用范围比较**

不同挥发性有机物治理工艺的相对费用评估(综合考虑了设备成本、运行成本、维护成本等),如图1-11所示。

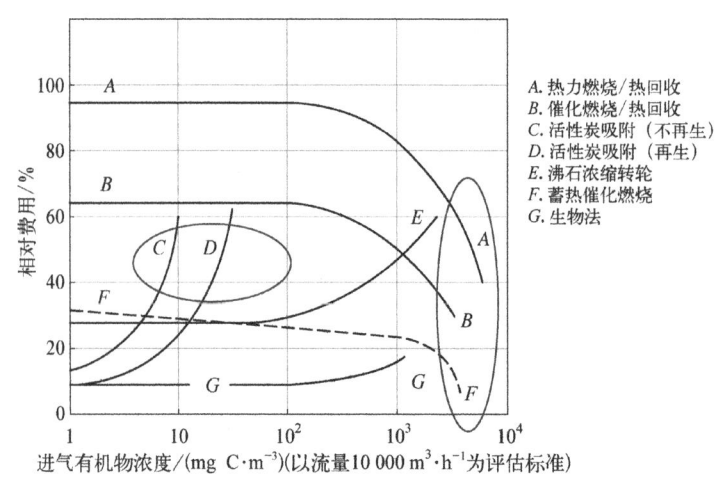

**图1-11 不同挥发性有机物治理工艺的相对费用评估**

经过十年的深入调查与重点行业 VOCs 排放标准的制定,以及对 VOCs 的监测和治理措施的实施,我国已建立起重点区域 VOCs 污染防治体系,并基本实现了从原料到产品、从生产到消费的全过程 VOCs 减排。

自 2010 年起,VOCs 的排放增长速度有所放缓,但是 VOCs 在大气污染物总量中的占比却在逐渐上升。尤其在 2013 年实施"清洁空气行动"之后,其他主要大气污染物的排放量大幅度下降,但 VOCs 作为一种不易察觉的污染物,并未受到同等程度的重视,因此缺乏行之有效的强力管控措施。这导致了 VOCs 的排放量增速减缓,但由于其他污染物减排效果显著,其在大气污染物中的占比便相对上升。这种特殊情况的发生,一方面是由于对其他大气污染物的强效治理,另一方面也是因为缺乏对 VOCs 的各种危害的清晰认识。

## 1.4 我国挥发性有机物相关的法律与标准

与欧美国家相比,我国在 VOCs 相关法律的制定上起步较晚。《大气污染防治法》作为大气环境管理的根本依据,其旧版并未包含明确的 VOCs 控制要求,仅提及了有机烃类尾气、恶臭气体、有毒废气、油烟等类似概念。然而,在最新修订的《大气污染防治法》中,VOCs 首次被明确纳入监管范围(具体条款为第四十四条、第四十五条、第四十六条、第四十七条和第一百零八条),这为 VOCs 的治理工作提供了法律依据,并预计将对 VOCs 的治理工作产生深远的影响。

我国与挥发性有机物(VOCs)相关的标准主要分为国家标准和地方标准,涉及的行业众多,正处于持续发展和完善阶段。早期的《大气污染物综合排放标准》(GB 16297—1996)仅对苯、甲苯、二甲苯以及酚类和甲醛的排放浓度进行限制。随后,为了进一步规范排放,我国陆续发布了包括《炼焦炉大气污染物排放标准》(GB 16171—1996)、《饮食业油烟排放标准》(GB 18483—2001)、《储油库大气污染物排放标准》(GB 20950—2007)、《汽油运输大气污染物排放标准》(GB 20951—2007)、《加油站大气污染物排放标准》(GB 20952—2007),以及《合成革与人造革工业污染物排放标准》(GB 21902—2008)在内的多项标准,这些标准增加了对苯并芘、油烟 VOCs、油气 VOCs、合成革与人造革工业 VOCs 排放的限值。我国的标准体系正在不断地构建和完善中。

### 1.4.1 国家标准

截至 2024 年,主要涉及 VOCs 排放控制的国家标准包括:《恶臭污染物排放标准》(GB 14554—2016);《大气污染物综合排放标准》(GB 16297—1996);《炼焦炉大气污染物排放标准》(GB 16171—1996);《饮食业油烟排放标准(试行)》(GB 18483—2001)《室内空气质量标准》(GB/T 18883—2002);《储油库大气污染物排放标准》(GB 20950—2007);

《汽油运输大气污染物排放标准》(GB 20951—2001);《加油站大气污染物排放标准》(GB 20952—2007);《合成革与人造革工业污染物排放标准》(GB 21902—2008);《铝工业污染物排放标准》(GB 25465—2010);《乘用车内空气质量评价指南》(GB/T 27630—2011);《橡胶制品工业污染物排放标准》(GB 27632—2011);《炼焦化学工业污染物排放标准》(GB 16171—2012);《轧钢工业大气污染物排放标准》(GB 28665—2012);《电池工业污染物排放标准》(GB 30484—2013);《石油炼制工业污染物排放标准》(GB 31570—2015);《石油化学工业污染物排放标准》(GB 31571—2015);《合成树脂工业污染物排放标准》(GB 31572—2015);《烧碱、聚氯乙烷工业污染物排放标准》(GB 15581—2016);《挥发性有机物无组织排放控制标准》(GB 37822—2019);《制药工业大气污染物排放标准》(GB 37823—2019);《涂料、油墨及胶粘剂工业大气污染物排放标准》(GB 37824—2019);《工作场所有害因素职业接触限值 第1部分:化学有害因素》(GBZ 2.1—2019);《工业防护涂料中有害物质限量》(GB 30981—2020);《印刷工业大气污染物排放标准》(GB 41616—2022);《餐饮业油烟污染物排放标准》(GB 18483—2001)。

## 1.4.2 地方标准

在VOCs的地方标准方面,北京、广东、上海等省市处于国内领先地位。这些地方标准大多以行业标准为主,北京、广东、上海的主要地方标准见表1-4。

表1-4 各省市的主要地方标准

| 省市 | 标 准 名 称 |
|---|---|
| 北京 | 大气污染物综合排放标准(DB 11/501—2007) |
| | 炼油与石油化学工业大气污染物排放标准(DB 11/447—2007) |
| | 车用汽油北京市地方标准(DB 11/238—2007) |
| | 车用柴油北京地方标准(DB 11/239—2007) |
| | 油库油气排放控制和限值(DB 11/206—2010) |
| | 油罐车油气排放控制和限值(DB 11/207—2010) |
| | 加油站油气排放控制和限值(DB 11/208—2010) |
| 广东 | 大气污染物排放限值(DB 44/27—2001) |
| | 表面涂装(汽车制造业)挥发性有机化合物排放标准(DB 44/816—2010) |
| | 家具制造行业挥发性有机物排放标准(DB 44/814—2010) |
| | 印刷行业挥发性有机化合物排放标准(DB 44/815—2010) |

续 表

| 省市 | 标 准 名 称 |
|---|---|
| 广东 | 制鞋行业挥发性有机化合物排放标准(DB 44/817—2010) |
| | 表面涂装(汽车制造业)挥发性有机化合物排放标准(DB 44/816—2010) |
| | 集装箱制造业挥发性有机物排放标准(DB 44/1837—2016) |
| 上海 | 半导体行业污染物排放标准(DB 31/374—2006) |
| | 生物制药行业污染物排放标准(DB 31/373—2010) |
| | 餐饮业油烟排放标准(DB 31/844—2014) |
| | 汽车制造业(涂装)大气污染物排放标准(DB 31/859—2014) |
| | 涂料、油墨及其类似产品制造工业大气污染物排放标准(DB 31/881—2015) |
| | 大气污染物综合排放标准(DB 31/933—2020) |
| | 船舶工业大气污染物排放标准(DB 31/934—2015) |
| | 印刷业大气污染物排放标准(DB 31/872—2015) |
| | 恶臭(异味)污染物排放标准(DB 31/1025—2016) |
| | 家具制造业大气污染物排放标准(DB 31/1059—2017) |

## 1.4.3 法律与标准体系建设

在环境保护的大背景下,挥发性有机物(VOCs)污染治理变得至关重要。我国已经实施了一系列强有力的措施,从国家到地方层面,治理行动和决心都显而易见。国家的政策法规,比如《大气污染防治行动计划》和《打赢蓝天保卫战三年行动计划》,都明确提出了对 VOCs 治理的要求。这不仅体现了国家在环保和大气治理方面的坚定立场,也为各级政府和企业提供了明确的指导。

我们知道,VOCs 污染问题广泛存在于众多行业之中,其中石化、化工、印刷等行业尤为突出。为此,国家针对这些重点行业制定了专门的排放标准和治理规范。这些措施的实施,无疑将推动行业内部的自律和监管,进而实现对 VOCs 污染的有效控制。与此同时,地方政府也积极行动,根据各本地的实际情况,制定了更为严格的 VOCs 排放标准和治理政策。这些政策的出台,不仅是对国家政策的有力补充,更是为当地环境质量的持续提升提供了坚实保障。

我国的 VOCs 污染治理工作,在政策与法规的推动下,已经取得了显著成效。这些政策法规不仅为 VOCs 污染治理工作提供了法制保障,还为相关企业和行业设定了明确的治理目标。正是得益于这些政策的引导和规范,我国的VOCs污染治理工作得以有序推进,并取得了一系列积极成果。

然而,VOCs污染治理工作仍面临诸多挑战和困难。例如,一些地区的VOCs排放问题仍较为严重,治理难度较大;部分企业对环保政策的执行力度不够,存在违规排放等问题。针对这些问题,必须进一步加强政策引导和监管力度,确保各项治理措施落到实处。

展望未来,VOCs污染治理工作仍将是我国环保领域的一项重要任务。随着科技的不断进步和环保意识的日益增强,我们有理由相信,未来的VOCs污染治理将更加科学、高效和可持续。我们也期待更多的企业和个人能够积极参与到这项工作中来,共同为我国的环保事业贡献力量。

为了更深入地了解VOCs污染治理的现状和趋势,我们有必要对相关的政策法规进行更详细的分析。例如,《大气污染防治行动计划》中明确提出了对VOCs排放的控制要求,包括加强源头控制、推广清洁生产、强化污染治理等多个方面。这些要求的提出,为VOCs污染治理提供了全面的指导方针。

在地方层面,各地政府也积极响应国家政策,制定了更为严格的VOCs排放标准和治理政策。例如,一些地区针对VOCs排放的重点行业实施了更为严格的排放限值,并加大了对企业的监管和处罚力度。这些措施的实施,有效地促进了当地环境质量的改善。

在VOCs污染治理领域,技术研发和应用已取得了重要进展。例如,一系列新型的VOCs治理技术,如吸附、催化燃烧、生物处理等,已在实际应用中取得了良好的效果。这些技术的应用不仅提高了治理效率,还降低了治理成本,为VOCs污染治理提供了有力的技术支持。

在VOCs污染治理过程中,企业的参与和配合也至关重要。一些企业积极响应国家政策,加大环保投入并进行技术改造,实现了VOCs排放的有效控制。此外,一些企业通过开展环保公益活动等方式,积极承担社会责任,为VOCs污染治理贡献力量。

总的来看,我国在VOCs污染治理方面虽已取得了显著的进展和成效,但仍任重道远。在未来的工作中,必须持续加强政策引导和监管力度,推动技术创新和应用,激励企业积极参与和配合,共同为我国的环保事业贡献力量。

### 1.4.4 法律法规政策的递进深化

2010年5月11日,国务院办公厅印发了《关于推进大气污染联防联控工作改善区域空气质量的指导意见》(国办发〔2010〕33号),首次在国家层面提出,将挥发性有机污染物作为重点大气污染物开展污染防治。

2011年12月15日,国务院印发了《国家环境保护"十二五"规划》(国发〔2011〕42号)。该规划提出了加强挥发性有机污染物和有毒废气控制的策略。

2012年10月29日,国务院批复,生态环境部、国家发展和改革委员会和财政部联合印发了《重点区域大气污染防治"十二五"规划》(环发〔2012〕130号)。该规划指出将

VOCs列入排放控制指标。这一举措标志着我国大气污染防治工作的目标导向逐步由污染物总量控制向改善环境质量转变,由主要防治一次污染向既防治一次污染又注重二次污染转变。

2013年5月24日,环境保护部(今生态环境部)发布公告《挥发性有机物(VOCs)污染防治技术政策》(环境保护部公告2013年第31号),这是我国第一个专门针对挥发性有机物污染防治的技术政策。该政策提出了生产VOCs物料和含VOCs产品的生产、储存运输销售、使用、消费各环节的污染防治策略,针对"源头和过程控制""末端治理与综合利用"提出了指导性建议。

2013年9月10日,被称为"大气十条"的《大气污染防治行动计划》(国发〔2013〕37号)由国务院印发,该计划要求在石化、有机化工、表面涂装、包装印刷等重点行业实施挥发性有机物综合整治,将挥发性有机物纳入排污费征收范围。

2014年7月18日,环境保护部(今生态环境部)、国家发展和改革委员会等六部委印发了《大气污染防治行动计划实施情况考核办法(试行)实施细则》(环发〔2014〕107号)。该细则规定了北京市、天津市、河北省、上海市、江苏省、浙江省及广东省、珠三角等重点地区在2014—2017年的VOCs控制进度。

2015年6月18日,财政部、国家发展和改革委员会、环境保护部(今生态环境部)印发了《挥发性有机物排污收费试点办法》(财税〔2015〕71号)。该办法规定了石油化工行业和包装印刷行业VOCs排污费的征收、使用和管理办法,提出各省、自治区、直辖市可以根据本地区的实际情况增加VOCs排污收费试点行业,并制定增加试点行业的VOCs排污收费办法。

2015年8月29日,在第十二届全国人大常委会第十六次会议上,修订后的《大气污染防治法》表决通过。该法首次将VOCs纳入监管范围,明确将VOCs作为区域联合防治的大气污染物之一,使VOCs防治工作真正有法可依,有章可循。

2016年3月13日,《国民经济和社会发展第十三个五年规划纲要》明确提出,要在重点区域、重点行业推进挥发性有机物排放总量控制,全国排放总量下降10%以上。

2016年12月5日,国务院印发了《"十三五"生态环境保护规划》(国发〔2016〕65号)。该规划明确要求控制重点地区重点行业VOCs排放。京津冀及周边地区、长三角地区、珠三角地区,以及成渝、武汉及其周边、辽宁中部、陕西关中、长株潭等城市群,全面加强挥发性有机物的排放控制。北京、天津等16个省市实施行业VOCs总量控制。

2017年1月5日,国务院印发了《"十三五"节能减排综合工作方案》(国发〔2016〕74号)。该方案首次将挥发性有机物纳入减排目标,要求至2020年,挥发性有机物排放总量比2015年下降10%以上,在重点行业、重点区域推进挥发性有机物排放总量控制。

2017年9月14日,环境保护部(今生态环境部)、国家发展和改革委员会、财政部、交通运输部、国家质量监督检验检疫总局、国家能源局等六部委联合印发了《"十三五"挥发性有机物污染防治工作方案》(环大气〔2017〕121号)。该方案是VOCs治理的标志性指导文件,要求以改善环境空气质量为核心,以重点地区为主要着力点,以重点行业和重点污染物为主要控制对象,达到"推进 VOCs 与 $NO_x$ 协同减排"的总体要求,以及实现"到 2020 年,建立健全以改善环境空气质量为核心的 VOCs 污染防治管理体系,实施重点地区、重点行业 VOCs 污染减排,排放总量下降 10% 以上"的主要目标。

2017 年 12 月 25 日,国务院发布了《中华人民共和国环境保护税法实施条例》(国务院令第 693 号),该条例自 2018 年 1 月 1 日起与《中华人民共和国环境保护税法》同步施行,开启了 VOCs 污染物排放从收费到征税的转变。该条例将苯、甲苯、甲醛、酚类等 19 种挥发性有机物列为应税污染物,并明确了污染当量核算标准和具体适用税额。随着对 VOCs 治理认识的深入和管控水平的提高,环保税将发挥更大的作用。

2018 年 6 月 27 日,国务院印发了《打赢蓝天保卫战三年行动计划》(国发〔2018〕22 号),确定以京津冀及周边地区、长三角地区、汾渭平原等区域(以下称重点区域)为重点,持续开展大气污染防治行动,组织实施 VOCs 专项整治,着力补齐 VOCs 污染防治短板。

2019 年 2 月 27 日,生态环境部发布了《2019 年全国大气污染防治工作要点》(环办大气〔2019〕16 号),提出加快推进重点行业挥发性有机物的污染防治工作。

2019 年 6 月 26 日,生态环境部印发了《重点行业挥发性有机物综合治理方案》(环大气〔2019〕53 号),明确了 VOCs 治理中存在的问题,提出了控制思路与要求,详细给出了石化、化工、工业涂装、包装印刷、油品储运销、工业园区和产业集群等重点行业的治理任务。

2020 年 6 月 24 日,生态环境部印发了《2020 年挥发性有机物治理攻坚方案》(环大气〔2020〕33 号)。该方案明确了在"蓝天保卫战"收官之年,VOCs 治理的重点任务,提出在全国范围内开展夏季(6~9 月)VOCs 治理攻坚行动,提升 VOCs 治理能力,要求通过攻坚行动,使 VOCs 治理能力显著提升,VOCs 排放量明显下降,夏季 $O_3$ 污染得到一定程度遏制。

2020 年 10 月,生态环境部、国家发展和改革委员会等部门与部分地方政府联合发布了《京津冀及周边地区、汾渭平原 2020—2021 年秋冬季大气污染综合治理攻坚行动方案》(环大气〔2020〕61 号)、《长三角地区 2020—2021 年秋冬季大气污染综合治理攻坚行动方案》(环大气〔2020〕62 号),且提出落实《2020 年挥发性有机物治理攻坚方案》,持续推进 VOCs 治理攻坚的各项任务措施,完成重点治理工程建设,做到"夏病冬治"。针对重点区域,在秋冬季采取分级控制、错时错峰生产、科学应急减排等手段,加强区域联防联控工作,以改善环境空气质量。

2021 年 3 月 13 日,《国民经济和社会发展第十四个五年规划和 2035 年远景目标纲要》提出,要推进 $PM_{2.5}$ 和 $O_3$ 协同控制,有效遏制 $O_3$ 浓度增长趋势,加快挥发性有机物排放综合整治,使挥发性有机物排放总量在"十四五"期间降低 10% 以上。

2021 年 8 月 4 日,生态环境部印发了《关于加快解决当前挥发性有机物治理突出问题的通知》(环大气〔2021〕65 号),旨在加快解决 VOCs 治理中存在的突出问题,推动"十四五"VOCs 减排目标顺利完成。该通知指出了 VOCs 治理中存在的十大突出问题,并针对每一个问题给出了排查、检查重点,提出了具体的治理要求,具有极强的针对性和可操作性。

2021 年 10 月 29 日,生态环境部、国家发展和改革委员会等十七部委联合下发了《2021—2022 年秋冬季大气污染综合治理攻坚方案》(环大气〔2021〕104 号)。该方案指出,要深入开展挥发性有机物等的专项治理,严格落实《关于加快解决当前挥发性有机物治理突出问题的通知》的相关要求,高质量地完成排查治理工作。

2021 年 11 月 2 日,中共中央、国务院发布了《关于深入打好污染防治攻坚战的意见》。该意见提出着力打好臭氧防治攻坚战,聚焦夏秋季臭氧污染,大力推进挥发性有机物和氮氧化物的协同减排。

2022 年 6 月 10 日,生态环境部、国家发展和改革委员会等七部委印发了《减污降碳协同增效实施方案》(环综合〔2022〕42 号)。该方案提出,要推进大气污染防治协同控制,优化治理技术路线,加大氮氧化物、挥发性有机物以及温室气体的协同减排力度;VOCs 等大气污染物治理优先采用源头替代措施。

2022 年 11 月 10 日,生态环境部、国家发展和改革委员会等十七部委联合下发了《深入打好重污染天气消除、臭氧污染防治和柴油货车污染治理攻坚战行动方案》(环大气〔2022〕68 号)。该行动方案指出,要强化挥发性有机物、氮氧化物等多污染物的协同减排,加强 VOCs 源头、过程和末端的全流程治理。

2023 年 11 月 23 日,生态环境部发布了《低效失效大气污染治理设施排查整治工作方案(征求意见稿)》(环办便函〔2023〕400 号),要求全面开展低效失效大气污染治理设施排查整治工作,建立排查整治清单,"淘汰一批、整治一批、提升一批";助力完成"十四五"规划确定的氮氧化物($NO_x$)和 VOCs 减排任务,推动环境空气质量持续改善。

2023 年 11 月 30 日,国务院印发了《空气质量持续改善行动计划》(国发〔2023〕24 号)。该计划对空气质量持续改善工作进行了全面部署,是继《大气污染防治行动计划》《打赢蓝天保卫战三年行动计划》后,我国发布的第三个以"十条"形式出现的国家大气环境治理顶层设计文件,被称为"大气十条 3.0"。其明确以控制 $PM_{2.5}$ 指标为主线,突出以 VOCs、氮氧化物等多污染物协同减排为重点,强化 VOCs 全流程、全环节综合治理。为进一步改善空气质量,推动经济高质量发展指明了方向。

2023 年 12 月 25 日,生态环境部、国家发展和改革委员会等 18 个部门联合印发了《京津冀及周边地区、汾渭平原 2023—2024 年秋冬季大气污染综合治理攻坚行动方案》(环大气〔2023〕73 号),持续开展秋冬季大气污染综合治理攻坚行动。该方案加强了对多污染物的协同控制,将有序推进挥发性有机物综合治理等"十四五"规划的重大工程。

2023 年 12 月 27 日,《中共中央国务院关于全面推进美丽中国建设的意见》明确提出了持续深入打好"蓝天保卫战"等目标任务,并指出要强化挥发性有机物综合治理,实施源头替代工程。

## 课后习题

1. 请简述 VOCs 的主要危害分类,并对其中一种危害作简单阐述。
2. 我国已于 2019 年发布了《重点行业挥发性有机物综合治理方案》,请简述该方案指出的我国 VOCs 治理中存在的五个主要薄弱点。
3. 列举目前应用较为广泛的 VOCs 治理工艺,并选择其中一种治理工艺,介绍其原理及优缺点。
4. 简单介绍一种 VOCs 治理新工艺,包括其原理、优缺点和适用范围。
5. 简要说明催化燃烧技术和热力焚烧技术的适用范围。

## 参考文献

[1] GB 37822—2019,挥发性有机物无组织排放控制标准[S].中华人民共和国生态环境部,2019.

[2] 公告 2014 年第 55 号,大气挥发性有机物源排放清单编制技术指南(试行)[S].中华人民共和国环境保护部,2014.

[3] 公告 2013 年第 31 号,挥发性有机物(VOCs)污染防治技术政策[S].中华人民共和国环境保护部,2013.

[4] 环大气〔2019〕53 号,重点行业挥发性有机物综合治理方案[S].中华人民共和国生态环境部,2019.

[5] 环综合〔2022〕42 号,减污降碳协同增效实施方案[S].中华人民共和国生态环境部、国家发展和改革委员会、工业和信息化部等,2022.

[6]《中华人民共和国环境保护法》,中国民主法制出版社,2008 年版.

[7]《中华人民共和国大气污染防治法》,中国民主法制出版社,2015 年版、2000 年版.

[8] GB 3095—2012,环境空气质量标准[S].国家环境保护局、国家质量监督检验检疫总局,2012.

[9] 梁晶,王世朋,柯冬冬.VOCs 危害及其处理技术[J].科技创新与应用,2018,27:148-152.

[10] Arulneyam D, Swaminathan T. Biodegradation of mixture of VOC's in a biofilter [J]. Journal of Environmental Sciences-Amsterdam, 2004, 16(1): 30-33.

[11] Bhaumik D, Majumdar S, Sirkar K K. Pilot-plant and laboratory studies on vapor permeation removal of VOCs from waste gas using silicone-coated hollow fibers [J]. Journal of Membrane Science, 2000, 167(1): 107-122.

# 第 2 章
# 废气收集系统

## 2.1 废气收集系统概述

### 2.1.1 废气收集系统组成

废气收集系统能够利用通风的方法来改善车间的空气环境,是一种在污染物产生地点将废气捕集,防止其扩散到车间中的局部排风系统。废气收集系统采用一定的收集方式将污染物捕捉,然后通过废气通风管道将收集的废气通入末端处理系统,最终达到废气处理的目的,收集设施、通风管路和末端处理系统共同组成了完整的废气处理线。废气收集系统主要由收集装置、风管、风机、阀门及控制系统等部分组成。

(1) 收集装置:是废气收集系统的核心部分,用于捕捉和收集生产过程中产生的废气。设计收集装置时,需要考虑废气产生的源头、废气的性质和浓度,以及废气的温度等因素,以确保废气能够有效地被捕集。应根据污染源的散发特性来选择适宜的收集装置类型,常用的收集装置是排风罩。收集装置的运行应与生产工艺相结合,可在保障收集效率的同时节省能耗。

(2) 风管:用于将废气从排风罩输送至后续的处理设备。设计管道时,需要考虑废气的流量、流速、压力等因素,以确保废气能够顺畅地流动,并避免在管道中发生积聚或泄漏。废气收集系统的输送管道应密闭,防止废气泄漏。管道布局应合理,尽量减少弯头和变径,以降低气流阻力。

(3) 风机:是废气收集系统的动力源,用于产生必要的吸力或压力,使废气能够顺利进入管道并输送至后续的处理设备。风机是废气收集系统的关键设备,需要根据废气的性质、流量、压力等因素来选型,以确保其能够提供足够的动力。风机应具有高效、低噪声、低能耗等特点。

(4) 阀门及控制系统:阀门用于控制废气的流量和流向,确保废气能够按照预定的路径流动。控制系统则用于监控和控制废气收集系统的运行状态,包括风机的运行状态、废气的流量和浓度等,以确保系统能够稳定、高效地运行。控制系统应具备故障报警、自动启停、自动调节等功能。

这些设备共同协作,确保废气能够有效地被收集、输送和处理。另外,废气收集系统应设置必要的安全保护装置,如防爆装置、防火装置等,以确保系统的安全运行。废气收集系统应定期进行维护和管理,包括清洗管道、更换滤网、检查风机等。维护管理应规范、及时,确保系统的长期稳定运行。

废气收集系统划分的一般原则为:

(1) 废气处理要求相同、室内参数要求相同的,可划为同一系统。

(2) 同一生产流程、运行班次和运行时间相同的,可划为同一系统。

(3) 对下列情况应单独设置排风系统:

1) 两种或两种以上的有害物质混合后能引起燃烧或爆炸;

2) 两种有害物质混合后能形成毒害更大或腐蚀性的混合物或化合物;

3) 两种有害物质混合后易使蒸气凝结并积聚粉尘;

4) 放散剧毒物质的房间和设备。

### 2.1.2 相关要求

废气收集系统工程应符合国家相关法律法规和标准,如《环境保护法》《大气污染物综合排放标准》(GB 16297—1996)等的要求。同时,不同行业和地区的废气收集系统的技术标准也可能有所不同,应结合实际情况进行具体分析和制定。

废气收集系统受到多项法规和标准的制约。以下是一些主要法规、标准及其对废气收集系统的控制要求。

1. 《中华人民共和国大气污染防治法》

第四十五条规定,产生含挥发性有机物废气的生产和服务活动,应当在密闭空间或者设备中进行,并按照规定安装、使用污染防治设施;无法密闭的,应当采取措施减少废气排放。

2. 《挥发性有机物无组织排放控制标准》(GB 37822—2019)

第10.2.2条要求,废气收集系统排风罩(集气罩)的设置应符合《排风罩的分类及技术条件》(GB/T 16758—2008)的规定。这意味着废气收集系统的排风罩设计和设置需要遵循相应的技术条件,确保其有效地收集废气。

3. 《排风罩的分类及技术条件》(GB/T 16758—2008)

该标准规定了排风罩的分类、技术条件和设计要求。废气收集系统在设计时,需要按照这一标准选择合适的排风罩类型和尺寸,确保废气的收集效率。

此外,还有一些地方性的法规和标准也可能对废气收集系统产生影响。因此,在设计和运行废气收集系统时,需要综合考虑多条法规和标准的要求,确保系统符合相关法规,并可有效地控制废气排放。

## 2.2 收集系统介绍

### 2.2.1 收集装置

**1. 排风罩**

排风罩是一种常见的收集装置,可根据《排风罩的分类及技术条件》(GB/T 16758—2008),按照工作原理,将其分为密闭罩、半密闭罩或排风柜、外部排风罩(上吸式、侧吸式、下吸式、槽边式)、接受式排风罩、吹吸式排风罩等。具体分类及适用条件,见表2-1。

表2-1 排风罩的类型与适用条件

| 排风罩 | 示意图 | 适用条件 |
|---|---|---|
| 密闭罩 | 局部密闭罩　整体密闭罩　大容积密闭罩 | 可以密闭的有机废气散发源 |
| 半密闭罩或排风柜 | 小型半密闭罩　大型半密闭罩　定/变风量型排风柜　补风型排风柜 | 工艺操作不允许采用密闭罩时 |
| 外部排风罩 | 上吸罩　下吸罩　侧吸罩　槽边罩 | 有机废气散发面积小且不允许设置密闭罩时 |
| 接受式排风罩 | 工艺接受罩　热接受罩 | 本身会产生或诱导一定气流运动的有机废气散发源 |

续 表

| 排风罩 | 示 意 图 | 适用条件 |
|---|---|---|
| 吹吸式排风罩 | (喷嘴、污染气流、吹吸罩示意图) | 排风罩不能设置在有机废气散发源附近或罩口至有机废气散发源距离较大时 |

除了上述按照工作原理进行的排风罩类型划分之外,还可以按照排风罩的安装位置、结构特性,以及能否移动等进行划分。

按照安装位置,排风罩可以分为屋面排风罩和墙壁排风罩两种类型。屋面排风罩,通常安装在建筑物的屋顶上,主要用于收集屋顶上的污染物,如烟雾、粉尘或其他废气。设计屋面排风罩时,通常需要考虑屋顶的形状、风向、风速及屋顶上的设备布局等因素,确保能够有效地将污染物吸入罩内,并防止其扩散到大气中。墙壁排风罩,通常安装在建筑物的墙壁上。主要用于收集墙壁附近的污染物,如机器产生的废气、粉尘等。设计墙壁排风罩时,需要考虑墙壁的位置、高度、周围环境及污染源的布局等因素,确保能够有效地将污染物吸入罩内,并将其引导到处理设备中。墙壁排风罩多应用于生产线、机器设备旁边或需要局部通风的地方,排除设备运行过程中产生的废气或粉尘。

按照结构特性,排风罩可以分为圆形排风罩和方形排风罩两种类型。两者在噪声水平和污染物收集范围方面有所不同。圆形排风罩具有较低的噪声,这使其在需要降低噪声的场合中表现出优势。此外,由于其结构相对简单,只能收集一定范围内的污染物。这意味着在较小的区域内,圆形排风罩可以有效地捕获并排除污染物。相比之下,方形排风罩的结构更为复杂,因为复杂的设计往往能更好地适应多种排放模式和扩散特性,故其能够收集更多的污染物。然而,这也意味着方形排风罩可能会处于更高的噪声水平。此外,还有一些特殊结构的排风罩,如透风式排风罩、流线型排风罩、集尘式排风罩和车载式排风罩等。透风式排风罩只有一个出口,适用于对工艺过程中产生的气体的收集;流线型排风罩的外观与飞机机翼相似,利用了对流原理;集尘式排风罩的外观与透风式排风罩相似,但其结构中加入了除尘过滤设备,能有效去除空气中的颗粒物和微小粉尘;车载式排风罩是一种移动式的排风设备,可以在不同行业环境和应用场合中快速处理和清理污染物。

按照能否移动,排风罩分为固定式排风罩和移动式排风罩两种类型,排风罩的设置原则为既要满足正常生产时的 VOCs 收集,又不能妨碍生产过程中的加料、出料、维修等辅助操作。设置移动排风罩的工位,移动频次每小时不能超过 5 次。

2. 烘干隧道

除常规的排风罩外,还有一些具有同等收集功能的生产设备(如烘干隧道、涂布设备等)和房间(如喷漆室、烘干室等),也可被称为收集装置。

烘干隧道主要用于对物料或产品进行烘干处理。它通常由一个长条形的隧道结构组成,物料或产品在隧道内通过一系列的加热和通风装置进行烘干。烘干隧道的设计考虑了物料在隧道内的均匀加热和通风,以确保物料能够迅速且均匀地达到所需要的干燥程度。在烘干隧道中,主要通过设置在隧道内部的排风罩或排风口实现废气收集。这些排风罩或排风口能够有效地捕获在烘干过程中产生的废气或有害物质,并将其引导至相应的处理设备或排放系统中(图2-1)。可根据物料特性和烘干需求进行定制设计高效加热和通风系统,以确保快速均匀地烘干物料,其广泛应用于食品、制药、化工等行业中的物料烘干处理。

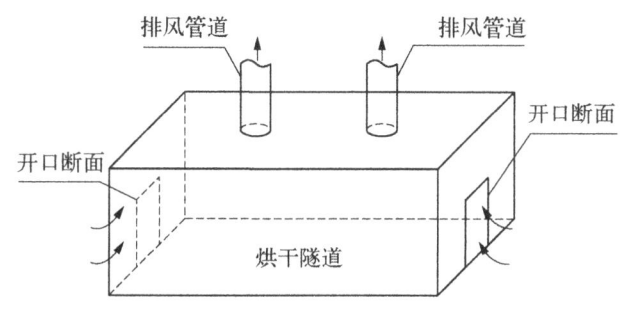

图 2-1 烘干隧道示意图

3. 涂布设备

涂布设备主要用于在各种基材(如纸张、塑料、金属等)上涂覆涂料、油墨、胶水等材料。涂布设备通常包括:涂布头、传送装置、干燥装置和废气收集系统等部分。在涂布过程中,涂料或油墨的挥发会产生一定量的废气或有害物质。为了保护操作人员的健康和减少对环境的污染,涂布设备通常会配备废气收集系统。废气收集系统通过设置在涂布设备周围的排风罩或吸气装置,将产生的废气或有害物质捕获,并将其引导至相应的处理设备或排放系统中。涂布控制系统,应确保涂层质量和均匀性;配备废气收集系统,有效捕获涂布过程中产生的废气或有害物质;可适应不同基材和涂料的涂布需求。涂布设备广泛应用于包装、印刷、电子等行业中的涂布工艺。

## 2.2.2 风管

风管是将挥发性有机物从收集装置输送到末端处理设备的主要通道。废气收集系统中风管的设计应包含:风管材料选择、风管布置、漏风量要求、风管尺寸设计、设计风速选择、水力计算等。

风管主要有金属风管、玻璃钢风管、塑料风管等类型。金属风管通常由镀锌板、不锈钢板等材料制成,因其具有较高的强度和耐腐蚀性,适用于对废气处理要求较高的场合。玻璃钢风管和塑料风管则具有较好的耐腐蚀性和防腐蚀性能,同时具有较长的使用寿命和较低的维护成本,同样适用于对废气处理要求较高的场合。塑料风管具有防腐蚀较高和隔热性能较强、阻燃性高、轻质高强度、维护成本低、内壁光滑、摩擦阻力较小、塑料加工成型温度低、加工能耗低等优点。塑料风管可制成软管,适用于需要弯曲和移动的场合。但需要注意的是,软管的长度不宜过长,且不能出现软管缠绕、弯折的情况,以避免局部阻力过大,导致软管连接的外部排风罩排风量不足甚至无风。此外,还有一些特殊的风管类型,例如,不锈钢特氟龙内衬管,其内衬材料特氟龙(聚四氟乙烯)具有优异的高热性、耐候性、绝缘性、耐腐蚀性、低燃性。在挥发性有机物废气收集系统中,风管以金属风管为主,一般使用焊接连接或采用法兰连接。当采用法兰连接时,推荐使用角钢法兰和焊接法兰,这两种连接方式具有较好的密封性和稳定性;相比之下,共板法兰由于密封性差、易漏风等问题,在金属风管的连接中并不推荐使用。

风管布置直接关系到通风、空调系统的总体布置,它与工艺、土建、电气、给排水等专业关系密切,应相互配合、协调一致。管道布置对于确保系统的效率和性能至关重要。

(1) 挥发性有机物收集系统的排风点不宜设置过多,以利于各支管间阻力平衡。如排风点较多,可用大断面的集合管连接各支管,或者设置末端风量调节装置。

(2) 在输送含有蒸汽、雾滴的气体时,如表面处理车间的废气收集管道,应有不小于 0.005 的坡度,以便排除积液,并应在风管的最低点和风机底部装设水封泄液管。

(3) 在输送含有粉尘的挥发性有机物时,为防止风管堵塞,风管的直径不宜小于下列数值:输送细小粉尘,推荐直径为 80 mm;输送较粗粉尘(如木屑),推荐直径为 100 mm;输送粗粉尘(有小块物体),推荐直径为 130 mm。

(4) 排除含有剧毒物质的正压风管,不应穿过其他房间。

(5) 风管上应设置必要的调节和测量装置(如阀门、压力表、温度计、风量测定孔和采样孔等)或预留安装测量装置的接口。调节和测量装置应设置在便于操作和观察的地点。

(6) 风管的布置应力求顺直,避免复杂的局部管件。弯头、三通等管件应合理布置,与风管的连接要合理,以降低阻力和减少噪声。

(7) 管道断面的形状选择:圆形风管适用于具有高速流动要求的管道,因为圆形断面可以提供更流畅的气流路径,减少涡流和降低阻力;当管道断面较大时,选择矩形风管可能更为合适,因为它可以更有效地利用空间,并可能更容易与其他系统组件进行集成。

在 VOCs 废气收集系统中,风管的密闭性应能达到标准要求,即风管系统的漏风率不宜超过 3%。对于输送高温烟气的金属风管,应合理布置管道以及膨胀节、柔性接头和管道支架,并应选用合适的管道托座以减小管道对支架的推力。当有机废气收集管道内可能产生凝结水或其他液体时,管道应设计不小于 0.005 的坡度,并应在风管的最低点设置排水装置。

### 2.2.3 风机

风机是废气收集系统的动力源,利用外加能量输送挥发性有机废气。根据工作原理的不同,风机主要分为叶片式风机与容积式风机两大类。叶片式风机通过叶轮的旋转将能量传递给空气,使气体获得动能,这一类风机包括离心式风机、轴流式风机和混流式风机等。离心式风机利用离心力将气体从中心吸入并沿径向排出;轴流式风机则是通过叶片的旋转使气体沿轴向流动;混流式风机则结合了离心式风机和轴流式风机的特性。容积式风机则是通过工作室容积的周期性改变将传递能量给气体,使气体获得压力,这类风机主要包括往复式风机和回转式风机。往复式风机通过活塞在气缸内的往复运动来改变工作室容积,实现气体的压缩和输送;回转式风机则通过转子的旋转来改变工作室容积,实现气体的压缩和输送。

风机的分类方式多样,可以根据结构形式、排气压强等多种标准进行划分。例如,根据结构形式,风机可分为单级风机和多级风机;根据排气压强的不同,风机可分为通风机、鼓风机、压气机和真空泵等。根据工作压力的不同,风机可分为风扇、通风机、鼓风机、压缩机。通风机属于排气压强较低的一类风机,主要用于促进空气流通。鼓风机则具有比通风机更高的排气压强,通常用于那些需要更高压力的环境,比如,为燃烧设备提供助燃空气。压气机的排气压强是这三种风机中最高的,适用于那些需要很高压力的环境,比如某些工业设备或压缩空气储存系统。

在 VOCs 废气收集系统中,常用的风机类型为离心式风机或轴流式风机。风机选型应根据有机废气收集系统的管路特性曲线和风机性能曲线,具体要求如下:

(1) 风机的设计风量应在系统计算的总风量上附加风管和设备的漏风量,风机压力则应在系统计算的压力损失上附加 10%~15%;

(2) 当计算工况与风机样本标定状态相差较大时,风机样本标定状态下的数值应换算成风机选型工况下的计算风量和全压;

(3) 风机的选用设计工况效率不应低于其最高效率的 90%;

(4) 采用定转速风机时,电机轴功率应按工况参数计算确定;采用变频风机时,电机轴功率应按工况参数计算确定,且应在 100% 转速的计算值上再附加 15%~20%;风机输送介质温度较高时,电动机功率应按冷态运行工况进行附加计算。

另外,值得注意的是,在选择通风机时,应避免多次附加计算造成选型偏差。

在废气收集系统中,风机选型时还需结合 VOCs 处理系统的输送介质特点。常用的特殊风机类型包括防爆风机、防腐风机和耐高温风机等,它们分别适用于输送具有爆炸危险性、腐蚀性或潮湿气体,以及高温的 VOCs 废气。防爆风机主要用于输送有爆炸危险性的气体,这类风机在设计和制造过程中采取了特殊的防爆措施,确保在恶劣工作环境下不会发生爆炸,它们通常用于石油、化工、医药等行业。防腐风机则主要用于输送具有腐蚀性的气体,这类风机通常采用耐腐蚀的材料,如不锈钢、玻璃钢等,以防止气体对风机产生腐蚀,保障其正常运行,它们广泛应用于冶金、电力、环保等行业。耐高温风机则主要用于输送高温气体,这类风机通常采用耐高温材料,如陶瓷、特殊合金等,以确保在高温环境下风机的稳定性和可靠性,它们常用于冶金、玻璃、陶瓷等行业。

### 2.2.4 阀门

在 VOCs 废气收集系统中,由于收集末端较多,且部分工程末端还存在间歇性运行工况,因此需要使用阀门来调节和控制流量。在 VOCs 废气收集系统中,常用的阀门类型包括插板阀、蝶阀、球阀、多叶阀、止回阀等。

**1. 插板阀**

插板阀,也称为手动刀型闸阀,其工作原理是通过闸板的启闭来控制气体的流动。插板阀的闸板与阀座始终紧密接触,确保了阀门的密封性。当闸板启闭时,它会与通径完全脱离或紧密吻合,从而实现气体的流通或阻断。插板阀具备多种优点。首先,插板阀的阀体通径无凹槽,这意味着介质不会卡阻堵塞,从而保证了气体的顺畅流动。其次,插板阀具备全通径流通特性,有助于减少气体流动的阻力,提高系统的效率。此外,插板阀的密封结构可以分为软密封和硬密封两种,用户可根据实际需求进行选择。插板阀的构造也具有一定的特点。例如,穿透式刀闸阀具有精密的构造和良好的工艺性,其密封阀座为活动结构设计,具有防磨损和自动补偿功能,有效延长了阀门的使用寿命。在关闭和开启过程中,阀座与闸板始终紧密贴合,这使得阀门启闭力稳定,并具备切断介质的能力。插板阀的操作方式灵活多样,可以是手动、电动或气动。手动插板阀通过手轮转动来启闭闸板,而电动或气动插板阀则通过电机或气缸驱动阀门的开关。此外,插板阀还可以配备远程控制接口,如集散控制系统,以实现远程操作和控制。

**2. 蝶阀**

蝶阀,亦称翻板阀,是一种通过关闭件(即阀瓣或蝶板)围绕阀轴旋转来实现开启与关闭的阀门。蝶阀特别适用于中小口径的管道。蝶阀结构简单、启闭快速,但其密封性相对较差,因此不适用于处理高黏度、高温、高压的废气。在蝶阀启闭过程中,蝶板在阀体内绕其轴线旋转,实现启闭或调节流量的功能。蝶阀从全开至全闭的旋转角度通常小于 90°,其具有结构简单、体积小、质量小、操作灵活便捷、密封性能好、维修方便等优点,因此广泛应用于石油、化工、冶金、电力、给排水和市政建设等多个领域。

蝶阀的密封形式主要分为软密封型和硬密封型两种。软密封型蝶阀通常采用橡胶圈进行密封,具有较好的密封性能,但其耐高温和高压性能较差。硬密封型蝶阀则采用金属圈进行密封,具有较好的耐高温和高压性能,但其密封性能相对较差。因此,在选择蝶阀时,必须根据实际使用环境和要求进行综合考量。

此外,蝶阀还可以根据其结构形式进行分类,包括偏置板式、垂直板式、斜盘式和杠杆式等类型。其中,偏置板蝶阀的阀杆轴线与蝶板中心线形成一个偏置角,这使得蝶板在开启时能够更快地脱离阀座,减小了开启力矩,从而易于启闭。垂直板蝶阀的阀板与阀杆垂直,具有结构紧凑、质量小、安装尺寸小等优点。斜盘蝶阀的阀板与阀座之间的密封面呈斜面形状,可以在关闭时形成更好的密封效果。杠杆式蝶阀则采用杠杆机构来驱动阀板旋转,具有开启力矩大和启闭快速的特点。

3. 球阀

球阀的启闭件(球体)由阀杆带动,并绕球阀轴线作旋转运动。它不仅可用于流体的调节与控制,而且硬密封V型球阀的V型球芯与堆焊硬质合金的金属阀座之间具有很强的剪切力,特别适用于含纤维、微小固体颗粒等的介质。多通球阀在管道上不仅可灵活控制介质的合流、分流以及流向的切换,并且能够关闭任一通道,使另外两个通道相连通。根据驱动方式的不同,球阀可分为气动球阀、电动球阀和手动球阀。由于球阀密封性好、流体阻力小、结构简单,因此特别适用于废气收集系统中对切断和启闭要求较高的场合。

4. 多叶阀

多叶阀,也称为多叶调节阀,是一种通过多个叶片调节流量和压力的阀门装置。多叶阀主要由阀体、叶片、执行机构等部件组成。该阀门通过旋转或滑动叶片来改变流体通道的横截面积,从而实现对流量的精确调节。多叶阀广泛应用于通风空调、粉尘净化、工业生产等多个领域。多叶阀的工作原理是通过执行机构(如电动机、气动装置等)来驱动叶片在阀体内的旋转或滑动,改变流体通道的横截面积。当叶片旋转或滑动时,流体通过阀门的通道横截面积发生变化,实现了对流量的调节。多叶阀的调节精度较高,可以实现对流量的精确控制,因此在需要精确调节流量的场合中被广泛应用。

多叶阀的优点包括以下几个方面:一是精确调节。多叶阀采用多个叶片设计,可以精确地调节流体通道的横截面积,实现对流量的精确控制。二是节能环保。多叶阀可以根据实际需要调节流量,避免了因流量过大或过小而造成的能源浪费,同时也减少了对环境的污染。三是稳定性好。多叶阀的叶片结构紧凑、刚性强,不易因流体冲击而变形,因此具有较好的稳定性。四是适用范围广。多叶阀适用于多种流体介质,如空气、水、蒸汽等,并可在不同的温度和压力条件下工作。

5. 止回阀

止回阀是指启闭件为圆形阀瓣并靠自身质量及介质压力产生动作来阻断介质倒流的一种阀门,其主要作用是保护设备不受气体逆流的损坏。在废气处理系统中,止回阀的主要作用是避免废气在停机后反向流动,对设备和管道造成损害。

在粉尘和VOCs的收集系统中,通常采用插板阀;在通风系统及其他类似场合,宜采用蝶阀;长边或直径大于630 mm的大截面风管,采用多叶阀;在穿越防火分区或必要位置,必须安装防火阀。防火阀是一种重要的防火设备,它能够有效地控制气流和防止火灾蔓延。在通风和空调系统中,合理设置和选用防火阀对于保障建筑安全具有重要意义。总的来说,插板阀是一种适用于废气收集系统的阀门类型,具有密封性好、流通阻力小、操作方便等优点。蝶阀是一种非常实用的阀门类型,其结构简单、操作方便、密封性能好等优点使其在许多领域中得到了广泛应用。多叶阀的调节精度与执行机构的性能密切相关,因此选择性能稳定、调节精度高的执行机构对于保证多叶阀的正常运行和使用效果至关重要。在选择插板阀时,需要根据废气的具体性质、系统要求以及操作方式等因素进行综合考虑,以确保阀门的性能和使用效果达到最佳状态。同时,正确的安装和维护也是保证插板阀正常运行的关键环节。

对于应急排口的阀门,其泄漏率不应大于0.5%,并且应处于常闭状态,必须定期进行检查,以确保阀门的开关动作有效性;阀门宜采用电动或气动方式操作,并应具有信号输入功能,以便远端控制中心输出电信号以驱动阀门动作,同时,阀门还应具有信号输出功能,以便将阀门状态信号反馈至控制中心,只有当阀门关闭到位后,才能输出表示阀门关闭的电信号。

### 2.2.5 控制系统

废气收集系统的稳定运行离不开控制系统的支持,控制系统通过监控和调节废气收集系统的运行状态,确保系统能够高效、稳定地运行,其主要功能包括实时监测、自动调节、故障报警、自动启停等。控制系统是一个复杂的集成系统,不同部分协同工作,实现对废气收集系统的全面监控和精确控制。控制系统主要包括传感器与检测设备、控制器、执行机构和人机界面(Human-Machine Interface,HMI)。

1. 传感器与检测设备

传感器与检测设备是控制系统的"感官",负责实时采集废气收集系统中的关键参数。流量传感器用于监测风管中的气体流量,确保废气收集系统的风量在设定范围内。流量传感器通常可分为热式、差压式或超声波式三种。热式流量传感器通过测量气体流过热敏元件时的温度变化来计算流量;差压式流量传感器通过测量气体流经节流装置前后的压差来计算流量;超声波式流量传感器则利用超声波在气体中的传播速率来测量流量。压力传感器用于监测风管中的压力变化,防止因过压或负压影响设备正常运行。压力传感器可以安装在风机进出口、风管关键节点等位置。

常见的压力传感器主要分为压阻式、电容式和压电式三种。温度传感器用于监测废气温度,防止温度过高或过低对后续处理设备造成损害。温度传感器通常采用热电偶或热电阻(RTD)技术。热电偶通过测量两种不同金属连接处的温度差来产生电压信号;热电阻则通过测量电阻随温度变化的特性来计算温度。浓度传感器能实时监测废气中的VOCs浓度,确保废气处理设备的处理效率。常见的VOCs浓度传感器包括PID(光离子化检测器)和FID(火焰离子化检测器)。PID通过紫外光照射气体分子,使其电离并产生电流信号;FID则通过燃烧气体分子,测量燃烧产生的离子电流。湿度传感器用于监测废气中的湿度,防止湿度过高导致设备腐蚀或堵塞。湿度传感器通常可分为电容式或电阻式两种。电容式湿度传感器通过测量电容随湿度变化的特性来计算湿度;电阻式湿度传感器则通过测量电阻随湿度变化的特性来计算湿度。

2. 控制器

控制器是控制系统的"大脑",负责处理传感器采集的数据,并根据预设的控制策略发出控制指令。PLC(可编程逻辑控制器)是工业自动化中常用的控制器,具有高可靠性和强大的逻辑控制能力。它可以根据输入信号执行复杂的控制逻辑,并输出控制信号给执行机构。PLC通常由中央处理器(CPU)、输入/输出模块(I/O)、电源模块和通信模块组成。DCS(分布式控制系统)适用于大规模、复杂的工业过程控制,能够实现对多个子系统的集中监控和分散控制。DCS通常由多个控制站、操作站和通信网络组成。嵌入式控制器通常用于小型或专用的控制系统,具有体积小、功耗低的特点。嵌入式控制器通常由微处理器、存储器、输入/输出接口和通信接口组成。控制器通过接收传感器的数据,判断系统的运行状态,并根据预设的控制算法(如PID控制、模糊控制等)进行计算,输出控制信号给执行机构。

3. 执行机构

执行机构是控制系统的"手脚",负责执行控制器发出的指令,调节系统的运行状态,常见的执行机构包括变频器、电动阀门、阻尼器。执行机构的响应速度和精度直接影响控制系统的性能,因此在选择执行机构时需要考虑其可靠性、响应速度和调节精度。

4. 人机界面

人机界面(HMI)是操作人员与控制系统进行交互的窗口,通常以触摸屏或计算机屏幕的形式呈现。HMI的主要功能包括实时数据显示、参数设置、报警管理、历史数据查询等。

## 2.3 排风罩的设计计算

收集装置的设计应遵循以下原则:

(1)收集装置应尽可能包围或靠近污染物发生源,使污染物局限于较小的空间,尽可能缩小其吸气范围,便于捕集和控制。

(2)收集装置的吸气气流方向应尽可能与污染气流运动方向一致。

(3)已被污染的吸入气流不允许通过人员的呼吸区域。设计时要充分考虑操作人员的位置和活动范围。

(4)排风罩应力求结构简单、造价低,便于制作、安装、拆卸和维修。

(5)与工艺流程密切配合,使局部排风罩的配置与生产工艺相协调,力求不影响工艺操作。

(6)应尽可能避免或减弱干扰气流(如穿堂风、送风气流等)对吸气气流的影响。

排风罩是最常用的收集装置,本节将针对几种典型的排风罩,阐述其工作原理及计算方法。

### 2.3.1 密闭罩

密闭罩把废气散发源全部密闭在罩内,并在罩体上设有工作孔,从罩外吸入空气,罩内的污染空气由上部排风口排出。这种排风罩仅需较小的排风量,便能有效控制废气的扩散,排风罩气流不受周围气流的影响。其缺点在于其可能会影响设备检修,并且有时看不到罩内的工作情况。

随工艺设备及其配置的不同,密闭罩形式多样。根据与工艺设备的配置关系,密闭罩可分为局部密闭罩、整体密闭罩、大容积密闭罩三类。

为防止废气外逸,需要通过排风系统消除罩内正压,罩内正压的主要来源包括机械设备运动、物料移动、罩内外温度差等。因此,密闭罩排风口应设置在罩内压力最高的区域,以便更有效地消除正压。

密闭罩的排风量可根据进风量与排风量的平衡来确定,如下式:

$$L = L_1 + L_2 + L_3 + L_4 \tag{2-1}$$

式中:$L$ 为密闭罩的排风量,$m^3 \cdot s^{-1}$;$L_1$ 为物料下落时,带入罩内的诱导空气量,$m^3 \cdot s^{-1}$;$L_2$ 为从孔口或不严密部分吸入的空气量,$m^3 \cdot s^{-1}$;$L_3$ 为因工艺需要鼓入罩内的空气量,$m^3 \cdot s^{-1}$;$L_4$ 为在生产过程中因受热使空气膨胀或水分蒸发而增加的空气量,$m^3 \cdot s^{-1}$。

### 2.3.2 排风柜

排风柜的结构和密闭罩相似,由于工艺操作需要,罩的一面可全部敞开。小型排风柜适用于化学实验、小零件的喷漆等作业;大型排风柜则用于大型部件的喷漆、粉料的装袋等作业,操作人员可以在柜内直接进行作业。根据气流运动的特点,排风柜主要分为吸气式、吹吸式及吹吸联合式三种类型。吸气式排风柜单纯依靠排风的作用,在工作孔上形成一定的吸入风速,有效防止有害物外逸。送风式排风柜,约有70%的排风量由上部风口提供(使用室外空气),剩余的30%则从室内流入罩内。在需要供热(或制冷)的房间内,设置送风式排风柜可节能60%左右。吹吸联合式排通风柜可以隔断室内干扰气流,防止柜内形成局部涡流,使有害物得到有效控制。

排风柜的排风量可按下式计算:

$$L = L_1 + v \cdot F \cdot \beta \tag{2-2}$$

式中:$L$ 为排风柜的排风量,$m^3 \cdot s^{-1}$;$L_1$ 为柜内的污染气体发生量,$m^3 \cdot s^{-1}$;$v$ 为工作孔上的控制风速,$m \cdot s^{-1}$;$F$ 为工作孔或缝隙的面积,$m^2$;$\beta$ 为安全系数,其值为 1.1~1.2。

关于化学实验室用的排风柜,工作孔的控制风速可根据表 2-2 选取。对于一些特定的工艺过程,控制风速可参照相关标准规范选取。

表 2-2 排风柜的控制风速

| 污染物性质 | 控制风速/(m·s$^{-1}$) |
| --- | --- |
| 无毒污染物 | 0.25～0.375 |
| 有毒或有危险的污染物 | 0.4～0.5 |
| 剧毒或少量放射性污染物 | 0.5～0.6 |

### 2.3.3 外部排风罩

外部排风罩设置在污染物源附近,依靠罩口的抽吸作用,在污染物散发点产生一定的气流运动,从而将污染物吸入罩内。为保证污染物被全部吸入罩内,必须在距吸气口最远的有害物散发点(即控制点)上形成适当的空气流动。控制点的空气流速被称为控制风速(也称吸入速度)。外部排风罩需要多大的排风量,才能在距罩口 $x$ 米处形成必要的控制风速 $v$,这与吸气口气流的运动规律有关。因此,外部排风罩的罩口尺寸和结构应按吸入气流的流场特性来设计;其排风量应根据罩口形式、控制点风速等因素通过计算来确定。

根据相关实验结果,当前面无障碍时,外部排风罩的排风量可按以下公式计算:

$$L = v_0 \cdot F = \alpha \cdot (10x^2 + F) v_x \quad (2-3)$$

式中:$L$ 为外部排风罩的排风量,m$^3$·s$^{-1}$;$v_0$ 为吸气口的平均风速,m·s$^{-1}$;$v_x$ 为控制点的控制风速,m·s$^{-1}$;$F$ 为吸气口的面积,m$^2$;$x$ 为控制点至吸气口的距离,m;$\alpha$ 为修正系数。当外部排风罩四周无边时,$\alpha$ 取 1.0;四周有边时,$\alpha$ 取 0.75。

当前面有障碍时,外部排风罩的排风量可按以下公式计算:

$$L = K \cdot P \cdot H \cdot v_x \quad (2-4)$$

式中:$L$ 为外部排风罩的排风量,m$^3$·s$^{-1}$;$P$ 为排风罩罩口敞开面的周长,m;$H$ 为排风罩罩口至污染源的距离,m;$v_x$ 为边缘控制点的控制风速,m·s$^{-1}$;$K$ 为考虑沿高度速度分布不均匀的安全系数,通常取 1.4。

在设计废气收集系统时,应充分考虑有机废气散发源的特性,如是否能够封闭、是否散热、是否具有诱导气流等多种特性,以选择合适的排风罩类型。结合不同类型的排风罩及其废气收集原理,并考虑工艺特点、横向风干扰等诸多因素,共同确定最佳方案。表 2-3 给出了在使用外部排风罩的情况下,针对不同污染物散发情况,最小控制风速的推荐值。

表 2-3　外部排风罩控制点的控制风速

| 污染物散发情况 | 最小控制风速/($m \cdot s^{-1}$) | 举　　例 |
| --- | --- | --- |
| 以极低的速度扩散到相当平静的空气中 | 0.25~0.5 | 槽内液体的蒸发;气体或烟从敞口容器中逸出 |
| 以较低的初始速度释放到尚属平静的空气中 | 0.5~1.0 | 喷漆室内喷漆,断续地倾倒有尘屑的干物料到容器中;焊接 |
| 以相当高的速度放散出来,或是放散到空气运动迅速的区域 | 1.0~2.5 | 在小喷漆室内用高压力喷漆,快速装袋或装桶;往运输器上给料 |
| 以极高的速度放散出来,或是放散到空气运动很迅速的区域 | 2.5~10 | 磨削;重破碎;滚筒清理 |

## 2.3.4　接受式排风罩

在某些生产过程中,或者由于设备本身的特性,会产生或诱导一定的气流运动,带动废气一起运动,例如,高温热源上部的对流气流,以及砂轮磨削时抛出的磨屑及大颗粒粉尘所诱导的气流等。针对这种情况,应尽可能地把排风罩设在污染气流的前方,确保污染气流能够直接进入罩内。这类排风罩被称为接受式排风罩。在挥发性有机污染物治理中,热接受式排风罩是最为常见的排风罩类型。

尽管接受式排风罩在外观上和上吸式外部排风罩极为相似,但它们的工作原理却不同。对于接受式排风罩而言,罩口外的气流运动是由生产过程本身引起的,接受式排风罩仅起到接受作用,它的排风量取决于所接受的污染空气量。因此,接受式排风罩的断面尺寸应不小于罩口处污染气流的断面尺寸。

接受式排风罩的排风量可按下式计算:

$$L = L_z + v' \cdot F' \tag{2-5}$$

式中:$L$ 为接受式排风罩的排风量,$m^3 \cdot s^{-1}$;$L_z$ 为罩口断面上热射流流量,$m^3 \cdot s^{-1}$;$v'$ 为扩大面积上空气的吸入速度,$m \cdot s^{-1}$s;$F'$ 为罩口的扩大面积,$m^2$。

## 2.3.5　吹吸式排风罩

由于外部排风罩罩口外的气流速度衰减很快,当罩口至污染散发源距离较大时,需要较大的排风量才能在控制点产生所需的控制风速。因此,人们设想可以利用射流作为动力,将污染物输送到排风罩口,再由其排除,或者利用射流阻挡、控制污染物的扩散。这种把吹和吸结合起来的污染通风控制方法被称为吹吸式通风。由于吹吸式通风依靠吹、吸气流的联合工作来控制和输送污染物,它具有风量小、污染控制效果好、抗干扰能力强、不影响工艺操作等特点。近年来,这一方法在国内外得到日益广泛的应用。

吹吸式排风罩的计算方法有两种,一是速度控制法,该方法由苏联学者巴杜林提出,其认为吹吸气流对有害物的控制能力取决于吹出气流的速度与作用在吹吸气流上的污染气流(或横向气流)的速度之比。只要确保吸风口前射流末端的平均速度维持在一定数值(通常要求为 $0.75\sim 1\ \mathrm{m\cdot s^{-1}}$),就能保证对有害物的有效控制。这种方法只考虑吹出气流的控制和输送作用,不考虑吸风口的作用,将其视为一种安全因素。

吹吸式排风罩在工业槽中的应用最为普遍,其设计要点如下:

(1) 对于有一定温度的工业槽,吸风口前必需的射流平均速度 $v_1'$,根据以下经验公式确定:

槽温 $t=70\sim 95\ ℃$ 时,射流平均速度 $v_1'=H$($H$ 为吹风口至吸风口的距离,m),$\mathrm{m\cdot s^{-1}}$;

槽温 $t=60\ ℃$ 时,$v_1'=0.85H$,$\mathrm{m\cdot s^{-1}}$;

槽温 $t=40\ ℃$ 时,$v_1'=0.75H$,$\mathrm{m\cdot s^{-1}}$;

槽温 $t=20\ ℃$ 时,$v_1'=0.5H$,$\mathrm{m\cdot s^{-1}}$。

(2) 为了避免吹出气流溢出吸风口外,吸风口的排风量应大于吸风口前射流的流量,一般为射流末端流量的 $1.1\sim 1.25$ 倍。

(3) 吹风口高度 $b_0$ 一般为 $(0.01\sim 0.15)H$,为防止吹风口发生堵塞,$b_0$ 应为 $5\sim 7\ \mathrm{mm}$。吹风口出口流速不宜超过 $12\ \mathrm{m\cdot s^{-1}}$,以免液面波动。

(4) 要求吸风口上的气流速度 $v_1=(2\sim 3)v_1'$,若 $v_1$ 过大,吸风口高度 $b_1$ 过小,污染气流容易溢入室内。但是,$b_1$ 也不能过大,以免影响操作。

另一种吹吸式排风罩的计算方法是流量比法。日本学者林太郎将应用于外部排风罩研究中的流量比概念扩展到吹吸式排风罩。

吸风口的风量计算如下:

$$L_1=L_0+(L_G+L_S)=L_0+L_2=L_0(1+K) \tag{2-6}$$

式中:$L_0$ 为吹风口的吹风量,$\mathrm{m^3\cdot s^{-1}}$;$L_G$ 为污染气体量,$\mathrm{m^3\cdot s^{-1}}$;$L_S$ 为从周围吸入的空气量,$\mathrm{m^3\cdot s^{-1}}$;$K$ 为流量比,$K=L_2/L_0=(L_S+L_G)/L_0$。

流量比法相较于控制风速法,有以下发展:① 考虑了吹吸气流的联合作用,并提出了经济高效的设计方式。② 阐明了气幕的隔断能力并不仅依赖于出口流速,而是更多地取决于射流的动量。该方法主张用低速气流来替代高速气流。③ 对罩子几何尺寸的影响进行了研究和分析。

需要指出的是,流量比法的设计计算公式是基于模型实验结果导出的,某些方面可能尚无法完全满足实际工程的需求。

## 2.4 收集装置与技术提升

有效捕集挥发性有机物是污染治理的关键步骤。在面对设备和工艺的多样化、操作需求及环境干扰等多重因素的影响时,传统的收集装置(即排风罩)已不能满足高效、节能的收集需求。因此,基于传统排风罩的设计原理与设计方法,从业人员和学者研发了多种新型收集装置与收集技术,旨在提升收集装置的捕集性能。

提升传统排风罩捕集性能的方法主要有以下几种:① 降低环境气流的干扰,例如,对于外部排风罩,可使用软帘、软罩、挡板,使排风罩尽可能延长并接近VOCs散发源,从而提高废气收集效果;同时,优化设备布局,尽量避免设备之间的相互干扰,保持设备之间的合理距离和高度,以降低气流干扰的可能性,例如,整体通风系统宜设置缓冲区,并采用双层门+门斗的形式,如图2-2所示。② 通过设置可移动挡烟板来扩大吸气负压的范围。③ 将外部吸气罩与接受罩相结合。④ 采用射流辅助型排风罩,如Aaberg排风罩、涡旋侧吸排风罩等。这些提升技术的相关情况,如图2-3所示。本节将重点介绍几种在挥发性有机污染物治理工程中常见的收集装置与技术。

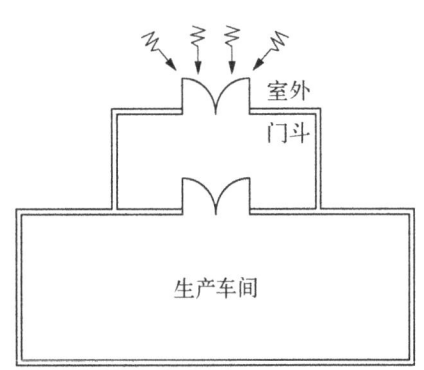

图 2-2 双层门+门斗示意图

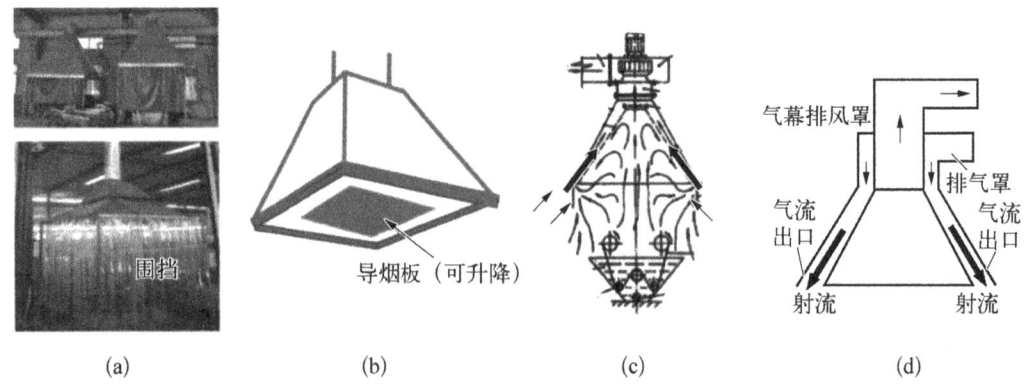

图 2-3 常见排风罩性能提升技术相关情况

### 2.4.1 射流辅助型高效排风罩

通过利用环绕圆形排风罩吸气口的条缝产生的径向射流,能够显著提升排风罩的性能及其对污染物的控制效果。本书作者深入分析了射流对吸气汇流增强作用的机理,提出了一种创新的主动射流辅助型矩形排风罩设计,该设计采用方形开口,如图 2-4 所示。这种新型排风罩能够适应方形污染源对于不同长宽比和尺寸的排风罩的需求。研究团队通过对平面射流原理的深入分析,确定了排风罩形成射流装置的结构形式和尺寸,从而确定了新型射流辅助型矩形排风罩的设计。在确定了排风罩结构之后,研究团队对新型排风罩的工作原理进行了研究,通过实验和计算流体动力学(Computational Fluid Dynamics,CFD)方法初步探索了射流对排风罩吸气汇流范围限制作用的原理。为了安装射流条缝,排风罩被设计成带有裙边的伞形外部吸气罩,选择了与无射流伞形罩裙边高度相同的计算方法,并在排风罩外壁面的侧下方安装了射流条缝以提供径向射流。这些从射流条缝中产生的射流能够限制排风罩吸气汇流的范围,从而增强排风罩的动量控制能力。

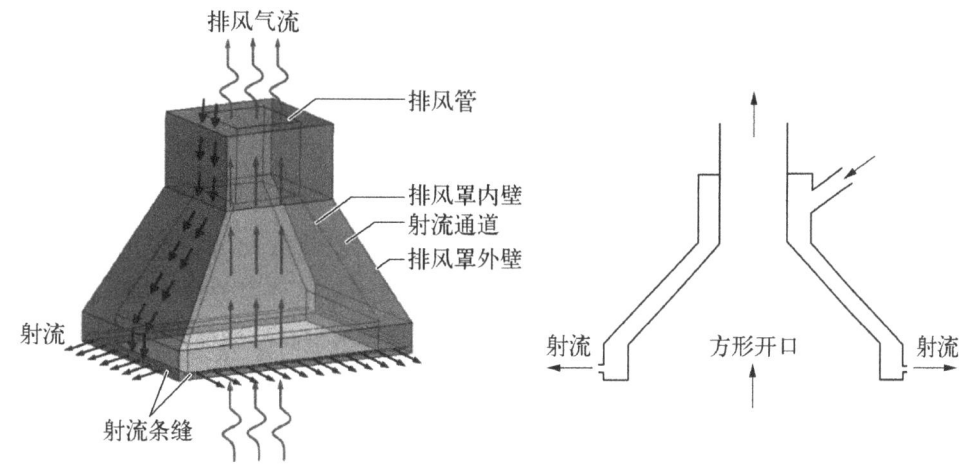

图 2-4 主动射流辅助型矩形排风罩

研究还发现,针对主动射流辅助型矩形排风罩,射流限制吸气汇流范围的条件包括:① 具备能够形成平面射流的条件;形成的平面射流可以对排风罩后的气流起到屏蔽作用;射流对吸气流的诱导作用不可过强。② 在满足"形成平面射流的条件"及"射流出流均匀性的条件"的前提下,最佳的射流通道宽度为 40 mm。③ 射流能够增强排风罩吸气汇流的首要条件为达到对汇流范围产生限制作用的最小射流速度,但是最小射流速度易受排风量和射流角度等因素的影响;在相同的射流出流速度下,改变排风量或射流角度都可能改变射流对吸气汇流限制作用的有效性,甚至可能导致射流对排风罩后气流的屏蔽作用失效。

图 2-5 展示了在有无射流辅助的情况下,矩形排风罩对污染控制效果的影响。通过发烟技术进行可视化对比试验,结果显示,在无射流辅助的工况下,烟气发生了明显的偏转,而在有射流辅助的工况下,烟气被有效地锁定在排风罩的控制范围内。

(a) 无射流辅助　　　　　　(b) 有射流辅助

图 2-5　主动射流辅助型矩形排风罩在控制污染物方面的可视化试验

## 2.4.2　烘干室出口废气逸出抑制系统

在喷涂车间的烘干室,由于其长度较长和室内温度高、热量大,烘干室的出口兼具物料的进出口功能,通常呈开放状态。在出口处,由于烘干室内外温差较大(约150 ℃),自然对流现象极为显著,导致室外冷风灌入,并在受热膨后携带高温烟气外逸。高温烟气逸出后严重影响了烘干室外的车间环境。本书作者提供了一种喷涂烘干室出口烟气逸出抑制系统的设计方案,该方案通过在烘干室出口处增设延长段,设置鼓包形成动量缓冲段,同时设置喷淋系统和热风循环系统,有效抑制了烘干室内高温烟气的逸出。

如图2-6所示,烘干室出口烟气逸出抑制系统由多个关键组件构成,包括烘干室出口的延长段、热风循环系统、喷淋系统和温控装置。延长段设计为中空腔体结构,一端与烘干室出口相连,另一端是延长段出口。在延长段顶部,设置了一个空腔状的鼓包。热风

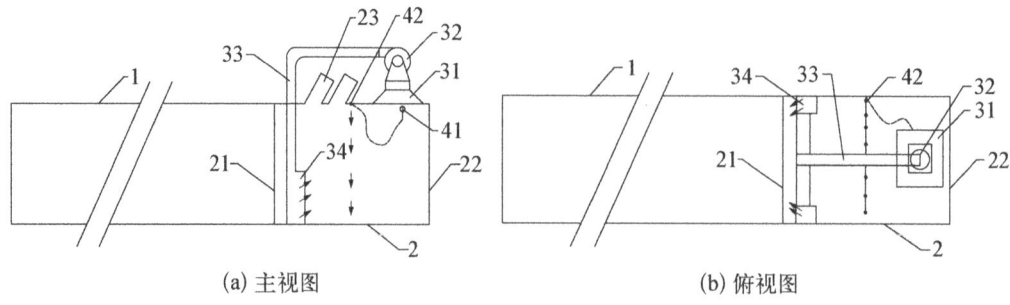

(a) 主视图　　　　　　(b) 俯视图

图 2-6　烘干室出口烟气逸出抑制系统

1:烘干室;2:延长段;4:喷淋系统;21:烘干室的出口;22:延长段的出口;23:空腔状鼓包;31:排风罩;32:循环风机;33:风管;34:静压箱;41:温控装置;42:喷嘴

循环系统由排风罩、循环风机、风管和静压箱组成，排风罩安装在延长段内部靠近延长段出口的上方位置，循环风机的入口与排风罩的支管相连，风机本身安装在延长段的外部。循环风机的出口通过风管与静压箱相连，静压箱安装在延长段内部靠近烘干室原来的出口两侧。喷淋系统设置于中空腔体的顶部。排风罩安装在延长段出口附近，通过循环风机、风管、静压箱将烟气送回烘干室。温控装置的探头安装在排风罩口下方，用于实时监测烟气温度，并根据检测结果控制喷淋系统的启闭。

该系统的具体工作流程如下：当烘干室开始工作时，即启动热风循环系统的循环风机，温控装置实时监测排风罩下方的烟气温度。当排风罩下方的烟气温度高于设置温度 $T_1$ 时，启动喷淋系统，烟气经喷淋降温后体积减小，保证热风循环系统的风量能够将逸出的烟气完全收集，抑制烟气逸出；烟气不断循环降温后，当温控装置检测到排风罩下部烟气温度低于设置温度 $T_2$ 时，关闭喷淋系统；在喷漆烘干室停止工作后，热风循环系统会继续运行半小时，以确保内部烟气无逸出。温度 $T_1$、$T_2$ 的设定值是根据烘干房的体积、加热量、烘干房内部温度确定的。

### 2.4.3 基于密闭罩的循环浓缩技术

在橡胶工业的炼胶车间等场所，部分工艺过程会散发出典型的低浓度、大风量有机废气。本书作者提出了一种循环浓缩技术，通过通风技术手段，在废气收集阶段降低风量、提高废气的收集浓度。这种方法能够显著缩小后续处理设备的规模，节省初投资；此外，经过浓缩的高浓度废气可用于直接燃烧、蓄热焚烧、吸收处理，不仅处理效率高，且运行成本更低。

循环浓缩技术涉及对同一排风气流的多次循环利用。未经处理的循环气流会导致污染物浓度不断累积。如图 2-7 所示，一个典型的循环通风系统中，污染源位于一个密闭

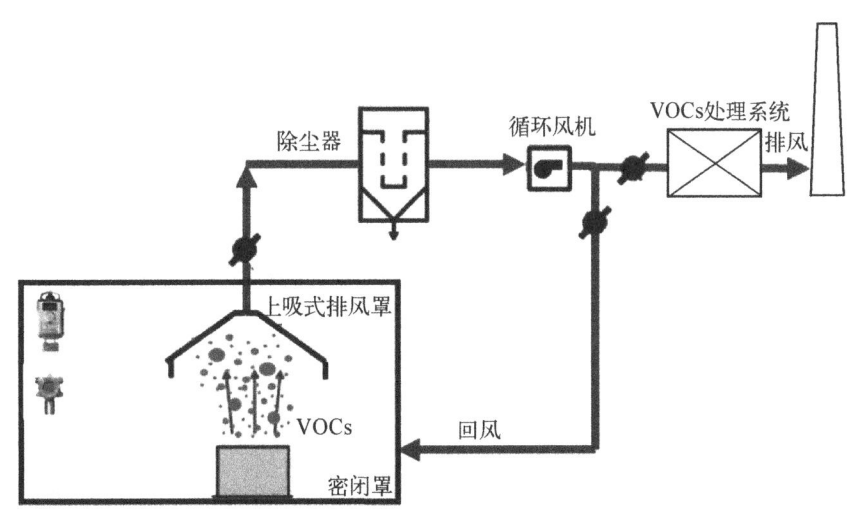

图 2-7　局部排风罩+循环通风系统

空间内,系统使用上吸式排风罩来捕集污染源处产生的颗粒物,并通过除尘器(过滤器)进行净化。净化后的气流分为两部分:一部分被循环送回密闭罩内,另一部分则被引导至VOCs处理设备,经过处理达到排放标准后,才排放至大气中。

循环通风系统可采用两种控制方案:持续排风和间歇排风。

1. 持续排风方案

如图2-8所示,采用持续排风方案的循环通风系统由密闭罩、除尘(过滤)器、风机、排风电动阀门、回风电动阀门构成。该方案为常规的循环通风方案,通过调整排风和回风阀门的开启比例,控制循环风量和排风量,实现恒定风量的持续排风。在该方案中,系统达稳定后,污染物的收集浓度主要取决于污染源的散发强度和排风量。

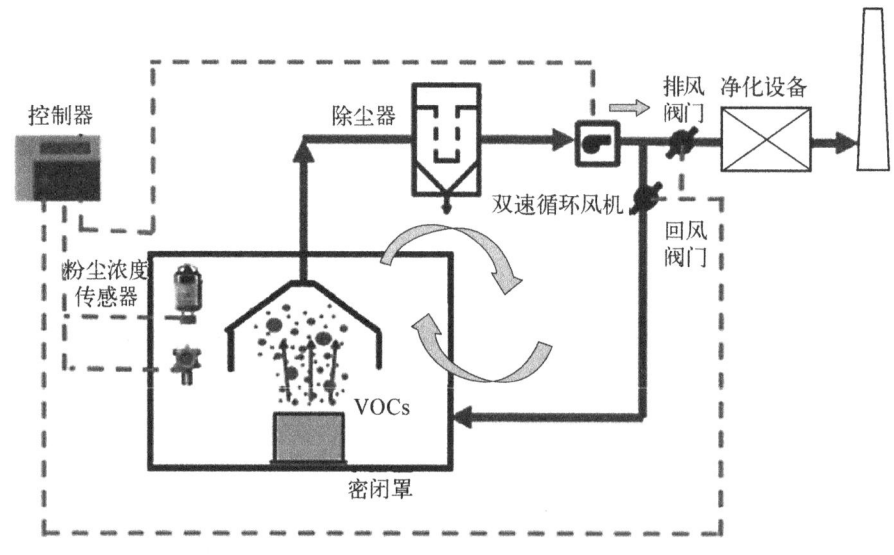

**图2-8 持续排风方案示意图**

2. 间歇排风方案

如图2-9所示,采用间歇排风方案的循环通风系统由密闭罩、除尘(过滤)器、风机、排风电动阀门、回风电动阀门、控制柜和VOCs传感器构成。VOCs废气的收集过程分为两个阶段:

(1) 循环阶段。排风阀门关闭、回风阀门开启,气流不断循环,炭黑等颗粒物经除尘(过滤)器过滤收集,密闭小室内VOCs废气的浓度不断升高。VOCs传感器监测小室内VOCs的浓度达到设定上限时,系统便会进入下一阶段。

(2) 排风阶段。控制柜传出信号,控制排风阀门开启、回风阀门关闭,小室内的高浓度废气排出,进入处理设备。经过一段时间后,控制柜控制排风阀门关闭、回风阀门开启,系统再次进入循环阶段。

在密闭罩的密闭性较好的情况下,漏风量很小,因此在循环阶段不排风,允许有少量的污染物逸散至外部空间内;当罩内污染物浓度达到设定值时,开启排风,排出罩内

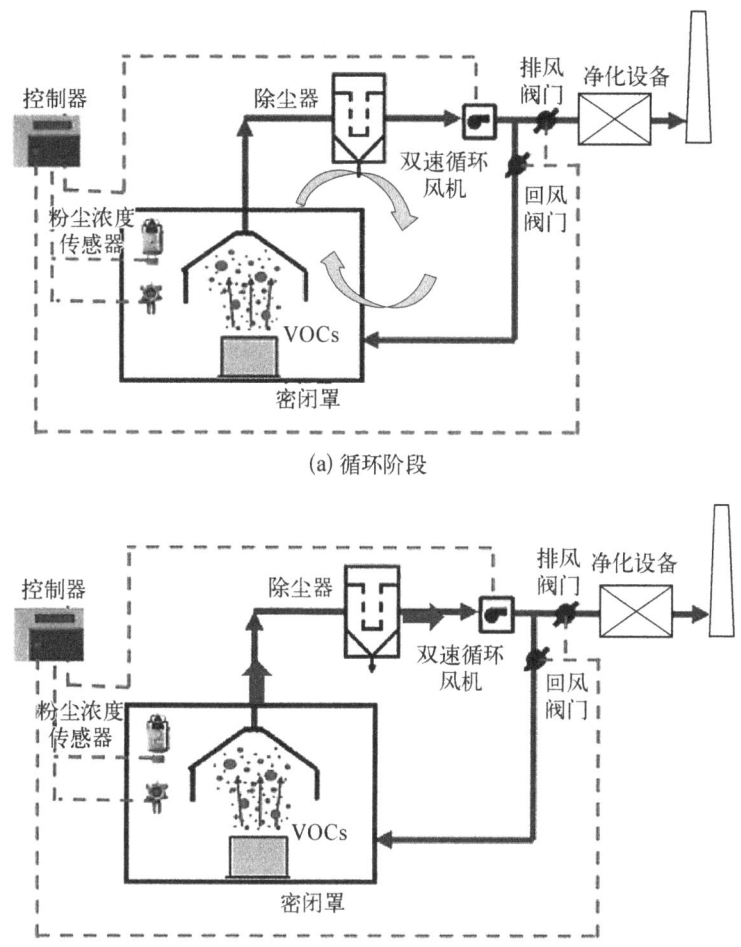

(a) 循环阶段

(b) 排风阶段

图 2-9 间歇排风方案示意图

的污染物。该方案的优势在于：一是可以充分提高污染物的收集浓度；二是当有多个系统时，排风需并入一个集中收集系统中，由于各个子系统采取间歇排风模式，可以通过生产调度的方式错开各个子系统的排风时段，从而减小集中收集系统的规模并降低运行成本。

### 2.4.4 与工艺联动的高效捕集装备

在橡胶硫化工艺过程中，挥发性有机物的散发呈现出周期性、间歇性的特点。设备表面的持续高温导致设备热量持续散发。鉴于污染物需经过处理后方可排放，而热量则无需处理，本书作者考虑将热能和污染物质进行一定程度的分离，旨在降低通风系统的容量需求，同时减少处理设备的处理负荷。结合设备结构及工艺流程，综合考量不同局部排风罩的特点及其适用性，本研究构建了一种热废分离排风罩，如图 2-10 所示。该排风罩在密闭罩的操作面上设置了一个操作区域,并在顶部设计了两个开口:一个用于排放废气,一个用于排放热量。通过在每个排风罩支管处安装电动控制风阀,实现了对排风罩排废支路启闭的精确控制。在初步确定污染散发时,开启排废支路,在污染散发结束时,关闭排废支路。为防止排风罩内部热堆积,导致污染散发在下一周期逸出,当排废支路关闭时,需开启排热风口。后续研究将聚焦于排废风量、热废排放时间、排风罩前围挡高度等关键参数,以确定热废分离罩的设计规范,此举旨在通过最小的能耗,实现最佳的捕集效果。

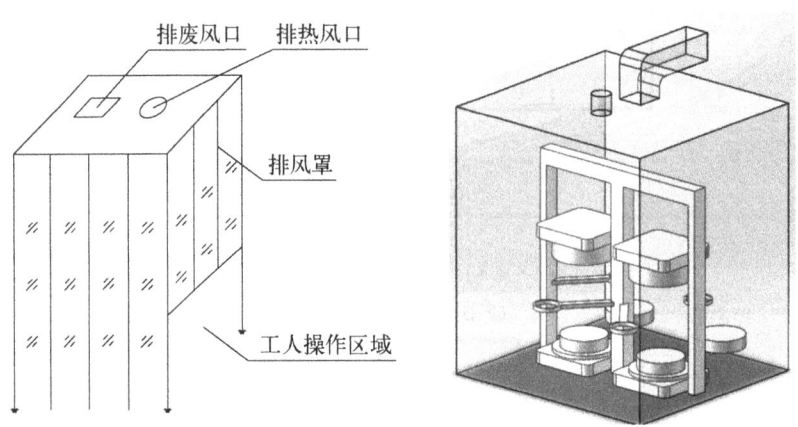

**图 2-10　高效热废分离捕集装置设计示意图(橡胶硫化工艺)**

针对灵活组合设备的开启方式,设计了风量可调节的排风罩。例如,加料过程不连续的分散缸和搅拌罐,当翻盖开启时,需要较大的风量;而翻盖关闭时,较小的风量即可维持系统处于微负压状态。采用风量可调的末端收集方式,在末端风管上设置风阀,并与翻盖联锁。翻盖开启时,风阀自动调节风量增大,翻盖关闭时,风阀自动调节风量减小。分散缸风量可调的吸风口配置,如图 2-11 所示。

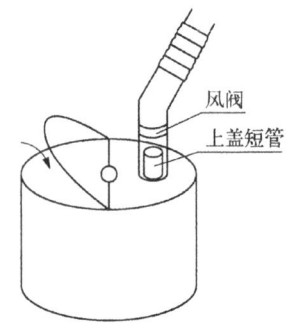

**图 2-11　风量可调节的吸风口(分散缸)**

### 2.4.5　收集装置性能测试与评价

在评估收集装置性能时,捕集效率是核心参数。当前,关于收集装置捕集效率的评价方法与评价指标,在相关标准规范中鲜有涉及。行业标准《橡胶工厂废气收集处理设计规范》(HG/T 22822—2021)中,已经明确了挥发性收集装置捕集效率的测试方法。在进行收集装置捕集效率测试之前,应先进行挥发性有机物散发特性的测试。

本研究采用现场浓度体积法对污染物散发特性进行测试。测试装置如图 2-12 所示,根据现场条件,将污染源外周用挡板、挡帘或金属铁皮封闭,优先考虑与局部排风罩结构设计相结合,通过临时延伸外围,构建一个密闭的测试罩。测试罩底部不封闭,预留补风进口面积,通过机械送风系统将空气送至补风口周边的进口面积,避免直接送入罩内,而是先在罩外适当扩散,随后在机械排风的抽吸作用下进入罩内。补风量不得超过排风量的60%。

在相对封闭的空间内,若污染散发源仅配备单一进口与出口,可认为所有由污染源散发的污染物均通过排风口排出。此时,排风口所检测到的污染物总量等同于污染源散发的污染物总量。在测试过程中,选取其中一种污染物作为特征污染物,并通过以下公式计算系统排风量、特征污染物的实时散发率和累计散发量。

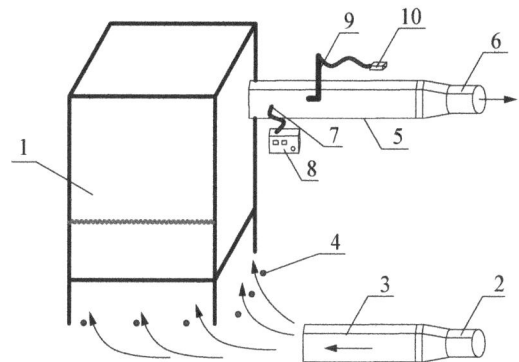

图 2 – 12　污染物散发特性现场测试系统示意图
1:密闭罩;2:送风机;3:送风管;4:监测点;5:排风管;
6:排风机;7:采样点;8:污染物浓度监测仪;9:皮托管;
10:微压计

$$G_1 = 3\,600\sqrt{\frac{2\Delta P_1}{\rho}} \cdot A_1 \quad (2-7)$$

$$E_m = \frac{(C_m - C_o) \cdot G_1}{3\,600} \quad (2-8)$$

$$M_m = \int E_m \, dt \quad (2-9)$$

式中:$\Delta P_1$ 为皮托管测得压差,Pa;$G_1$ 为风机排风量,单位 $m^3 \cdot h^{-1}$;$A_1$ 为皮托管所测排风管道断面面积,$m^2$;$\rho$ 为废气密度,单位 $kg \cdot m^{-3}$;$E_m$ 为污染物(m)实时散发率,$mg \cdot s^{-1}$;$C_m$ 为排风管中测得的污染物(m)实时浓度,$mg \cdot m^{-3}$;$C_o$ 为进风污染物实时浓度,$mg \cdot m^{-3}$;$M_m$ 为污染物(m)的总散发量,mg。

本研究中,污染物浓度的数值通过相应的污染物浓度监测仪进行连续监测。采样管直接由采样口伸入风管,仪器自动记录数据;采样口的布置应位于风管的稳定段,远离弯头、三通等局部构件;排风量和补风量由皮托管测得,其测孔位置应设置在气流稳定段。皮托管测试断面的测点可按中间矩形法或等圆环面积法布置。

测试步骤如下:

(1) 测试开始前,启动送风机与排风机以增大密闭测试罩的换气次数,充分降低测试罩内的污染物浓度。在换气期间,启动并观测污染物浓度监测仪,直至仪器显示的数据稳定在某一数值不再下降,此时可认为污染物浓度已完全降低至背景水平。

(2) 采用皮托管测量排风管和补风管的动压。

(3) 启动待测污染源设备,使其开始工作,并记录启动时刻。

(4) 待待测污染源设备完成一个周期的工作之后关闭。观察监测仪器显示的数值,当浓度降低至初始背景浓度时，可认为此过程中散发的污染物已全部经排风管排出，一组测试结束。

(5) 重复执行步骤(3)和(4)，重新开启待测污染源设备，进行下一组测试。测试次数不少于三组，并详细记录每一组设备的启动与关闭时间。在此过程中，污染物浓度监测仪需持续进行数据采集。

(6) 测试结束，关闭污染物浓度监测仪，关闭送风机、排风机。

收集装置或收集系统捕集率可通过以下公式计算：

$$G_2 = \sqrt{\frac{2 \times \Delta P_2}{\rho}} \cdot A_2 \quad (2-10)$$

$$E_c = \frac{(C_c - C_o) \cdot G_2}{3\,600} \quad (2-11)$$

$$M_c = \int E_c \mathrm{d}t \quad (2-12)$$

$$CE = \frac{M_c}{M_m} \quad (2-13)$$

式中：$G_2$ 为收集装置或收集系统的排风量，单位 $\mathrm{m}^3 \cdot \mathrm{h}^{-1}$；$\Delta P_2$ 为收集装置或收集系统对应管道动压，Pa；$A_2$ 为收集装置或收集系统对应管道断面面积，$\mathrm{m}^2$；$E_c$ 为污染物实时捕集率，$\mathrm{mg} \cdot \mathrm{s}^{-1}$；$C_c$ 为收集装置或收集系统(c)对应管道中测得的污染物实时浓度，$\mathrm{mg} \cdot \mathrm{m}^{-3}$；$C_o$ 为车间背景浓度，$\mathrm{mg} \cdot \mathrm{m}^{-3}$；$M_c$ 为污染物实时捕集量，mg；$CE$ 为收集装置或收集系统捕集效率；$M_m$ 为污染物(m)的总散发量，mg。

## 2.5 风管的设计计算

### 2.5.1 设计风速的选取

挥发性有机废气的收集系统管道设计风速可参照国家标准《工业建筑供暖通风与空气调节设计规范》(GB 50019—2015)中规定的风速取值值进行设定。对于不含尘的收集系统，风管内的风速要求见表 2-4。

表 2-4 不含尘收集系统风管内的风速要求

| 风管类别 | 钢板及非金属风管内的风速/($\mathrm{m} \cdot \mathrm{s}^{-1}$) | 砖及混凝土风道内的风速/($\mathrm{m} \cdot \mathrm{s}^{-1}$) |
| --- | --- | --- |
| 干管 | 6~14 | 4~12 |
| 支管 | 2~8 | 2~6 |

含尘收集系统风管内流速要求见表2-5。

表2-5 含尘收集系统风管内流速要求

| 粉尘类别 | 粉尘物质 | 垂直风管内的风速/$(m \cdot s^{-1})$ | 水平风管内的风速/$(m \cdot s^{-1})$ |
| --- | --- | --- | --- |
| 纤维粉尘 | 干锯末、小刨屑、纺织尘 | 10 | 12 |
| | 木屑、刨花 | 12 | 14 |
| | 干燥粗刨花、大块干木屑 | 14 | 15 |
| | 潮湿粗刨花、大块湿木屑 | 18 | 20 |
| | 棉絮 | 8 | 10 |
| | 麻 | 11 | 13 |
| | 石棉粉尘 | 12 | 18 |
| 矿物粉尘 | 耐火材料粉尘 | 14 | 17 |
| | 黏土 | 18 | 16 |
| | 石灰石 | 14 | 16 |
| | 泥水 | 12 | 18 |
| | 湿土(含水2%以下) | 15 | 18 |
| | 轻矿物粉尘 | 12 | 14 |
| | 重矿物粉尘 | 14 | 16 |

## 2.5.2 风管水力计算

在挥发性有机物废气收集系统中,保障多个末端收集装置收集效果的关键就是运行排风量。对于设计风量相同的多个并联末端,需要把各并联管段间的压力损失差额控制在一定范围内,这是保障系统运行效果的重要条件之一。为此,需要对风管系统进行水力计算。在设计计算过程中,应优先考虑通过调整管径的方法,使系统中各并联管段的压力损失达到所要求的平衡状态。通过调整管径,不仅能保证各并联支管的风量要求,而且可不装设调节阀门,这对减少漏风量和降低系统造价较为有利。在设计过程中,若难以通过调整管径来达到平衡要求,则可以考虑采用设置调节阀门或增加设计流量等措施以增加系统阻力,同时也可以重新规划管道布局,以优化环路平衡特性。风管水力计算的另一个目的是依据水力计算结果进行风机的选型。因此,风管水力计算及风机选型流程可作如下概述：

(1) 轴测图设计：绘制轴测图；对各管段编号，记录长度和风量（风速不变的为一个管段）；选定最不利环路。

(2) 流速确定：进行技术经济分析比较；根据通风风管内空气流速进行选择。

(3) 管径计算：根据流量和选定流速确定管径；计算摩擦阻力和局部阻力。

(4) 并联管路水力平衡设计：一般而言，通风两支管的压损不超过15%；除尘管道两支管压损不超过10%。

(5) 风管总阻力计算：确定总压力损失。

(6) 风机选型：依据气体性质、风量和压力损失确定风机类型；根据风量和静压（全压）选择合适的风机。

### 2.5.3 计算案例

图2-13所示为挥发性有机物废气收集系统。该系统风管采用钢板制造，用于输送含挥发性有机物以及轻微矿物粉尘的废气，气体温度为常温。系统处理设备的阻力 $\Delta P_c = 600$ Pa。基于此，对系统进行水力计算，并进行风机选型。

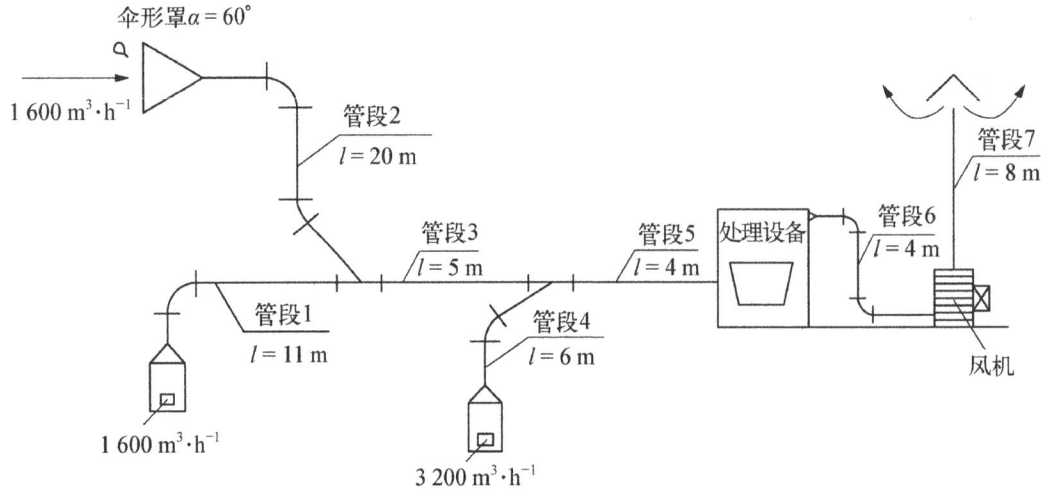

**图 2-13 挥发性有机物收集系统示意图**

水力计算过程如下：

(1) 对各管道进行编号，并标注管道长度。

(2) 选定最不利环路，本系统选定"1—3—5—处理设备—6—风机—7"作为最不利环路。

(3) 确定流速。在输送含有轻微矿物粉尘空气时风管的最小风速，垂直管为 $12 \text{ m} \cdot \text{s}^{-1}$，水平管为 $14 \text{ m} \cdot \text{s}^{-1}$。

(4) 根据各管道的风量及选定的流速,计算最不利环路上各管段的截面尺寸和单位长度摩擦阻力。鉴于风管存在漏风现象,管段 6 和 7 的计算风量应为 $6\,800 \times 1.05 = 7\,140\ m^3 \cdot h^{-1}$。基于每一段管子的风量和风速,可计算出相应的管径和单位长度摩擦阻力系数,管径都符合通风管道的统一规格要求,具体结果填入表中。

(5) 确定各管段的局部阻力系数,并将结果填入表格中(见表 2-6)。

表 2-6 系统各管道局部阻力

| 管段编号 | 局部阻力类型 | 局部阻力 |
| --- | --- | --- |
| 1 | 密闭罩 | 1 |
| | 90°弯头($R/D=1.5$)一个 | 0.17 |
| | 直流三通管(1→3) | 0.35 |
| 2 | 圆形伞盖 $\alpha=60°$ | 0.09 |
| | 90°弯头($R/D=1.5$)一个 | 0.17 |
| | 45°弯头($R/D=1.5$)一个 | 0.12 |
| | 直流三通(2→3) | 0.23 |
| 3 | 直流三通(3→5) | −0.05 |
| 4 | 直流三通(4→5) | 1.53 |
| | 密闭罩 | 1 |
| | 60°弯头($R/D=1.5$)一个 | 0.14 |
| 5 | 处理设备进口渐扩管 | 0.18 |
| 6 | 处理设备进口渐缩管 | 0.1 |
| | 90°弯头($R/D=1.5$)2 个 | 0.34 |
| | 风机进口渐扩管 | 0.01 |
| 7 | 风机出口渐扩管 | 0.01 |
| | 带扩散管风帽($h/D_0=0.5$) | 0.6 |

(6) 计算各管段的沿程和局部阻力。计算结果见表 2-7。

表 2-7 系统各管段阻力计算表

| 管段编号 | 流量/($m^3 \cdot h^{-1}$) | 流量/($m \cdot s^{-1}$) | 长度 $L$/m | 管径 $D$/mm | 横截面积 $F$/$m^2$ | 流速 $v$/($m \cdot s^{-1}$) |
|---|---|---|---|---|---|---|
| 1 | 1 600 | 0.44 | 11 | 200 | 0.031 4 | 14 |
| 3 | 3 200 | 0.89 | 5 | 300 | 0.070 7 | 14 |
| 5 | 6 800 | 1.89 | 4 | 400 | 0.125 6 | 14 |
| 6 | 7 140 | 1.98 | 4 | 480 | 0.180 9 | 12 |
| 7 | 7 140 | 1.98 | 8 | 480 | 0.180 9 | 12 |
| 2 | 1 600 | 0.44 | 20 | 200 | 0.031 4 | 14 |
| 4 | 3 600 | 1.00 | 6 | 300 | 0.070 7 | 14 |

| 管段编号 | 动压 $P_d$/Pa | 局部阻力系数 $\Sigma\zeta$ | 局部阻力 $Z$/Pa | 单位长度摩擦阻力 $R_m$/($Pa \cdot m^{-1}$) | 摩擦阻力 $R_{ml}$/Pa | 管段阻力 ($R_{ml}+Z$)/Pa |
|---|---|---|---|---|---|---|
| 1 | 117.6 | 1.52 | 178.75 | 13 | 143 | 321.8 |
| 3 | 117.6 | −0.05 | −5.88 | 8.5 | 42.5 | 36.6 |
| 5 | 117.6 | 0.18 | 21.17 | 5.5 | 22 | 43.2 |
| 6 | 86.4 | 0.45 | 38.88 | 3.3 | 13.2 | 52.1 |
| 7 | 86.4 | 0.61 | 52.70 | 3.3 | 26.4 | 79.1 |
| 2 | 117.6 | 0.61 | 71.74 | 13 | 260 | 331.7 |
| 4 | 117.6 | 2.67 | 313.99 | 10 | 60 | 374.0 |
| 管子总阻力 | | | | | | 1 238.45 |
| 处理设备 | | | | | | 600 |
| 系统总阻力＝管段总阻力＋除尘器阻力 | | | | | | 1 838.65 |

(7) 针对并联管路进行阻力平衡计算，计算结果见表 2-8，因计算偏差在含尘风管系统要求的 10% 范围内，因此该系统满足平衡要求。

表 2-8 系统阻力平衡计算表

| 汇合点 | 所含管段 | 阻力/Pa | 偏差/% |
|---|---|---|---|
| A | 1 | 321.8 | 3 |
| A | 2 | 331.7 | 3 |
| B | 1—3 | 358.4 | 4 |
| B | 4 | 374.0 | 4 |

(8) 计算系统阻力。

$$\Delta P = \sum(R_{ml}+Z) + \Delta P_c = 1\,238.45 + 600 = 1\,838.45 \text{ Pa}$$

(9) 选择风机。

风机风量：
$$L_f = 1.15L = 1.15 \times 7\,140 = 8\,211 \text{ m}^{-3} \cdot \text{h}$$

风机风压：
$$P_f = 1.15\Delta P = 1.15 \times 2\,438.45 = 2\,804.22 \text{ Pa}$$

根据风机的风量和风压参数，选择适宜的风机型号。

## 2.6 多源废气收集系统关键技术

本节重点探讨多源废气间歇散发集中收集系统的设计方法及其运行策略。

### 2.6.1 多源排风重叠率与系统设计

在工业生产领域，生产车间内往往存在多台设备的集群并行作业。图 2-14(a)展示了某生产车间在两个生产周期内监测得到的设备的废气散发时间分布情况。操作人员对机器的操作时机决定了废气散发的起始时间，由于操作时间上的先后顺序，导致了操作人员所负责的设备废气散发时间存在不同程度的重叠现象。因此，在不同时刻，同时进行废气散发的设备数量是不相同的，且在任意时刻，系统中需要进行排风的设备数量总是小于总设备数量。

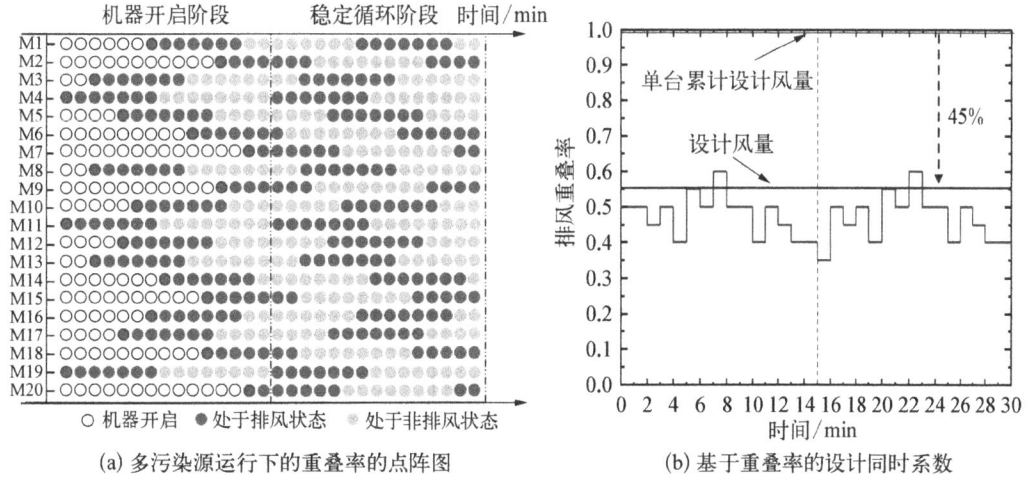

(a) 多污染源运行下的重叠率的点阵图    (b) 基于重叠率的设计同时系数

**图 2-14 多点位集中收集系统设计案例**

针对多设备间歇散发的特征，相关研究提出了一种基于二项分布模型和蒙特卡洛模型的污染散发重叠率计算方法。该方法综合考虑了工人数、操作时间、散发周期、工艺周期、散发源数量等关键因素对重叠率的影响。重叠率即任意时刻需要进行排风（散发污染）的设备数量与系统设备总数量的比值;通过权衡选定的重叠率作为系统的设计同时系数,即在确定设计同时系数之后,允许有一部分时间出现重叠率大于设计同时系数的情况,这部分时间占运行时间的比值为不保证率,基于此,推导出了设计同时系数的计算模型:

$$CF = 1.127\frac{\tau_e}{\tau} + 0.015W\bigg/\left[\frac{m}{\frac{\tau_w + \tau_c}{\tau_w}}\right] + 0.026 \qquad (2-14)$$

式中:$CF$ 为设计同时系数;$\tau$ 为工作周期,min;$\tau_e$ 为排风时间,min;$\tau_w$ 为每台设备操作时间,min;$m$ 为系统中设备数量(污染物散发点位数)。

基于上述研究,本系统建立了一套面向多点位废气集中收集的风量减量化理论和方法。综上,以设计同时系数作为多点位集中收集系统总风量设计的依据,可获得:

$$Q = CF \cdot q \cdot m \qquad (2-15)$$

式中:$Q$ 为设计总风量,$m^3 \cdot h^{-1}$;$q$ 为单个排风罩设计风量,$m^3 \cdot h^{-1}$。

根据上述计算模型,本研究对某车间生产线集中收集系统的风量设计进行了案例分析。如图 2-14(b)所示,该系统的设计风量与传统单台设备的设计风量累计值相比,节约了 45%。

针对未来自动化生产线的需求,本研究深入探讨了在无人干预条件下多点位废气收集系统的设计风量优化调度理论与方法。在不影响生产线产量的前提下,提出了废气收集系统所需的极限设计风量。针对具有相同周期的多点位并列随机的自动生产线,建立了 $1/n$ 间隔的自动生产耦合通风优化调度模型;针对不同周期的多点位并列随机的自动生产线,建立了模块化的优化调度计算模型。通过优化调度,将"无序"的设备运行方式"有序化"。结合某橡胶硫化生产线多点位废气集中收集系统的风量设计案例,进一步应用了无人参与条件下的优化调度方法,实现了系统收集风量的进一步降低。图 2-15(a)所示为调度后的多

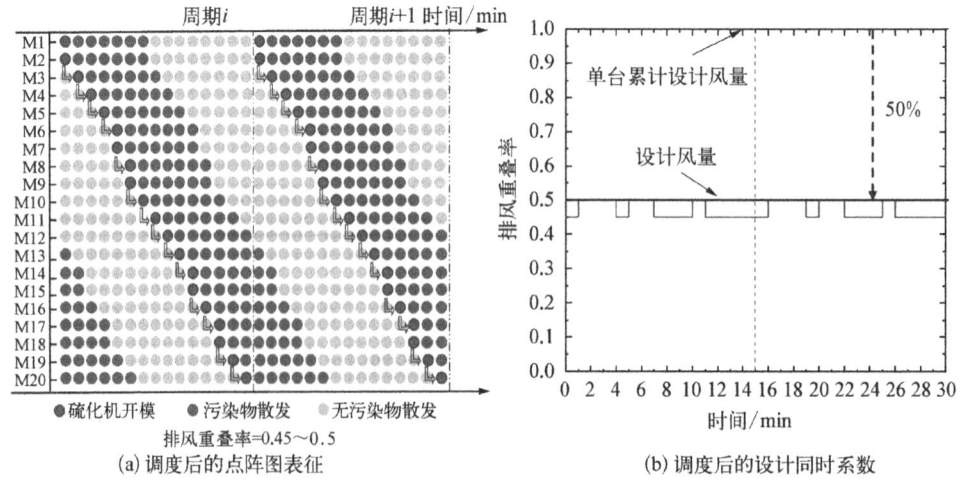

(a) 调度后的点阵图表征　　(b) 调度后的设计同时系数

**图 2-15　多源排风重叠率模型、调度与设计同时系数确定**

源设备废气散发点阵图,图 2-15(b)所示为调度后的设计同时系数,与调度前相比,设计风量减少了 5%,且周期内所需风量与设计风量的最大偏差仅为 5%。在此案例中,调度后的系统可不必变风量运行,降低了系统运行管理的难度。

### 2.6.2 均匀排风装置

在多末端集中收集系统中,确保各支路排风量是一个极具有挑战性的工程技术难题。为避免烦琐的调节阀操作,以及不使用高阻力、昂贵的定风量阀,研究开发了一种低成本均匀排风装置,其结构如图 2-16 所示。

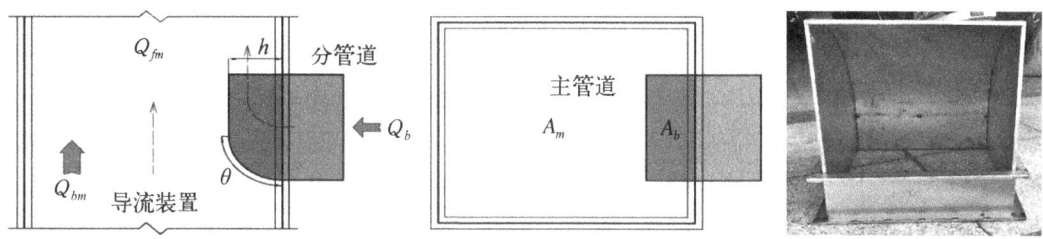

**图 2-16 均匀排风装置的一次性定型结构设计参数 $h$ 及其工业用产品样品外形**

该装置基于流体动力学中关于导流及其动压分配的原理,根据流体汇流过程中动量损失最小化原则,实现了湍流发生率较低、冲击能量耗散可控的气流剪切汇聚结构形式。在此基础上,相关研究进一步探究了该装置在不同流量比和截面比条件下的直通与汇流阻力系数,实现以单一结构变量(即汇流高度)为基础的装置阻力特性可设计化、可控化目标,装置的应用效果如图 2-17 所示,图 2-17(a)所示为有/无均匀排风装置系统排风管各风口风量的模拟与实验测试对比,可以看出均匀排风装置的应用大幅改善了各支路风量的不均匀性;图 2-17(b)所示为有/无均匀排风装置系统排风管管路特性曲线的模拟与实验计算结果。结果显示,增加均匀排风装置后,管路特性曲线变缓了,这说明均匀排

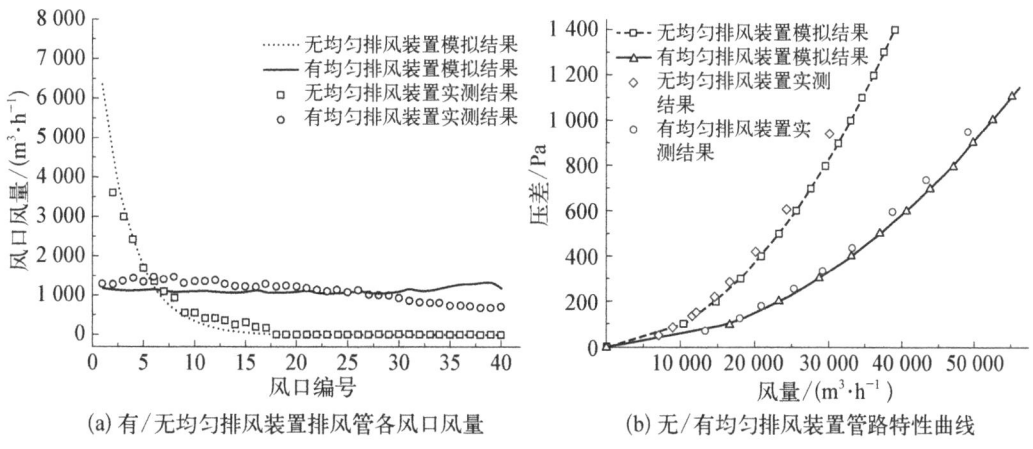

(a) 有/无均匀排风装置排风管各风口风量    (b) 无/有均匀排风装置管路特性曲线

**图 2-17 均匀排风装置的风量与阻力应用效果**

风装置的使用并未增加系统的阻力。

### 2.6.3 多末端简易总风量控制法

多源废气集中收集系统的高效运行对于提升通风节能效果和实现经济环保具有重要作用,其关键在于变风量运行控制策略。针对多点位废气集中收集系统,相关研究创新性地提出了一种与均匀排风装置联合应用的简易总风量控制方法,该方法基于水力失调度,如图2-18所示。首先,预先计算管网系统在不同运行开启率下的水力工况,形成一个最不利水力失调度与运行开启率的单值对应关系;然后,通过监测末端开启数量,计算开启率并据此计算所需运行风量;接着,利用开启率对应的最不利水力失调度对运行风量进行修正;最后,根据风机性能曲线确定风量和转速的对应关系,进而求出风机运行频率,如图2-19所示。

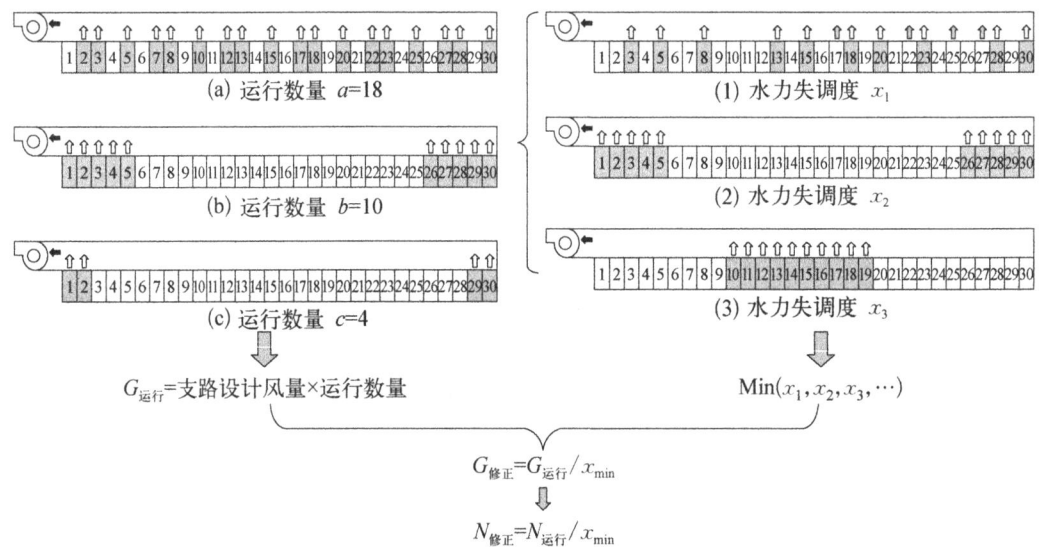

**图2-18 简易总风量法变风量控制原理示意图**

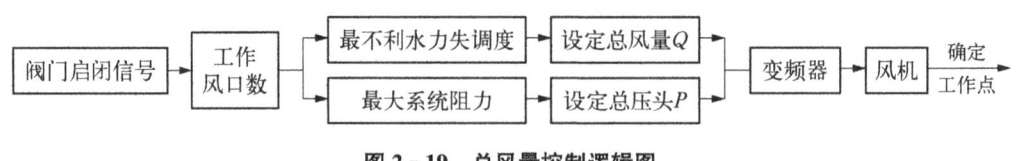

**图2-19 总风量控制逻辑图**

通过实验手段对上述变风量控制方法的效果进行了验证,结果发现该控制方法稳定性好,系统响应迅速。在从少量末端开启切换到多个末端开启时,控制系统可在2 s内完成风机变频操作,风机的总排风量可快速稳定,满足了末端工况切换的频率要求。该控制系统只需采集各散发源或排风罩的废气收集启闭信号,无需压力传感器,根据开启率调节风机的变频,即可满足排风需求,变风量运行的水力稳定度极高(得益于均匀排风装置的自适应性),与传统的变风量控制策略相比,大大简化了操作流程。

## 课后习题

1. 废气收集系统的组成部分有哪些,各有什么要求?
2. 排风罩有哪些不同种类?试分析其工作原理和特点。
3. 控制风速法的适用条件是什么,如何合理选择控制风速?
4. 在挥发性有机污染物治理工程中,如何提高收集装置的捕集效率?
5. 风管水力计算的步骤包括哪些?为何要进行水力计算?
6. 风管内风速过高或过低会带来哪些不利影响,如何选择适当的风速?

## 参考文献

[1] GB 50019—2015,工业建筑供暖通风与空气调节设计规范[S].中华人民共和国住房和城乡建设部,2015.
[2] GB 37822—2019,挥发性有机物无组织排放控制标准[S].中华人民共和国生态环境部,2019.
[3] GB/T 16758—2008,排风罩的分类及技术条件[S].中华人民共和国国家质量监督检验检疫总局、中国国家标准化管理委员会,2008.
[4] HG/T 22822—2021,橡胶工厂废气收集处理设计规范[S].中华人民共和国工业和信息化部,2021.
[5] 孙一坚.工业通风[M].3版.北京:中国建筑工业出版社,2006.
[6] Goodfellow H D, Tahti E. Industrial Ventilation Design Guidebook [M]. Amsterdam:Elsevier Inc.:2021.
[7] CN112191477B,高军,张承全,侯玉梅,等.烘干室出口烟气溢出抑制系统[P].中国:2022-02-18.
[8] Zeng L J, Liu G D, Gao J, et al. A circulating ventilation system to concentrate pollutants and reduce exhaust volumes: case studies with experiments and numerical simulation for the rubber refining process. Journal of Building Engineering. 2021, 35:01984.
[9] Zhang J, Wang J, Gao J, et al. Critical velocity of active air jet required to enhance free opening rectangular exhaust hood. Energy and Buildings. 2020; 225: 110316.
[10] Cao C S, Gao J, Hou, Y M, et al. Ventilation strategy for random pollutant releasing from rubber vulcanization process [J]. Indoor and Built Environment. Indoor and Built Environment. 2017; 26 (2):248-255.
[11] Liu G D, Gao J, Ieng L J, et al. On-demand ventilation and energy conservation of industrial exhaust systems based on stochastic modeling [J]. Energy and Buildings. 2020, 223:110316.
[12] Tong L Q, Gao J, Luo Z W, et al. A novel flow-guide device for uniform exhaust in a central air exhaust ventilation system [J]. Building and Environment. 2019, 149: 134-145.
[13] Zeng L J, Wang Y R, Gao J, et al. A variable air volume control strategy for a centralized exhaust system with multiple on-off switched terminals and flow-guide devices [J]. Journal of Building Engineering. 2021, 38:102185.
[14] Zeng L J, Wang Y R, Gao J, et al. Experimental studies on the flow characteristics of a centralized exhaust system with multiple distribution of open terminals [J]. Journal of Building Engineering. 2021, 42:102801.

# 第 3 章 预处理系统

## 3.1 预处理系统概述

### 3.1.1 预处理的目的

VOCs 废气的预处理主要是指对喷涂、清洗等工序产生的雾状颗粒进行捕捉和过滤，以降低废气的温度和浓度，便于后续的末端处理。常用的预处理设施包括水帘、喷淋塔、滤毡、滤板、滤袋等。例如，进入转轮＋RTO 工艺装置的废气，其粉尘入口浓度必须满足特定要求，通常会使用一些空气过滤装置等。

废气的预处理对废气处理效果具有重要影响。对于含有高浓度粉尘的废气，在进入核心处理设备之前，必须进行除尘处理。常用的除尘设备包括布袋除尘器和静电除尘器。如果废气中还含有酸碱性气体，可以在喷淋吸收塔中使用循环喷淋液进行吸收，以去除酸碱性气体和大部分粉尘。为了增加废气与喷淋液的接触面积，喷淋液应该以雾状形式喷出，这样可以提高酸碱性气体的吸收效率。此外，如果废气温度较高，喷淋液还可以起到降温作用，为后续的核心处理设备提供一个干净且稳定的反应环境。因此，处理酸碱性废气通常采用喷淋吸收法，根据废气的风量和浓度，可以调整喷淋塔的大小或数量。

VOCs 废气预处理旨在实现以下几方面的效果：

（1）去除废气中的粉尘、雾滴、油脂等颗粒物，以防止堵塞或损坏后续处理设备，从而延长设备的使用寿命并提升运行效率。

（2）减少废气中的酸碱性气体含量，避免对后续处理设备造成腐蚀，影响设备的安全性和稳定性。

（3）降低废气温度至接近常温水平，以减少热量损失，节约能源，并有利于后续处理设备的正常运行。

（4）降低废气浓度，使其符合后续处理设备的设计要求，防止设备过载或低效运行。

回收废气中有价值的成分,如溶剂、油脂等,以减少资源浪费并提高经济效益。

预处理阶段的关键操作参数和相关规范主要包括:确保进入后续处理装置的可燃气体浓度符合要求;监控过滤装置压差,并及时进行清理或更换过滤装置;控制进入后续处理装置的废气中有机物的浓度;防止酸性、碱性等气体进入后续处理设备。

### 3.1.2 预处理技术

VOCs 废气的预处理技术主要包括以下几种:

(1) 湿式除尘技术:利用水或其他液体与废气接触,实现废气中颗粒物和可溶性气体的吸收或分离。常用的湿式除尘设备有水帘、喷淋塔、湿式旋风除尘器、填料塔、泡沫塔、文丘里塔等。

(2) 干式除尘技术:利用固体材料或纤维过滤废气中的颗粒物。常用的干式除尘设备有滤毡、滤板、滤袋、旋风除尘器、电除尘器等。

(3) 吸附技术:利用固体吸附剂对废气中的有机物进行吸附分离。常用的吸附剂有活性炭、沸石分子筛、硅胶等。

(4) 冷凝技术:利用冷却介质对废气进行冷却,使废气中的有机物从气态转变为液态或固态。常用的冷凝设备有管壳式冷凝器、板式冷凝器等。

(5) 膜分离技术:利用膜材料对废气中的不同组分进行选择性渗透或阻隔,以实现废气的分离和浓缩。常用的膜材料有聚合物膜、无机膜等。

目前,在企业生产过程中运用得较多的预处理工艺主要为换热、调湿、过滤等。

(1) 换热:在冷热两种流体间进行的热量传递,是一种属于传热过程的单元操作。换热的主要目的是对物料进行加热、冷却、汽化或冷凝,以达到或保持生产工艺所要求的温度或相态。

(2) 调湿:以沸石转轮技术为例,一般会调研废气的相对湿度,因为在沸石转轮的选型中,相对湿度超过 80%,沸石转轮的净化效率将会显著下降。调湿有助于后续处理装置净化效率的提高。

(3) 过滤:通过过滤操作去除废气中的杂质和颗粒物等,有助于后续处理工艺的进行,同时也有助于保护处理装置。

## 3.2 换热器

### 3.2.1 设备简介

换热器是一种高效的节能设备,它能够在两种或多种不同温度的流体之间传递热量。其主要功能是将热流体中的部分热量传递给冷流体。在许多工业生产领域,如化工、能源、食品等,换热器扮演着至关重要的角色。在化工领域,换热器可以作为加热器、冷却器、冷凝器、蒸发器和再沸器等来使用。

根据传热原理和热交换形式的不同,换热器可分为多种类型。其中,间壁式换热器是最常见的一种,其工作原理是利用固体间壁将热流体和冷流体隔开,通过间壁实现热量的传递。混合式换热器则通过冷、热流体的直接混合来完成热量的传递。蓄热式换热器采用冷、热流体交替通过蓄热室的方法实现热量的传递。有液态载热体的间接式换热器是利用液态载热体作为中间媒介,将热量从一种流体传递到另一种流体。

管式换热器采用管壁作为换热间壁,常用的类型包括盘管式、套管式、列管式和翅片管式等。沉浸式换热器则是将盘管浸没在装有流体的容器中,通过盘管内流动的另一种流体来实现热交换。

适用于不同介质、工况、温度、压力的换热器,其结构型式也不同。换热器的具体分类如下:

（1）根据传热原理,换热器可以分为间壁式换热器、蓄热式换热器、流体连接间接式换热器、直接接触式换热器、复式换热器等。

（2）按其用途,换热器可分为加热器、预热器、过热器、蒸发器等。

（3）按其结构,换热器可分为浮头式换热器、固定管板式换热器、U形管板换热器、板式换热器等。

热力燃烧净化装置中常见的换热器结构主要有两种:通道式管束换热器和折流板式管束换热器。在通道式管束换热器的设计中,燃烧系统与余热系统是独立设置的,而折流板式管束换热器的特点在于其燃烧室设在换热器内部,成为一个整体。折流板式管束换热器将燃烧室与换热器一体化的优势在于减小了设备质量和减少了占地面积。而通道式管束换热器的优势在于便于废气预热器的维护和保养,且其管束悬挂在通道内,便于抽出进行检修;管束可以设计成弯曲状以消除因管束内部不同壁温产生的热应力,并允许达到相对较高的预热温度。

目前,配备间壁式换热器的废气净化装置通常将燃烧器、燃烧室、换热器、风机、排气管集成一体,形成系列化产品,以满足不同场合的需求。根据对占地面积的不同要求,这些热力燃烧装置可以设计成为立式或卧式。图3-1所示为一台配备间壁式换热器的废气热力燃烧净化装置的立面图。从图中可以看出:风机强制推动有机废气通过一台管壳式换热器(一种典型的间壁式换热器,废气在管内,净化气在管间),该换热器分成三段,以确保废气得到充分预热。经过换热器处理的废气随后与燃料燃烧产生的高温烟气混合,达到所需的反应温度。反应器的内壁衬以耐高温的陶瓷纤维,并且其设计保证了气体在反应室内有一定的停留时间。通常情况下,采用管壳式换热器是为了应对高温引起的热应力问题,且使用高合金钢材料以确保设备长期稳定运转行,即使在短时高温的环境下也能保持性能。强制式通风系统仅适用于较为清洁的废气;如果废气中含有颗粒或有机油类等物质,则应选择诱导式通风系统。此外,燃烧器必须具备可调节功能,以便在废气预热至足够温度后能够及时切断,从而实现节能。

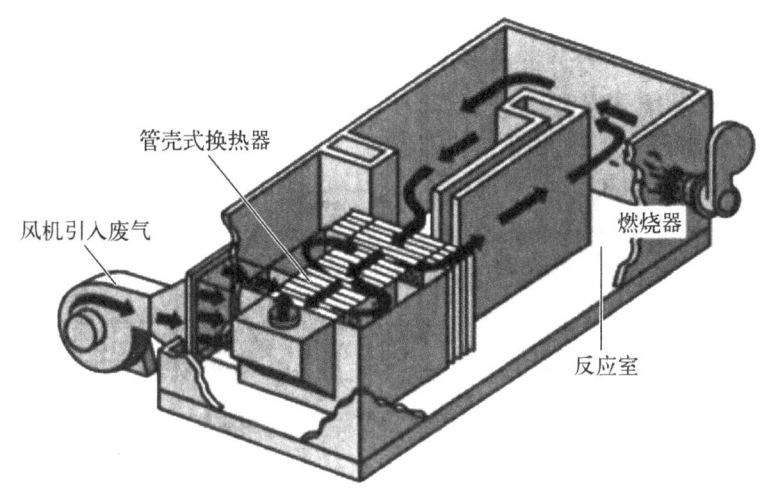

**图 3-1 用管壳式换热器预热废气的热力燃烧装置立面示意图**

采用间壁式换热器的废气净化设备具有广泛的适用性,其适合处理各种有机废气。例如,当废气中含有能使催化剂中毒的物质时,就不能采用催化燃烧装置来净化有机废气。此外,当废气中有机物的浓度较高时,如在20%~25%的爆炸下限(Lower Explosive Limit, LEL)范围内时,使用此类净化设备较为合适。但是,当有机废气的处理量相对较大且浓度极低时,使用带有间壁式换热器的废气净化装置则会遇到问题,因为采用这种金属材料制成的换热器无法再提高热效率和废气的预热温度。

## 3.2.2 换热介质

换热器的工作原理是通过两种介质之间的热传递来实现热量的转移,从而对机械设备及其零件进行冷却。换热介质指的是在换热设备中,用于将热量从一种流体传递到另一种流体的物质。不同的换热介质具有不同的传热效率和特性,适用于各种不同的应用场景。

换热介质的种类繁多,常见的有水、蒸汽、导热油等。水是一种常见的液体介质,具有比较高的传热效率和稳定性,广泛用于工业和民用换热器领域。蒸汽是一种高温高压的气体,传热效率高,但难以在低温环境下应用。蒸汽换热器通常应用于电厂、石化行业等需要高温高压环境的工业场合,因为蒸汽能够携带大量的能量,可以在发电或化学反应过程中转移热量。导热油是一种优良的溶剂和热媒介,适用于高温高压的复杂工艺过程,比如高温精细化学制品生产等。与其他液体介质相比,导热油有耐高温、油料稳定性高、能耗低等优点。

除了上述的液体和气体介质,还有一些特殊的换热介质,比如纳米流体。纳米流体是一种将纳米级颗粒添加到液体介质中形成的分散体系,其具有较高的导热系数和热稳定性,可以提高换热设备的传热性能和效率。

选择合适的换热介质对于提升换热设备的性能和效率非常重要。需要根据具体的应用场景和工艺要求,综合考虑传热介质的传热性能、稳定性、经济性等多方面因素来进行选择。

如图3-2所示,热流体介质在换热器中有独立的通道,冷流体介质在换热器中也有独立的通道。当这两种介质在换热器中流动时,热量通过通道壁从热流体传递至冷流体,从而实现热量的转移。换热器的作用是转移和传递热量,因此换热器既可以用在加热场合,也可以用在冷却场合。

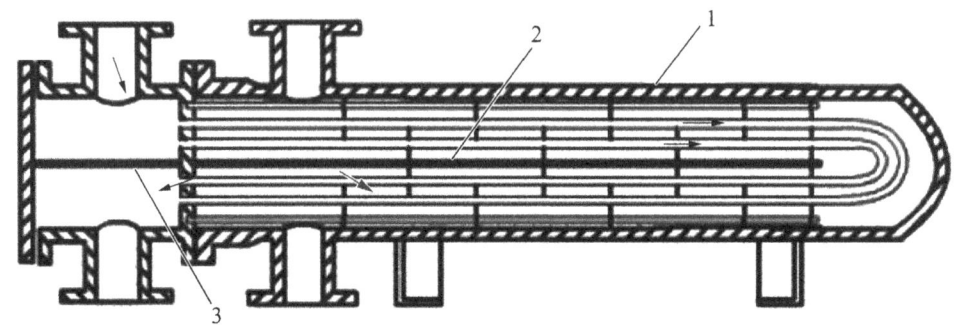

**图3-2 热交换过程示意图**
1:U形管;2:壳程隔板;3:管程隔板

换热器的分类通常基于其使用的三种主要介质组合,具体包括:① 两种介质都是气体:空空换热器;② 两种介质都是油:油油换热器;③ 两种介质都是水:水水换热器;④ 一种是油,一种是水:油水换热器。此外,还有油空换热器和水空换热器。

可以用作加热剂和冷却剂的物料很多,常用的加热剂包括饱和水蒸气、烟道气和热水等。常用的冷却剂有水、空气和氮等。在选用加热剂和冷却剂时,主要考虑因素包括来源的便利性、足够的温度、价格低廉以及使用安全。

常用的加热剂有:

(1) 烟道气。燃料燃烧产生的烟道气具有很高的温度,温度范围可达700~1 000 ℃,适用于需要达到高温的加热。然而,使用烟道气加热的缺点是其比热低,控制困难,以及传热膜系数很低。

(2) 饱和水蒸气。饱和的水蒸气是一种应用广泛的加热剂,其冷凝时的传热膜系数很高,有利于通过改变蒸汽的压强准确地调节加热温度。此外,饱和水蒸气通常可以利用成本较低的蒸汽机、涡轮和排放的废气。当温度超过180 ℃时,饱和水蒸气需要在较高的压强下使用。因此,其一般适用于加热温度在180 ℃以下的情况。

除了以上两种常用的加热剂之外,还可以结合工程的具体情况,选择使用热空气或热水作为加热剂。

常用的冷却剂包括水和空气,它们可以直接从大自然中获取。相比空气,水的比热容高,且传热膜系数也很大,但空气的获取和应用更为便捷,因此应因地制宜加以选用。水和空气作为冷却剂,其冷却效果受到当地气温的限制,一般冷却温度为 10~25 ℃。如果要冷却到较低的温度,则须应用低温剂,常用的低温剂为冷冻盐水(包括 $CaCl_2$、NaCl 及其他溶液)。

### 3.2.3 温度与传热量控制

换热器的温度控制系统及其工作原理和工艺流程如下:冷流体与热流体分别通过换热器的管程与壳程,通过热传导,实现热流体出口温度的降低。热流体首先被加热炉加热到特定温度,随后通过循环泵流经换热器的管程,其出口温度稳定在设定值附近。冷流体通过多级离心泵流经换热器的壳程。在换热器的冷热流体进口处均设置了一个调节阀,可以调节冷热流体的流量。

从传热过程的基本方程式可知,为了保证出口的温度平稳,满足工艺生产的要求,必须对传热量进行调节,调节传热量有以下几种途径:

(1) 调节载热体的流量。实际上,调节载热体流量的大小,意味着改变传热速率方程中的传热系数 $K$ 与平均温差 $\Delta T_m$。在载热体加热过程中不发生相变的情况下,主要改变的是传热速率方程中的热系数 $K$;而在载热体传热过程中发生相变的情况下,主要改变的是传热方程中的平均温差 $\Delta T_m$。

(2) 调节传热平均温差 $\Delta T_m$。这种控制方案滞后性较小,反应迅速,应用比较广泛。

(3) 调节传热面积 $F$。这种方案滞后性较大,通常只在某些必要的场合才采用。

(4) 将工艺介质分路。该方案就是将一部分工艺介质通过换热器进行热交换,将另一部分通过旁路直接流动。

在设计传热设备自动化控制方案时,要视具体传热设备的特点与工艺条件而定。在某些场合,当被加热工艺介质的出口温度较低,且采用低压蒸汽作为载热体,传热面积裕度又较大时,为了保证温度控制平稳及冷凝液排除畅通,往往以冷凝器流量作为操控变量,通过调节传热面积来保持出口温度恒定。

在连续生产过程中,换热器系统的控制原理可通过热量平衡方程与传热速率方程来分析,这个方案的控制流程示意图如图 3-3 所示。

为了简化处理,可不考虑传热过程中的热损失。根据能量守恒定律,热流体释放的热量应与冷流体吸收的热量相等,因此,热量平衡方程可以表示为:

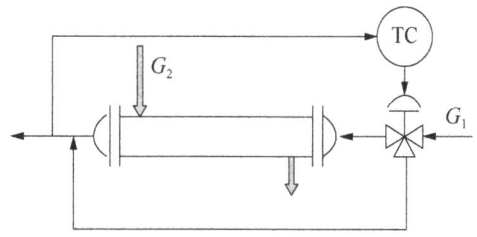

图 3-3 换热器温度控制系统的工艺流程图
$G_1$:载热体的质量流量;$G_2$:冷流体的质量流量

$$q = G_1 c_1 (T_{1i} - T_{1o}) = G_2 c_2 (T_{2o} - T_{2i}) \tag{3-1}$$

式中：$q$ 为传热速率（单位时间内传递的热量），J·s$^{-1}$；$G$ 为质量流量，kg·s$^{-1}$；$c$ 为比热容，J·(kg·K)$^{-1}$；$T$ 为温度，℃。式中的下标：1 为载热体；2 为冷流体；i 为入口；o 为出口。

传热过程中的传热速率为：

$$q = KF\Delta T \tag{3-2}$$

式中：$K$ 为传热系数，W·(m$^2$·K)$^{-1}$；$F$ 为传热面积，m$^2$；$\Delta T$ 为两流体间的平均温差，℃。

其中，平均温差 $\Delta T$ 在逆流和单程的情况下，计算方式为对数平均值：

$$\Delta T = \frac{(T_{1i}T_{1i} - T_{1o}T_{1o}) - (T_{2o}T_{2o} - T_{2i}T_{2i})}{\ln\ln\left(\dfrac{T_{1i} - T_{1o}}{T_{2o} - T_{2i}}\right)\left(\dfrac{T_{1i} - T_{1o}}{T_{2o} - T_{2i}}\right)} = \frac{\Delta T_1 T_1 - \Delta T_2 T_2}{\ln \dfrac{\Delta T_1}{\Delta T_2} \ln \dfrac{\Delta T_1}{\Delta T_2}} \tag{3-3}$$

当 $\dfrac{1}{\varepsilon} \leqslant \dfrac{T_{1i}T_{1i} - T_{1o}T_{1o}}{T_{2o} - T_{2i} T_{2o} - T_{2i}} \leqslant \varepsilon$ 时，误差在 5% 以内，可采用算术平均值来代替，算术平均值的表达式为：

$$\Delta T = \frac{(T_{1i} - T_{1o}T_{1i} - T_{1o}) + [T_{2o} - T_{2i}(T_{2o} - T_{2i})]}{2} \tag{3-4}$$

由于冷流体间的传热既符合热量平衡方程，又符合传热速率方程，因此有下列关系：

$$G_2 c_2 (T_{2o} - T_{2i}) = KF\Delta T \tag{3-5}$$

整理后，得：

$$T_{2o} = \frac{KF\Delta T}{G_2 c_2} + T_{2i} \tag{3-6}$$

从上述公式可以看出，在传热面积 $F$、冷流体进口流量 $G$、温度 $T_{2i}$ 与比热容 $c_2$ 一定的情况下，冷流体出口温度主要受传热系数 $K$ 和平均温差 $\Delta T$ 的影响。

### 3.2.4 设备设计选型

换热器的类型很多，每种型式都有特定的应用范围。在某一种场合下性能很好的换热器，如果换到另一种场合其传热效果和性能可能会有很大的改变。因此，根据具体情况正确地选择换热器的类型至关重要。在选择换热器时，需要考虑多种因素。

换热器的设备选型主要考虑以下因素：

（1）工艺参数：包括热流体的流量、温度、压力以及冷热流体的进出口温度和流量，这些参数将影响换热器的性能和设计。

(2) 物料特性：物料的物理和化学性质，如密度、黏度、腐蚀性、相变特性等，对换热器的选择和设计具有重要影响。

(3) 操作条件：换热器的操作条件包括温度、压力、真空度等，这些条件对换热器的材料、密封性和防腐要求等有直接影响。

(4) 设备成本：换热器的成本构成包括材料成本、制造成本、运输成本和安装成本等。在满足工艺要求的前提下，应尽量选择成本最优的换热器。

(5) 可靠性：换热器的可靠性直接影响其使用寿命和维修成本。选择可靠性高的换热器可以降低维修成本，提高生产效率。

(6) 安全性：换热器应具有良好的密封性能，能够防止物料泄漏，确保安全生产。此外，对于易燃、易爆或具有腐蚀性的物料，应选择具有相应防爆和防腐功能的换热器。

(7) 环保要求：对于某些有毒、有害或异味物料的处理，应选择符合环保要求的换热器，比如能够回收或处理有毒气体的换热器。

根据上述因素，我们可以选择合适的换热器类型及其规格。常用的换热器类型包括管式换热器、板式换热器、板翅式换热器和热管换热器等。在选择换热器时，还需要考虑其与工艺流程的匹配程度、安装尺寸和空间要求等因素。应综合考虑工艺条件和机械设计的要求，正确选择合适的换热器型式来有效地减少工艺过程中的能量消耗。对于工程技术人员而言，在设计换热器时，必须充分重视型式的合理选择、经济运行和降低成本等方面，在必要时，应通过计算进行技术经济指标分析、投资和管理费用的比较，从而使设计达到工程具体要求并实现最优化。

## 3.3 调　　湿

对于 VOCs 湿度的调节，首先要了解其湿度要求。一般来说，VOCs 在线监测仪的工作相对湿度要求≤95%，无冷凝现象（相对湿度＞90%，精处理可配冷凝水过滤装置），工作压力≤200 kPa。如果不能满足这些条件，可能就需要使用调湿预处理单元来调整湿度。

VOCs 湿度调节的目的和重要性主要体现在以下几个方面：

(1) 保护设备：VOCs 在线监测仪对湿度有一定要求，如果湿度过高或过低，都可能影响其正常工作甚至损坏设备。通过调节湿度，可以保证 VOCs 在线监测仪在适宜的湿度环境下工作，有助于延长设备使用寿命。

(2) 提高测量精度：湿度对 VOCs 在线监测仪的测量精度也有影响。在适宜的湿度条件下，VOCs 在线监测仪可以更准确地测量 VOCs 的浓度，从而为污染治理提供更可靠的数据支持。

(3) 确保测量稳定性：湿度调节有助于保障 VOCs 在线监测仪的测量稳定性。在适宜的湿度条件下，VOCs 在线监测仪能够避免因湿度变化引起的测量波动，从而提供更稳定、可靠的测量结果。

（4）避免误差：湿度调节有助于防止 VOCs 在线监测仪在测量过程中产生误差。通过调节湿度，可以消除湿度对测量结果的不利影响，从而减小误差，提升测量的准确性。

（5）适应环境变化：不同地区的湿度条件可能存在差异。通过调节湿度，可以使 VOCs 在线监测仪适应不同地区的湿度条件，确保其可以更好地适应当地的环境变化。

因此，调节 VOCs 湿度至关重要，这可以有效提高 VOCs 在线监测仪的工作效率和测量精度，为污染治理提供更可靠的数据支持。同时，此举也有助于延长设备的使用寿命，降低维护成本。

### 3.3.1 调湿设备

湿度调节器主要分为除湿机和加湿机两类，它们由换热器、压缩机、风扇、水箱、电路控制器及外壳等部件构成。

除湿机的工作原理：通过进风扇将潮湿空气抽入机内，空气在制冷系统（包括压缩机、蒸发器、冷凝器）的作用下凝结成霜，系统会自动升温化霜成水并导入盛水箱中，产生的干燥空气排出机外，如此循环可使室内湿度降低，使潮湿空间逐步变得干爽。机组一般配置高低压保护、防冻结保护、电流过载保护等重要保护装置，并设有多项运行和故障显示功能，确保运行安全稳定。换热器的技术已十分成熟，传热效率高，结构紧凑，因而运行振动小、噪声低，除湿量大，故障率低，使用寿命长。

加湿机的工作原理：超声波工业加湿机通过电子超频振荡技术工作（振荡频率为 1.7 MHz，超出人的听觉范围，对人体无伤害），通过雾化片的高频谐振，将水抛离水面，形成自然飘逸的水雾，不需要加热或添加化学药品，产生的直径为 $1\sim10\ \mu m$ 的水颗粒，飘浮于空气中，从而达到空气的湿润效果。此外，适宜的相对湿度对于提升产品质量、降低废品率、防静电、消除粉尘、净化空气和改善环境均具有决定性的作用。

### 3.3.2 相对湿度控制

不同的 VOCs 废气处理方法可能对湿度有不同的要求。例如，颗粒活性炭处理技术要求废气温度≤40 ℃，相对湿度≤50%；蜂窝活性炭处理技术宜采用防水型活性炭，要求废气温度≤40 ℃，相对湿度≤60%；在生物处理法中，湿度是一个重要因素，需要控制在适宜微生物生长的范围内。在适宜的湿度条件下，微生物才能正常生长和繁殖，进而有效地降解 VOCs 废气中的污染物。

### 3.3.3 设备选型

在废气治理中，对于湿度调节器的选型主要考虑以下因素：

1. VOCs 的组分

在选择湿度调节器时，首先要考虑的是 VOCs 的组分。不同组分对湿度调节器的要求也不同。例如,某些 VOCs 可能含有腐蚀性气体,这就要求湿度调节器具有防腐性能;而有些 VOCs 可能含有颗粒物,这就要求湿度调节器具有除尘功能。因此,在选型时,需要针对具体的 VOCs 组分进行针对性的选择。

2. 湿度要求

湿度调节器的另一个重要参数是湿度要求。不同的湿度调节器具有不同的湿度处理范围,因此需要根据实际需求进行选择。例如,对于需要将废气湿度降至较低水平的场合,可以选择具有较强湿度调节能力的湿度调节器;而对于只需要对废气进行简单的湿度平衡的场合,选择具有一般湿度调节能力的湿度调节器即可。

3. 处理规模

处理规模也是选择湿度调节器时需要考虑的因素之一。不同的湿度调节器具有不同的处理能力,需要根据实际的处理规模进行选择。如果处理规模较大,则需要选择处理能力较强的湿度调节器;反之,如果处理规模较小,则选择具有常规处理能力的湿度调节器即可。

4. 运行环境

运行环境对湿度调节器的性能和使用寿命也有一定的影响。例如,在高温环境下,湿度调节器的散热性能和稳定性可能会受到影响;而在低温环境下,湿度调节器的冷冻效果可能会受到影响。因此,在选择湿度调节器时,需要考虑其运行环境,并选择适合的设备。

5. 设备成本

设备成本是选择湿度调节器时需要考虑的重要因素之一。不同的湿度调节器具有不同的价格,因此需要根据实际的预算情况进行选择。在考虑设备成本时,还需要考虑设备的性能、使用寿命和维护成本等因素,以确保设备成本的综合效益达到最优。

6. 维护需求

维护需求也是选择湿度调节器时需要考虑的因素之一。设备的维护对于其使用寿命和稳定性有着重要的影响。在选择湿度调节器时,需要考虑其维护需求,比如定期清洗、更换滤网等。如果设备的维护需求较高,则需要选择易于维护的设备,以降低维护成本和提高设备的稳定性。

目前,比较常用的湿度调节器有:

1. 干湿感温元件式湿度调节器

将两个感温元件同时置于测量点,并将其中一个包以湿纱布,通过干、湿感温元件之间的温度差来反映相对湿度。感温元件可采用温包。将干、湿感温元件之间的温差转变为温包充剂的压差,导致热电阻的变化,即存在温差—出现电阻差转变为电桥的不平衡电压—反映相对湿度。

2. 氯化锂式电动湿度调节器

表面缠有两根平行银丝,外涂一层含氯化锂的涂料,两银丝本身互不接触,靠涂料使其构成导电回路。感湿元件的电阻取决于涂料的导电性。当空气相对湿度发生变化时,氯化锂涂料含水量改变,其电性改变,电流也发生变化。此电信号经放大处理后,用于控制调湿电磁阀。当空气相对湿度达到调定值时,信号继电器的触头断开,电磁阀关闭,停止喷湿。当湿度低于调定值1%时,电磁阀开启,加湿器开始工作。

3. 尼龙(或毛发)式气动湿度变送器

利用尼龙或脱脂毛发在既定拉力下的伸长率与空气相对湿度有关的特点,制作感湿元件。系统及其维护管理比较复杂,灵敏度低,长时间使用后感湿元件会老化或发生塑性变形。目前该类型设备尚未被广泛使用。

## 3.4 过　　滤

### 3.4.1 过滤设备

过滤设备通常具有高效的过滤效果,能够对废气进行深度处理,确保其排放浓度达到所需要求。此外,过滤设备还应具备良好的稳定性和可靠性,能够在复杂的工业环境中长时间稳定运行,以保证减排效果的持久性。在处理过程中,VOCs过滤设备产生的二次污染较小,这也是其被广泛应用的重要原因之一。

VOCs过滤设备在不同应用场景中均具有显著的优势和局限。在化工、印刷、涂装等VOCs排放较为集中的行业,VOCs过滤设备的应用能够有效降低污染物的排放,改善工作环境,提高生产效率,但是在处理低浓度VOCs时,可能存在能耗较高、处理成本增加等问题。针对某些特定类型的VOCs,如含有卤素、硫、氮等元素的化合物,可能需要采用特定的处理技术或设备,以达到更好的减排效果。

根据过滤效率、材质、用途、结构的不同,过滤器有不同的分类方式。

1. 根据过滤器的过滤效率分类

依据标准《空气过滤器》(GB/T 14295—2019)和《高效空气过滤器》(GB/T 13554—2020),根据过滤器性能的不同,其可分为:粗效过滤器、中效过滤器、高中效过滤器、亚高效过滤器和高效过滤器。在空气过滤净化系统中,通常采用由粗(初)效过滤器、中效过滤器、高效过滤器(或亚高效过滤器)组成的三个等级的过滤方式。

粗效过滤器,又称为初效过滤器,主要用于新风进入机组时的初级过滤,可以阻止粒径 $1\ \mu m$ 以上的微粒和异物进入空调机组。中效过滤器能够处理粒径在 $1\sim10\ \mu m$ 的悬浮性微粒,从而起到保护后续设备的作用。高效过滤器(亚高效过滤器)能够处理粗、中效过滤器不能或很难除去的粒径 $1\ \mu m$ 以下的微粒,从而有效控制送风系统的洁净度。

2. 根据过滤器的材质分类

根据过滤器材质的不同,其大致可分为聚四氟乙烯(PTFE)过滤器、玻璃纤维过滤器、静电过滤器、活性炭纤维过滤器。

PTFE过滤器:主要材料是聚四氟乙烯,这种材质有广泛的化学适用性、热稳定性及极强的疏水性。PTFE过滤器的截留率高,有良好的热稳定性和化学耐受性,且强度好,能耐正向和反向压力的冲击。

玻璃纤维过滤器:采用玻纤滤纸为材料,这种材料的优点是种类多、绝缘性好、强度高、耐热性好、抗腐蚀性强,缺点是材质性脆、不耐磨。

静电过滤器:利用高压静电场使微粒产生荷电,从而被集尘板捕集。静电过滤器是在工业静电除尘器的基础上发展起来的室内空气净化设备,现已被大量应用于多种室内场合,特别是在管道式空调与新风净化系统中,是较为常用的空气净化设备之一。

活性炭纤维过滤器:过滤材料活性炭纤维内部具有发达的疏松多孔结构,有很强的吸附性,对空气中有毒、有害、有异味的气体和细菌,具有很好的吸附和杀除性能,同时,可耐热、耐酸碱。

**3. 根据过滤器的用途分类**

每种过滤器都具有一定的功能,其功能决定了它的用途和使用范围。因此,正确选择并合理使用过滤器,可充分发挥其功能。根据过滤器的主要用途,其大致可分为以下几类。

新风处理用过滤器:用于洁净空调系统的新风即室外新鲜空气的处理,一般为粗效或中效过滤器。若产品生产要求去除化学污染物时,还须设化学过滤器。

室内送风用过滤器:通常用于洁净空调系统的末端过滤,一般为高效或亚高效过滤器。

化学过滤器:当产品对生产环境有更为严格的要求,或者生产过程中会产生化学污染物时,仅采用"三等级过滤"的空气净化处理已不能满足需要,因此应在净化系统中增加化学过滤器。

排气用过滤器:为防止在洁净室内产品的生产过程中产生的污染物(包括各种有害物质、细菌等)对大气产生污染,通常在洁净室的排气管道上设置排气过滤器,使排气经过滤处理后达到规定的排放标准。

制造设备内装过滤器:指与产品制造设备组合成一体的空气过滤器,通常采用HEPA(High Efficiency Particulate Air)、ULPA(Ultra Low Penetration Air Filter)或HEPA+化学过滤器/ULPA+化学过滤器等过滤方法。

洁净室设备内装过滤器:指在洁净室内,通过内循环的方式达到所需的空气洁净度,所使用的空气过滤器,一般采用高效或亚高效过滤器,必要时可增加化学过滤器。

**4. 根据过滤器的结构形式分类**

根据过滤器的结构形式,其可以分为平板式过滤器、折叠板式过滤器、袋式过滤器、有隔板折叠型过滤器、无隔板过滤器。

平板式过滤器:平板式过滤器结构简单,成本低廉,适用于空调系统预过滤器和净化要求不高的空调系统。平板式过滤器主要用于过滤粒径 $5\ \mu m$ 以上的尘埃粒子,其外框材料有铝制框、镀锌铁制框等多种选择,滤料可选用无纺布、尼龙网等,常用于初级过滤或粗效过滤。

折叠板式过滤器：初阻力低、过滤面积大、容尘量高、经济实用。其可捕捉粒径 $10~\mu m$ 以上的颗粒及大体积杂质。折叠板式过滤器主要用于过滤粗尘、空气过滤系统的预过滤，主要框架与平板式过滤器相同。

袋式过滤器：是一种结构新颖、体积小、操作简便灵活、节能、密闭工作、适用性强的多用途滤设备。袋式过滤器是一种新型的过滤系统，其内部由金属网篮支撑滤袋，气体由入口流进，经滤袋过滤后从出口流出，杂质被拦截在滤袋中，更换滤袋后可继续使用。袋式过滤可承载较大的工作压力、压损小、体积小、处理量和容污量大。

隔板折叠型过滤器：采用超细玻璃纤维滤纸作滤材，以折叠胶版纸、铝箔板等材料实现分隔，利用新型聚氨酯密封胶密封，外框多为镀锌板、铝合金板、不锈钢板。其主要用于过滤粒径 $0.3~\mu m$ 以下的悬浮颗粒，安装在各类过滤系统的末端。

无隔板过滤器：其材料和外框材料与隔板折叠型过滤器相同，主要结构为立方体形。

### 3.4.2 流量与压差控制

在工业废气处理系统中，过滤器起着至关重要的作用，它可以有效地保护系统中的其他元件免受杂质和颗粒的损害。流量与压差控制是选择与使用过滤器时的核心因素，直接影响着废气处理系统的运行效率和使用寿命。

1. 流量控制

过滤器的流量是指单位时间内通过过滤器的流体体积或质量，主要由过滤材料和过滤器结构决定。

过滤精度对通过过滤器的流量有较大影响，同一型号的过滤器，当选用不同精度的滤芯时，其通过流量也不同。由于滤材结构、滤芯制作工艺等因素的影响，精度与流量之间没有固定的比例关系，但一般情况下，过滤精度越高，过滤器的通过流量越小。

实际工程应用中，应遵循过滤器的额定风量进行操作，防止因流量过小而导致过滤量降低，同时也防止因流量过大而造成设备损坏和过滤效果下降。

流量控制的主要因素有：

(1) 通流能力：过滤器的通流能力是指其允许通过的最大流量。在选择过滤器时，应确保其通流能力大于或等于系统所需的流量。

(2) 流量影响：过滤器会对其上游和下游的流量产生影响。随着过滤器内杂质的积累，流量会逐渐减小。因此，需要定期检查和清洁或更换过滤器，以维持流量稳定。

(3) 流量控制阀：在一些应用中，可以使用流量控制阀来自动调节流量，确保其在设定的范围内波动。

2. 压差控制

压差是指过滤器两端的压力差，通常是入口压力与出口压力的差值。压差是评估过滤器工作状态的重要指标。随着杂质在过滤器内的积累，过滤器的压差会逐渐增大，可能会导致处理系统效率降低或对过滤器造成损坏。

过滤器会对气流形成阻力,随着过滤器使用时间的增加,过滤器的积灰也逐渐增加,当过滤器对气流的阻力增大到某一规定值时,过滤器应当作报废处理。新过滤器的阻力称"初阻力",过滤器报废时的阻力称"终阻力",在某些过滤器的样本上有"终阻力"参数,工程中也可以根据现场情况改变产品原设计的"终阻力"参数。

预处理过程中涉及过滤操作的,过滤装置两端应安装压差计,"终阻力"一般为"初阻力"的 1.5~2 倍,当压差表指示超标时,应清理或更换过滤装置。过滤器的压差随着通过的流量而变化,呈现出二次曲线的变化规律。在实际应用中,由于滤芯强度和能耗限制,压差通常不允许过高,因此在常规设计中,压差-流量曲线的合理控制至关重要,用户可以根据压差来选择各种尺寸的过滤器,以满足流量要求。

通过压差控制阀可以自动调节压差,当压差超过设定值时,阀门会自动打开,允许部分流体通过,以降低压差。

为了保持适当的压差,需要定期检查、清洁或更换过滤器。此外,根据实际需要,可以选择具有更高或更低压差的过滤器。

### 3.4.3 过滤器的设计参数

作为一种环保设备,VOCs 过滤器的设计理念主要基于以下几点:

(1) 高效性:VOCs 过滤器的主要功能是去除废气中的 VOCs,因此,高效性是其重要的设计理念之一。过滤器需要尽可能多地吸附和净化 VOCs,以达到相关法律法规和标准规定的排放要求。

(2) 可靠性:由于 VOCs 过滤器通常用于工业生产中的废气处理,因此其可靠性非常重要。在设计过程中,需要考虑各种工况和环境因素,确保过滤器能够稳定、可靠地运行。

(3) 安全性:VOCs 过滤器在处理废气时,须确保不会产生二次污染或对人身安全造成威胁。因此,安全性也是其重要的设计理念之一。

(4) 易于维护:为了方便使用和降低维护成本,VOCs 过滤器的设计需要易于维护。例如,可以采用模块化设计,方便更换和清洗。

(5) 经济性:在满足高效性、可靠性和安全性的前提下,VOCs 过滤器的设计还需要考虑经济性。选用合适的材料和工艺,降低制造、使用成本,有利于其推广应用。

总之,VOCs 过滤器的设计理念是在保证高效、可靠、安全的基础上,尽可能地使其易于维护和具有经济性,以满足市场需求。

在设计过滤器时,需要考虑以下主要参数:

(1) 额定风量:指单位时间内通过过滤器的流体体积($m^3 \cdot h^{-1}$),在迎风截面相同的情况下,可以通过的风量越大越好,这表示它的过滤量大。额定风量主要由过滤器的过滤材料及其结构决定。

(2) 面速度和过滤速度:面速度是指迎风截面上通过气流的速度($m \cdot s^{-1}$),面速度等于风量与迎风截面积之比。过滤速度指过滤材料上通过气流的速度($cm \cdot s^{-1}$),过滤速度等于风量与过滤面积之比。过滤面积指所用过滤材料的面积,当过滤材料以平面状垂直于气流方向时,该过滤器的迎风截面面积与过滤面积相等,但装在吸尘器中的滤材往往都是打折成形的。

(3) 过滤效率:过滤效率等于过滤器捕集到的粉尘量与上游空气含尘量之比,即(上游空气含尘量-下游空气含尘量)与上游空气含尘量之比。效率的含义、数值与测试方法密切相关,不同测试方法得到的效率值不可以直接比较,因此涉及效率时须说明测试方法。国外有时也用透过率或穿透率来表征过滤性能,透过率=1-过滤效率。

过滤器的设计参数包括以下几方面:

(1) 规格:粗效、中效、高中效、亚高效、高效。

(2) 流量:指的是过滤器的通流能力,通常为 30~1 200 $m^3 \cdot h^{-1}$。

(3) 工作压力:包括小工作压力和大工作压力。小工作压力通常为 0.2 MPa,大工作压力则可以达到 1.6 MPa。

(4) 工作温度:表示过滤器可以处理的最高温度,该温度通常可以达到 80 ℃。

(5) 过滤精度:表示过滤器能够过滤的最小颗粒的大小,该最小颗粒的粒径通常为 200~3 500 $\mu m$。

(6) 清洗时间:自动反冲洗过滤器的清洗时间,通常为 20~60 s。

此外,过滤器的设计参数还包括压损、滤筒直径、滤筒长度、进出口的接口形式等。设计时,滤筒直径是重要的参数,其大小直接影响着过滤器的过滤效率和成本。这些参数的具体选择要根据实际应用需求和工况来决定。

### 3.4.4 设备选型

过滤器的设备选型通常需要考虑以下条件:

(1) 进出口通径:原则上,过滤器的进出口通径不应小于相配套的泵的进口通径,一般与进口管路口径一致。

(2) 公称压力:按照过滤管路可能出现的最高压力来确定过滤器的压力等级。

(3) 孔目数:根据需要拦截的杂质粒径和介质流程工艺要求来确定。

(4) 过滤器材质:一般选择与所连接的工艺管道相同的材质,对于不同的使用条件,可考虑选择铸铁、碳钢、低合金钢或不锈钢材质的过滤器。

(5) 阻力损失计算:一般计算额定流速时,需计算其压力损失。对于 Y 形过滤器等管件类过滤器,计算阻力损失($\Delta P$)的方法如下:

1) 确定相关参数,包括流体速度($\omega$, $m \cdot s^{-1}$)、流体密度($\rho$, $kg \cdot m^{-3}$)、动力黏度[$\mu$, $kg \cdot (m \cdot s)^{-1}$]、运动黏度($u$, $u = \mu/\rho$, $m^2 \cdot s^{-1}$)、类管件过滤器的内径($D$, mm)、当量直径($dn$,管件过滤器取内径 $D$;筒壳式过滤器取 $4S/C$,$S$ 为流道的截面积,$C$ 为流道的周长),以及当量直管段长度($L$)。

2) 雷诺数($Re$)的计算公式:$Re = (\omega \cdot dn)/u$。

3) 确定摩擦系数($\lambda$)和入口、出口阻力系数($\xi$)。

4) $\Delta P$ 的计算公式：$\Delta P = \lambda \cdot Re \cdot L$。

对于篮式过滤器等筒壳式过滤器的阻力损失，计算方法类似，但需要使用不同的参数和计算公式。

## 课后习题

1. 请简述 VOCs 废气预处理的目的及企业生产过程中的主要预处理工艺。
2. 请简述换热器的分类及其分类依据。
3. 为保证出口的温度平稳，满足工艺生产的要求，必须对传热量进行调节，调节传热量的主要途径有哪些？
4. 为什么要在生物处理法中控制相对湿度？
5. 何为"初阻力""终阻力"？预处理过程中应如何控制"初阻力"与"终阻力"？
6. 请简述额定风量、面速度和过滤速度的定义。

## 参考文献

[1] 江梅,邹兰,李晓倩.我国挥发性有机物定义和控制指标的探讨[J].环境科学,2015,9：3522-3532.
[2] 李红,李雷,许伶红.大气挥发性有机化合物环境基准研究进展与展望[J].生态毒理学报,2015,1：40-57.
[3] T/ACEF 036—2022,挥发性有机物治理设施运行维护与安全管理技术规程[S].中国环境科学研究院、中华环保联合会等,2022.
[4] 童军杰,童巧珍."换热器原理与设计"教学方法探讨与思考[J].装备制造技术,2011,199(7)：222-224.
[5] 史美中,王中铮.热交换器原理与设计[M].南京：东南大学出版社,2018.
[6] GB/T 14295—2019,空气过滤器[S].北京：中国标准出版社,2019.
[7] GB/T 13554—2020,高效空气过滤器[S].北京：中国标准出版社,2020.

# 第 4 章
# 末端治理系统(上)

VOCs 的治理工艺众多,在工程设计中,应根据废气浓度、流量、组分及其来源等选择适宜的末端治理工艺。目前,我国较常用的 VOCs 治理工艺主要有吸附法、吸收法、直燃式燃烧法(Thermal Oxidizer, TO)、催化氧化法(Catalytic Oxidation, CO)、蓄热式燃烧法(Regenerative Thermal Oxidizer, RTO)、生物法、低温等离子法、光氧化/催化法及组合工艺等。本章节主要介绍吸附法、吸收法、直燃式燃烧法和光催化氧化法的相关工艺流程、设备简介、设计参数,以及部分装置的设计计算。

## 4.1 末端治理系统概述

VOCs 末端治理的主流工艺包括吸附法、吸收法、催化氧化法、蓄热式燃烧法及生物法等。

### 4.1.1 吸附法

吸附法主要采用吸附回收技术。吸附回收技术利用固体吸附剂对 VOCs 中各组分的吸附选择性差异来进行分离。其工作原理是利用吸附材料的吸附性能,将废气中的有机溶剂吸附下来,并通过一定的方法将吸附的有机溶剂脱附回收。目前,在工业 VOCs 治理中,常用的吸附剂有活性炭、活性炭纤维、分子筛等。主要的治理工艺设备包括固定床、移动床和流化床吸附器。当吸附材料吸附饱和后,可以利用热源将吸附质气化,解吸出的高浓度有机蒸气被脱附介质带入冷凝单元。根据脱附介质的不同,可以分为水蒸气脱附-溶剂回收技术和热氮气脱附-溶剂回收技术。经过冷凝、分离后,可以回收有机溶剂,实现资源的再利用。吸附法在控制 VOCs 污染方面具有能耗低、工艺成熟、去除率高、净化彻底、易于推广等优点,同时还能回收有机溶剂,具有良好的环境和经济效益。然而,吸附法也存在局限性,如吸附量小和吸附饱和问题。随着吸附剂的消耗,吸附能力会逐渐减弱,使用一段时间后可能会出现吸附量小或丧失吸附功能。此外,吸附法存在投资后运行成本较高及可能产生二次污染的问题。因此,在应用吸附法时,需要定期更换活性炭等吸附材料,并进行再生或处理处置。对于高浓度的VOCs废气,吸附法可能不是最优选择,需要结合其他治理技术进行处理。

### 4.1.2 吸收法

吸收法是将含VOCs的气体通过液体吸收剂,利用VOCs自身的理化特性,使其被吸收剂捕获并分离。该方法的工作原理是基于VOCs的物理和化学性质,通过液体吸收剂与废气的直接接触,将VOCs从气相转移到液相中,然后对吸收液进行处理。尽管吸收法工艺成熟,操作简便,但其存在二次污染和安全性差等缺点,因此目前较少单独使用。吸收法通常采用填料塔或喷淋塔进行吸收。吸收效果主要取决于设备的结构特征和吸收剂的吸收性能。与吸附法相比,吸收法过程较复杂,投资较大。吸收法适用于处理浓度范围为 $1\,000 \sim 10\,000\ \mathrm{mg \cdot m^{-3}}$ 的有机废气,对一些VOCs的处理效率可达95%~98%。此外,吸收法在天然气中VOCs的净化、焦油副产物的回收等领域也有较广泛的应用。在工艺流程方面,含VOCs的气体由吸收塔底部进入,在上升的过程中与来自塔顶的吸收剂逆向接触并被吸收,净化后的气体从塔顶排出。吸收了VOCs的吸收剂通过换热器后,进入汽提塔顶部,在温度高于吸收温度或压力低于吸收压力的条件下进行解吸,之后吸收剂再经过溶剂冷凝器冷凝后进入吸收塔循环使用。解吸出的VOCs气体经过冷凝器、气液分离器处理后,以纯VOCs气体的形式离开汽提塔,被进一步回收利用。该工艺适用于VOCs浓度较高、温度较低和压力较高的场合。但需要注意,吸收法的投资较大,且在一些情况下可能需要配备加热解吸回收装置,这增加了技术的复杂性和成本。

### 4.1.3 催化氧化法

催化氧化法广泛应用于工业废气和工艺尾气的处理,能够高效、彻底地处理含有复杂组分的VOCs气体。在石化、化工、喷涂等行业VOCs的治理方面,该方法已展现出显著成效。该技术通过使用催化剂,在较低温度下将VOCs氧化分解为无害物质,如 $CO_2$ 和 $H_2O$。催化氧化法具有处理效率高、操作成本较低、处理过程中无需添加其他化学品等优点。然而,该方法也存在一些局限性:对催化剂要求比较高,在催化氧化过程中可能会产生二次污染,特别是含硫和含氯的VOCs容易导致催化剂失活。催化氧化法中使用的催化剂主要有贵金属催化剂和非贵金属催化剂两类。在催化氧化过程中,催化剂的作用是降低反应的活化能,同时催化剂表面具有吸附作用,使得反应物分子富集于表面,提高了反应速率,加快了反应的进行。这使得有机废气在较低的起燃温度条件下发生无焰燃烧,并氧化分解为 $CO_2$ 和 $H_2O$,同时释放大量热能,从而达到净化废气的目的。

催化氧化法主要适用于中高浓度的VOCs废气处理,其浓度范围通常在 $500 \sim 5\,000$ ppmv。该方法适用于温度范围为 $300 \sim 600\ \mathrm{^\circ C}$ 的情况,并且主要应用于处理风量 $\leqslant 15\,000\ \mathrm{m^3 \cdot h^{-1}}$ 的场合。然而,它并不适用于低浓度、大风量的有机废气处理,也不适用于含硫、卤素、重金属等成分的废气处理。在使用催化氧化法时,必须注意催化剂的选择和更换周期。此外,因为某些废气成分可能导致催化剂中毒失效,比如卤素成分,因此如果废气中含有这些可能使催化剂中毒的物质,需要进行预处理以去除这些成分。催化氧化法在汽车喷涂、包装印刷、电子、半导体、制药等行业中有着广泛的应用。在这些行业中,催化氧化法可以有效地处理产生的VOCs废气,实现废气的净化和环境的保护。

### 4.1.4 生物法

生物法是一种利用微生物的代谢活动降解VOCs的末端治理工艺。这种方法的基本原理是通过特定的生物处理装置,如生物滤池、生物滴滤塔或生物洗涤器等,使废气中的VOCs与微生物接触并发生生物化学反应,从而被降解为简单的无机物如$CO_2$、$H_2O$等。该方法具有工艺设备简单、运行费用低、二次污染小等优点,但其对场地、操作条件要求较为严格,设备体积大,净化速率较慢,停留时间长,主要适用于低浓度VOCs的净化处理,当废气中VOCs浓度较高时往往难以达到净化要求。在生物法的运行过程中,适宜的环境条件,如温度、湿度、pH和营养物质等,对于促进微生物的生长和代谢活动至关重要。

生物滤池通过多孔填料层中的微生物将VOCs降解。生物滴滤塔通过喷淋循环液提供微生物所需的营养和水分,废气中的VOCs在通过填料层时被微生物降解。生物洗涤器则利用微生物、营养物质和水的微生物吸收液来洗涤废气中的VOCs。生物法具有处理效果好、投资及运行费用低、安全性好、二次污染较少、易于管理等优点。该技术特别适用于处理流量大、体积分数小的VOCs气体,且对某些难以降解的VOCs也有较好的去除效果。然而,生物法也存在局限性,如处理时间较长、占地面积大、对温度和湿度等环境条件敏感等。在实际应用中,生物法包含多种具体工艺,如生物过滤法、生物滴滤法、生物洗涤法等,其选择需依据废气的特性、处理要求,以及经济和技术的可行性等因素综合考量。

由于VOCs的种类繁多、性质各异,涉及的污染行业和工艺过程众多,导致污染气体排放情况差异很大,这些特点决定了单一治理技术难以满足所有废气的治理要求。因此,在实际治理过程中,通常采用多种技术组合的方式。

当前主流的VOCs治理工艺各自有其适用的应用范围,见表4-1。

表4-1 主流VOCs治理工艺的适用范围

| 治理工艺 | 适用范围 |
| --- | --- |
| 吸附法 | VOCs浓度较高、组分简单,并且具有回收价值的VOCs治理,如涉及有机溶剂生产和使用的相关行业VOCs治理及加油站油气回收 |
| 吸收法 | 高水溶性VOCs,不适用于低浓度气体,处理酸性气体效果较好 |

续 表

| 治理工艺 | 适用范围 |
|---|---|
| 催化燃烧法 | 风量较小、浓度适中、排放稳定的 VOCs 治理,如漆包线、汽车、家电、设备制造的喷涂与烘烤漆工艺等的 VOCs 治理 |
| 吸附浓缩-催化燃烧法 | 大风量、低浓度或 VOCs 排放浓度波动大的 VOCs 治理,如喷涂或印刷等行业的 VOCs 治理 |
| 蓄热燃烧法 | VOCs 高浓度、排放稳定、成分复杂或组分可使催化剂中毒的 VOCs 治理,如橡胶生产行业的 VOCs 治理 |
| 生物法 | 小风量、低浓度或有异味的 VOCs 治理,如污水、堆肥等处理的 VOCs 治理 |

## 4.2 吸附处理

### 4.2.1 工艺流程

吸附法的原理基于固体吸附剂表面对气相中待分离气体组分(即吸附质)的选择性吸附能力,以实现气体组分的分离。该过程可分为物理吸附和化学吸附两种机制。在 VOCs 的吸附回收处理中,物理吸附过程占据主导地位。通常,通过物理吸附后,再通过吸附剂的解吸过程(如变温、变压、微波、超声波等手段)来实现 VOCs 气体的回收。

在吸附过程中,通常配置两个吸附器以确保操作的连续性,其中一个进行吸附操作时,另一个则进行脱附再生。经过吸附器处理的气体可直接排出系统。在吸附剂再生时,通常使用水蒸气作为脱附介质,水蒸气将吸附在吸附剂表面的 VOCs 脱附并带出吸附器。随后,通过冷凝,VOCs 得以提纯并回收利用(图 4-1)。

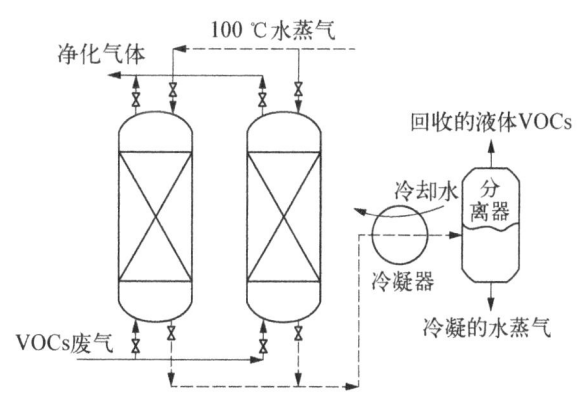

图 4-1 吸附法净化 VOCs 的典型工艺流程

活性炭吸附处理系统一般由多个吸附器共用一套管路系统,通过程序控制实现运行期间的交替切换。在吸附过程中,多个吸附器依次进入吸附状态,即当吸附器①达到饱和状态后,切换至吸附器②,依此类推(图 4-2)。脱附、干燥及再生工序也依次进行。含 VOCs 的废气从吸附器底部进入,在经过活性炭层后,净化后的气体从顶部排出。脱附过程中,载气由吸附器顶部进入,穿过活性炭层,并进入冷凝器进行后续处理。完成脱附并经过干燥再生的吸附器可继续循环使用。整个系统的功能切换由可编程逻辑控制器（PLC）系统自动执行。

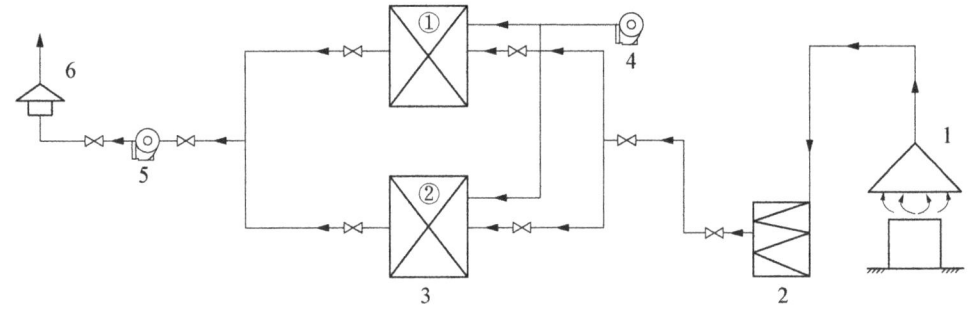

图 4-2 活性炭吸附处理系统工艺流程示意图
1：集气罩；2：除雾过滤器；3：活性炭固定吸附床；4：提供蒸汽的风机；5：离心风机；6：排气罩

根据吸附剂再生方式的不同，吸附工艺可划分为变压吸附、变温吸附、变温-变压吸附与变电吸附等类别。

变压吸附（Pressure Swing Adsorption，PSA）是指在恒温或无热源条件下，通过周期性地改变系统压力，实现吸附质在不同压力水平下的吸附和脱附循环。

变温吸附（Temperature Swing Adsorption，TSA）基于吸附剂平衡吸附量随温度升高而减少的特性，采用在常温下进行吸附，随后通过升温实现脱附的操作过程。

变温-变压吸附（Temperature-Pressure Swing Adsorption，TPSA）融合了变温吸附和变压吸附两种技术的优点，该技术以变压吸附技术为基础，在完成变压脱附后进一步通过升温实现脱附，是一种高效的工艺技术。通过提升床层温度和降低柱压，脱附过程得以更彻底地进行，从而提升了活性炭的再生效率。

变电吸附（Electro-Swing Adsorption，ESA）是一种新兴的气体净化和分离工艺，其核心原理与变温吸附相似。与传统变温吸附技术的区别在于，变电吸附通过电加热饱和吸附剂来实现脱附过程，利用焦耳效应产生的热量促进吸附质的释放。

### 4.2.2 吸附材料

吸附剂是吸附处理的核心。在VOCs的末端治理工艺中，吸附法所采用的吸附材料主要包括以下几类：

（1）活性炭：活性炭是一种多孔性材料，其内部表面积和孔隙结构高度发达，能够有效吸附并去除气体和溶液中的污染物，如有机物、气体、重金属等。活性炭因其广泛的吸附范围、快速的吸附速率、良好的再生性能等特点，广泛应用于空气净化、饮用水净化、工业废水处理等领域。

（2）分子筛：分子筛是一种具有特殊结构的微孔材料，能够通过分子尺寸和形状的选择性吸附和分离混合物中的分子。常见的分子筛材料包括沸石、硅铝酸盐等，常用于气体和溶液的分离、纯化以及催化反应等。

（3）吸附树脂：吸附树脂是一种化学合成的吸附材料，通过其表面的功能基团与溶质发生物理或化学作用，实现溶质的吸附和分离。常用的吸附树脂有离子交换树脂、亲水性树脂、疏水性树脂等。

（4）天然吸附材料：竹炭、木屑、稻壳等天然物质，因其天然多孔结构和良好的吸附特性，也可作为吸附材料使用，常用于食品处理、空气净化、饮用水净化等。

常见的吸附材料有活性炭、活性炭纤维、纳米碳管、分子筛、黏土、多孔硅胶等。吸附剂的性质直接决定了吸附效率，因此，选择合适的吸附剂是吸附操作设计的首要考虑因素。尽管吸附现象普遍存在且吸附剂种类繁多，但工业应用中的吸附剂必须满足一些基本要求：具有较大的比表面积、较高的孔隙率、良好的选择性、较强的机械强度、良好的化学稳定及热稳定性、较大的吸附容量等（表4-2）。

表4-2 几种主要吸附剂的物理性质

| 性　　质 | 白土 | 活性氧化铝 | 硅胶 | 活性炭 | 沸石分子筛 |
| --- | --- | --- | --- | --- | --- |
| 真密度/(g·cm$^{-3}$) | 2.4~2.6 | 3.0~3.3 | 2.1~2.3 | 1.9~2.2 | 2.0~2.5 |
| 表观密度/(g·cm$^{-3}$) | 0.8~1.2 | 0.8~1.9 | 0.7~1.3 | 0.7~1 | 0.9~1.3 |
| 填充密度/(g·cm$^{-3}$) | 0.45~0.56 | 0.49~1.00 | 0.45~0.85 | 0.35~0.55 | 0.60~0.75 |
| 孔隙率 | 0.4~0.55 | 0.40~0.50 | 0.40~0.50 | 0.33~0.55 | 0.30~0.40 |
| 比表面积/(m$^2$·g$^{-1}$) | 100~350 | 95~350 | 300~830 | 600~1 400 | 600~1 000 |
| 微孔体积/(cm$^3$·g$^{-1}$) | 0.6~0.8 | 0.3~0.8 | 0.3~1.2 | 0.5~1.4 | 0.4~0.6 |
| 平均微孔径/10$^{-10}$ m | 80~200 | 40~120 | 10~140 | 20~50 | — |
| 比热/[J·(g·K)$^{-1}$] | 0.84 | 0.88~1.00 | 0.92 | 0.84~1.05 | 0.80 |
| 导热系数/[kJ·(m·h·K)$^{-1}$] | 0.355 | 0.50 | 0.50 | 0.50~0.71 | 0.18 |

1. 活性炭

活性炭是一种由含碳材料制备而成的黑色或深棕色无定形多孔碳质吸附剂。其主要成分为碳，同时含有少量的氢、氧、氮、硫等元素。活性炭具有高度发达的孔隙结构，其中微孔占据主导地位，赋予了活性炭巨大的比表面积，每克活性炭的比表面积可达数百至数千平方米。

根据原料来源的不同，活性炭主要分为煤质炭、果壳类和木质类。煤质炭是通过高温炭化、活化等处理煤炭而得，表面含有大量的官能团如羟基、羧基等，因此具有优异的吸附性能。果壳类活性炭以椰子壳、杏壳等为原料，经过破碎、炭化、活化等工艺制备，其比表面积和吸附性能均较高。木质类活性炭则以木材为原料，经过破碎、炭化、活化等工艺制备，表面含有大量的羟基和羧基等官能团，从而具备良好的吸附性能。

按照形状的不同，活性炭可以分为粉末状、粒状、球形、圆柱形等多种形态。粉末状活性炭具有较高的比表面积和吸附性能,但使用过程中易于飞扬和流失;粒状活性炭则具有较好的流动性和机械强度,适用于固定床和移动床等吸附装置;球形和圆柱形活性炭则具有较好的堆积性能和较低的压降,适用于大型吸附装置。

此外,活性炭还可以根据氧化程度的不同分为 H 型和 L 型。H 型活性炭具有较高的含氧量和较多的表面官能团,因此具有较好的亲水性和化学吸附性能;而 L 型活性炭含氧量较低,表面官能团较少,因此具有较好的疏水性和物理吸附性能。

活性炭的吸附性能主要源自其巨大的比表面积和丰富的表面官能团。由于其微孔结构和巨大的比表面积,活性炭能够吸附和储存大量的气体、液体或固体分子。同时,活性炭表面的官能团,如羟基、羧基、羰基等,能够与吸附质发生化学反应,进一步增强活其吸附性能。

活性炭的吸附性能受多种因素影响,包括吸附质的性质、温度、压力、pH 等。通常情况下,活性炭对有机物的吸附能力较强,而对无机物的吸附能力较弱。此外,活性炭的吸附性能还与其制备方法、原材料、孔径分布等因素密切有关。

活性炭在多个领域中具有广泛的应用,比如环境保护、水处理、空气净化、食品加工、医药工业等。在环境保护领域,活性炭主要用于处理工业废水、废气、噪声等污染,同时在土壤修复和生态保护方面也有所应用。在水处理领域,活性炭用于去除水中的有机物、重金属、异味等污染物,以提高水质。在空气净化领域,活性炭用于去除室内空气中的甲醛、苯等有害气体,从而改善室内空气质量。

活性炭的表面化学性质由表面官能团的种类和数量决定,这些性质的差异影响活性炭的化学吸附性能。通过表面化学改性,可以改变活性炭对 VOCs 的吸附能力和选择性。例如,氨化处理可增加活性炭表面的碱性官能团,而氧化处理则增加活性炭表面酸性官能团;磷酸浸渍改性的活性炭对苯、甲苯、二甲苯等 VOCs 的吸附性能有所提升。活性炭吸附法是工业中广泛采用的 VOCs 治理工艺,但在实际应用中仍面临吸附容量不高、吸附后活性炭的再生能力不足、吸附性能受环境因素影响较大等问题。

(1)颗粒活性炭:在 VOCs 治理过程中,颗粒活性炭因其广泛的孔径范围而被广泛使用。其孔径主要集中在 2 nm 以下的小孔,同时包含少量中孔和大孔。这种孔径分布特性赋予了颗粒活性炭对几乎所有有机气体的吸附能力,即便对于某些极性吸附质,颗粒活性炭亦展现出优良的吸附性能。颗粒活性炭作为一种广泛应用的吸附剂,主要由椰壳、果壳和煤质等原料经过精细的生产工艺加工而成。

煤制颗粒活性炭以无烟煤为原料,经加工后形成黑色不定型颗粒。其形态多样,包括破碎状、圆柱状、球状、中空微球状等。颗粒状活性炭的粒径为 0.5~4 mm,具有孔隙结构发达、吸附性能良好、机械强度较高、易于再生、造价低等特点。

颗粒活性炭的比表面积通常为 500~1 500 $m^2 \cdot g^{-1}$,孔隙结构分为微孔、中孔和大孔,其中微孔因其提供了巨大的表面积而尤为重要。颗粒活性炭的吸附能力主要由其表面积和孔隙结构决定。因此,颗粒活性炭主要用于去除水中的有机物、异色物、臭味、氯气等杂质和污染物,以及空气中的恶臭、废气和空气污染物,如甲醛、苯、氨气等。此外,颗粒活性炭在酿酒、废气处理、脱色、干燥、气体净化等领域亦有广泛应用。

在净水领域,颗粒活性炭是常用的活性炭类型之一。颗粒活性炭的粒径越小,其吸附效果越好,因此常被填充入滤芯壳体,用于净水器滤芯中。为了防止滤芯使用过程中炭粉脱落,通常在两端置入多层无纺布。

颗粒活性炭的主要技术指标包括:碘值$>900\ mg\cdot g^{-1}$;亚甲基兰吸附值$\geqslant 120\ mg\cdot g^{-1}$;比表面积$>1\ 000\ m^2\cdot g^{-1}$;水分$\leqslant 8\%$;pH:5~7。

(2) 蜂窝活性炭:蜂窝活性炭是通过将粉末状活性炭、水溶性黏合剂、润滑剂和水等原料混合、捏合后挤出成型,再经过干燥、炭化、活化等工艺制成的蜂窝状吸附材料。蜂窝活性炭的吸附性能与颗粒活性炭相当,其优势在于阻力小,适合处理大风量气体。

蜂窝活性炭是一种新型环保型活性炭废气净化产品,具有比表面积大、通孔阻力小、微孔发达、高吸附容量、使用寿命长等特点。

蜂窝活性炭的制备过程包括原材料处理、混合制粒、成型、炭化、活化等步骤。原材料需要去除杂质以提高活性炭的纯度;制粒和成型旨在将原材料压缩成特定形状和尺寸的颗粒;炭化是将颗粒加热至高温转化为炭质的过程;活化则是在高温下通过化学反应增强材料的活性。

蜂窝活性炭主要分为耐水型和普通型两种。耐水型蜂窝活性炭可适用于湿度较高的环境中,不惧水浸;普通型则适用于湿度较低的废气治理,遇水会软化。此外,蜂窝活性炭还具有催化性质,可作为催化剂载体,提高反应效率。

蜂窝活性炭的应用领域非常广泛,可用于各种气体净化设备和废气治理工程,如去除氧化氮、四氯化碳、氯、苯、二甲醛、丙酮、乙醇、乙醚、甲醇、乙酸、乙酯、苯乙烯、光气、恶臭气体等。它也可用于水处理,吸附水中的有害物质,如氯、异味、异色等。在化工领域,蜂窝活性炭可作为化学反应中的催化剂载体,提高反应效率。此外,蜂窝活性炭还可用于气液分离、液相萃取等领域。

在使用蜂窝活性炭时应注意避免高温和高含尘量,因为高温会降低其吸附量,且焦油尘雾会堵塞活性炭微孔,增加阻力,降低吸附效果。若使用环境含有大量浓尘和焦油,应加装前级除尘过滤以达到最佳使用效果和最长使用寿命。

蜂窝活性炭的主要技术指标包括:正常抗压强度:$>0.8\ MPa$;常用规格:$50\ mm$(长)$\times 50\ mm$(宽)$\times 100\ mm$(高)或$100\ mm$(长)$\times 100\ mm$(宽)$\times 100\ mm$(高);使用温度:$<400\ ℃$;孔密度:$1\ 600$孔/100平方英寸(即16 CPSI);空塔风速:$0.8\ m\cdot s^{-1}$;比表面积:$>700\ m^2\cdot g^{-1}$;堆比重:$480\ kg\cdot m^{-3}$;耐水堆比重:$430\ kg\cdot m^{-3}$。

(3) 活性炭纤维毡:活性炭纤维毡缩特以其阻力小、对悬浮粒子捕捉效率高、可水洗等特性,特别适用于大风量、低阻力的空气过滤场合。

活性炭纤维毡是一种由优质粉状椰壳活性炭为吸附材料,采用高分子粘接材料将其载附在纤维基体上制成的吸附材料。它具有良好的吸附性能、成型性好、强度高、气流阻力小等特点,因此被广泛应用于空气净化、水处理、VOCs治理等领域。

活性炭纤维毡的吸附原理主要基于其大量的微小孔隙和高比表面积,这些孔隙和表面积为吸附提供了充足的空间,使其能够吸附各种废气、异味、杂质等。此外,活性炭纤维毡的表面还含有丰富的官能团,如羟基、羧基等,这些官能团能够与吸附质发生化学反应,进一步增强其吸附能力。

活性炭纤维毡的制备过程主要包括活性炭纤维的制备和毡的成型两个步骤。活性炭纤维的制备通常采用化学活化法或物理活化法,将含碳原料进行高温炭化和活化处理,得到具有丰富孔隙结构和高比表面积的活性炭纤维。然后,将活性炭纤维与高分子粘接材料混合,通过成型工艺制成活性炭纤维毡。

活性炭纤维毡的应用领域包括:

1) 空气净化:活性炭纤维毡因其高效的吸附能力,成为空气净化器的理想材料,能够有效去除室内空气中的废气、异味、细菌等污染物。

2) 水处理:活性炭纤维毡可用于饮用水的净化、工业废水的处理、海水淡化等领域,能够去除水中的有害物质、异味、色素等。

3) VOCs治理:活性炭纤维毡对多种有机污染物具有良好的吸附能力,因此适用于VOCs治理领域,如化工、涂装、印刷等行业。

4) 脱臭:活性炭纤维毡可以有效吸附空气中的异味和气味,因此可用于家庭护理、汽车内饰等的脱臭产品中。

活性炭纤维毡的主要技术指标包括:常规厚度:3 mm或5 mm;比表面积:$1\,000 \sim 1\,600\ m^2 \cdot g^{-1}$;微孔体积占总孔体积的80%左右;使用温度:$>500\ ℃$;孔径:$18 \sim 21\ nm$;含碳量:75%~95%。

**2. 分子筛**

分子筛,一种人工合成的沸石,具有多孔型硅酸盐骨架结构。其化学通式可表示为:$Me_{x/n}[Al_2O_3]_x(SiO_2) \cdot mH_2O$,其中$x/n$代表价数为$n$的金属阳离子Me(如$Na^+$、$K^+$、$Ca^{2+}$等)的数量;$m$则表示结晶水的分子数量。

分子筛的结构特征在于其孔道和孔穴的孔径均匀,排列有序。这些孔道和孔穴的尺寸与众多工业重要分子的尺寸相匹配,从而允许分子筛根据分子的大小和形状进行筛分、吸附和分离,实现混合物中组分的有效分离。

分子筛以其卓越的吸附能力、选择性以及耐高温性能,在有机化工、石油化工、环保、生物工程、食品工业、医药化工等多个领域得到广泛应用。在石油化工领域,分子筛主要用于催化裂化、催化重整、烷基化、异构化等反应过程,以提升产品的质量和产量。在环保领域,分子筛在气体分离、净化、干燥和储存等方面发挥重要作用,例如,用于去除空气中的水分、二氧化碳、硫化氢等,以及处理工业废水中的有机物和重金属离子等。

分子筛的孔径大小是决定其吸附和分离性能的关键参数之一。根据 $SiO_2$ 和 $Al_2O_3$ 的分子比差异,可制备出具有不同孔径的分子筛。常见的分子筛类型包括 A 型(10A 钾型)、A 型(4A 钠型)、A 型(5A 钙型)、Z 型(10Z 钙型)、Z 型(13Z 钠型)、Y 型(Y 钠型)、钠丝光沸石型等。其中,Y 型分子筛含有十二元氧环结构,适用于裂化催化剂、双功能催化剂等;丝光沸石型分子筛则含有八元氧环结构,适用于甲苯歧化催化剂等。

分子筛的合成方法主要包括水热合成法、气相转化法、离子交换法等。水热合成法是最常用的方法之一,其原理是在高温高压条件下,通过硅酸盐、铝酸盐等原料在水溶液中的反应,形成分子筛的晶体结构。

分子筛的特性在于其孔径的整齐和均一性,这使其具有较高的吸附选择性,类似于筛子筛选特定尺寸的颗粒;同时,分子筛作为一种离子型吸附剂,对极性分子和不饱和有机物展现出选择性吸附能力。由于分子筛具有较大的内表面积,因此其吸附容量也相对较大。

沸石分子筛在特定条件下表现出独特优势,即便在废气湿度较大、温度较高的环境中,仍能保持一定的吸附活性。

蜂窝分子筛的吸附量计算:吸附量的计算通过吸附曲线积分获得,计算公式如下:

$$q = \frac{F \cdot C_0 \times 10^{-9}}{W}\left[t_s - \int_0^h \frac{C_t}{C_0}\mathrm{d}t\right]$$

式中:$q$ 为单位质量吸附剂对 VOCs 的平衡吸附量,$mg \cdot g^{-1}$;$F$ 为气体总流速,$mL \cdot min^{-1}$;$C_t$ 为吸附 $t$ min 后出口处 VOCs 的浓度,$mg \cdot m^{-3}$;$C_0$ 为入口处 VOCs 的浓度,$mg \cdot m^{-3}$;$W$ 为吸附剂的填装量,g;$t$ 为吸附时间,min;$t_s$ 为吸附平衡所需的时间,min。

不同类型的分子筛具有各自的优缺点,下面将列举几种常见的分子筛。

(1) 沸石型分子筛:具有高的热稳定性和化学稳定性,孔径大小均匀,具有较高的选择性和吸附容量。但制备过程较复杂、成本较高,对某些大分子物质的吸附能力较弱。

(2) 无定形分子筛:结构灵活、孔径分布较宽,适用于吸附和催化大分子物质。但热稳定性和化学稳定性较差,再生性能较弱。

(3) 介孔分子筛:孔径、比表面积较大,适用于吸附和分离大分子物质,同时也具有良好的催化性能。但制备过程较复杂、成本较高,对某些小分子物质的吸附能力较弱。

(4) 碳分子筛:具有疏水性和高的吸附容量,适用于从烃类混合物中分离和纯化烯烃等化合物。但制备过程较复杂、成本较高,热稳定性和化学稳定性较差。

总之,分子筛是一种重要的吸附剂和催化剂,具有广泛的应用前景和市场需求。随着科学技术的不断发展,分子筛的合成方法和应用领域也将不断优化和拓展。

3. 硅胶

硅胶是一种无机高分子吸附材料,属于非晶态物质,其化学分子式为 $mSiO_2 \cdot nH_2O$。硅胶的吸附性基于其丰富的孔结构和大的比表面积,以及表面存在的硅羟基等官能团。根据孔径大小,可以将硅胶分为大孔硅胶、粗孔硅胶、B型硅胶和细孔硅胶等。由于制造方法不同,硅胶的表面微孔结构也会有所不同,从而表现出不同的吸附特性。

在环境保护、水处理、食品加工、医药工业等领域,硅胶有着广泛的应用。例如,在环境保护领域,硅胶可用于治理工业废水、废气等,去除其中的重金属离子、有机物等污染物。在水处理领域,硅胶可用于去除水中的悬浮物、色素、异味等,从而提高水质。在食品加工领域,硅胶可用于果汁、酒类、糖液等的澄清和脱色。在医药工业领域,硅胶可用于制备药用辅料,如药片载体、胶囊壳等。

与活性炭、分子筛等吸附材料相比,硅胶具有其独特的优点。例如,硅胶的吸附容量大、吸附速率快、脱附容易,且不易受温度、pH 等环境因素的影响。此外,硅胶还具有良好的化学稳定性和热稳定性,能够在较宽的温度范围和 pH 范围内保持稳定的吸附性能。

硅胶具有亲水性,其吸附的水分可达自身质量的 50%,因较难吸附非极性物质,常用于含湿量较高的气体的干燥脱水。硅胶吸附水分后,吸附其他废气或蒸气的能力就大幅降低。有时,硅胶的亲水性也会成为其应用的限制因素。例如,若吸附了有机蒸气,硅胶可能会被空气中的水分置换;利用硅胶脱除尾气中的 $NO_2$,需要先将废气干燥,否则被饱和的硅胶会失去催化性能,不能将 NO 催化氧化为 $NO_2$,从而被硅胶吸附脱除。硅胶还常用于回收处理有机蒸气。

硅胶是一种粒状无晶型氧化硅。水玻璃(硅酸钠)经酸处理后制得硅凝胶,随后通过老化、水洗、干燥脱水的过程,最终得到硅胶。

4. 吸附树脂

吸附树脂是一类具有多孔立体结构的高分子聚合物,能够通过物理吸附和化学吸附的方式去除环境中的有机物、重金属离子等污染物。吸附树脂的吸附性能与其物理结构和化学结构密切相关。

吸附树脂的孔径、比表面积和空隙率等物理结构特性对其吸附性能有重要影响。一般而言,在相同的化学结构下树脂的孔径越小、比表面积越大,其吸附能力就越强。这是因为较大的比表面积意味着树脂表面有更多的活性位点,能够吸附更多的污染物。同时,吸附树脂的孔隙率也能够影响其吸附性能,空隙率越高,树脂内部的扩散阻力越小,越有利于污染物在树脂内部的扩散和吸附。

除了物理结构特性外,吸附树脂的化学结构也对其吸附性能产生重要影响。树脂表面的官能团种类和数量决定了其化学吸附能力。例如,含有酰胺基、氰基、酚羟基等官能团的极性吸附树脂能够通过化学吸附的方式去除许多极性有机物。而非极性吸附树脂则主要由偶极矩很小的单体聚合物制得,不带任何功能基,主要通过物理吸附的方式去除非极性有机物。

吸附树脂的制备方法主要包括悬浮聚合法、乳液聚合法和分散聚合法等。其中,悬浮聚合法是最常用的方法之一,其原理是将单体、引发剂、分散剂等原料混合后,在搅拌下进行悬浮聚合反应,生成颗粒状的吸附树脂。

综上所述,吸附树脂是一类具有广泛应用前景的高分子材料,其独特的物理和化学结构使其在许多领域都能够发挥重要的吸附和分离作用。随着科学技术的不断发展,吸附树脂的制备方法、性能和应用领域也将不断优化和拓展。

5. 天然吸附材料

天然吸附材料是指直接从自然界获取或经过简单加工处理的物质,这些材料通常具有丰富的多孔结构、较大的比表面积及表面官能团等特性,从而表现出良好的吸附性能。常见的天然吸附材料包括:

(1) 木炭和木炭基吸附材料:木炭是由木材、果壳、树枝等含碳原料经过不完全燃烧或热解制得的黑色多孔固体燃料。其具有丰富的孔结构和较大的比表面积,适用于吸附水中的重金属离子、有机物等污染物。木炭经过进一步加工处理,如通过活化处理,可制得活性炭,其吸附性能更佳。

(2) 天然黏土矿物:黏土矿物是一种常见的天然吸附材料,如膨润土、蒙脱石等。它们具有层状结构,层间富含阳离子交换位点,可以通过离子交换作用吸附水中的阴离子污染物。此外,黏土矿物表面还富含羟基等官能团,可与水中的污染物发生化学吸附。

(3) 壳聚糖及其衍生物:壳聚糖是一种天然的高分子多糖,是源自甲壳类动物壳的无毒天然高分子物质。壳聚糖具有丰富的羟基和氨基等官能团,可与多种污染物发生化学吸附或螯合作用。壳聚糖及其衍生物在水处理、食品加工等领域具有广泛的应用。

(4) 生物质废弃物:许多生物质废弃物,如稻壳、木屑、棉秆等,也具有一定的吸附性能。这些废弃物经过简单的加工处理,如碳化、活化等,可以得到具有较好吸附性能的吸附材料。

一些天然吸附材料具有来源广泛、成本低廉、环境友好等优点,在环境保护、水处理、食品加工等领域具有广泛的应用前景。然而,其吸附性能通常受温度、pH、离子强度等环境因素的影响,因此在实际应用中需要根据具体情况进行优化和调整。同时,天然吸附材料的再生和重复使用性能也是未来研究的重要方向。

下面列举几种常见的天然吸附材料及其优缺点:

1) 木炭和木炭基吸附材料:来源广泛、成本低廉,具有良好的吸附性能和化学稳定性。但吸附容量有限,再生性能较差,容易受环境因素的影响。

2) 天然黏土矿物:具有良好的离子交换能力和吸附性能,对重金属离子等污染物有较好的去除效果。但吸附速度较慢,容易受到离子强度、pH等环境因素的影响。

3) 壳聚糖及其衍生物:具有良好的生物相容性和可降解性,对多种污染物具有良好的吸附性能。但成本较高,制备过程较复杂,易受环境因素的影响。

4) 生物质废弃物:来源广泛,成本低廉,具有可再生性,对某些污染物具有良好的吸附性能。但吸附性能不稳定,容易受原材料种类、制备条件等因素的影响。

### 4.2.3 脱附再生

当吸附剂吸附一定量的污染物达到饱和状态后,其净化效果开始下降,直至失效,此时需要进行脱附再生处理。吸附剂的脱附方法主要有加热脱附、减压脱附、冲洗和解吸等。

1. 加热脱附

在恒压条件下,吸附剂的吸附容量随温度的升高而降低。在低温下进行吸附,用高温气流吹扫脱附,这种高低温交替进行的操作过程称为变温吸附。整个操作过程中的温度呈现周期性变化。微波脱附是升温脱附的一种改进技术,目前广泛应用于气体分离、干燥、空气净化及废水处理等方面,是一种常用的脱附方法。

2. 减压脱附

在恒温条件下,吸附剂的吸附量会随压力的升高而升高。在较高压力下进行吸附后,通过降低压力或抽真空来实现吸附剂的再生,这种方法称为减压吸附。减压吸附过程包括吸附、过压、降压、冲洗、冲压、再吸附等阶段。减压脱附无需加热,再生时间短,但设备中存在空间盲区,导致脱附再生率低。热惰性气体脱附与蒸汽脱附的传质机制相似。然而,对于大多数吸附剂而言,蒸汽再生的效率通常高于惰性气体再生。

3. 冲洗和解吸

用未吸附的气体或液体冲洗吸附剂,使吸附的组分脱附。这种方法会导致洗涤剂与吸附成分混合,需要通过其他方法将其分离,因此不便于多次分离。

4. 热空气脱附再生

通过将热空气或氮气通入吸附管中,把吸附在活性炭纤维上的 VOCs 分子脱附下来。脱附后的 VOCs 与热空气或氮气混合,在冷凝器中冷凝后分离。该方法虽然避免了水的产生,但存在再生周期长的问题。

5. 变压吸附再生循环

在吸附等温曲率较大的范围内,降低体系压力,吸附量随之减小,从而实现吸附剂的脱附再生。变压脱附易于实现循环操作,其优点包括自动化程度高、成本低、安全性好等。然而,脱附体系需要不断减压或抽真空,必须严格控制压力体系,其能耗较大,操作周期较长,且仅适用于反应器或固定床吸附器,再生过程中吸附剂的损耗也较高。

6. 超临界再生

基于萃取原理,利用超临界流体作为溶剂,有效扩散并溶解吸附质于超临界流体中,从而实现脱附。

以下是对上述脱附方法优缺点的简要概述。

(1) 加热脱附(变温解吸):通过升高温度,吸附在吸附剂上的物质更容易解吸,因为许多物质的吸附量随温度升高而减少。需要大量能量来加热吸附剂，可能导致能耗较高。此外，高温可能会破坏吸附剂的结构，降低其使用寿命。

(2) 减压脱附(变压吸附)：降低压力有助于吸附在吸附剂上的物质解吸，因为吸附通常为放热过程，降低压力可使吸附平衡向脱附方向移动，有利于解吸。需要复杂的压力控制系统，可能增加设备成本和操作复杂性。此外，减压可能导致吸附剂中某些物质不能完全解吸。

(3) 冲洗和解吸：使用未吸附的气体或液体冲洗可以有效将吸附物质从吸附剂上解吸。冲洗液可能与吸附物质混合，需要额外的分离步骤。此外，频繁冲洗可能导致吸附剂的结构被破坏。

(4) 热空气脱附再生：用热空气代替水，从而避免产生废水。再生周期可能较长，影响吸附剂连续使用。此外，热空气的温度和流量需精确控制，以免对吸附剂造成损害。

(5) 变压吸附再生循环：自动化程度高，操作相对简单。需要不断减压或抽真空，能耗较高。再生过程中吸附剂损耗量也可能较大。

(6) 超临界再生：使用超临界流体作为溶剂，可实现高效、快速的解吸。需要特殊的设备和技术来产生和操作超临界流体，可能增加成本和复杂性。此外，超临界流体的选择需要根据具体吸附物质确定。

### 4.2.4 吸附设备

吸附设备是一种常见的物理分离设备，用于在气体或液体中分离目标组分。根据操作原理和应用领域的不同，吸附设备可以分为多种类型，包括固定床吸附器、转轮吸附器、流化床吸附器、移动床吸附器等。

此外，根据吸附剂的不同，吸附设备还可以分为活性炭吸附设备、分子筛吸附设备、氧化铝吸附设备和介孔材料吸附设备等。这些设备在化工、环保、医药、食品等多个生产领域有着广泛的应用，能够有效地分离目标组分，提高产品纯度。

#### 1. 固定床吸附器

固定床吸附器是一种常见的吸附设备，主要用于气相吸附和分离。其特点在于吸附剂被固定在吸附器的特定部位，通常填充在塔或柱中，气流则通过吸附剂床层进行吸附操作。固定床吸附器具有结构简单、操作简便、造价低、吸附剂损耗小、操作弹性大等优点，因此被广泛应用于众多工业领域。

根据布置形式的不同，固定床吸附器可分为立式、卧式、圆柱形、方形、圆环形、圆锥形和屋脊形等多种类型。其中，立式固定床吸附器是最为常见的形式，可分为上流式和下流式两种。根据《化工装置工艺设计手册》(第三版)建议，吸附剂的装填高度通常以确保净化效率和一定的阻力降为设计原则，一般为 0.4~1.6 m。床层直径的设计则以满足气体流量和保证气流分布均匀为原则。

固定床吸附器的工作原理：当含有目标组分的气体通过吸附剂床层时，目标组分被吸附在吸附剂表面，从而实现气体的分离和纯化。吸附剂的选择对于固定床吸附器的性能至关重要,常用的吸附剂包括活性炭、分子筛、氧化铝等。

固定床吸附器广泛应用于化工、环保、医药、食品等领域,例如,在废气处理中的有机废气吸附,以及从气体混合物中分离和纯化特定组分。然而,固定床吸附器也存在一些缺点,如吸附剂的再生和更换较为困难,以及对于高浓度或高流量的气体处理效果可能不佳。因此,在选择吸附设备时,必须综合考虑吸附剂的性质、气体的性质和流量、操作条件等多种因素。

固定床吸附器的吸附床是固定不动的,有多种形式的固定床吸附器,如图4-3所示,其中图4-3(a)、图4-3(b)为立式吸附器,图4-3(c)为卧式吸附器。固定床吸附器的优势包括结构简单、操作简便、操作弹性大、适用浓度范围广。但对单台吸附器来说,吸附操作是间歇过程,为实现气体吸附过程的连续性,一般需要两台以上的吸附器交替使用。

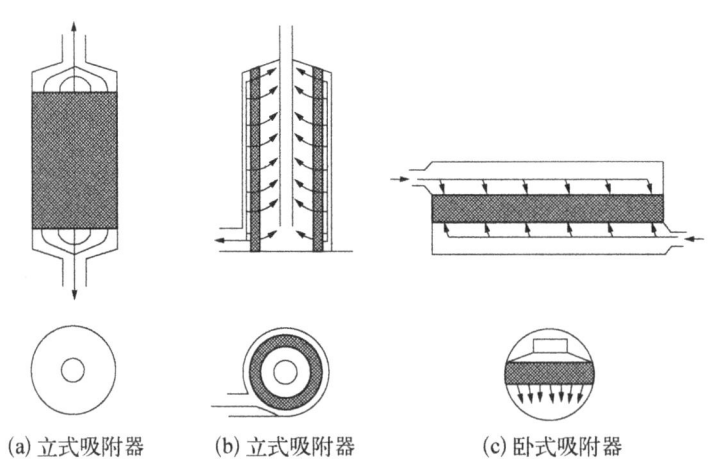

图4-3 固定床吸附器结构示意图

2. 转轮吸附器

转轮吸附器是一种基于物理吸附原理的分离设备,广泛应用于有机废气的净化处理。该设备利用特定材料的吸附特性对气体分子进行选择性吸附和脱附,从而实现废气的净化和有害物质的去除。

转轮吸附器通常由吸附转轮、驱动装置、废气预处理系统、再生系统和冷却系统等部分构成。吸附转轮是转轮吸附器的核心部件,通常由无机陶瓷纤维材料制成,并在其表面涂覆吸附剂。吸附剂的选择对于转轮吸附器的性能至关重要,常用的吸附剂包括活性炭、分子筛等。

转轮吸附器的工作原理:当含有有害物质的废气通过吸附转轮时,废气中的有害物质被吸附剂吸附在转轮表面。随着转轮的旋转,已吸附有害物质的区域进入再生区,在此区域通过加热或吹扫等方式使吸附剂脱附,即有害物质从吸附剂上解吸并随再生空气流出。随后,转轮进入冷却区进行冷却,为下一次吸附做准备。

转轮吸附器具有处理风量大、处理效果好、运行稳定等优点。同时,由于吸附剂可以再生和重复使用,因此转轮吸附器还具有较低的运行成本。然而,转轮吸附器也存在一些缺点,如设备结构复杂、占地面积大、对高浓度废气处理效果有限等。

在实际应用中,转轮吸附器常用于大风量、低浓度的有机废气处理。根据不同的废气成分和处理需求,可以选择不同类型的吸附剂和转轮结构。此外,为了提高转轮吸附器的处理效果和经济效益,通常会与其他废气处理技术(如催化燃烧、冷凝回收等)联合使用。

转轮吸附器的吸附床一般为圆筒形,吸附床绕其轴缓慢回转,隔板和外壳罩固定不动,隔板将回转床吸附器分成 2 个区,即吸附区与再生区。图 4-4 所示为转轮吸附器横截面。废气、再生用热空气从装置的侧面进入,然后由另一侧流出,这样回转吸附床在旋转过程中到达吸附区时,废气得到净化,吸附床层被吸附质饱和而失去吸附活性后,旋转至再生区进行吸附剂的再生,使吸附剂恢复吸附能力。因此,吸附和再生过程都是连续进行的。回转床吸附器适用于废气连续排放、气态污染物浓度较大、污染物有回收价值而需回收的情况,但只能处理中等气量或小气量的气体。

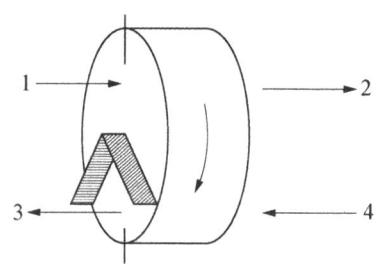

图 4-4 转轮床吸附器横截面示意图
1:废气;2:净化气;3:解吸气体;4:再生热空气

3. 流化床吸附器

流化床吸附器是一种新型的吸附设备,常用于气体净化、废气治理和化工生产等领域。流化床吸附器的工作原理:利用固体吸附剂将气体中的有害物质吸附到床层中,再通过不同的工艺流程进行处理和回收。流化床吸附器结合了固定床和移动床的优点,并克服了其部分缺点,在实际应用中具有显著的优势。

流化床吸附器的核心组成部分包括进气口、出气口、床层、底部排气管道,以及床层换热器等。其中,床层填充有固体吸附剂,当废气通过床层时,有害物质被吸附剂捕获,从而实现对气体的净化。吸附处理后的气体经底部排气管道排出,利用床层换热器控制床层的温度,以维持吸附过程的稳定性。

流化床吸附器的优点包括操作简单、效率高、处理能力大,以及污染物排放低等。与传统的固定床和移动床吸附器相比,流化床吸附器具有更优良的传质和传热性能,能够更快地达到吸附平衡,从而提高吸附效率。此外,流化床吸附器还具有更强的抗冲击负荷能力,能够适应废气中浓度和组分的波动。

流化床吸附器的应用也存在一些挑战和限制。例如,流化床中的吸附剂需要定期更换或再生,以确保吸附剂吸附性能的稳定性和持续性。此外,流化床吸附器的操作条件也需要严格控制,避免出现沟流、死床等现象。

总的来说,流化床吸附器是一种高效的、实用的气体净化设备,适用于各种规模的工业生产。在选择流化床吸附器时,需要综合考虑其优缺点、操作条件、处理需求及经济效益等因素。

流化床吸附器有多种类型,图4-5所示为其中的一种。此吸附装置上部为吸附段,下部为再生段(包括预热段);废气从装置的中部进入,颗粒状吸附剂从装置的上部进入,废气与吸附剂两者呈逆流接触,每块塔板上的吸附剂呈流化状,并自上而下移动;最后进入再生段,经过热蒸气间接加热,达到所要求的再生温度,再生用的蒸气从再生段的下部进入,进行吸附剂的再生;从吸附剂上脱附的吸附质,从再生段中部引出,经冷凝回收吸附质,并从再生段下部引出;原来的吸附剂已恢复了吸附能力,用空气沿中心管再送入吸附段进行吸附操作,如此不断循环。流化床吸附器的特点是吸附和再生均在吸附装置中进行,吸附操作是连续的,且气量大小均可适用,缺点是吸附器和吸附剂的磨损较大。

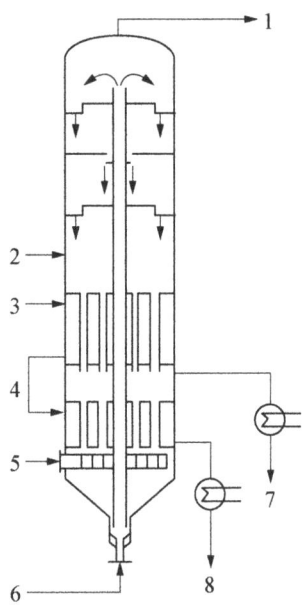

图4-5 流化床吸附器结构示意图

1:净化气;2:废气;3:过热蒸气;4:预热段;5:解吸蒸气;6:输送用空气;7:回收的有机物质;8:冷凝水

4. 移动床吸附器

移动床吸附器是一种特殊的吸附设备,其特点在于吸附剂在设备内部是可移动的,而不是固定在一个位置上。这种设计能够更有效地利用吸附剂,并且可以实现连续的吸附和再生过程,从而提高了整个设备的处理能力和工作效率。

移动床吸附器通常由吸附剂输送装置、吸附床和再生装置等部分构成。吸附剂输送装置负责从吸附床底部连续送入吸附剂,同时从顶部将已饱和的吸附剂排出。吸附床填充有吸附剂,是吸附过程发生的主要区域,气体或液体通过吸附床时,目标组分被吸附在吸附剂上。再生装置则负责对已饱和的吸附剂进行再生处理,以恢复其吸附能力。

移动床吸附器的优点:① 吸附剂利用率高。由于吸附剂在设备内部是可移动的,因此能够更充分地利用其吸附能力,提高其利用率。② 可实现连续操作。移动床吸附器可以实现吸附和再生的连续操作,从而提高设备的处理能力和工作效率。③ 灵活性高。移动床吸附器可以适应不同的操作条件和气体组成,具有较强的灵活性。

然而,移动床吸附器也存在着一些挑战和限制,例如,需要复杂的控制系统来确保吸附剂的均匀分布和移动,以及需要额外的设备和空间来容纳再生装置等。

移动床吸附器在化工、环保、制药等领域有着广泛的应用,特别是在需要连续处理大量气体或液体的场合。例如,移动床吸附器可用于废气治理中的有机废气吸附、气体分离和纯化等过程。在选择移动床吸附器时,需要综合考虑其优缺点、操作条件、处理需求等因素。

### 4.2.5 控制参数

吸附法已在石油化工生产部门的VOCs治理中得到广泛应用,利用吸附剂不断吸附、脱附的循环过程,使吸附净化装置长期运转。吸附法不仅可以比较彻底地净化有机废气,而且可以在非高温、高压等条件下,有效地回收有价值的有机物组分。

在吸附法的控制参数中,首先要考虑的是温度。吸附反应通常是放热反应,因此较低的温度对吸附反应是有利的。由于提高温度会加快化学反应的速率,因此在实际操作中会适当提高系统的温度,以增大吸附速率和吸附量。其次要考虑操作压力。吸附量与气体分压成正比,通过增加气相主体的压力来提高吸附质分压的方法,可以提高吸附量。但在实际生产中一般不设增压装置,因为这样不仅增加了能耗,还给吸附设备和吸附操作提出了更高的要求。最后还要考虑吸附操作中气流的速率。增加气流速率可以提高外部气流的扩散速率,从而加快吸附速率。但气流速率过大不仅会增加压力损失,还会因为气体与吸附剂的接触时间过短而降低吸附量;若气流速率过小,又会造成设备体积庞大或治理效率下降,因此需要设置一个合适的气流速率。固定床吸附器的气流速率一般为 $0.2 \sim 0.6\ \mathrm{m \cdot s^{-1}}$。

此外,吸附设备还要有足够的气体流通面积和接触时间,以保证气流分布均匀及充分利用所有的过气截面。如果气流当中含有粉尘、水蒸气等杂质,要设置预处理装置去除杂质,以免污染吸附剂。

### 4.2.6 固定床吸附器的计算

固定床吸附器的计算,主要从吸附平衡和吸附速率两个方面来考虑。而固定床的吸附速率及吸附平衡的影响,主要体现在传质区大小、透过曲线的形状、到达穿透点的时间和穿透点出现时床层内吸附剂的饱和度等方面,这些都是设计固定床吸附器不可缺少的数据。下面主要从传质区高度 $Z_a$ 的计算、全床层饱和度 $S$ 和传质区传质单元数三个方面进行讨论。

在固定床吸附器中,存在饱和、传质及未利用三个区。传质区中,在吸附质浓度随时间变化的同时,三个区的位置也在不断改变,因而固定床吸附操作处于不稳定状态,影响因素有很多。计算时,往往提出以下假设:

(1) 气相中吸附质浓度低;
(2) 吸附操作在等温条件下进行;
(3) 传质区通过整个床层时长度保持不变;
(4) 床层长度比传质区长度大得多。

对目前工业上应用的吸附器来说,这些简化限制条件一般是符合的。设计中,常采用的是希洛夫近似计算法和透过曲线计算法。

图 4-6 所示为初始浓度为 $Y_0$(kg 吸附质/kg 无吸附质气体)的废气通过吸附剂床层时的透过曲线。气体通过床层时的速率为无吸附质气体 $G_s [\mathrm{kg \cdot (m^2 \cdot h)^{-1}}]$,经过一段时间后,流出物总量为 $W[\mathrm{kg}(无吸附质气体) \cdot \mathrm{m^{-2}}]$,透过曲线是比较陡的,到达穿透点后,流出物浓度迅速从基本上为零上升至进口气体浓度。选某一低浓度 $Y_B$(一般为 $0.001Y_0 \sim 0.01Y_0$)作为陡点浓度,并认为流出物中吸附质浓度升高至将近 $Y_0$ 的某一值 $Y_E$

（约为 $0.9Y_0$）时,吸附剂已基本上无吸附能力了。穿透点时,单位床层截面积的累积流出物质量为 $W_B[\text{kg(无吸附质,气体)} \cdot \text{m}^{-2}]$;流出物浓度达到 $Y_E$ 时,流出物的量为 $W_E$;透过曲线出现区间时,流出物的量为 $W_a = W_E - W_B$,$W_E$ 与 $W_B$ 之间透过曲线的形状是设计者比较关心的。具有恒定高度 $Z_a$ 的传质区是指从 $Y_E$ 到 $Y_B$ 浓度变化的那一部分床层,这部分床层在任意时间都存在于整个床层中。

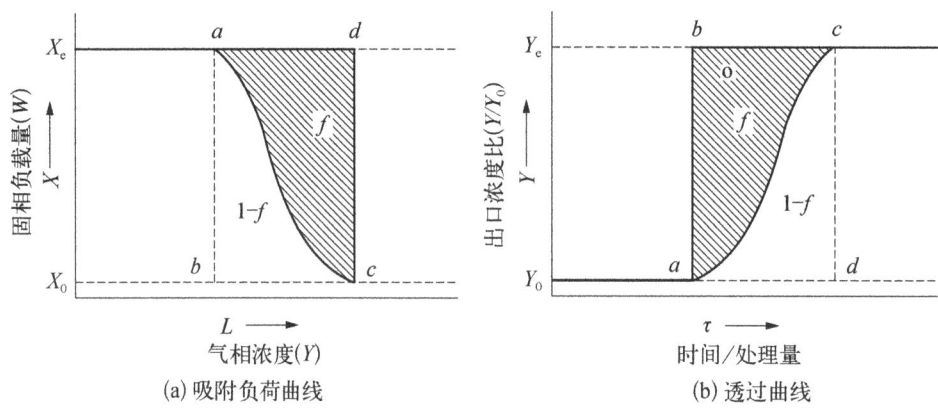

(a) 吸附负荷曲线　　　　　(b) 透过曲线

**图 4-6　吸附负荷曲线与透过曲线**

1. $Z_a$ 的计算

令 $\tau_a$ 为传质区形成后在床层内向前移动一段距离 $Z_a$（等于传质区高度）所需的时间,在这段距离中,流出物的量为 $W_a$,则:

$$\tau_a = \frac{W_a}{G_s} = \frac{W_E - W_B}{G_s}$$

令 $\tau_E$ 为传质区形成并移出床层所需的时间,则:

$$\tau_E = \frac{W_E}{G_s}$$

令 $\tau_F$ 为传质区形成所需的时间,则传质区移动与床层总高 $Z$ 相等的距离所需时间为 $\tau_E - \tau_F$,因此,传质区高度 $Z_a$ 为:

$$Z_a = Z \frac{\tau_a}{\tau_E - \tau_F} \tag{4-1}$$

气体在传质区中,从穿透点到吸附剂基本上失去吸附能力期间,被吸附的吸附质的量如图 4-6 所示（阴影部分）,其量 $U$ 为:

$$U = \int_{W_B}^{W_E} (Y_0 - Y) \, dW \tag{4-2}$$

当传质区全部被吸附质饱和时,吸附量为 $Y_0 W_a$。因此,穿透点时,传质区内仍具有吸

附能力的面积比率 $f$ 为：

$$f=\frac{U}{Y_0-W_a}=\frac{\int_{W_B}^{W_E}(Y_0-Y)\mathrm{d}W}{Y_0-W_a}=\int_{W_B}^{W_E}\left(\frac{Y_0-Y}{Y_0}\right)\mathrm{d}\left(\frac{W}{W_a}\right) \qquad (4-3)$$

$$=\int_0^{1.0}\left(1-\frac{Y}{Y_0}\right)\mathrm{d}\left(\frac{W-W_B}{W_a}\right)$$

由于吸附波形成后尚有 $f$ 这一部分面积未吸附，因此传质区形成时间 $\tau_F$ 要小于传质区移动 $Z_a$ 距离的时间 $\tau_a$。当 $f=0$ 时，则表示吸附波形成后，传质区已达到饱和，此时，传质区形成时间 $\tau_F$ 应基本上与传质区移动距离 $Z_a$ 所需时间 $\tau_a$ 相同。当 $f=1$ 时，表示传质区吸附剂基本上不含吸附质，传质区形成的时间应很短，基本上等于 0，因此可得下式：

$$\tau_F=(1-f)\tau_a \qquad (4-4)$$

将式(4-4)代入式(4-1)中，又因为 $\tau_a=\dfrac{W_a}{G_s}$，$\tau_E=\dfrac{W_E}{G_s}$，得

$$Z_a=Z\frac{\tau_a}{\tau_E-(1-f)\tau_a}=Z\frac{W_a}{W_E-(1-f)W_a} \qquad (4-5)$$

**2. 穿透点时全床层饱和度 $S$ 的计算**

若床层堆积密度为 $V_s(\mathrm{kg\cdot m^{-3}})$，$X_T$ 为饱和吸附剂中吸附质的浓度，则高度为 $Z_m$、截面积为 $1\mathrm{m}^2$ 的床层中吸附质的量为 $(ZV_sX_T)$。穿透点时，截面积为 $1\mathrm{m}^2$、高度为 $Z_a$ 的传质区在床层底部，其余的高度为 $(Z-Z_a)$ 的床层已被吸附质饱和，其量为 $(Z-Z_a)V_sX_T$。这时，床层中吸附质的量为：

$$(Z-Z_a)V_sX_T+Z_aV_s(1-f)X_T$$

则穿透点时全床层的饱和度为：

$$S=\frac{(Z-Z_a)V_sX_T+Z_aV_s(1-f)X_T}{ZV_sX_T}=\frac{Z-fZ_a}{Z} \qquad (4-6)$$

**3. 传质区传质单元数的计算**

在固定床吸附器的操作中，传质区沿气体流动方向向前移动，直至达到穿透点停止为止。若吸附剂固体以足够的速率与气体呈逆向流动，并确保传质区在床层内一定高度上维持不动，如图 4-7 所示，在床层底部，加入的是基本不含吸附质的吸附剂，该端出口处是净化后的气体；在床层顶部，出口处是已饱和的吸附剂，进口处是需净化的气体。床层顶部不断移出的吸附剂与进口处的气体达到平衡时，其吸附质浓度为平衡浓度 $X_T$，床层底部的流出气体已经被净化完全，其吸附质浓度 $Y=0$。

若对吸附质进行全塔物料衡算，则：

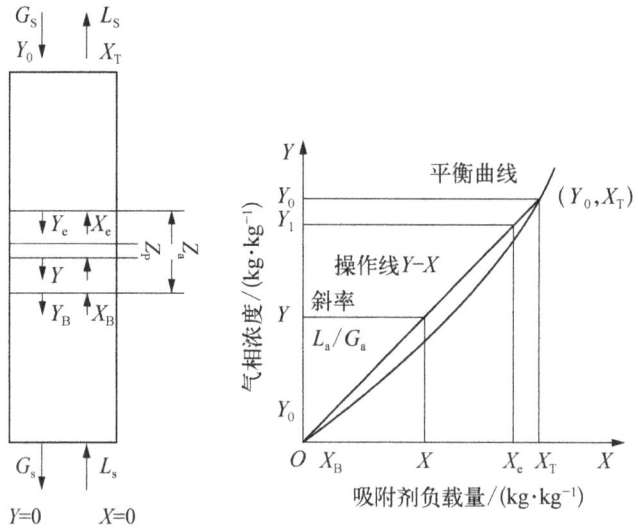

图4-7 固定床吸附的物料平衡图

$$G_s(Y_0 - 0) = L_s(X_T - 0)$$

或

$$Y_0 = \frac{L_s}{G_s} X_T$$

在床层的任一截面上,吸附质在气相中的浓度 $Y$ 和在固相中的浓度 $X$ 之间有下列关系:

$$YG_s = XL_s$$

由上式可作一条通过原点的操作线,该操作线也通过点 $(Y_0, X_T)$,斜率为 $L_s/G_s$。若在床层内取微元高度 $dZ$ 进行物料衡算,则在单位时间、单位面积的 $dZ$ 高度内,气相中吸附质的减少量应等于其从气相中传递到固相中的量:

$$G_s dY = K_Y a_p (Y - Y^a) dZ$$

式中:$K_Y$ 为气相传质总系数,$kg \cdot (h \cdot m^2 \cdot \Delta Y)^{-1}$;$a_p$ 为单位容积内吸附剂的外表面积,$m^2 \cdot m^{-3}$;$Y^a$ 为与 $X$ 平衡时的气相浓度,$kg \cdot m^{-3}$。

故传质区内的传质单元数为:

$$N_{OG} = \int_{Y_B}^{Y_E} \frac{dY}{Y - Y^a} = \frac{Z_a}{G_s/K_Y a_p} = \frac{Z_a}{H_{OG}}$$

式中:$H_{OG}$ 为传质区内气相总传质单元高度。

若在任何小于 $Z_a$ 的床层高度 $Z$ 内,$H_{OG}$ 不随气相浓度而变化,则 $Z$ 对应的气相浓度

为 $Y$,则

$$\frac{Z}{Z_a}=\frac{W-W_B}{W_a}=\frac{\int_{Y_B}^{Y}\frac{\mathrm{d}Y}{Y-Y^a}}{\int_{Y_B}^{Y_E}\frac{\mathrm{d}Y}{Y-Y^a}} \tag{4-7}$$

可用图解积分法求解式(4-7),也可通过该式绘制透过曲线。

计算过程中假定在传质区内,$K_Y a_p$,$H_{OG}$ 为常数,即假定在固相微孔内的传质阻力不变,这点很重要。

4. 间歇式固定床吸附器持续时间的计算——希洛夫方程

间歇式固定床吸附器的吸附床在工作时,是逐段饱和的,从开始吸附到吸附床底部出现微量吸附质(即穿透点),这一段时间称为吸附剂的保护作用时间或实际持续时间。

设浓度为 $c_0$(kg·m$^{-3}$)的气体进入吸附床层,其吸附床层的截面积为 $A$(m$^2$),吸附剂的平衡活性为 $a_m$(kg·m$^{-3}$床层),床层高度为 $Z$(m)。当吸附速度无穷大时,进入吸附床层的气体中的吸附质瞬间被全部吸附,则吸附量为:

$$Q=a_m A Z$$

若空床气流速率为 $u$,吸附时间为 $\tau'$,则吸附量可以写为:

$$Q=uAc_0\tau'$$

则

$$a_m A Z = u A c_0 \tau'$$

故

$$\tau'=\frac{a_m Z}{uc_0}$$

但是,实际吸附速率不是无穷大,吸附也不是在瞬间完成的,因此在床层中形成了一个传质区。吸附床层的实际操作时间 $\tau$ 要小于 $\tau'$,其差值 ($\tau'-\tau$) 称为保护作用时间损失,用 $\tau_m$ 表示,则 $\tau$ 可用下式表示:

$$\tau=\frac{a_m Z}{uc_0}-\tau_m$$

令

$$K=\frac{a_m}{uc_0},$$

则

$$\tau=KZ-\tau_m \text{ 或 } \tau=K(Z-Z_m) \tag{4-8}$$

式(4-8)即为希洛夫方程式。

$Z_m$ 为与保护作用时间损失相对应的、被看成完全没有吸附的一段"死层"。利用希洛夫方程只能近似地确定吸附的实际持续时间,但由于其简便易用,故也常被采用。

**例 4-1** 在 305 K 及 101.3 kPa 下,湿度为 10%(kg 水蒸气/kg 干空气)的空气通过硅胶固定床进行等温干燥。若固定床出口空气中水分含量为 $125\times10^{-6}$(按质量计,kg 水蒸气/kg 干空气)时,认为达到穿透点,出口气体中水分含量达到 $2\,250\times10^{-6}$(按质量计,kg 水蒸气/kg 干空气)时,则认为床层已失去吸附能力。床层的气相传质系数为 $k_y a_p = 1\,260 \cdot G^{0.55}\,[\text{kg}\cdot(\text{h}\cdot\text{m}^3\cdot\Delta Y)^{-1}]$,式中 $G$ 为气体质量速(kg·h$^{-1}$·m$^{-2}$),平衡关系如图 4-8 所示。

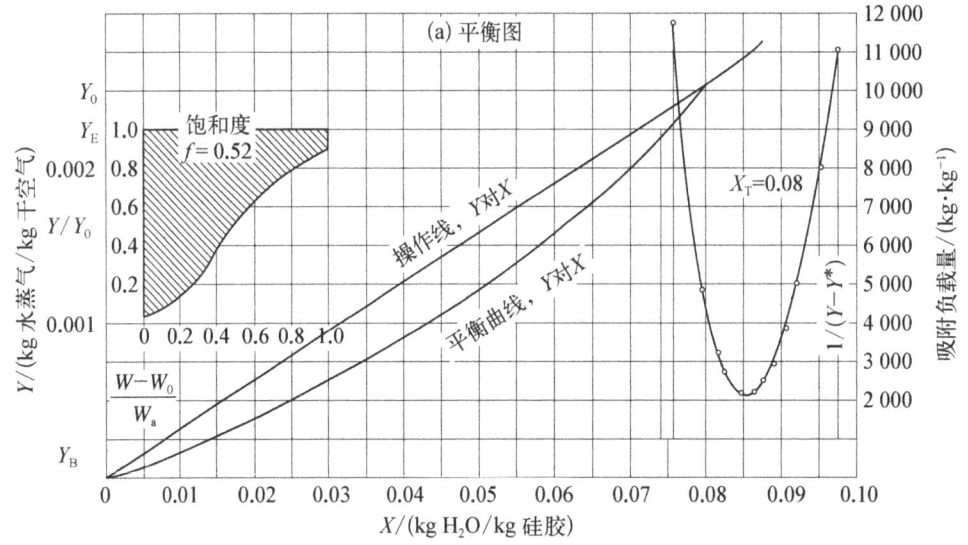

**图 4-8 例 4-1 的计算图解**

求:1) 传质单元数;2) 空气表观速度为 1 055 kg·h$^{-1}$·m$^{-2}$ 时,需要不含吸附质的吸附剂的数量 $L_s$;3) 假定 $k_s a_p$ 近似等于 $k_y a_p$ 的 15%,求总气相传质单元高度;4) 穿透点时床层饱和度达 90%,求此时床层高度;5) 床层密度为 720 kg·m$^{-3}$,求穿透点发生时间。

解:10% 的湿度 = 0.002 5 kg 水蒸气/kg 干空气 = $Y_0$

$$Y_B = 0.000\,125 \text{ kg 水蒸气/kg 干空气}$$

$$Y_E = 0.002\,5 \text{ kg 水蒸气/kg 干空气}$$

1) $$N_{OG} = \int_{Y_B}^{Y_E} \frac{dY}{Y - Y^*}$$

表 4-3 中第一栏为 $Y_B$ 与 $Y_E$ 之间的 $Y$ 值;第二栏为查图 4-8 得与各 $Y$ 值对应的 $Y^*$ 值;第四栏为以 $Y$ 为横坐标,$\frac{1}{Y-Y^*}$ 为纵坐标绘制曲线的积分值(从 $Y_B \to Y_E$ 的积分)。由式(4-7)可知,将第四栏各值除以 8.735,即得第五栏各值。

表 4-3 例 4-1 的计算表

| $Y$ (1) | $Y^*$ (2) | $\dfrac{1}{Y-Y^*}$ (3) | $\int_{Y_B}^{Y_E} \dfrac{\mathrm{d}Y}{Y-Y^*}$ (4) | $\dfrac{W-W_B}{W_a}$ (5) | $\dfrac{Y}{Y_0}$ (6) |
|---|---|---|---|---|---|
| $0.000\,125 = Y_B$ | 0.000 040 | 11.765 | 0.000 | 0.000 0 | 0.05 |
| 0.002 | 0.000 075 | 8.000 | 0.741 | 0.084 8 | 0.08 |
| 0.004 | 0.000 180 | 4.545 | 1.996 | 0.228 5 | 0.16 |
| 0.006 | 0.000 300 | 3.333 | 2.784 | 0.318 7 | 0.24 |
| 0.008 | 0.000 425 | 2.667 | 3.384 | 0.387 4 | 0.32 |
| 0.001 0 | 0.000 575 | 2.353 | 3.886 | 0.444 9 | 0.40 |
| 0.001 2 | 0.000 770 | 2.326 | 4.354 | 0.498 5 | 0.48 |
| 0.001 4 | 0.001 000 | 2.500 | 4.837 | 0.553 7 | 0.56 |
| 0.001 6 | 0.001 260 | 2.941 | 5.381 | 0.616 0 | 0.64 |
| 0.001 8 | 0.001 530 | 3.704 | 6.046 | 0.692 2 | 0.72 |
| 0.002 0 | 0.001 800 | 5.000 | 6.916 | 0.791 8 | 0.80 |
| 0.002 2 | 0.002 080 | 8.333 | 8.249 | 0.944 4 | 0.88 |
| $0.002\,25 = Y_E$ | 0.002 160 | 11.111 | 8.735 | 1.000 | 0.90 |

故 $N_{OG} = 8.735$

2) $L_s = \dfrac{Y_0 G_s}{X_T} = \dfrac{0.002\,5 \times 1\,055}{0.08} = 32.97 [\text{硅胶} \cdot (\text{h} \cdot \text{m}^3)^{-1}]$

3) 平衡曲线的平均斜率为 $\beta = \dfrac{\Delta Y}{\Delta X} \approx 0.02$，则

$$\beta G_s / L_s = 0.02 \times 1\,055 / 32.97 = 0.64$$

$$k_y a_p = 1\,260 \times 1\,055^{0.55} = 57\,985.2 [\text{kg} \cdot (\text{h} \cdot \text{m}^3 \cdot \Delta Y)^{-1}]$$

$$k_s a_p = k_y a_p \times 0.15 = 8\,697.79 [\text{kg} \cdot (\text{h} \cdot \text{m}^3 \cdot \Delta X)^{-1}]$$

$$H_G = \dfrac{G_s}{k_y a_p} = \dfrac{1\,055}{5\,798\,564.21} = 0.018\,2(\text{m})$$

$$H_S = \dfrac{L_S}{k_s a_p} = \dfrac{32.97}{8\,697.789\,694\,6} = 0.003\,79(\text{m})$$

$$H_{OG} = H_G + H_S \left(\dfrac{\beta G_s}{L_s}\right) = 0.018\,2 + 0.64 \times 0.003\,79 = 0.020\,6(\text{m})$$

4) 传质区高度

$$Z_a = N_{OG} H_{OG} = 8.375 \times 0.020\,6 = 0.172\,6(\text{m})$$

根据式(4-3),利用 $Y/Y_0$ 与 $\dfrac{W-W_B}{W_a}$ 作图,可得一条无因次的在 $W_B$ 与 $W_E$ 之间的透过曲线,$f$ 等于曲线上方 $\dfrac{W-W_B}{W_a}$ 从 $0\to 1.0$ 的积分面积,即 $f=0.52$。

穿透点时,全床层饱和度 $=\dfrac{z-fz_a}{z}=\dfrac{z-0.52\times 0.172\,6}{z}$

解得此时床层高度 $Z=0.898(\mathrm{m})$

5)床层中硅胶填充体积为 $0.898\ \mathrm{m^3/m^2}$ 截面积,则硅胶的质量为:

$$0.898\times 720=646.56(\mathrm{kg/m^2}\ \text{截面积})$$

达到进口气体平均浓度的 90% 时,硅胶含水质量为:

$$646.56\times 0.9\times 0.08=46.55(\mathrm{kg/m^2}\ \text{床层})$$

其中,0.08 是与 $Y_0$ 平衡的固相浓度 $X_T$。进口处湿空气带入水分量为:

$$1\,055\times 0.002\,5=2.637\,5(\mathrm{kg\cdot h^{-1}\cdot m^{-2}})$$

则穿透点发生时间为:

$$46.55/2.637\,5=17.65(\mathrm{h})$$

## 4.3 吸 收 工 艺

### 4.3.1 工艺流程

吸收法是指将含 VOCs 的气体通过液体吸收剂,利用 VOCs 自身的理化特性使其留在吸收剂中,从而实现分离的方法。液体吸收剂有煤油、柴油、水等可溶解 VOCs 的物质,多用于处理浓度较高、压力较高的 VOCs 气体。吸收剂的性能和吸收设备的结构会影响 VOCs 的吸收效果。选择吸收剂时,通常需要满足 VOCs 在其中的溶解度高、液体本身无毒、稳定性好等条件;吸收设备通常需要满足吸收剂与气体接触面积大、结构简单封闭、压降小、寿命长等条件。吸收法的缺点有需要对吸附剂进行后期处理、易产生二次污染、对 VOCs 种类有选择性等。

### 4.3.2 吸收液

吸收法工艺成熟、操作简便、吸收效率高,绝大多数 VOCs 都能处理,广泛应用于工业领域。除水溶性较好的有机物可直接用水作溶剂进行吸收外,大部分吸收剂为具有一定毒性和污染性的有机溶剂,在吸收后续工艺中会产生二次污染,因此选择合适的溶剂至关重要,常用吸收剂的特点见表4-4。填料吸收塔和喷淋吸收塔为工业上常见的两种吸收设备。

表4-4 常用吸收剂特点

| 类别 | 吸收剂 | 特点 |
| --- | --- | --- |
| 矿物油 | 轻柴油、机油、洗油、白油等 | 吸收容量高、组分复杂、易挥发,可能造成损失且会产生二次污染、价格高 |
| 高沸点有机溶剂 | 邻苯二甲酸酯类、己二酸酯类、聚乙二醇类、硅油类、酚类等 | 吸收效率高、使用难度大、液体分布不均匀、设备压差大、价格高等 |
| 水性复合溶剂 | 水-洗油、水-白油、水-废机油、水基表面活性剂、水-酸、水-碱等 | 吸收效果稍差、价格低、挥发损失少且二次污染少 |

图4-9所示为填料吸收塔的工艺流程,循环吸收剂经泵送至吸收塔顶部,并喷淋到填料上,底部通入的废气经过填料和吸收剂充分接触后排出。该工艺的关键是选择填料,一般选用通量大、压降小、效率高,可在低压下使用的填料。

### 4.3.3 塔器设备

目前,工业上常用的吸收设备主要有三大类。

(1) 表面吸收器:凡能使气液两相在固定接触表面上进行吸收操作的设备,均称为表面吸收器。属于这种

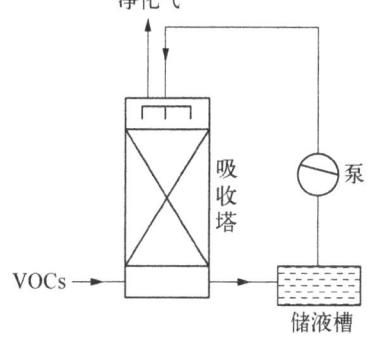

图4-9 填料吸收塔的工艺流程示意图

类型的设备有水平表面吸收器、液膜吸收器及填料塔等。在气态污染物治理中应用最普遍的是填料塔,特别是逆流填料塔。在该类型的填料塔中,随着废气沿塔上升,污染物的浓度逐渐降低,而塔顶喷淋的总是较为新鲜的吸收剂,因而吸收传质的平均推动力最大,吸收效果好。

(2) 鼓泡式吸收器:在这类吸收器内都有液相连续的鼓泡层,分散的气泡在穿过鼓泡层时其中的有害组分被吸收。属于这一类型的设备有鼓泡塔和各种板式吸收塔。在气态污染物治理中,应用较多的是鼓泡塔和筛板塔。

(3) 喷洒式吸收器:这类吸收器是利用喷嘴将液体喷射成许多细小的液滴,或者用高速气流的挟带将液体分散为细小的液滴,以增大气-液相的接触面积,完成物质的传递。比较典型的设备是空心喷洒吸收器和文丘里吸收器。空心喷淋吸收塔设备结构简单、造价低、气体通过的阻力降小,并可吸收含有黏稠污物及颗粒物的气体,但其吸收效率很低,因此应用受到极大限制。

文丘里吸收器结构简单、废气处理量大、净化效率高,但其阻力大、动力消耗大,因此治理一般气态污染物时,其应用受限制,比较适用于处理含尘气体。

## 4.4 直燃式燃烧法

### 4.4.1 工艺流程

燃烧控制技术是一种利用有机物容易燃烧的特性来实现 VOCs 排放治理的方式。VOCs 充分燃烧后,最终生成物是 $H_2O$ 和 $CO_2$,无毒无害,不存在二次污染,且设备操作简便。燃烧法的反应通式为:$C_xH_y+(x+y/4)O_2 \longrightarrow xCO_2+(y/2)H_2O$。热力燃烧法所需温度较高,多在 700~800 ℃以上,高温下有机物分解彻底,VOCs 分解效率高达 95%~99%。

废气焚烧炉是一种利用辅助燃料燃烧释放的热量,将可燃废气的温度升高至反应温度,从而发生氧化分解的设备。废气燃烧法有直燃式和蓄热式两类。直燃式燃烧法仅烧掉废气,热量不回收。实际上,直燃式燃烧法和蓄热式燃烧法的工作原理是相同的,其差异在于炉膛中是否有蓄热材料。

直燃式燃烧法的主要工艺流程为:有机混合废气通过引风机直接输送至废气焚烧炉,混合废气先进入换热器中预热,再进入炉膛,在燃烧器高温火焰的作用下(680~760 ℃)被分解为 $CO_2$ 和 $H_2O$。

### 4.4.2 燃烧设备

直燃式燃烧法最主要的设备为直燃式焚烧炉,直燃式焚烧炉起源于后燃烧器(AfterBurner),直燃式焚烧炉使用经特别设计的燃烧器来加热高浓度的废气,使其达到预先设计的温度,燃烧器运转时废气被导入燃烧室(Burner Chamber)。燃烧器将 VOCs 及有毒空气污染物分解为无毒的物质(如 $CO_2$ 和 $H_2O$)并放出热量。为达到较高的 VOCs 去除率,高温废气需要在炉内有一定的滞留时间。在进口处应有足够的扰流,使废气和氧气充分地混合,充分的扰流不仅可以提高焚烧炉的净化效果,降低能源消耗,还可以提高设备的安全性,将爆炸风险降至最低。

图 4-10 所示为直燃式焚烧炉的结构示意图。系统风机将 VOCs 和有毒气体吸入并推进壳管式换热器的管侧(通常用此设计);通过燃烧器将气流升温至热氧化反应温度(650~1 000 ℃),在 0.5~2.0 s 内进行放热反应;废气在反应室内被转化为 $CO_2$ 和 $H_2O$,并被加热;处理后的气体可排放至空气中。系统维持在合适的低爆炸极限工作状态时,换热器可最小化系统燃料的消耗量。

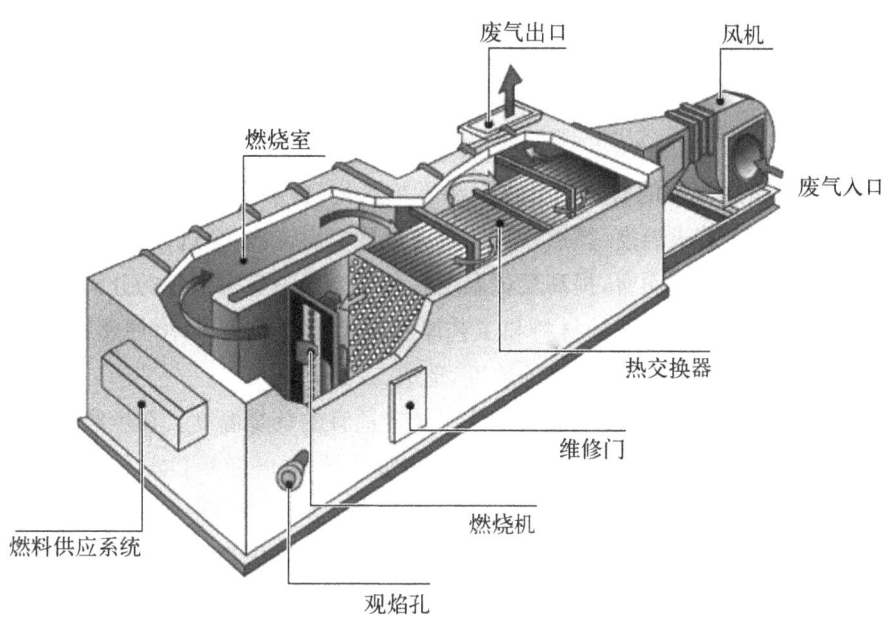

图 4-10 直燃式焚烧炉的结构示意图

### 4.4.3 设计关键参数

设计废气焚烧炉时,最关键的是要准确计算生产过程中产生的废气量和焚烧炉的废气处理能力,其涉及生产过程的安全性和焚烧炉的工作效率。

国内外均发生过多起上胶机及焚烧炉爆炸事故,当废气中有机溶剂的含量达到某一极限值时,就极易发生爆炸。为了防止爆炸事故发生,我国规定生产过程中废气浓度不得超过爆炸下限的 25%。为此,上胶机及其他产生含有有机溶剂的废气的生产场所,均应安装"废气浓度检测与报警器",当废气浓度达到爆炸下限的 25% 时,该报警器除了发出警报声外,还会自动停止生产过程,不再产生废气,而排废气风机则继续运转,及时将废气排走,以防止爆炸事故的发生。

焚烧炉的处理能力一定要与生产过程中产生的废气量相匹配,过量的废气在焚烧炉中若来不及燃烧,同样会发生爆炸事故;若焚烧炉的废气处理量设计过大,造成废气量不足,则会增加燃料的消耗。

焚烧炉的废气处理能力与焚烧炉的炉膛容积、炉膛结构、燃烧器的类型和能力、废气预热区的结构、废气风机的能力(风速、风量、管道直径)、排烟风机的能力(风速、风量、管道直径和尾气排放烟囱直径)等有关。

对于有热量回收要求的焚烧炉,则要准确计算用热设备的热量需求,计算换热器的表面积和介质(空气或热油)流速、流量。空气的流速、流量是由送风机的能力和管道直径决定的,热油的流速和流量是由泵的能力和油管直径决定的。

为了确定某个工艺过程中产生的废气是否能够采用焚烧的办法进行净化,首先我们必须从焚烧的基本条件进行分析。废气焚烧的基本条件包括焚烧温度、停留时间和空气需要量三个要素。

1. 焚烧温度

焚烧温度是指废气中的有害组分在高温下被氧化、分解直至完全破坏所需达到的温度。焚烧温度不同于着火温度(燃点),其比着火温度高出许多,是选择炉衬材料及设计炉衬厚度的重要依据。一般而言,提高焚烧温度有利于废气中有害组分的分解破坏。但是,过高的焚烧温度不仅会对炉衬的材料和工艺厚度提出更高的要求,增加燃料消耗和环保费用,还会增大焚烧产物中氮氧化物的浓度,造成二次污染。

在一定的停留时间下,通过实验的方法可确定适宜的焚烧温度。在生产实践中,多数有机废气的焚烧温度为 800~1 100 ℃,设计时通常选择 800~900 ℃。

2. 停留时间

停留时间是指有害组分在焚烧温度下,发生分解燃烧转化为无害组分,需要消耗的时间。停留时间直接影响焚烧的完善程度,是决定炉膛容积的重要依据。对于废气焚烧而言,并非停留时间越长越好。设计的停留时间过长,可能会造成炉体的结构过于庞大,增加炉体的占地面积和构筑成本;停留时间不足,可能会造成炉膛温度不够,使焚烧不完全。废气在炉内的停留时间是由多方面的因素决定的。在炉体设计过程中,应该通过实验的方法来确定停留时间,且应对确定的停留时间留有余量,一般为停留时间的 1.2~1.5 倍。对于工业中产生的一般废气,停留时间通常为 1~2 s。

3. 空气需要量

焚烧的空气量是否充足,将直接影响焚烧的完善程度。过多的过剩空气将增大燃料的消耗量,产生不必要的环保开支;过少的过剩空气会使燃烧不充分,导致燃烧产物不能达标排放,因此,应控制适当的空气过剩量。过剩空气量可根据焚烧物的种类进行选择,一般而言,应根据废气燃烧所需空气量的大小,取 20%~30% 的过剩空气系数。

### 4.4.4 焚烧炉设计说明

废气焚烧炉是废气处理的关键设备,废气焚烧炉的设计原则是保证炉膛内能够实现足够的焚烧温度和停留时间,以确保焚烧产物能够达标排放。

1. 焚烧炉炉膛尺寸的确定

废气焚烧炉的炉膛尺寸主要由燃烧时的容积热强度和废气焚烧时在高温炉膛内所需的停留时间两个因素决定。在设计时,应当先按照炉膛允许的热强度来确定炉膛尺寸,然后再根据废气焚烧所需要停留的时间进行校正。废气容积热强度值一般可取 $(8.368 \sim 10.460) \times 10^5 \mathrm{~kJ \cdot (m^3 \cdot h)^{-1}}$,应根据不同的物料、炉型等因素,参照生产实践确定较合适的数据。

**2. 焚烧炉燃烧装置与炉膛结构的布置**

由于气体燃料燃烧速度较快,通常可以将燃烧烧嘴和废气设计在同一个燃烧室中。设计中应避免冷的废气直接进入燃烧点火区域,以免点火区温度下降、燃烧条件变差,影响废气的燃烧。当焚烧具有相同热值的废气时,只需要补充少量的燃料。若条件允许,可选择双功能燃烧器,燃烧器既可以作烧嘴,又可以作废气喷嘴使用,一方面可以改善气流的接触状况,另一方面也可使炉体结构更加集约紧凑。

**3. 炉衬材料的选用**

选用炉衬材料时,应根据炉膛温度高低选用能承受焚烧温度的耐火材料和隔热材料,同时考虑焚烧废气对炉衬的腐蚀性。按照耐火材料的耐酸碱程度,可将其分为三种:第一种,对酸性抗耐能力较强的酸性耐火砖,如硅砖、锆英石砖等;第二种,对碱性抗耐能力较强的碱性耐火砖,如镁铝砖、镁砖、白云石砖等;对酸碱抗耐效果均不错的中性耐火砖,如黏土砖、高铝砖、刚玉砖、碳化硅砖、碳块等。按照其比重,耐火材料可分为轻质砖和重质砖。轻质砖的气孔率高、抗渣性差、机械强度低、稳定性差,而重质砖则相反。一般情况下,对于 1 200 ℃ 以下的炉膛温度,选用重质黏土砖即可,其荷重软化温度可以达到 1 350 ℃,并且造价也相对较低。但是,若焚烧炉采用架空设计,则须选用轻质耐火砖或纤维折叠块,以减小炉体质量、降低建造成本、提高隔热性能、增加美观度。在处理废气的过程中,焚烧炉炉衬不可避免地会有腐蚀和损坏的情况,因此,设计中应考虑在更换炉衬时的操作便利性,通常情况下,每 2～3 年就需要更换炉衬。

**4. 焚烧炉炉衬结构的设计**

设计焚烧炉炉衬结构时,除要考虑其耐高温及抗腐蚀以外,还要考虑炉衬支托架、锚固件及钢板材料的耐热和耐腐蚀性,以及合理的炉衬厚度等。为了解决钢板腐蚀问题,可以在钢板内壁涂刷耐高温及抗腐蚀的涂料,采用多层交错的衬里砌筑,在衬里砌筑的膨胀缝处,使用相应耐火度的耐火纤维填塞,防止腐蚀性废气渗出。

**5. 炉温检测和控制系统**

温度检测和控制是通过测温仪表与自动化装置组成的一个自动控制系统来实现的。通常要求炉温控制在给定的数值上。该自动控制系统主要由调节对象(炉温)、检测元件(测温仪表)、调节器和执行器组成。炉温若由于外界因素偏离指定温度,则通过检测元件(感温元件和相应仪表),将实际温度值传送到调节器中的比较机构,与设定值进行比较,比较后的偏差信号被送入调节机构。调节机构根据偏差值的大小,对执行器输入信号,执行器根据信号改变燃烧装置输入的能量,使其实际温度与给定温度的偏差逐步缩小到零。

**6. 燃烧装置及其排布**

焚烧炉的燃烧装置应满足以下基本要求:所提供的能量能够保证废气可燃物的完全燃烧;燃烧过程稳定,能保证连续供热;火焰的方向、外形满足炉型及工艺要求;结构简单,使用、维护方便。为了改善废气和空气的混合情况,可通过强制通风使混入的废气、空气产生激烈湍流,确保废气与空气充分接触、迅速燃烧。同时,采用多燃烧装置设计时,燃烧装置应交错布置,尽可能保证炉膛温度的均匀性。

## 4.5 光催化氧化法

### 4.5.1 工艺机理

紫外线灯(Ultraviolet lamp)发射的电磁波的能量与其波长成反比,波长越短,能量越大。紫外线灯通过发射高能量的光子,能够有效降解废气中的VOCs。为了实现这一目标,紫外线波长需与光催化的带隙匹配,从而引发自由基连锁反应,实现高效的降解效果。光氧化和光催化都是利用光能进行化学反应的技术,但光氧化更侧重于通过自由基实现氧化降解,而光催化侧重于直接分解分子。紫外线的强度越大,空气中的氧越易分解为臭氧,进而分解为自由基,加剧光催化过程。此外,在紫外线的作用下,空气中的水分也可分解为 $OH^-$ ,参与 VOCs 的氧化过程。因此,紫外线可通过上述几种效应的叠加产生大量的活性自由基,从而高效地降解 VOCs。若后续发生催化反应,即光催化氧化,VOCs 的净化效果将更佳。

光催化氧化法是基于催化剂的光催化性能,将吸附在催化剂表面上的 VOCs 氧化为 $CO_2$ 和 $H_2O$。该方法通常适用于一些比较容易氧化的有机化合物。如上所述,在紫外线的照射下,通过光催化和光催化氧化作用,产生大量的活性自由基,使大部分 VOCs 降解;而光催化剂可加速化学反应,促进有机物进行降解反应;同时,紫外线还有消毒、杀菌作用。经典的光催化剂都是半导体,其中最有效的光催化剂是 $TiO_2$,此外还有 $ZnO$、$SnO_2$、$Fe_2O_3$、$CdS$、$ZnS$、$WO_3$、$PbS$ 等。$TiO_2$ 因对紫外线有较高的吸收率、催化活性和化学稳定性较高,以及无毒、价格较低等优点,应用范围最广。

光催化氧化法的反应机理:根据半导体的电子结构理论,光催化性能取决于晶粒内的能带结构,能带结构由一个充满电子的低能价带和一个空的高能导带构成,两者间由禁带分开,其能差即为带隙能。在光照射半导体光催化剂的情况下,当吸收一个能量大于或等于其带隙能的光子时,电子会从充满的价带跃迁到空的导带,而在价带留下带正电的空穴,即光生空穴。光生空穴具有很强的氧化性,能夺取吸附在催化剂颗粒表面的有机物中的电子,使本来不吸收光而无法被光子直接氧化的物质经光催化而被活化、氧化。$TiO_2$ 经光激发后产生高活性光生空穴和光生电子,并经一系列反应后生成大量高活性的自由基,因而 $TiO_2$ 表面的羟基化可增强其光催化活性。此外,VOCs 光催化降解的速率主要取决于催化剂吸附 VOCs 的性能和光催化反应速率,因此,寻求对 VOCs 具有高的吸附效率和较快降解速率的光催化剂是极为重要的。

目前,该方法主要用于室内外 VOCs 污染的净化和脱臭,例如,用于医院、宾馆、车站、机场、博物馆、厨房、污水处理厂、发酵和食品加工厂等场所排放臭气的净化。因具有极高的折射率，$TiO_2$ 已广泛用于涂料、塑料和建筑材料中；此外，还可通过纳米 $TiO_2$ 的量子尺寸效应来提高光催化活性和光催化的除菌性能，$TiO_2$ 已成功用于陶瓷、纺织品，开发形成抗菌陶瓷、抗菌纤维等。利用紫外线的光氧化法对某些有机化合物仅能实现部分氧化，若有机物容易聚合并沉积在灯管上，则会影响效果，该方法的能耗相对较高。

紫外光发射器通常分为低压紫外光发射器和高压紫外光发射器两类。低压紫外光发射器产生离散的紫外线，波长范围为 185～254 nm，这类发射器主要用于消毒，一般功率为 10～400 W；高压紫外光发射器产生拟连续发射光谱，功率为 1 000～32 000 W。

### 4.5.2 工艺流程

在实际应用中，光催化氧化法通常仅适用于治理低浓度废水，并且经常与其他工艺类型结合使用，以实现更佳的处理效果。

图 4-11 所示为光催化氧化治理装置示意图。在治理装置中，采用尺寸为 20 cm×8 cm×25 cm 的敞口矩形水槽，该水槽由亚克力（甲基丙烯酸甲酯）板制成，作为主反应器。使用 8 W 紫外杀菌灯（主波长为 253.7 nm）作为光催化反应激发光源。该光源被放置在主反应器的中央位置，两块负载了催化剂的 PVC 板对称地放置于光源两侧，催化剂表面距离光源中心点 3 cm。选用某合金电极板作为阳极，不锈钢电极板作为阴极，并垂直于光催化载体的方向放置于光源两侧，两电极板间距为 6 cm，电极板尺寸均为 15 cm×4.5 cm。以直流稳压电源为电化学单元供电，电源的有效电压范围为 0～50 V，有效电流范围为 0～6 A。以有效容积为 3 L 的烧杯作为溶液储藏器，利用蠕动泵使反应溶液以一定流速在反应器与储藏器之间循环。溶液储藏器置于磁力搅拌器上，确保反应过程中反应液浓度及温度均匀。

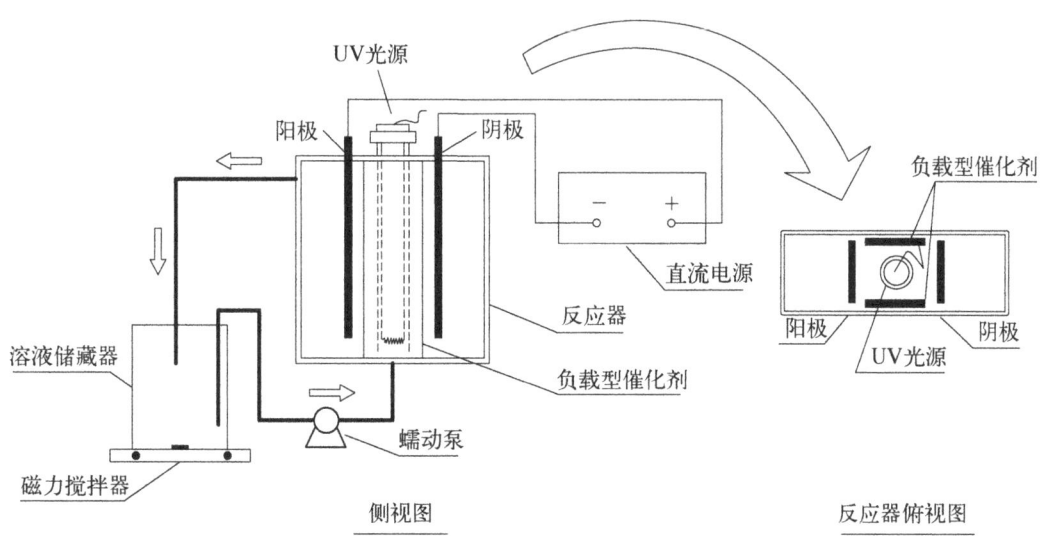

**图 4-11 光催化氧化治理装置示意图**

### 4.5.3 工艺设备

紫外线照射在纳米 TiO₂ 催化剂上,催化剂吸收光能产生电子-空穴对。这些电子-空穴对与废气表面吸附的水分和氧气反应,生成具有高度氧化性的烃基自由基和超氧离子自由基($O_2^-$、$O^-$)。在光催化氧化的作用下,这些自由基能够将多种有机废气,如苯类、氨类、氨氧化合物、硫化物及其他 VOCs 类有机物及无机物,还原成 $CO_2$、$H_2O$ 以及其他无害物质,且同时可以去除臭味。在光催化反应过程中,无任何添加剂,因此不会产生二次污染;仅利用电能,无需经常更换配件,因此运行成本低,节能环保。利用排风设备将恶臭/工业废气引入治理装置/设备后,装置/设备运用高能紫外线光束及臭氧对工业废气进行协同分解氧化反应,使工业废气物质降解转化为低分子化合物、$H_2O$ 和 $CO_2$,再通过排风管道排出室外。利用高能 UV 光束裂解工业废气中细菌的分子键,破坏细菌的核酸,再通过臭氧进行氧化反应,彻底达到脱臭及杀灭细菌的目的。治理装置/设备采用 185 m 紫外线辐射电离空气中的氧气、水分子,产生强氧化性的自由基,通过自由基氧化污染物分子,从而实现除恶臭、降低污染物浓度的功能。

### 4.5.4 主要控制参数

以某款光催化治理系统为例,其中包含的工程控制参数有:光催化风量($m^3 \cdot h^{-1}$)、废气浓度($g \cdot m^{-3}$)、总催化截面积($m^2$)、UV 灯管辐照度($\mu W \cdot cm^{-2}$)、单个催化网面积($m^2$)、催化反应时间(s)、灯管高度(m),以上参数可用于计算光催化的各项参数,如所需辐照强度($mW/cm^2$)、UV 灯管数量,以及判断总催化截面积是否满足运行需求。此外,还需要触媒网的尺寸、反应段的尺寸、反应段的风速等控制参数。

### 课后习题

1. 现阶段我国使用最多的是哪种治理工艺,为什么该工艺使用率最高?
2. 吸附工艺有哪些环节?分别用到了什么技术或材料,有什么作用?
3. 将例 4-1 中空气湿度改为 40%,完成后续计算。
4. 直燃式燃烧法的最终产物是什么?简述其对反应条件的各项要求。
5. 直燃式燃烧法中燃烧温度过高会产生哪些污染物?这些污染物会造成哪些影响?
6. 光催化氧化法为什么要使用紫外线?高压和低压的紫外线灯适用方向分别是什么?
7. 为什么催化剂的研发是光催化氧化法中最重要的一环?

### 参考文献

[1] 郭建光,李忠,奚红霞,等.催化燃烧 VOCs 的三种过渡金属催化剂的活性比较[J].华南理工大学学报(自然科学版),2004,32(5):56-59.
[2] 黎维彬,龚浩.催化燃烧去除 VOCs 污染物的最新进展[J].物理化学学报,2010,26(4):885-894.

［3］胡珀.废气焚烧炉的设计探讨[J].科技创新导报,2008,(26):15.
［4］黄菊文,赵修华,李光明.高浓度有机废气燃烧过程自动控制系统设计[J].四川环境,2006,25(2):35-39,44.
［5］谷林.200 MW火电机组烟气脱硫控制系统[J].电力科技与环保,2006,(3):32-35.
［6］吴桐,周玉香,王芳,等.燃烧法用于VOCs末端治理的研究进展[J].山东化工,2020,49(4):80-84.
［7］李春生.热力燃烧法处理电子元件厂VOCs研究[J].广州化工,2015,43(3):141-142,157.

# 第 5 章
# 末端治理系统（下）

本章节承接第 4 章的内容，继续介绍末端治理系统的相关工艺，主要为催化燃烧法（Catalytic Combustion，CO）、蓄热式燃烧法（RTO）、生物处理法和低温等离子法。目前，我国实际运用较多的为 CO、RTO 和生物处理法，其中 CO 和 RTO 均涉及相关设备的设计计算，要求能根据实际工程参数完成设备的最终选型。在实际运行过程中，应注意治理工艺的安全措施要求，减少安全事故的发生。

## 5.1 催化燃烧法

催化燃烧法是一种高效、环保的 VOCs 治理技术。该技术通过催化剂的作用，降低有机废气燃烧所需的活化能，使其在较低温度下就能发生完全氧化反应，生成无害的 $CO_2$ 和 $H_2O$。与传统的高温燃烧法相比，催化燃烧法具有能耗低、处理效率高、二次污染小等优点。在催化燃烧过程中产生的热量可以被回收利用，并用于预热废气或生产蒸汽等，从而实现能源的循环利用。这种方法符合可持续发展要求，可同步减少能源消耗和降低生产成本。

催化燃烧法在应对当前环境挑战中展现出了潜在的应用价值。随着环保法规的日益严格和人们对环境质量要求的不断提高，VOCs 排放问题已成为制约工业发展的因素之一。采用催化燃烧法治理 VOCs，不仅可以满足环保法规的要求，还能提升企业形象和市场竞争力。催化燃烧法在治理低浓度、大风量的有机废气方面具有独特优势，广泛应用于化工、涂装、印刷、制药等行业。

相关研究也表明，催化燃烧法在环境保护与可持续发展领域具有广阔的应用前景。国内外学者针对催化燃烧法的催化剂、反应机理、工艺条件等方面进行了深入研究，取得了一系列重要成果。这些研究为催化燃烧法的实际应用提供了理论支持和技术指导。随着新材料、新技术的不断发展，催化燃烧法在治理效率和能源回收方面还有望得到进一步提升。

然而,催化燃烧法的推广应用还面临着一些问题和挑战。例如,催化剂的活性、选择性和稳定性仍需进一步提高;处理过程中可能产生的催化剂中毒和积碳等问题需要有效解决;催化燃烧法与其他废气处理技术的组合应用也是未来研究的重要方向之一。针对这些问题和挑战,需要加强产学研合作,加大研发投入和创新力度,推动催化燃烧法在实际应用中的不断完善和发展。

### 5.1.1 工艺流程

催化燃烧法一般需要设置预处理单元来控制进气的浓度、组分和温度。一个完整的主体工程通常包括废气收集、预处理和催化燃烧单元(图5-1)。若治理过程中产生二次污染物,还应包括二次污染物治理设施。针对不同的废气,催化燃烧工艺可采用分体式与集成式两种。在分体式流程中,预热器、换热器、反应器均作为独立设备分别设立,其间用相应的管路连接,一般应用于治理气量较大的场合;集成式流程将预热器、换热器及反应器等部分组合安装在同一设备中,即催化燃烧炉,流程紧凑、占地小,一般用于治理气量较小的场合。无论采用何种工艺形式,其流程的组成都具有以下共同特点:

(1) 进入催化燃烧装置的气体首先要经过预处理,除去粉尘、液滴及有害组分,避免催化床层堵塞和催化剂中毒。

(2) 进入催化床层的气体温度必须达到所用催化剂的起燃温度,催化反应才能进行,因此对于低于起燃温度的进气,必须进行预热,使其达到起燃温度。特别是开车时,对冷进气必须进行预热,操作稳定后,即可利用燃烧尾气的热量预热进口气体。因此,催化燃烧法最适用于连续排放废气的净化。若废气为间歇排放,每次开车均须对进口冷气体进行预热,预热器的频繁启动会使能耗大大增加。气体的预热方式可采用电加热和烟道气加热,目前应用较多的为电加热。

(3) 催化燃烧反应放出大量的反应热,因此燃烧尾气温度较高,这部分热量必须回收。

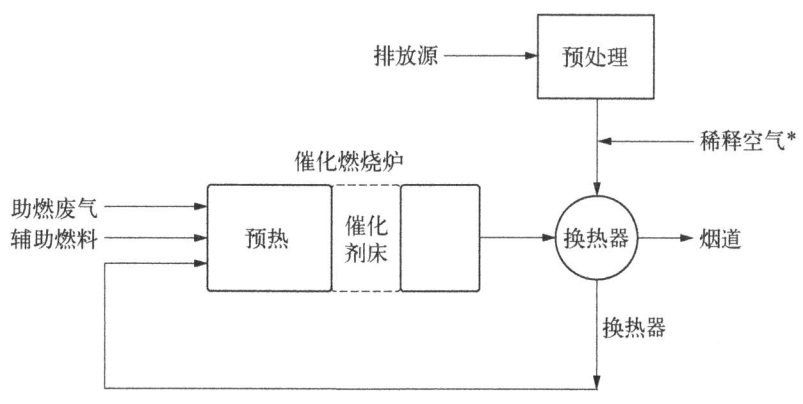

**图 5-1 催化燃烧法的工艺流程图(\*表示视情况加入)**

## 5.1.2 催化燃烧设备

催化燃烧法作为一种高效的废气处理技术,在现代环保领域中占据着举足轻重的地位。催化燃烧设备是指在一定的温度条件下,使VOCs在催化剂的作用下进行燃烧反应的设备。与直接燃烧相比,可燃物在催化剂作用下燃烧,催化燃烧温度较低,燃烧比较完全。其核心设备由多个关键部分组成,确保催化燃烧过程的高效与安全。首先,利用预热器将废气加热至适宜的反应温度;随后,废气进入催化剂床层后发生关键的氧化反应,有机物质在催化剂的作用下被分解为无害的成分;最后,利用换热器回收废气中的热能,既提高了能源利用效率,又避免了不必要的能源浪费。经过处理的废气达标排放,可减轻环境压力。

催化燃烧设备主要由以下单元组成:

(1) 废气预处理装置:为防止催化剂床层堵塞和催化剂中毒,废气在进入床层前必须进行预处理,以除去废气中的粉尘、液滴及对催化剂有害的物质。

(2) 预热装置:包括废气预热装置和催化剂燃烧器预热装置。由于催化剂都有一个催化活性温度,对于催化燃烧而言,这一温度被称为催化剂的起燃温度,必须使废气和床层的温度达到该起燃温度,才能进行催化燃烧。

(3) 催化燃烧装置:一般采用固定床催化反应器。反应器的设计按规范进行,应便于操作、维修及装卸催化剂。

反应器内部填充有固定不动的固体催化剂颗粒或固体反应物的装置,称为固定床反应器。气态反应物通过床层进行催化反应的反应器,称为气固相固定床催化反应器。这类反应器除广泛用于多相催化反应外,也用于气固及液固非催化反应。与流化床反应器相比,该类反应器具有催化剂不易跑损或磨损、床层流体流动呈平推流、反应速度较快、停留时间可控、反应转化率和选择性较高等优点。

工业生产过程中使用的固定床催化反应器型式多样。为适应不同的传热要求和传热方式,按催化床是否与外界进行热量交换,固定床催化反应器可分为绝热式和连续换热式两大类。另外,按反应器的操作及床层温度分布,固定床催化反应器可分为绝热式、等温式和非绝热非等温三种类型;按换热方式不同,固定床催化反应器可分为换热式和自热式两种类型;按反应情况,固定床催化反应器可分为单段式与多段式两类;按床层内流体流动方向,固定床催化反应器可分为轴向流动式和径向流动式两类。此外,根据催化剂装载在管内或管外、反应器的设备结构特征,也可以对固定床催化反应器进行分类。图5-2、图5-3、图5-4所示分别为轴向流动式、径向流动式和列管式固定床反应器的结构示意图。其中,图5-2和图5-3所示的反应器为绝热式,图5-4所示的反应器为连续换热式。

在VOCs的催化燃烧中,必须谨慎处理有机物废气与空气的混合,因为高温混合易引起爆炸,因此必须精确控制有机物与空气的混合比例,确保其低于爆炸下限。为此,设备应配备阻火除尘系统、防爆泄压系统、超温报警系统及自控系统。

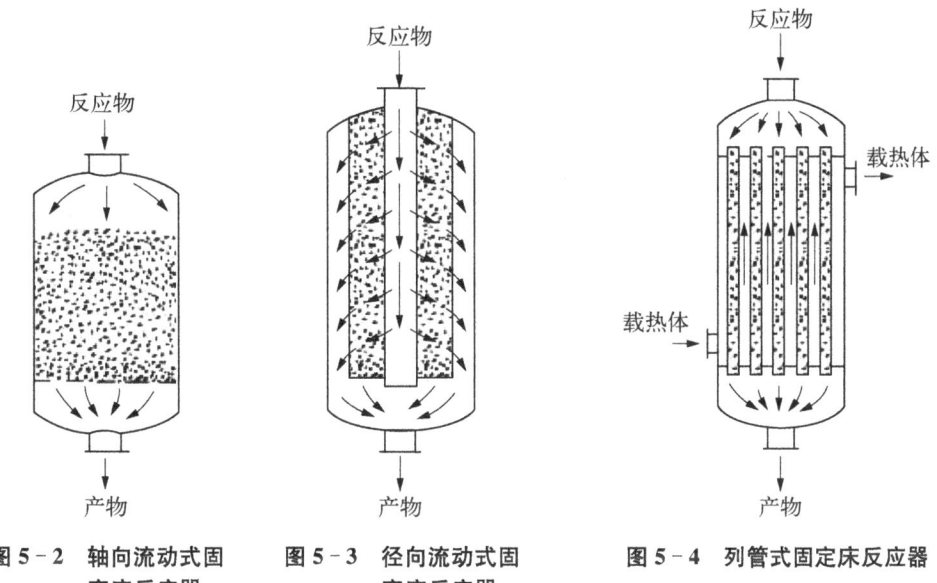

图 5-2 轴向流动式固定床反应器　　图 5-3 径向流动式固定床反应器　　图 5-4 列管式固定床反应器

### 5.1.3　催化剂

催化燃烧实际上是完全的催化氧化过程,即在催化剂作用下,通过固定床催化氧化反应器,使 VOCs 完全氧化为 $CO_2$ 和 $H_2O$,从而达到净化目的。在催化燃烧技术中,最核心的组成部分是所使用的催化剂。催化剂是一种能改变化学反应速率的物质,其自身在反应前后化学性质保持不变。通常,催化剂由催化活性材料和催化载体两部分构成。

催化燃烧法对催化剂性能的主要要求包括：

(1) 活性：活性指的是催化剂对反应物的转化能力。由于燃烧是深度氧化过程,不存在选择性问题,因此催化剂的活性越高越好。通常可用转化率来表示催化剂的活性。对于废气治理而言,有害物的转化率必须控制在 98% 以上。因此,评价燃烧催化剂活性的宏观指标包括反应温度、空速及废气中可燃物的含量。如果一种催化剂能够在较低温度、较高空速的条件下,使浓度较高的有机吸气接近 100% 地转化,就表明该催化剂的活性高。通常情况下,催化燃烧的反应温度为 200~400 ℃,空速为 10 000~20 000 $h^{-1}$。

(2) 稳定性：催化剂的活性经历诱导活化、稳定、衰老失活三个阶段,具有一定的使用期限。在工业应用中,催化剂的预期寿命通常要求在 2 年以上。使用寿命的长短与催化剂最佳活性结构的稳定性有关,而稳定性则由其耐热性和抗毒性决定。对燃烧催化剂而言,高耐热性和抗毒性是其必备的性能。

(3) 操作条件：废气治理通常不会在极端的操作条件下进行,这是因为废气的成分、浓度、流量等参数往往波动较大,且体系温度也会出现波动。因此,燃烧催化剂必须具备较宽的操作范围,以适应这些变化。

(4) 机械强度和抗胀性能：由于催化燃烧工艺的操作空速较高，气流对催化剂的冲击力也较强。同时，床层温度的频繁波动（尤其是在间歇操作中）会导致热胀冷缩现象，进而可能引起催化剂载体破裂，尤其是蜂窝陶瓷载体常面临此类问题。因此，催化剂必须具备较高的机械强度和良好的抗热胀冷缩性能。

(5) 床层阻力：床层阻力是衡量催化燃烧工艺动力消耗的重要实用指标，其大小主要受到催化剂载体形状和颗粒度的影响。在保证接触效果不受影响的前提下，床层阻力应尽可能小。

经过多年的深入研究和发展，燃烧催化剂的种类已经十分丰富。根据活性成分的不同，它们大致可分为以下几类：

1. 贵金属催化剂

铂(Pt)、钯(Pd)等贵金属对烃类及其衍生物具有良好的吸附及活化性能，因此成为最常用的废气燃烧催化剂。这类催化剂的净化率高、耐热抗毒性强、使用寿命长、适用范围广，对多种有机物均有较高的氧化活性。

我国最早应用于有机废气燃烧处理的催化剂是 $Pd-Al_2O_3$ 蜂窝陶瓷载体催化剂。这种催化剂具有较大的自由空间，自身磨损率低，床层阻力小，比较适合于高空速操作环境。然而，由于其自由空间大、反应气体与催化剂表面的接触效果通常不如颗粒状催化剂，因此其活性通常低于含有相同活性组分的颗粒状催化剂。

2. 分子筛载体贵金属催化剂

鉴于贵金属价格昂贵及催化剂成本高，催化燃烧法的普及受到了一定程度的制约。然而，分子筛因其独特的孔结构和结晶化学性质，不仅具备良好的吸附能力，还有着良好的离子交换性，这为活性组分的分散和活性结构的组合创造了有利条件。通过适当的制备工艺，可以形成优良的活性结构，确保催化剂的活性和稳定性。贵金属在分子筛载体上能高度分散，用量仅为通常 $Pt-Al_2O_3$ 催化剂的 1/8～1/5，而催化剂的活性和稳定性却有显著提升。

3. 复合氧化物催化剂

降低成本的另一途径是不用贵金属，用铜、铬、钴、镍、锰等过渡金属的氧化物作催化剂的活性组分。

在空速为 $8\,000\ h^{-1}$ 的常压条件下，用1%的环己烷与空气组成混合气，对多种金属氧化物的活性进行鉴别，结果见表5-1。

表5-1 金属氧化物催化剂的初始活性

| 催化剂 | 活化条件 | | 催化剂入口温度 | |
| --- | --- | --- | --- | --- |
| | 温度时间/℃ | 时间/h | 开始反应/℃ | 完全反应/℃ |
| $Co_3O_4$ | 500 | 3 | >172 | 202 |
| | 700 | 3 | >180 | 376 |

续　表

| 催化剂 | 活化条件 | | 催化剂入口温度 | |
|---|---|---|---|---|
| | 温度时间/℃ | 时间/h | 开始反应/℃ | 完全反应/℃ |
| $Mn_3O_4$ | 500 | 3 | >185 | 212 |
| | 700 | 3 | >160 | 393 |
| $Cr_2O_3$ | 500 | 3 | >188 | 240 |
| $Fe_2O_3$ | 500 | 3 | 222 | 229 |
| $TIO_2$ | 500 | 3 | 201 | 390 |
| $MoO_3$ | 500 | 3 | 385 | 408 |
| PbO | 500 | 3 | 282 | 412 |
| ZnO | 500 | 3 | 310 | 540 |
| $Al_2O_3$ | 500 | 3 | 250 | 550 |
| $SiO_3$ | 500 | 3 | 300 | <350 |

由表 5-1 可知,单一的过渡金属氧化物对环己烷具有一定的氧化活性,但其稳定性较差,在实际应用中,亚铬酸盐型或钙钛矿型的复合氧化物效果较好。

4. 稀土金属氧化物催化剂

稀土与过渡金属氧化物在一定条件下可以形成具有天然钙钛矿晶型的复合氧化物,该复合氧化物有着良好的氧化活性。

## 5.1.4　催化燃烧设计计算

催化燃烧设计计算是确保催化燃烧系统高效、稳定运行的重要环节。通过催化剂的选择、反应动力学研究和设计计算,可以得到一个合理的催化燃烧系统,实现废气治理的目标。随着科技的进步,催化燃烧设计计算将会变得更加精确和高效,为环境保护作出更大的贡献。

在进行催化燃烧设计计算之前,需要先选择适合的催化剂。在选择催化剂时,必须考虑废气成分、温度、压力等多种因素。常用的催化剂有贵金属催化剂和过渡金属催化剂,其具有较高的活性和选择性。

在反应条件的优化方面,需要考察反应温度、压力、空速和 VOCs 浓度等因素对催化燃烧法处理效果的影响。反应温度是影响催化燃烧过程的关键因素之一。适当的提高反应温度可以加速 VOCs 的氧化反应,提高去除率和转化效率。但是,过高的反应温度可能导致催化剂失活和能耗增加,因此需要在实验中找到最佳的反应温度范围。压力的变化同样会对催化燃烧过程产生影响。增大反应压力可以提高反应物的浓度,从而加快反应速率。但是,过高的压力可能导致催化剂的孔道堵塞,降低其催化活性。在实际应用中,需要根据具体情况选择合适的反应压力。空速和VOCs浓度也是影响催化燃烧过程的重要因素。空速的大小决定了反应物在催化剂表面的停留时间,直接影响着催化效果;而VOCs浓度的变化则会影响反应速率和催化剂的活性。

催化燃烧的反应过程是一个复杂的化学反应过程,需要进行反应动力学研究。反应动力学研究可以通过实验和理论计算相结合的方法进行。通过实验可以确定反应速率常数和反应活化能等参数,而理论计算则可以根据已知的反应机理,预测反应速率和反应产物。

催化燃烧设计计算主要包括以下几个方面:

(1) 废气进料量计算:根据废气的产生量和组成计算废气进料量。这是催化燃烧系统设计的基础。

(2) 催化剂载体设计:催化剂通常需要载体来提供活性表面。载体的选择和设计需要考虑催化剂的稳定性、活性和热力学性质。

(3) 反应器设计:根据废气流量、温度和压力等参数,确定催化燃烧反应器的尺寸和结构。反应器的设计需要考虑废气的分布、热传导和质量传输等因素。

(4) 温度控制:催化燃烧反应需要在一定的温度范围内进行,温度过高或过低都会影响催化剂的活性。因此,需要设计合适的加热和冷却系统,以控制反应温度。

(5) 催化剂寿命评估:催化剂的活性会随着时间的推移而失去,因此需要对其寿命进行评估。根据催化剂的失活机理,评估催化剂的使用寿命以及更换周期。

催化燃烧设计计算总表,见表5-2:

表5-2 催化燃烧系统设计计算总表

| 序号 | 计算内容 | | 单位 | 公式/来源/要求 | 算值 | 备注 |
|---|---|---|---|---|---|---|
| | 项目 | 参数 | | | | |
| 1 | 原始参数 | VOCs气体原始数据 | VOCs处理风量 $Q$ | $m^3 \cdot h^{-1}$ | | 5 000.00 | 25 ℃ |
| 2 | | | VOCs处理标况风量 $NQ$ | $Nm^3 \cdot h^{-1}$ | $Q \cdot 273/(273+T)$ | 4 580.54 | |
| 3 | | | VOCs气体的浓度 $C_0$ | $mg \cdot m^{-3}$ | | 10 000.00 | 暂定 |
| 4 | | | 每小时吸附量 $C$ | $kg \cdot h^{-1}$ | $Q \cdot C_0/1\,000\,000$ | 50.00 | |
| 5 | | | VOCs气体的温度 $T$ | ℃ | | 25.00 | 取值 |

续表

| 序号 | 计算内容 | | 单位 | 公式/来源/要求 | 算值 | 备注 |
|---|---|---|---|---|---|---|
| | 项目 | 参数 | | | | |
| 6 | 原始参数 | VOCs气体的压力 $P$ | Pa | 纯物质化学性质查询 | 103 125.00 | |
| 7 | | VOCs气体的密度 $\rho_0$ | kg·m$^{-3}$ | 纯物质化学性质查询 | 1.13 | |
| 8 | | VOCs气体的黏度 $\mu$ | Pa·S | 纯物质化学性质查询 | 0.00 | |
| 9 | | VOCs气体的比热容 $C_p$ | kJ·(kg·℃)$^{-1}$ | 纯物质化学性质查询 | 1.00 | |
| 10 | 可行性分析 | VOCs废气成分1 | | 二氯甲烷($CH_2Cl_2$) | | |
| 11 | | 分子量 | g·mol$^{-1}$ | 纯物质化学性质查询 | 85.00 | |
| 12 | | 沸点 | ℃ | 纯物质化学性质查询 | 39.75 | |
| 13 | | 密度 $\rho_{01}$（标准状态密度） | kg·m$^{-3}$ | 分子量/[22.4($T_1$+273)/273] | 3.48 | |
| 14 | | VOCs体积 $V_{11}$ | m$^3$·h$^{-1}$ | $M_1/\rho_{01}$ | 14.38 | |
| 15 | | 与空气混合的爆炸下限 | % | 查附表《有机废气的净化技术》 | 12.00 | |
| 16 | | 爆炸下限所需空气量 | m$^3$·h$^{-1}$ | 取爆炸下限 | 369.63 | |
| 17 | | 燃烧热 | kJ·mol$^{-1}$ | | 604.90 | |
| 18 | | VOCs摩尔量 | mol | | 588.24 | |
| 19 | | 二氯甲烷燃烧产生的热量 | kJ | | 355 823.53 | |
| 20 | | | | | | |
| 21 | | VOCs废气成分2 | | 正庚烷($C_7H_{16}$) | | |
| 22 | | 分子量 | g·mol$^{-1}$ | 纯物质化学性质查询 | 100.00 | |
| 23 | | 沸点 | ℃ | 纯物质化学性质查询 | 98.50 | |
| 24 | | 密度 $\rho_{02}$ | kg·m$^{-3}$ | 分子量/[22.4($T_1$+273)/273] | 4.09 | |
| 25 | | VOCs体积 $V_{13}$ | m$^3$·h$^{-1}$ | $M_1/\rho_{02}$ | 12.23 | |
| 26 | | 与空气混合的爆炸下限 | % | 查附表《有机废气的净化技术》 | 1.10 | |

续表

| 序号 | 计算内容 | | 单位 | 公式/来源/要求 | 算值 | 备注 |
|---|---|---|---|---|---|---|
| | 项目 | 参数 | | | | |
| 27 | VOCs爆炸极限所需的风量计算 | 爆炸下限所需空气量 | m³·h⁻¹ | 取爆炸下限 | 4 032.29 | |
| 28 | | 燃烧热 | kJ·mol⁻¹ | | 4 806.60 | |
| 29 | | VOCs摩尔量 | mol | | 500.00 | |
| 30 | | 正庚烷燃烧产生的热量 | kJ | | 2 403 300.00 | |
| 64 | 可行性分析 | 工况下爆炸所需空气量 $Q_1$ | m³·h⁻¹ | | ≥4 435.51 | |
| 65 | | | | | | |
| 66 | | 工况下处理VOCs的体积 $V_V$ | m³·h⁻¹ | | 1 222.56 | |
| 67 | | 爆炸极限 $V_{min}$ | % | | 1.00 | 双极限全浓度 |
| 68 | | 工况最小密度 $\rho_{min}$ | kg·m⁻³ | | 0.04 | |
| 69 | | 工况下实际空气量 $Q$ | m³·h⁻¹ | | 3 777.44 | |
| 70 | 结论 | 工况下VOCs与工况实际空气体积比 | % | | 0.323 649 | |
| 71 | | 实际工况空气量结果 | | | 若不满足，重新调整 | 须同时满足 |
| 72 | | 实际工况爆炸极限结果 | | | 满足要求 | |
| 73 | 沸石原始数据 | 沸石数据 | 蜂窝状沸石堆积密度 $\rho_s$ | kg·m⁻³ | 纯物质化学性质查询 | 500.00 | |
| 74 | | | 蜂窝状沸石静态活性 $X_T$ | % | kg吸附质/kg吸附剂（厂家提供） | 0.35 | |
| 75 | | | 蜂窝状沸石动态活性 $X_{T1}$ | % | kg吸附质/kg吸附剂（实验获得） | 0.10 | 取值 |
| 76 | | | 蜂窝状沸石孔隙率 $\epsilon$ | | 纯物质化学性质查询 | 0.50 | |
| 77 | | | 蜂窝状沸石比表面积 $a'$ | m²·g⁻¹ | 厂家提供 | 700.00 | |
| 78 | | | 蜂窝状沸石使用温度 $T_s$ | ℃ | | ≤400.00 | |
| 79 | | | 蜂窝状沸石抗压强度 | Mpa | | ≤0.80 | |

续 表

| 序号 | 计算内容 | | 单位 | 公式/来源/要求 | 算值 | 备注 |
|---|---|---|---|---|---|---|
| | 项目 | 参 数 | | | | |
| 80 | 沸石使用量及脱附时间 | 蜂窝状沸石外形规格 | mm | | 100×100×100 | 根据要求取值 |
| 81 | | 吸附空速 | h$^{-1}$ | | 10 000.00 | |
| 82 | | 按风量计算吸附剂装填量 $V$ | m$^3$/台 | $Q \cdot h^{-1}$ | 0.50 | |
| 83 | | 单台设备吸附有机物量 $m$ | kg/台 | $V \cdot X_{T1} \cdot \rho_s \cdot \eta$ | 20.00 | |
| 84 | | 单台所需吸附剂质量 $M_1$ | kg/箱 | $V \cdot \rho_s$ | 250.00 | |
| 85 | | 最终选取吸附剂计算量 $V_T$ | m$^3$/箱 | | 0.50 | 炭量结果 |
| 86 | | 吸附器吸附效率 $\eta$ | % | | 0.80 | 取值 |
| 87 | 沸石分子筛固定床吸附器数据及计算 | 吸附器空塔截面风速 $u$ | m·s$^{-1}$ | | 0.80 | 取值 |
| 88 | | 箱体数量 $n_总$ | 个 | | 4.00 | 设计 |
| 89 | | 吸附数量 $n_吸$ | 个 | | 1.00 | 设计 |
| 90 | | 脱附数量 $n_脱$ | 个 | 交叉脱附 | 1.00 | 设计 |
| 91 | | 冷却数量 $n_冷$ | 个 | | 1.00 | 设计 |
| 92 | | 单箱体吸附器的截面有效面积 $A$ | m$^2$ | $Q/3\,600/u$ | 1.74 | |
| 93 | | 正方形计催化床尺寸 $a$ | m | $\sqrt{A}$ | 1.32 | |
| 94 | | 催化剂床层长度圆整后 $L$ | m | 由高度和体积,反证该尺寸 | 1.9 | 取值 |
| 95 | | 沸石层有效高度 $h$ | m | $V \cdot L^{-2}$ | 0.14 | 0.5 m~0.9 m |
| 96 | | 催化剂床层高度圆整后 $H$ | m | | 0.6 | 取值 |
| 97 | 结论 | 单吸附器沸石层的实际容积 $V_s$ | m$^3$/箱 | $L^2 \cdot H^{-1}$ | 2.17 | 蓝太克 |

续　表

| 序号 | 计算内容 项目 | 计算内容 参数 | 单位 | 公式/来源/要求 | 算值 | 备注 |
|---|---|---|---|---|---|---|
| 98 | | 结果 | | $V_s>V$ | 满足要求 | |
| 99 | | 沸石的实际总容积 $V$ | $m^3$ | $n_总 \cdot V_s$ | 8.66 | |
| 100 | | 沸石需脱附总容积 $V'$ | $m^3$ | $n_脱 \cdot V_s$ | 2.17 | |
| 101 | 沸石使用量及脱附时间 | 单吸附床吸附剂质量 | kg/箱 | | 1 083.00 | |
| 102 | 沸石使用量及脱附时间 结论 | 在吸附作用时间内的吸附量 $X$ | kg | $C_0 \cdot Q/1\,000\,000 \cdot \eta \cdot t$ | 86.64 | 吸附容量 |
| 103 | | 单吸附器沸石作用时间 $t$ | h | $(V_s \rho_s \cdot X_{T1} \cdot \eta)/(C_0/1\,000\,000 \cdot Q)$ | 1.73 | 使用时间 |
| 104 | | 需脱附 VOCs 的总量 $M$ | kg | $V' \cdot \rho_s \cdot X_{T1} \cdot \eta$ | 86.64 | 总脱附量 |
| 105 | | 吸附床长 $L$ | m | | 1.90 | |
| 106 | | 吸附床宽 $W$ | m | | 1.90 | |
| 107 | | 吸附床高 $H$ | m | | 0.60 | |
| 108 | 脱附风量计算 | 需脱附 VOCs 的总量 $M$ | $kg \cdot h^{-1}$ | $V' \cdot \rho_s \cdot X_{T1} \cdot \eta$ | 86.64 | |
| 109 | 脱附风量计算 脱附计算 | 脱附有效时间 $t_{有效}$ | h | | 10.00 | 脱附时间 |
| 110 | | VOCs 每小时脱附量 $M_1$ | $kg \cdot h^{-1}$ | $M \cdot t_{有效}^{-1}$ | 8.66 | |
| 111 | | 脱附后 VOCs 废气温度 $T_1$ | ℃ | | 75 | 设定 |
| 112 | | 加热时间 $t_加$ | h | | 0.50 | 取值 |
| 113 | | 冷却时间 $t_冷$ | h | | 0.50 | 取值 |
| 114 | | 空速 | $h^{-1}$ | 根据催化剂取值 | 8 000.00 | |
| 115 | | 线速度 $V_m$ | $m \cdot s^{-1}$ | | 0.60 | 取值 |
| 116 | | 工况下脱附废气爆炸下限空气量 $m$ | $kg \cdot h^{-1}$ | $M_1 \cdot 100 \cdot 4/\%$ | 3 465.60 | |

续 表

| 序号 | 计算内容 | | 单位 | 公式/来源/要求 | 算值 | 备注 |
|---|---|---|---|---|---|---|
| | 项目 | 参数 | | | | |
| 117 | 脱附风量计算 | 工况下脱附废气爆炸下限空气量V | m³·h⁻¹ | [$m$·(273+$T_1$)/(273+$T_2$)]/$\rho$ | 3 590.17 | |
| 118 | | 工况下脱附废气体积V | m³·h⁻¹ | [$M$·(273+$T_1$)/(273+$T_2$)]/$\rho$ | 2 473.91 | |
| 119 | | 脱附后进入催化炉总风量Q | m³·h⁻¹ | | 6 064.078 358 | |
| 120 | 脱附计算 | 脱附温度$t_1$ | ℃ | | 97.00 | |
| 121 | | 脱附风量Q | ℃ | $Q$·(273+$t_1$)/(273+$t_2$) | 6 447.44 | |
| 122 | | 脱附线速度$v$ | m·s⁻¹ | $Q/s$ | 0.50 | |
| 123 | | 脱附风量圆整后$Q_{工脱}$ | m³·h⁻¹ | | 2 300.00 | |
| 124 | | 空气密度$\rho$ | kg·m⁻³ | 1.293×(273+0)=$\rho$·(273+$t$) | 0.95 | |
| 125 | | 全质量$m$ | kg·h⁻¹ | 空气质量+废气质量 | 3 433.78 | |
| 126 | | 判断 | | 0.15~0.4 | 满足要求 | |
| 127 | 结论 | 脱附线速度下限 | m·s⁻¹ | | 0.15 | |
| 128 | | 脱附线速度上限 | m·s⁻¹ | | 0.40 | |
| 129 | | 脱附风量下限 | m³·h⁻¹ | | 1 949.40 | |
| 130 | | 脱附风量上限 | m³·h⁻¹ | | 5 198.40 | |
| 131 | 脱附风压降计算 | 经验公式压降计算 | 沸石层有效高度Z | m | | 0.60 | |
| 132 | | | 沸石床压降$\Delta P$ | Pa | 经验公式：945.1·$u^{1.055}$·$Z$ | 448.11 | |
| 133 | | | 沸石细管内的流速$u_1$ | m·s⁻¹ | $u/\varepsilon$ | 1.60 | |
| 134 | | | 细管的当量直径$de$ | m | $(4\varepsilon)/[a·(1-\varepsilon)]$ | 0.01 | |
| 135 | | | 修正系数 | m | $6/a$ | 0.01 | |
| 136 | | | 参数A | | $(1-\varepsilon)^2/\varepsilon^3$ | 2.00 | |

续 表

| 序号 | 计算内容 | | 单位 | 公式/来源/要求 | 算值 | 备注 |
|---|---|---|---|---|---|---|
| | 项目 | 参数 | | | | |
| 137 | 脱附风压计算 | 参数 B | | $\mu \cdot u/d_p^2$ | 0.21 | |
| 138 | | 参数 C | | $(1-\varepsilon)/\varepsilon^2$ | 2.00 | |
| 139 | | 参数 D | | $\rho_0 \cdot u^2/d_p$ | 84.17 | |
| 140 | 当量直径压降计算 | 雷诺数 Re | | $d_p \cdot \rho_0 \cdot u/\mu$ | 403.40 | |
| 141 | | 当 $Re/(1-\varepsilon) \leqslant$ 2 500 时 | | $Re = \dfrac{\rho\mu d_p}{\mu(1-\varepsilon)}$ | 806.80 | ≤2 500 |
| 142 | | 沸石床压降 $\Delta P$ | Pa | $\Delta P=(150A \cdot B+ 1.75C \cdot D) \cdot Z$ | 214.31 | |
| 143 | | 压降值 | Pa | | 448.114 451 4 | 取最大值 |
| 144 | 催化剂用量计算 | 催化剂计算 | 线速度 $v$ | m·s$^{-1}$ | | 0.53 | |
| 145 | | | 空速 | $h^{-1}$ | | 8 000.00 | |
| 146 | | | 催化剂计算装填量 $V$ | m$^3$ | $Q_{工脱}/GH$ SV（气时空速） | 0.29 | |
| 147 | | | 催化剂截面积 $A$ | m$^2$ | $Q_{工脱}/(3\ 600 \cdot V)$ | 1.21 | |
| 148 | | | 正方形计催化床尺寸 $a$ | m | $\sqrt{A}$ | 1.10 | |
| 149 | | | 催化床长宽度圆整后 $L$ | m | | 1.1 | 取值 |
| 150 | | | 催化床高度 $h$ | m | $V/(L \cdot L)$ | 0.24 | |
| 151 | | | 催化床高度圆整后 $H$ | m | | 0.25 | 取值 |
| 152 | | | 催化剂实际装填量 $V_总$ | m$^3$ | $L \cdot L \cdot H$ | 0.30 | |
| 153 | | | **判断** | | | **满足要求** | |
| 154 | | 结论 | 催化剂总容积 $Vs$ | m$^3$ | | 0.30 | |
| 155 | | | 催化床长度 $L$ | m | | 1.1 | |
| 156 | | | 催化床宽度 $W$ | m | | 1.1 | |
| 157 | | | 催化床高度 $H$ | m | | 0.25 | |
| 158 | | | 驻留时间 $t$ | s | | 2.11 | 0.15～0.25 s |

续 表

| 序号 | 计算内容 项目 | 计算内容 参 数 | 单 位 | 公式/来源/要求 | 算 值 | 备注 |
|---|---|---|---|---|---|---|
| 159 | 风机功耗核算 | 吸附风机风量 $Q$ | $m^3 \cdot h^{-1}$ | | 5 500.00 | |
| 160 | 风机功耗核算 | 吸附风机全风压 $P$ | kPa | | 2.00 | |
| 161 | 风机功耗核算 | 吸附风机风机功率 | kW | $(Q \times P)/(3\ 600 \times 0.8 \times 1.15)$ | 4.39 | |
| 162 | 风机功耗核算 | 脱附风机风量 $Q_{脱}$ | $m^3 \cdot h^{-1}$ | | 2 300.00 | |
| 163 | 风机功耗核算 | 脱附风机全风压 $P_{脱}$ | kPa | | 5.00 | |
| 164 | 风机功耗核算 | 脱附风机风机功率 | kW | $(Q_{脱} \times P_{脱})/(3\ 600 \times 0.8 \times 1.15)$ | 4.59 | |
| 165 | 风机功耗核算 | 补冷风机风量 $Q_{补}$ | $m^3 \cdot h^{-1}$ | | 766.67 | |
| 166 | 风机功耗核算 | 补冷风机全风压 $P_{补}$ | kPa | | 5.00 | |
| 167 | 风机功耗核算 | 补冷风机风机功率 | kW | $(Q_{补} \times P_{补})/(3\ 600 \times 0.8 \times 1.15)$ | 1.53 | |
| 168 | VOCs燃烧加热温度 | 二氯甲烷燃烧产生的热量 | kJ | | 61 657.10 | |
| 169 | VOCs燃烧加热温度 | 正庚烷燃烧产生的热量 | kJ | | 416 443.82 | |
| 170 | VOCs燃烧加热温度 | 乙醇燃烧产生的热量 | kJ | | 8 664.00 | |
| 171 | VOCs燃烧加热温度 | 二甲胺燃烧产生的热量 | kJ | | 8 664.00 | |
| 172 | VOCs燃烧加热温度 | 二甲基甲酰胺燃烧产生的热量 | kJ | | 8 664.00 | |
| 173 | VOCs燃烧加热温度 | 取产生热量最少的参与设计 $Q$ | kJ | | 8 664.00 | 最小值 |
| 174 | VOCs燃烧加热温度 | 物质摩尔 | mol | | 86.64 | |
| 175 | VOCs燃烧加热温度 | 产生热量功率 $P$ | kW | $Q/3\ 600$ | 2.41 | 乙酰丙酮 |
| 176 | VOCs燃烧加热温度 | 可将空气加热温度 $\Delta t$ | ℃ | $Q/(m \cdot C_p)$ | 2.52 | |

续 表

| 序号 | 计算内容 | | 单位 | 公式/来源/要求 | 算值 | 备注 |
|---|---|---|---|---|---|---|
| | 项目 | 参数 | | | | |
| 177 | 换热器面积计算 | 板式换热器 | 热流进口温度 $t_1$ | ℃ | 燃烧后温度 | 267.52 | |
| 178 | | | 热流出口温度 $t_2$ | ℃ | | 250.00 | 取值 |
| 179 | | | 热流功率 $P$ | kW | | 17.54 | |
| 180 | | | 冷流进口温度 $t_3$ | ℃ | 原废气温度 | 75.00 | 取值 |
| 181 | | | 冷流出口温度 $t_4$ | ℃ | 外排温度 | 110.00 | 取值 |
| 182 | | | 对数平均温差 $\Delta T_1$ | ℃ | $(G_{182}-G_{186})/(G_{183}-G_{185})>1.7$ 时 | 166.11 | 逆流 |
| 183 | | | 对数平均温差 $\Delta T_2$ | ℃ | $(G_{182}-G_{186})/(G_{183}-G_{185})\leqslant 1.7$ 时 | 166.26 | |
| 184 | | | 对数平均温差 $\Delta T$ | ℃ | | 取 $T_2$ 值 | |
| 185 | | | 传热系数 $s$ | W·(m²·K)$^{-1}$ | | 16.20 | 304不锈钢 |
| 186 | | | 传热面积 $A$ | m² | $P\cdot 1\,000/(\Delta T\cdot s)$ | 13.03 | |
| 187 | 带走热量计算 | 系统散热计算 | 吸附床给热系数 $S_1$ | W·m$^{-2}$ | | 61.00 | 取值 |
| 188 | | | 吸附床面积 $A_1$ | m² | | 3.61 | |
| 189 | | | 加吸附床热功率 $P_1$ | kW | $S_1\cdot A_1/1\,000$ | 0.22 | |
| 190 | | | 催化床给热系数 $S_2$ | W/m² | | 125.00 | |
| 191 | | | 催化床面积 $A_2$ | m² | | 18.00 | |
| 192 | | | 催化床加热功率 $P_2$ | kW | $S_2\cdot A_2/1\,000$ | 2.25 | |
| 193 | | | 管道导热系数 $S_3$ | W·m$^{-2}$ | | 61.00 | |
| 194 | | | 管道管径 $D$ | m | | 0.25 | |
| 195 | | | 管道管长度 $L$ | m | | 25.00 | |
| 196 | | | 管道面积 $A_3$ | m² | $3.14\cdot D\cdot L$ | 19.63 | |
| 197 | | | 管道加热功率 $P_3$ | kW | $S_3\cdot A_3/1\,000$ | 1.20 | |
| 198 | | | 总散热功率 $P$ | kW | $P_1+P_2+P_3$ | 3.67 | |

续 表

| 序号 | 计算内容 项目 | 计算内容 参 数 | 单 位 | 公式/来源/要求 | 算 值 | 备注 |
|---|---|---|---|---|---|---|
| 199 | 电加热器功率计算 | 进口温度 $t_1$ | ℃ | | 250.00 | 取值 |
| 200 | 电加热器功率计算 | 出口温度 $t_2$ | ℃ | | 265.00 | 起燃温度 265 ℃ |
| 201 | 电加热器功率计算 | 裕度系数 $x$ | | | 1.05 | |
| 202 | 电加热器功率计算 | 功率 $P$ | kW | $C_p \cdot m \cdot (t_2-t_1) \cdot x/3\,600$ | 15.05 | |
| 203 | 电加热器功率计算 | 加热开启度 | % | | 16.74% | |
| 204 | 电加热器功率计算 | 进口温度 $t_3$ | ℃ | | 25.00 | |
| 205 | 电加热器功率计算 | 出口温度 $t_4$ | ℃ | | 200.00 | |
| 206 | 电加热器功率计算 | 风机开启度 | % | | 40.00% | |
| 207 | 电加热器功率计算 | 风量 $Q_2$ | m³·h⁻¹ | | 740.97 | |
| 208 | 电加热器功率计算 | 开车加热时间 $t$ | h | | 0.50 | |
| 209 | 电加热器功率计算 | 密度 $\rho$ | kg/m³ | $\rho \cdot (273+t)$ | 1.18 | 热进口 |
| 210 | 电加热器功率计算 | 加热气体用功率 $A$ | kW | $C_p \cdot Q_2 \cdot \rho \cdot (t_4-t_3) \cdot x/(3\,595 \cdot t)$ | 89.90 | |
| 211 | 电加热器功率计算 | | | | | |
| 212 | 结论 总加热功率 | 开车总加热功率 | kW | $A+P$ | 93.57 | |

注：所有物性参数取自《化学工程师手册》第6版，压力基准为101.325 kPa。

## 5.1.5 设备结焦积灰的预防措施

在处理过程中，催化燃烧法的效率问题一直是业界关注的焦点。面对设备结焦积灰这一难题，结合多个层面的策略很重要。

必须深入思考并优化设备结构。结构优化并不是简单的改动，而是需要综合运用流体力学、热力学等多学科知识。气流死角是设备中容易导致结焦积灰的薄弱环节，因此在设备设计阶段，就应充分考虑这一点，并通过改进设备结构来减少或消除这些死角。例如，可以适当调整反应器的内部布局，使气体流动更加均匀，避免局部流速过快或过慢导致的积灰问题。对于已有的设备，也可以通过技术改造来实现结构的优化，比如增加导流板、改善气体分布器等，这些措施都能在一定程度上减少结焦积灰的发生。

当然，单凭对设备结构的优化是远远不够的，定期的清理与维护同样至关重要。设备在长时间运行过程中不可避免地会产生一些结焦积灰，如果不及时清理，不仅会影响设备的正常运行，还可能引发安全隐患。因此，制定科学合理的清理和维护计划至关重要。这个计划应当综合考虑设备的实际运行情况、结焦积灰的产生速度，以及清理维护的成本等因素。例如，可以根据设备的运行时间和处理量来设定清理周期，对于结焦积灰较为严重的部位，可以适当增加清理频次。在维护过程中也要注意对设备的保护，避免使用过于粗暴的清理方式，以免造成设备损坏。

控制操作条件是防止结焦积灰的重要手段。操作条件包括反应温度、空速、原料气组成等多个方面，这些条件的变化都会直接影响结焦积灰的产生。例如，反应温度过高或过低都可能加剧结焦反应，而空速过大则可能导致气体在设备中的停留时间过短，反应不完全，从而产生积灰。在操作过程中，必须密切关注这些条件的变化，并根据实际情况进行调整。通过实验或模拟的方法可以确定最佳的操作条件范围，并在实际操作中尽量保持在这个范围内。对原料气的预处理也是非常重要的，通过去除其中的杂质和有害成分，可以有效地降低结焦积灰的风险。

除了上述措施外，还有其他方法也可以提高催化燃烧法的处理效率。例如，使用高效的催化剂可以显著提高反应速率和选择性，从而减少结焦积灰的产生。催化剂的载体和制备方法也会影响其性能和使用寿命，因此在这方面也需要进行深入的研究。设备材质的选择也非常关键，使用耐高温、耐腐蚀的材质可以提高设备的稳定性和使用寿命，从而减少因设备损坏而导致的结焦积灰问题。

提高催化燃烧法处理效率需要从多个方面入手，包括设备结构优化、定期清理与维护、控制操作条件及实施其他辅助措施等。这些措施并不是独立的，而是相互关联、相互影响的。将这些措施有机结合起来，能最大限度地提高催化燃烧法的处理效率，同时减少结焦积灰等问题的发生。

## 5.1.6　安全措施及要求

催化燃烧设备的安全运行，无疑是保障整个处理流程顺畅进行的前提。为了确保这一点，必须采取一系列严密的安全生产措施。这些措施涵盖了防火、防爆、防毒等多个方面，每一项都需要制定严格的操作规程，并确保这些规程在实际操作中能够严格执行。催化氧化反应对废气温度和浓度的需求较为严格，且催化燃烧技术在我国运用较为广泛，安全事故时有发生。因此，需要采取以下一系列安全措施：

（1）治理系统应有事故自动报警装置，并符合安全生产、事故防范的相关规定。

（2）治理系统与主体生产装置之间的管道系统应安装阻火器（防火阀），阻火器性能应按照《环境保护产品技术要求　工业有机废气催化净化装置》（HJ/T 389—2007）中的相关规定进行检验。

（3）风机、电机和置于现场的电气仪表等应不低于现场的防爆等级。

(4) 排风机之前应设置浓度稀释设施,当反应器出口温度达到 600 ℃时,控制系统应能报警,并自动开启稀释设施对废气进行稀释处理。

(5) 催化燃烧装置应具备过热保护功能。

(6) 催化燃烧装置应进行整体保温,外表面温度不应高于 60 ℃。

(7) 管路系统和催化燃烧装置的防爆泄压设计应符合《石油化工企业设计防火标准》(GB 50160—2008)(2018 年修订)的要求。

(8) 治理设备应具备短路保护和接地保护功能,接地电阻应小于 4 Ω。

(9) 在催化燃烧装置附近应设置消防设施。

## 5.2 蓄热式燃烧法

蓄热式燃烧法(Regenerative Thermal Oxidizers,RTO)是一种高效的 VOCs 治理工艺。该工艺的工作原理是将废气加热到 760 ℃以上,使废气中的有机组分在高温下氧化分解成无毒无害的 $CO_2$ 和 $H_2O$。通过这个过程可以去除 99% 以上的污染物。

蓄热式燃烧法的优点是高效、节能。在处理过程中,通过使用特制的陶瓷蓄热体,能够回收并再利用热量,该方法的热回收效率可达 90% 以上。此外,由于高温氧化分解过程需要较少的外加燃料,所以运行费用相对较低。

但是,蓄热式燃烧法并不适用于所有类型的废气。例如,含卤素的废气就不宜使用该方法处理。此外,对于有机物浓度不足或颗粒物浓度过高的废气,可能需要预处理,比如进行浓缩、过滤、洗涤或静电捕集等。

在系统设计方面,对蓄热式燃烧装置有多项要求,包括净化效率、热回收效率、燃烧室温度、蓄热室截面风速等。例如,两室蓄热燃烧装置的净化效率不宜低于 95%,而多室或旋转式装置的净化效率不宜低于 98%。燃烧室温度一般应高于 760 ℃,而蓄热室截面风速不宜大于 $2 \text{ m} \cdot \text{s}^{-1}$。

总的来说,蓄热式燃烧法是一种高效的 VOCs 治理工艺,具有节能、高效和环保的优点。在实际应用中,需要考虑废气的特性、预处理和系统设计等多个方面。对于特定的废气处理需求,还需要开展进一步的技术研究和优化。

### 5.2.1 工艺流程

采用蓄热式燃烧法治理 VOCs 的工艺流程:

1. 废气和燃料预处理

在蓄热式燃烧法中,废气和燃料都需要经过预处理,以确保其进入系统的纯净度和适应性。通过过滤、除湿和加热等步骤,去除杂质和水分,确保进入蓄热室的废气质量。通过油品净化、混合气体调整等燃料预处理,确保燃料能够稳定、高效地燃烧。

**2. 蓄热燃烧反应**

蓄热燃烧反应是蓄热式燃烧法的核心环节。在燃烧室中,燃料与预处理的废气混合并燃烧,产生高温烟气。在蓄热室中,高温烟气通过蓄热体(通常为陶瓷材料)进行热量交换,同时将蓄热体加热至较高温度。

**3. 废气处理与排放**

经过蓄热体加热的废气进入燃烧室,与燃料混合并燃烧。燃烧产生的烟气需要经过除尘、脱硫、脱硝等处理,以去除其中的颗粒物、硫化物和氮化物等污染物。处理后的烟气经过排烟囱,排放至大气中。

**4. 热量回收利用**

蓄热式燃烧法的关键在于热量回收利用。经过处理的烟气将热量传递给蓄热体,蓄热体将热量回收并储存起来。在下一个工作循环中,这些热量可用于预热进入蓄热室的废气,从而减少燃料消耗和降低运行成本。

**5. 灰渣处理与利用**

通过收集和处理燃烧产生的灰渣可得到可利用的资源。对于可燃性灰渣,其燃烧生成的热量可用于加热或发电;对于非可燃性灰渣,可进行综合利用或填埋。

**6. 控制系统与监测系统**

蓄热式燃烧法需要一套完整的控制系统与监测系统。控制系统用于控制燃烧室的温度、压力、流量等参数,以确保燃烧过程的稳定性和安全性。监测系统用于监测烟气中的污染物浓度、温度、流量等参数,以及设备的运行状态和安全状况。

### 5.2.2 蓄热式燃烧设备及工艺设计

RTO 设备的主体由燃烧室、蓄热室和切换阀等组成,RTO 系统可采用一室(蓄热室)、双室或多室系统,目前工业上多采用双室 RTO 系统。早期的蓄热焚烧系统属于双室蓄热式热力焚化炉系统,即有 2 个蓄热室,因其热回收效率较高等优势,迅速获得推广应用。其工作原理是将燃烧后产生的高温余热储存在蓄热室内,通过切换阀,利用燃烧室前的蓄热室预热 VOCs 废气,在少量辅助燃料下进行燃烧。

双蓄热室热力焚化炉是比较基础的形式,它包括 2 个与焚烧室连接的蓄热室。通过 2 个三通换向阀进行气流方向的调控,在不同时段内,实现气流在焚烧炉内正向与反向运行的切换,以及蓄热体的蓄热与放热过程。废气流经蓄热体时吸收热量,温度升高并燃烧释放热量,通过阀门切换气流方向,实现热量循环利用。如图 5-5 所示,在特定时段,含 VOCs 的有机废气进入蓄热式热力焚化炉系统;最先进入蓄热床 1,在此处吸收热量使废气温度不断上升,达到设定温度后进入焚烧室;在焚烧室中被氧化形成对自然环境无危害性的 $CO_2$ 与 $H_2O$,完成废气的治理。焚烧完成后的高温净化气离开焚烧室,进入温度低的蓄热床 2,从净化的烟气中吸收热量并存储,使净化后的烟气温度不断降低;在一个时间段之后,烟气进入第二阶段,经由蓄热床 2 进入系统,再由蓄热床 1 排出。

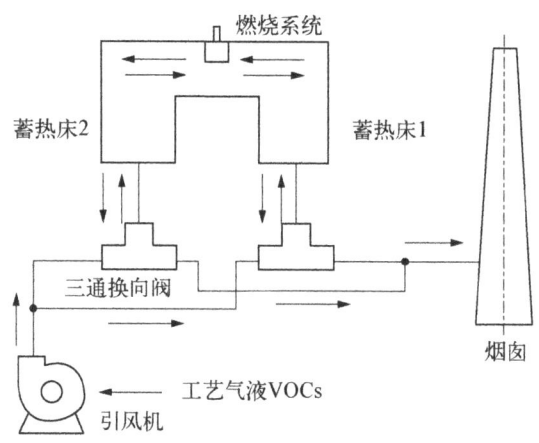

图 5-5　双蓄热室热力焚化炉废气治理流程示意图

三蓄热室热力焚化炉是双蓄热室热力焚化炉的优化升级，两者的主要差别是三蓄热室热力焚化炉增加了一个蓄热室，此蓄热室的主要作用是吹扫。在焚烧炉运行过程中，一个蓄热室处于不断吹扫的状态，使蓄热室在进气之后排气之前得到吹扫，从而有效改善双蓄热室热力焚化炉在换向过程中 VOCs 直接排放的问题。吹扫系统能有吹出方式和吸入方式两种应用，可结合实际需求进行调整。

多蓄热室旋转换向热力焚化炉系统仅保留一个换向阀，但配置了 3 个以上蓄热室，为使整体结构更为紧凑，采用圆筒形的蓄热床，以获取多个蓄热室，所有蓄热室呈环形分布。多蓄热室分别处于进气、吹扫、排气状态，进行气流方向调整时，各蓄热室陆续进行，不会出现全部处于方向转变的状态。多蓄热室旋转换向热力焚化炉系统工作流程如图 5-6 所示。

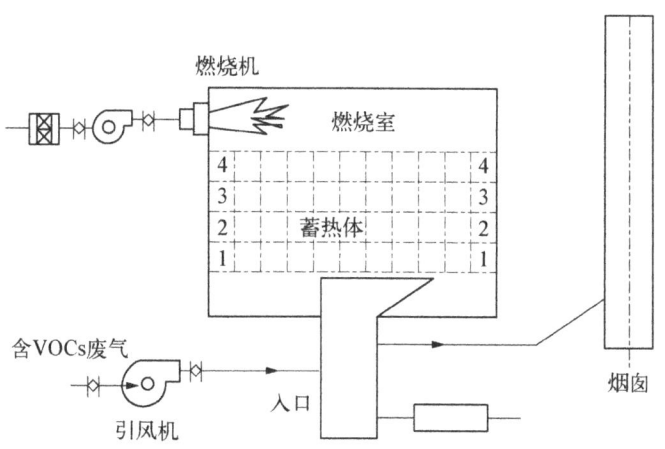

图 5-6　多蓄热室旋转换向热力焚化炉系统工作流程示意图

RTO 系统的工艺设计包括：蓄热室床数选定；蓄热体材料、类型选取；空塔进气流速的确定；燃烧室的燃烧温度、烟气停留时间、燃烧器的选取；阀门切换时间等。

1. 工艺系统整体要求

系统设计压降低于 3 000 Pa；蓄热燃烧装置应进行整体内保温，外表面温度不高于 60 ℃（部分热点除外）；环境温度较低、相对湿度较大时，采取保温、伴热等防凝结措施；具有反向燃烧和吹扫功能。

2. 蓄热室

蓄热室是焚烧装置进行热量交换的空间，其具体结构和尺寸根据热回收效率要求、蓄热体结构性能、系统压降等因素计算确定。

(1) 燃烧工艺和蓄热室数量的选定：蓄热燃烧工艺可分为固定式蓄热燃烧和旋转式蓄热燃烧等。固定式蓄热燃烧工艺的蓄热室有二室、三室、五室等，理论上蓄热室数量越多，净化效率越高，但设备投资或占地也会随之提高。旋转式蓄热燃烧装置有旋转气缸型、盘型和旋转阀门型。其中，旋转式蓄热燃烧装置的结构除驱动区、分配区外，其余结构与固定式蓄热燃烧装置的相同。一般情况下，燃烧工艺采用三室固定式蓄热燃烧工艺的较多，占地有限制条件时，可以考虑采用旋转阀门型等蓄热燃烧工艺。

(2) 蓄热室热回收效率要求：蓄热室热回收效率应不小于 95%，主要是控制排放气体的温度。通过处理废气热量平衡的算法计算热回收效率。

若进气温度为 30 ℃，排气温度为 60 ℃，燃烧室的温度要求在 800 ℃时，则热回收效率为 96.1%，即 (800 − 60)/(800 − 30) × 100% = 96.1%。

3. 蓄热体

(1) 蓄热体需满足：① 比热容不低于 750 J·(kg·K)$^{-1}$，具有高比重；② 有足够的气体流通截面积，使气体分布均匀、阻力低；③ 耐高温，RTO 装置的操作温度一般为 750～950 ℃，因此，一般选用耐受 1 250 ℃以上高温的蓄热体材料，优先选用蜂窝陶瓷、模块化陶瓷蓄热体等规整填料；④ 良好的抗热震性能，其短时间可承受的高温冲击要求在 1 250 ℃以上，使用寿命不低于 40 000 h；⑤ 在高温下有足够的机械强度和抗高温氧化、耐化学腐蚀性；⑥ 价格应尽可能低。

(2) 蓄热体材质与类型的选取：目前，在 RTO 装置中采用的陶瓷原材料主要有黏土、刚玉、莫来石、锆英石、钛酸铝和堇青石等。在 RTO 装置的蓄热室中，蓄热填充物的主要类型有规整填料（如蜂窝填料和板波纹填料）和散堆填料（颗粒填料，如矩鞍环）两大类。

陶瓷蜂窝填料：典型的规整填料，气流在陶瓷蜂窝填料中，通过平行的通道，成层流状态流动，此状态下，压降与气速成正比，因此，陶瓷蜂窝填料的压降远低于陶瓷矩鞍环。陶瓷蜂窝填料一般做成尺寸为 150 mm×150 mm×300 mm 的柱状蓄热体，孔内壁厚度有 0.42 mm、0.6 mm、1.0 mm 等，并整砌于蓄热室中。通常，孔密度规格从 13×13（孔数 169）至 60×60（孔数 3 600）不等。孔密度规格越大提供的传热面积越大，从而使热效率提高。陶瓷蜂窝柱是整砌在蓄热室中的，为避免局部受堵，目前，可将陶瓷蜂窝柱的一个端面做成圆弧凹面。

叠层式陶瓷蜂窝填料：另一种典型的规整填料，板片叠层式陶瓷蜂窝填料由多层板片构成，不采用直接挤压成型，而是先做成单个板片，然后将多层板片黏结在一起，经烧结形成多层结构的陶瓷蜂窝填料。该填料的每个薄片上均开有沟槽，两片组合后构成内部相通的通道，使气流可以横向和纵向地通过填料。通常，每片板厚约 1.5 mm，组成约 305 mm×305 mm×102 mm 的块状蓄热体。

散堆填料的典型之一是陶瓷矩鞍环，其床层具有较大的空隙率，床层内多为圆弧形液体通道，具有高的比重和耐酸耐热性能。

陶瓷矩鞍环与规整填料相比，价格低廉，但其阻力比规整填料大，且填料边缘容易破碎，会造成床层空隙堵塞，使床层阻力大。RTO 装置中，若用陶瓷矩鞍环作为蓄热体，为达到 95% 的传热效率，需要 2.44～2.74 m 高的床层，切换时间为 2 min。

4. 空塔进气流速与蓄热室截面

对于一个已经固定蓄热床截面积的 RTO 装置，当空塔进气流速提高时，系统压损随之增加，而热回收效率则随之降低。设计时，对于一般蓄热室，要求截面空塔进气流速不大于 $2 \text{ m} \cdot \text{s}^{-1}$，当蓄热室截面风速和废气处理能力确定后，蓄热室的截面积则随之确定。

若焚烧炉处理风量为 20 000 $\text{Nm}^3 \cdot \text{h}^{-1}$，蓄热室截面进气流速定为 $1.5 \text{ m} \cdot \text{s}^{-1}$ 时，每个蓄热室的截面积为 3.7 $\text{m}^2$，横截面可按选择的填料布置成正方形或长方形。

5. 蓄热体床层高度与总压降

在设计 RTO 装置时，设备的体积主要由蓄热床高度决定，风机功率由蓄热床总压降决定。不同的蓄热体，在相同的运行条件下，不同床层高度产生的床层总压降差异较大。因此，选择蓄热体是设计 RTO 装置的重要因素之一。

6. 蓄热室进出口气体温差

蓄热室进出口气体温差不宜大于 60 ℃。

7. 燃烧室

高温气体在燃烧室的停留时间一般不宜低于 0.75 s，且可根据停留时间确定燃烧室的容积与尺寸规格。燃烧室的燃烧温度一般高于 760 ℃。

根据辅助燃料的类型，兼顾燃烧室结构、压力、待处理废气流量、装置启动时间等因素配置燃烧器，且应具备温度自动调节的功能，并符合《工业燃油燃气燃烧器通用技术条件》(GB/T 19839—2005)的相关规定。

一般来说，$1\times 10^4 \text{ Nm}^3 \cdot \text{h}^{-1}$ 的气体可根据废气的热值情况选择 $25\times 10^4 \sim 60\times 10^4$ kcal 的燃烧器。若处理废气量为 $1\times 10^4 \text{ Nm}^3 \cdot \text{h}^{-1}$，且采用沼气或天然气等气体燃料作助燃剂，可采用型号为 North American 4425-5($25\times 10^4 \text{ kcal} \cdot \text{h}^{-1}$)的燃气燃烧器，可调节比为 1:30。辅助燃料优先选用天然气、液化气、轻质柴油等清洁燃料。

8. 吹扫气体量

一般按照处理废气量的 10% 计算吹扫气体量，可以单独设置风机送新风。

9. 阀门与切换周期

(1) 固定式 RTO：切换阀（含吹扫功能）是固定式 RTO 装置进行循环热交换的关键部件，一般选用气动蝶阀。其必须在规定的时间准确地进行切换，且保证泄漏量微小（≤1%）、寿命长（可达 100 万次）、启闭迅速（≤1 s）。一般规定，要求其切换周期在 90～180 s 之间。

(2) 旋转式 RTO：旋转分配阀是旋转式 RTO 装置的核心部件，一般采用回转式空气分配阀。可根据处理风量、风压、风嘴数量和阀芯转速等要求，选择合适的空气分配阀。

### 5.2.3 蓄热式燃烧装置设计计算

在设计 RTO 装置时，有以下主要设计参数：

(1) 处理风量：根据废气的产生量，确定 RTO 装置的处理风量。

(2) 温度控制：根据废气的组分和浓度，确定合适的温度范围，以保证废气中的有机物能够充分燃烧分解。

(3) 停留时间：在 RTO 装置中，废气需要在一定的温度下停留一定的时间，以确保有机物能够完全燃烧分解。因此，需要根据废气的组分和浓度，计算出合适的停留时间。

(4) 热能回收：燃烧过程中会产生大量的热量，通过热能回收系统回收利用这些热量，可提高装置的整体能效。

以上参数的设计需要考虑装置的总体预算和安全性等因素，以及工厂废气处理的具体情况。

RTO 焚烧炉的运行能耗主要是电和燃料。电耗与设备选型有关，一旦选定设备，电耗基本确定，但燃料的消耗往往波动较大，这主要是因为在实际生产中，因废气量及废气浓度不稳定，在启动及运行过程中需要时常补充燃料来维持燃烧室的温度。因此，关于燃料的消耗需要多加关注。

以一套典型的 RTO 装置为例，其组成部分见表 5-3，其装机容量见表 5-4。

**表 5-3　RTO 装置组成部分**

| 序号 | 所属系统 | 设　备　名　称 | 单位 | 数量 |
|---|---|---|---|---|
| 1 | 净化系统 | 三床 RTO | | |
| | | 床体 | 套 | 1 |
| | | 进口阀 | 个 | 3 |
| | | 出口阀 | 个 | 3 |
| | | 反吹阀 | 个 | 3 |
| | | 燃烧器 | 套 | 1 |

续　表

| 序号 | 所属系统 | 设备名称 | | 单位 | 数量 |
|---|---|---|---|---|---|
| 1 | 净化系统 | 三床RTO | 蓄热陶瓷 | 套 | 1 |
| | | | 设备保温 | 套 | 1 |
| 2 | 动力系统 | 风机 | 净化风机 | 台 | 1 |
| | | | 助燃风机 | 台 | 1 |
| 3 | 输送系统 | 管道 | 主管路 | 套 | 1 |
| | | | 管件 | 批 | 1 |
| | | | 管道保温 | 套 | 1 |
| | | | 高温管线保温 | 套 | 1 |
| | | 阀门 | 应急阀 | 个 | 1 |
| | | | 切断阀 | 个 | 1 |
| | | | 高温排空阀 | 个 | 1 |
| | | | 手动调节阀 | 套 | 1 |
| 4 | 电控系统 | 电气 | 电控箱 | 套 | 1 |
| | | | PLC | 套 | 1 |
| | | | 电缆、桥架 | 批 | 1 |
| | | 仪表 | 压力变送器 | 批 | 1 |
| | | | 温度传感器 | | |
| | | | 膜盒压力表 | | |
| | | | 双金属温度计 | | |

表 5-4　装机容量(以 10 000 $Nm^3 \cdot h^{-1}$ 处理量为例)

| 能耗 | 设备 | 数量(台) | 单机容量 | 总装机容量 | 单位 |
|---|---|---|---|---|---|
| 电(380 V，50 Hz) | 主风机 | 1 | 22.0 | 22.0 | kW |
| | 助燃风机 | 1 | 7.5 | 7.5 | kW |

续 表

| 能耗 | 设备 | 数量(台) | 单机容量 | 总装机容量 | 单位 |
| --- | --- | --- | --- | --- | --- |
| 天然气 | RTO | 1 | 58.4 | 58.4 | $m^3 \cdot h^{-1}$ |
| 压缩空气 | 仪器仪表 | 1 | 4.0 | 4.0 | $m^3 \cdot h^{-1}$ |

以 10 000 $Nm^3 \cdot h^{-1}$ 处理量为例,运行时间为 300 天/年,24 时/天;电费为 1.2 元/千瓦时,天然气费用为 3.6 元/立方米,压缩空气费为 0.2 元/立方米。(负载率为 0.8,负荷系数为 0.25)

1) 电耗:29.5×0.8×300×24×1.2=203 904 元/年;

2) 天然气:58.4×0.25×300×24×3.6=378 432 元/年(天然气消耗根据废气入口浓度变化而变化,此项按较低浓度下运行时天然气的损耗);

3) 压缩空气:4.0×300×24×0.2=5 760 元/年;

4) 合计:588 096 元/年。

**1. 热效率及进出口温差计算**

$$热效率 = \frac{T_{com} - T_{out}}{T_{com} - T_{in}} \times 100\%$$

式中:$T_{com}$ 为装置的燃烧室温度,℃;$T_{out}$ 为装置出口气体温度,℃;$T_{in}$ 为装置进口气体温度,℃。

假设 RTO 燃烧室的平均温度为 820 ℃、进口温度为 20 ℃、热效率≥95%,计算 RTO 装置的出口温度及进出口温差,即:

$$T_{out} = 820 - (820 - 20) \times 0.95 = 60 \text{ ℃}$$

计算可得,RTO 装置的出口废气温度为 60 ℃,温差 $\Delta T = 40$ ℃。

**2. 空载运行时天然气的消耗量计算**

RTO 系统排放的热量散失途径为废气带走的热量和 RTO 系统表面散热。在 RTO 系统排放的热量中,系统表面散热远小于废气带走的热量。因此,理论计算时,RTO 系统的表面散热可以忽略不计。

假设工况为:一套 $1 \times 10^4$ $Nm^3 \cdot h^{-1}$ 风量的三床式 RTO,入口温度为 20 ℃,设计热效率≥95%,燃烧室平均温度为 820 ℃,天然气热值为 36 000 $kJ \cdot Nm^{-3}$。计算空载运行状态下的天然气耗量,即计算没有 VOCs 进入时,天然气空烧的消耗量。

根据公式:$Q = CM\Delta T$,即 RTO 系统空载运行时的热量需求为:

$$Q = 1.005 \times 1.293 \times 10\,000 \times 40 = 519\,786 \text{ kJ} \cdot h^{-1}$$

计算可得天然气的消耗量为：

$$V_{天然气} = 519\,786 \div 36\,000 = 14.44\,\text{Nm}^3 \cdot \text{h}^{-1}。$$

3. 系统自供热（不需要额外补充天然气）时的最低浓度计算

以甲苯为例，假定上述RTO系统处理的废气中的有机物全部为甲苯，当甲苯释放的热能大于或等于RTO空载运行时的热量需求，即$Q_{甲苯} \geqslant 519\,786\,\text{kJ} \cdot \text{h}^{-1}$时，系统可实现自供热。

甲苯热值$=3\,918\,\text{kJ} \cdot \text{mol}^{-1}$，摩尔质量$=92\,\text{g} \cdot \text{mol}^{-1}$，

计算得出，需要燃烧甲苯的量为$12\,205.29\,\text{g} \cdot \text{h}^{-1}$。

处理风量为$10\,000\,\text{Nm}^3 \cdot \text{h}^{-1}$，其折算浓度为$1\,220.53\,\text{mg} \cdot \text{m}^{-3}$。

4. 系统进气的最高浓度计算

先计算混合气体的爆炸极限：

$$L = 1/(Y_1/L_1 + Y_2/L_2 + Y_3/L_3)$$

式中：$Y_1$、$Y_2$、$Y_3$代表各组分在混合气体中的体积分数；$L_1$、$L_2$、$L_3$代表各组分的爆炸极限。

要控制RTO系统的进气浓度小于爆炸极限的1/4，根据摩尔质量换算出RTO系统的进气浓度上限。

### 5.2.4 安全措施要求

RTO系统在设计操作过程中要特别注意安全问题。近几年出现了多起RTO系统爆炸事故，安全问题是制约其进一步推广应用的一大掣肘。这就需要在制定VOCs废气治理方案前充分了解业主方的废气排放工艺，明确其废气排放的特点、浓度、组分和温度、压力、流量等的波动性，以及排放过程中可能存在的突发因素等情况。同时，严格控制RTO系统进口处的VOCs浓度，使其稳定在一个安全的范围内，这是预防出现爆炸等严重事故的一个重要措施。此外，还可采取以下措施：

(1) 当治理含氮有机物，造成烟气氮氧化物排放超标时，可采用脱硝工艺进行后处理。

(2) 当治理含硫或含卤素有机物，产生二氧化硫、卤化氢时，可采用吸收等工艺进行后处理。

(3) 当废气浓度波动较大时，可在前端采取稀释、缓冲等措施。

(4) 需在RTO系统与主体生产装置之间的管道系统中安装阻火器或防火阀。当进风、排风管道采用金属材质时，可采取法兰跨接、系统接地等措施，防止静电产生及积聚。

(5) RTO系统应具有过热保护功能，保温设计应符合《风管及部件保温施工工艺标准》（SGBZ-0805）的相关规定。

(6) 燃料供给系统中设置高低压保护和泄漏报警装置；设置安全可靠的火焰控制系

统、温度监测系统、压力控制系统等。燃烧器点火操作应符合《工业燃油燃气燃烧器通用技术条件》(GB 19839—2005)的相关规定。

(7) 管路系统和蓄热燃烧装置的防爆泄压设计应符合《石油化工企业设计防火标准(2018版)》(GB 50160—2008)的相关规定。压缩空气系统设置低压保护和报警装置，风机、电机和置于现场的电气仪表等设备应具备防爆功能，等级应不低于现场级别。

(8) 具备短路保护，接地电阻应小于 4 Ω。安装符合《建筑物防雷设计规范》(GB 50057—2010)规定的避雷装置。

## 5.3 生物处理法

与其他治理工艺相比，生物处理法具有投资低、去除效率高、能耗低、二次污染少等优点，已成为大气污染控制技术领域的研究热点之一。生物处理法包括生物过滤、生物洗涤和生物滴滤法三种。

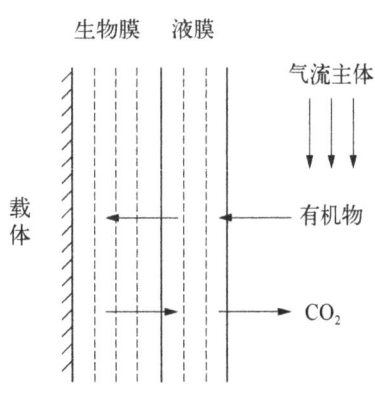

图 5-7 生物处理法治理 VOCs 的机理

图 5-7 所示为生物处理法治理 VOCs 废气的机理。VOCs 废气的生物治理是指微生物通过代谢活动，将废气中的 VOCs 转化为简单的无机物（$CO_2$、$H_2O$等）及细胞组成物质的过程。在废气的生物治理过程中，由于气相、液相（或固体表面液膜）之间的有机物浓度梯度和水溶性的作用，废气中的污染物要先经过气相、液相间的传质过程，然后在液相中被微生物降解，产生的代谢物一部分溶于液相，一部分作为细胞物质或细胞代谢能源，还有一部分（如 $CO_2$）则从液相转移到气相。废气中的污染物通过上述过程不断减少，从而实现治理的目的。

用于降解气相污染物的微生物种类有很多，根据能源利用情况，可以将这些微生物分为自养菌和异养菌。自养菌利用无机碳作为能源，一般存在于生物除臭塔中；异养菌则是通过氧化有机物来获得能量，在适宜的温度、pH 和有氧的条件下，能较快地完成降解过程。在生物滤塔运行初期，微生物对污染物有一个适应过程，其种群和数量分布逐步向适宜治理目标污染物的情况转变。通常情况下，对于易降解的有机物，大约需 10 天，而对于难降解的有机物，所需时间则更长。

### 5.3.1 工艺流程

在生物处理法治理 VOCs 的过程中，废气的收集与预处理是至关重要的第一步。这一步的目标是确保废气中的 VOCs 物质能够有效地进入生物处理系统，同时去除可能影响生物处理效果的杂质。

废气收集主要通过适当的通风系统和管道布局,从 VOCs 废气产生的源头收集。预处理则包括去除颗粒物、水分及可能存在的对生物处理有害的物质。这一过程可采取过滤、湿式洗涤或化学吸收等方法。

生物处理法治理 VOCs 的工艺主要有生物洗涤、生物过滤、生物滴滤和生物袋处理等方法。

1. 生物洗涤法

生物洗涤法主要依靠生物洗涤器开展。生物洗涤器是一种结合了物理洗涤和生物处理的治理装置。在生物洗涤器中,先利用物理洗涤去除废气中的部分 VOCs,处理后的废气送入生物反应器中,其中的 VOCs 物质被微生物降解。这种治理方法具有较高的治理效率,尤其适用于高流量、低浓度的 VOCs 废气。

如图 5-8 所示为生物洗涤法的工艺流程。生物洗涤塔由一个吸收塔和一个再生池构成。洗涤液(循环液)自吸收室顶部喷淋而下,废气中的 VOCs 和 $O_2$ 在这个过程中被传入液相;吸收了 VOCs 的洗涤液进入再生池(活性污泥池)中,其中的 VOCs 被再生池中的活性污泥降解,再生后的洗涤液循环使用。目前,较常用的洗涤设备是喷淋塔,以及多孔板式塔和鼓泡塔。通常,若气相传质阻力较大,可用多孔板式塔;反之,液相传质阻力较大时则用鼓泡法。

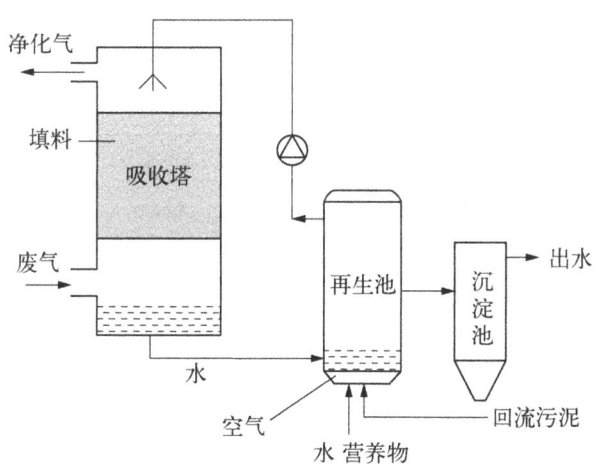

**图 5-8 生物洗涤法的工艺流程图**

由于生物洗涤器的循环洗涤液需要采用活性污泥法来再生,在通常情况下,循环洗涤液主要是水。因此,该方法只适用于水溶性较好的 VOCs,如乙醇、乙醚等,而对于难溶的 VOCs,该方法则不适用。

2. 生物过滤法

生物过滤法是生物处理法治理 VOCs 的一种常见工艺。废气通过填充有微生物载体的滤池,其中的 VOCs 物质被微生物降解。生物滤池通常分为下向流和上向流两种类型,选择哪种类型的生物滤池主要取决于具体的应用场景和设计需求。

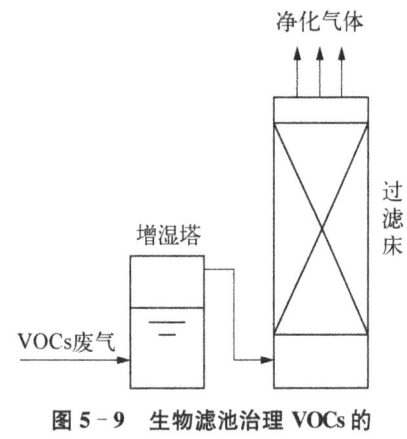

图 5-9 生物滤池治理 VOCs 的工艺流程图

图 5-9 所示为生物滤池治理 VOCs 废气的工艺流程。VOCs 废气通过增湿塔增湿后进入生物滤池，流经约 0.5~1 m 厚的生物活性填料层（过滤床），在这一过程中，污染物从气相传入生物相，进而被氧化分解。生物过滤法工艺简单、易于操作，且滤料具有比表面积大、吸附性能好的特性，可大大减缓入口负荷变化引起的净化效率的波动。

生物滤池主要由进气系统、布气承托层、生物滤床和维护装置组成。废气流经生物滤床中的活性滤层，有机物被滤料上的湿润水膜吸收，通过滤料上微生物的代谢作用而被降解。

生物过滤反应器的性能参数主要有空床停留时间、表面负荷、质量负荷和去除率，各参数的基本含义及其典型范围见表 5-5。实际上，这些参数及其范围也是生物过滤反应器的设计依据。其中，空床停留时间表示的是废气经过反应器的相对时间，由于床内充满填料，而气体只能在填料空隙间通过或停留，因此气体的实际停留时间，应该是气体流量 $V$ 与反应器的空隙体积 $Q$ 之比。

表 5-5 生物过滤反应器的性能参数及其典型范围

| 参数 | 含义 | 计算公式 | 常用单位 | 典型范围 |
| --- | --- | --- | --- | --- |
| 空床停留时间 | 废气在生物滤塔中的相对停留时间 | $V/Q$ | s | 15~60 |
| 表面负荷 | 单位滤塔横截面积的废气体积负荷 | $Q_A$ | $m^3 \cdot (m^2 \cdot h)^{-1}$ | 50~200 |
| 去除率 | 污染物的去除程度 | $(C_1-C_2)/C_1$ | % | 90~99 |
| 质量负荷 | 单位时间内单位体积滤料所处理的污染物质量 | $Q/V \cdot t$ | $g \cdot (m^3 \cdot h)^{-1}$ | 与污染物种类相关 |

在生物滤床治理废气的过程中，微生物的活性和数量对治理效果具有重要影响，微生物的活性和数量取决于多种因素，如进气流量、温度和湿度；废气中物质的组成；废气浓度的稳定性和水溶性；氧气和营养物的供给；滤床的布置和温度、湿度保持；滤料的选择；滤床中的 pH 控制等。

滤料会影响微生物的生长，从而直接影响着净化效果。滤料选择时，必须考虑滤料的孔隙率、孔径分布、比表面积、亲水性、自身气味、pH 等参数。在工程实践中，一般可选有机滤料或无机滤料。选择比表面积大、有一定强度的无机填料，比如加气混凝土、多孔陶粒、熔岩颗粒或矿渣等。有机滤料主要有腐殖树皮、植物根须、枝杈、锯末、泥炭等及其混合物。有机滤料因廉价易得，应用较为广泛。一般有机滤料滤层的高度为 0.5~1.2 m。

运行 3~5 年后,因密实度增大会造成阻力增大,应更换滤料;更换滤料时,宜分次进行,以保持滤料中微生物种群的稳定。

### 3. 生物滴滤法

生物滴滤法是介于生物过滤法与生物洗涤法的一种治理废气的生物方法。在滴滤塔中填充一定体积的惰性填料,为微生物提供一定的附着面。如图 5-10 所示,在生物滴滤塔中,液相是连续流动的,且进行一定的循环,循环液从滴滤塔的顶部向下喷淋,沿着填料滴流而下,同时控制着床层的湿度。循环液为微生物提供了分解有机物所必需的水分和营养液。VOCs 由滴滤塔的底部向上运动,流经表面附有微生物的填料,与微生物接触后被降解。

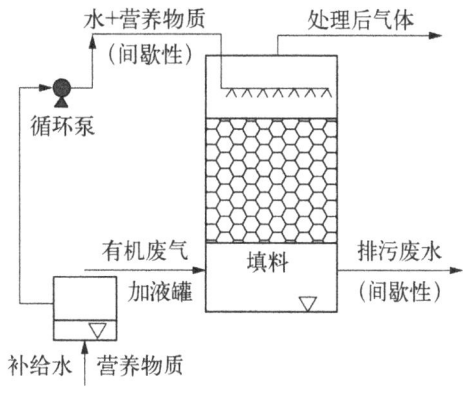

**图 5-10 生物滴滤塔的工艺流程图**

生物滴滤塔填料的选择原则与生物过滤塔的基本相同,通常采用粗碎石、塑料、陶瓷等无机材料,比表面积一般为 $100\sim300\ m^2\cdot m^{-3}$。选用这类填料,一方面可为气流通过提供较大的空间;另一方面也可降低填料压实程度,避免因微生物生长和生物膜脱落引起填料堵塞。

与生物过滤塔相比,生物滴滤塔的反应条件(如 pH、湿度)易于控制(通过调节循环液的 pH、湿度实现),因此,在处理卤代烃、含硫、含氮等在微生物降解过程中会产生酸性代谢产物的污染物时,生物滴滤塔比生物过滤塔更有效。此外,由于生物滴滤塔的反应条件由人为控制,因此滴滤塔中的环境更适合微生物的生长和繁殖,单位体积填料的生物量比生物过滤塔的多,也更适于净化负荷较高的废气。

在生物滴滤过程中,吸收剂的再生效率影响着废气的吸收、净化效果和系统的能耗。影响生物滴滤法治理效果的因素主要有:废气中有机物的水溶性和生物降解的难易程度;进气温度、粉尘和有毒物质的含量;对微生物的曝气和营养物质供给(如 N、P 等);水的温度、pH、含盐量和新鲜淡水的补充情况。

### 4. 生物袋处理

生物袋是由多孔材料制成的袋子,填充有微生物载体。废气通过袋子时,VOCs 物质被微生物降解。与生物滤池和滴滤塔相比,生物袋具有更强的适应性,可以在高湿度、高盐度等极端条件下运行。此外,生物袋还具有较高的处理效率,适用于治理低浓度的 VOCs 废气。

不管何种工艺,微生物是生物处理法治理 VOCs 的核心要素,需要根据废气中 VOCs 的种类和浓度选择适当的微生物种类和数量。同时,为了保持微生物的活性和降解能力,需要为其提供适宜的生长环境,如温度、湿度、pH 和营养物质等。此外,还需要对微生物进行定期的培养和驯化,以确保其降解能力能够适应实际废气治理的需求。

### 5.3.2 生物洗提反应器的应用与技术经济比较

生物洗提反应器的设计是确保生物处理法治理 VOCs 效果的关键因素之一。反应器的设计可根据废气的流量、浓度和处理要求等因素进行。设计的要点包括选择适当的操作模式（连续或间歇）、确定适宜的填充高度和床层分布，以及选择合适的微生物载体等。此外，还需要考虑反应器的热力学和动力学特性，确保废气中的 VOCs 物质能够得到有效降解。

1. 设计参数确定

工艺参数的优化是提高生物处理法治理 VOCs 效率的关键步骤。这些工艺参数包括温度、湿度、pH、停留时间、空气流速及微生物的种类和数量等。通过调整这些参数，可以找到最佳的处理条件，提高 VOCs 的治理效率和反应器的稳定性。这一步通常需要通过实验和模拟运行来进行研究和探索。

生物处理法主要是去除异味气体和浓度较低的含 VOCs 的废气，例如，废气中总有机碳含量（TOC）$<1\,000$ mg·m$^{-3}$；气体流量 $\leqslant 50\,000$ m$^3$·h$^{-1}$，气流均匀且连续；废气的温度一般 $\leqslant 40\,℃$，采用生物滤床工艺时，同时要求进气相对湿度 $>95\%$；废气组分易溶于水、易生物降解。生物滤床和生物洗提反应器对废气中各组分的降解情况（表 5-6），可作为工艺设计的选择依据。

表 5-6 生物滤床与生物洗涤塔对废气组分的降解效率对比

| 废气类别 | 典型物质 | 生物滤床效率/% | 生物洗涤塔效率/% |
| --- | --- | --- | --- |
| 苯系物 | 苯、甲苯 | >90 | >80 |
|  | 二甲苯 | 70~85 | 60~75 |
| 含氧 VOCs | 甲醇、乙醇 | >95 | >90 |
|  | 丙酮 | 80~92 | 70~85 |
| 卤代烃 | 二氯甲烷 | <40 | <50 |
|  | 四氯乙烷 | <30 | <35 |
| 烷烃 | 甲烷 | <20 | <15 |
|  | 戊烷 | 25~40 | 20~35 |
| 硫系物 | 甲硫醇 | 85~95 | 75~90 |
|  | 硫化氢 | >98 | >95 |
| 其他 | 氨气 | >90 | >85 |
|  | 苯酚 | 60~80 | 50~70 |

在工程设计中，需要同时考虑废气中气体组分的种类、浓度及在反应器中的有效接触时间。反应器的尺寸可通过面积负荷、接触时间、体积负荷等参数确定。

在实际工程中,反应器的尺寸可参考同类生产企业的经验值估算,并应进行中试试验,优化设备尺寸,降低投资。表5-7、表5-8分别给出了不同类型的企业应用生物滤床和生物洗提反应器的情况。从这两种工艺装置的应用情况可以看出,生物滤床对有气味和易溶性有机气体的去除效率较高,而生物洗提反应器单独处理生物降解性较差的VOCs的效率有限,但通过吸收剂改性、微生物强化及组合工艺优化,可显著提升其适用性。

表5-7 不同类型企业应用生物滤床的实例

| 企业类别 | 废气流量/($m^3 \cdot h^{-1}$) | a. 建设形式<br>b. 活性污泥/固定床反应器<br>c. 生物滤床的容积负荷 | 废气组分 | 进气浓度/($g \cdot m^{-3}$) | 排放浓度/($g \cdot m^{-3}$) | 处理效率/% |
|---|---|---|---|---|---|---|
| 木材加工/油漆车间 | 40 000 | a. 2个平面滤床,320 $m^2$<br>b. 树根、腐殖树皮<br>c. 33 $m^3 \cdot (m^3 \cdot h)^{-1}$ | TOC<br>苯乙烯<br>气味 | 0.55~0.65<br>0.20~0.25<br>800 | 0.03~0.1<br>0.002~0.05<br>300~800 | 85~95<br>80~99<br>>92 |
| 制药厂 | 2 000 | a. 4层滤床,240 $m^2$<br>b. 树根、腐殖树皮<br>c. 24 $m^3 \cdot (m^3 \cdot h)^{-1}$ | TOC<br>气味 | 2<br>1 000 | 0.001<br>100 | >99<br>90 |
| 塑料加工/油漆车间 | 400 | a. 中试设备,1.8 $m^2$<br>b. 腐殖树皮<br>c. 100~250 $m^3 \cdot (m^3 \cdot h)^{-1}$ | TOC<br>气味 | 0.60<br>800 | 0.04<br>90 | >93<br>>89 |
| 堆肥发酵车间 | 38 000 | a. 3个平面滤床,980 $m^2$<br>b. 树根、腐殖树皮<br>c. 30 $m^3 \cdot (m^3 \cdot h)^{-1}$ | 气味 | 300 000 | 3 000 | 99 |
| 畜禽加工 | 16 000 | a. 双层滤床,240 $m^2$<br>b. 树根、腐殖树皮<br>c. 68 $m^3 \cdot (m^3 \cdot h)^{-1}$ | 气味 | 60 000 | 100 | >99 |
| 食品加工/废水处理 | 3 000 | a. 平面滤床,40 $m^2$<br>b. 植物堆肥<br>c. 75 $m^3 \cdot (m^3 \cdot h)^{-1}$ | 气味 | 35 000 | 100 | >99 |

表5-8 不同类型企业应用生物洗提反应器的实例

| 企业类别 | 废气流量/($m^3 \cdot h^{-1}$) | a. 建设形式<br>b. 活性污泥/固定床反应器 | 废气组分 | 进气浓度/($g \cdot m^{-3}$) | 排放浓度/($g \cdot m^{-3}$) | 处理效率/% |
|---|---|---|---|---|---|---|
| 金属加工/油漆车间 | 55 000 | a. 2级逆流洗滤<br>b. 2个活性污泥反应器 | TOC<br>气味 | 0.3<br>1 500 | 0.02<br>300~800 | 93<br>50~80 |

续　表

| 企业类别 | 废气流量/(m³·h⁻¹) | a. 建设形式<br>b. 活性污泥/固定床反应器 | 废气组分 | 进气浓度/(g·m⁻³) | 排放浓度/(g·m⁻³) | 处理效率/% |
|---|---|---|---|---|---|---|
| 塑料加工/油漆车间 | 1 000 | a. 2级逆流洗滤（中试装置）<br>b. 淹没式生物滤池 | TOC<br>气味<br>丙酮<br>乙醇 | 0.65<br>800<br>0.34<br>0.23 | 0.12<br>500<br>0.07<br>0.007 | 81<br>37<br>＞79<br>＞97 |
| 发酵反应器 | 1 100 | a. 交叉流洗滤<br>b. 固定床反应器 | TOC<br>气味 | 0.042<br>4 400 | 未检出<br>1 500 | ＞99<br>65 |

**2. 与其他工艺的技术经济比较**

对选择治理含VOCs废气的工艺时，技术领域应考虑以下因素：VOCs的去除效率；废气性质（废气中有机物的组成、VOCs含量、废气流量、气味指标）；可用建设面积；技术经济使用期；必要的附属设施建设（如水蒸气生产设施）；与原有治污设备的配套；有机溶剂的回收等。经济上主要考虑投资、运行费用和财务风险。各种工艺的初步选择依据见表5-9。

**表5-9　VOCs废气治理工艺的适用范围及其经济指标**

| 治理工艺 | 浓度/(g TOC·Nm⁻³) | 排气量/(1 000 Nm³·h⁻¹) | 投资费用/万元(kNm³·h⁻¹) | 运行费用/元/Nm⁻³ |
|---|---|---|---|---|
| 吸附-溶剂回收 | ＋＋＋＋＋＋ | ＋＋＋＋＋ | 40～80 | 1.5～2.8 |
| 吸收-溶剂回收 | ＋＋＋＋0 | ＋＋＋＋＋ | 30～45 | 0.85～1.50 |
| 预热式热力焚烧 | ＋＋＋＋0 | ＋＋＋＋＋ | 15.0～17.5 | 1.5～2.6 |
| 预热式催化焚烧 | －0＋＋0 | －＋＋＋＋ | 15～20 | 0.75～2.60 |
| 蓄热式热力焚烧 | －＋＋＋0 | ＋＋＋ | 16～35 | 0.4～2.4 |
| 蓄热式催化焚烧 | －0＋＋ | ＋＋＋＋ | 14～30 | 0.5～2.8 |
| 生物滤床 | －－0＋＋ | ＋＋＋＋ | 9.5～15.0 | 0.15～1.12 |
| 生物洗滤 | －－＋＋ | ＋＋＋＋＋ | 9.5～20.0 | 0.30～0.88 |

注：＋＋，＋，0，－符号表示治理工艺对应不同处理状况下的经济技术适用性；
＋＋很适用，＋适用，0不太适用，－不适用。

针对不同组分、浓度、排气量的VOCs，各有其适宜的生物净化系统。净化排气量小、浓度高且生物代谢速率较低的气体污染物时，可采用以穿孔板式塔、鼓泡塔为吸收设备的生物洗涤器，能够增加气液接触时间和接触面积，但系统的压降较大；对于易溶气体，可采用生物喷淋塔；对于大排气量、低浓度的VOCs，可采用生物过滤系统，该系统工艺简单、操作方便；对于负荷较高，降解过程易产生酸性物质的VOCs，宜采用生物滴滤法。

### 5.3.3　国内外研究进展与研究方向

生物处理法作为一种有效的 VOCs 治理方法,在实际应用中展现出了巨大的潜力和应用前景。尽管仍存在一些局限性,但通过持续的研究和技术创新,我们有信心能进一步提高生物处理法的性能,更好地为环境保护事业服务。

#### 1. 国内外研究进展

目前,利用生物处理法治理有机废气在德国、荷兰、美国和日本等国已得到了广泛应用,其中生物滤池和生物滴滤塔技术已十分成熟。一些公司提供的成套装置已经成功用于治理在酿酒厂、食品加工厂、化工厂、纸加工厂和烟草生产厂等的生产过程中产生的有机废气,这些设备对 VOCs 的去除率可达 50%～99%。研究人员采用木豆秸秆作为滤料,探究生物滤池处理甲苯的效率,经过 7 天的运行,系统达到稳定。研究人员选用城市固体废弃物中的有机部分和动物副产品堆肥作为滤料,研究生物滤池同时去除 $NH_3$ 和 VOCs 的效率,当 $NH_3$ 的负荷在 846～67 100 mg·$(m^3·h)^{-1}$ 时,其平均去除率为 94.7%。

在 20 世纪 90 年代,我国众多高校和研究机构便开始了生物治理 VOCs 废气的研究。汪群慧等采用装有特制填料的生物滴滤塔,对某药厂青霉素生产车间的精馏残液挥发出的含醋酸丁酯、正丁醇和苯乙酸等多组分的、复杂的混合有机废气进行中试规模的动态连续处理。当醋酸丁酯、正丁醇和苯乙酸的最大进气质量浓度分别小于 20 000 mg·$m^{-3}$、24 000 mg·$m^{-3}$ 和 370 mg·$m^{-3}$ 时,其去除率分别大于 95%、92% 和 99%。俞敏等报道了某制药厂采用生物滴滤处理缺氧池中高浓度恶臭废气的工程实例。缺氧池中恶臭成分主要是 $H_2S$,当进气量为 8 000 $m^3·h^{-1}$,有效平均空床停留时间为 12.0 s,$H_2S$ 进气质量浓度为 394.26～776.52 mg·$m^{-3}$、平均浓度为 524.36 mg·$m^{-3}$ 时,$H_2S$ 的去除率保持在 86.53%～94.79%,平均去除率为 90.60%;去除负荷为 59.14～122.63 g·$(m^3·h^{-1})$,平均去除负荷为 81.47 g·$(m^3·h^{-1})$。杨虹等利用生物滴滤器处理味精厂产生的挥发性恶臭废气,以沸石为填料的生物滴滤器处理成分复杂的挥发性恶臭气体,效果较好。在进气量小于 3.0 $m^3·h^{-1}$、pH 为 7.0～8.0、喷淋水量为 2.0 L·$h^{-1}$、温度为 20～25 ℃ 的条件下,系统除臭效果较好,能将臭气强度从 4～5 级降至 0 级。

#### 2. 存在的问题及研究方向

维护与管理是确保生物法净化 VOCs 装置长期稳定运行的重要措施,包括定期检查设备运行状况、清理和维护反应器及监测废气的处理效果等。此外,还需要对微生物的活性进行定期评估和调整,确保其能持续发挥降解能力。通过有效的维护与管理,可以延长设备的使用寿命并提高处理效率。

生物处理法有以下主要问题及研究方向:

(1) 目前,生物处理法仅用于治理低浓度有机废气,如何将这些技术和方法用于高浓度有机废气的治理有待研究。

(2) 影响污染物去除率的关键过程是将污染物从气相转移到液相中,目前大部分的研究是针对易溶物和易降解污染物的治理,在实际应用中受到了一定的限制,开发出适用于难降解和疏水性污染物的治理工艺尤为迫切。利用基因工程技术开发出高效的降解菌种,添加一定的有机溶剂提高疏水性污染物的溶解性等方法,能提高污染物的治理效果。

(3) 生物法所用填料的比表面积、孔隙率等直接影响着反应器的生物量、整个填充床的压降及填充床是否易堵塞等情况。在污染物从气相到液、固相传质的过程中,其在两相中的分配系数是治理工艺可行性的决定因素。因此,改善生物滤料、填料的物理性能和使用寿命,可节省投资和能耗。

(4) 在原有菌种的基础上,通过选择最佳生长条件,筛选出能高效降解 VOCs 的优势菌种,可缩短反应启动时间,加快生物反应进程,提高治理效率。

## 5.4 低温等离子法

### 5.4.1 定义及其特点

低温等离子法在空气净化方面具有显著优势。在高压放电作用下,污染气体中的 VOCs 化学键断开,进而被分解。这种方法对质量浓度小于 $100\ \mathrm{mg\cdot m^{-3}}$ 的挥发性有机物治理效率极高,可以在常温常压下进行。

低温等离子法利用等离子体放电的方式,可以治理较多的挥发性有机物。同时,高压放电产生的大量高能电子和活性很高的自由基,能与污染气体中的 VOCs 分子进行一系列反应,将其氧化,最终达到治理污染气体的目的。等离子体是指电离度大于 0.1%,且其正负电荷相等的电离气体,由大量的电子、离子、中性原子、激发态原子、光子和自由基等组成,电子和正离子的电荷数相等,整体表现出电中性,其不同于物质的三态(固态、液态和气态),是物质存在的第四形态。等离子体的主要特征有:① 带电粒子之间不存在净库仑力;② 是一种优良导电流体,利用这一特征已实现磁流体发电;③ 带电粒子间无净磁力;④ 电离气体具有一定的热效应。

根据体系能量状态、温度和离子密度,等离子体通常可分为高温等离子体和低温等离子体,高温等离子体的电离度接近1,各种粒子的温度几乎相同,体系在宏观上处于热力学平衡状态,体系温度可达上万度,主要应用于受控热核反应研究方面;低温等离子体的各种粒子温度并不相同,电子温度远大于离子温度,系统在宏观上处于热力学非平衡状态,整个体系的表观温度很低,其与现代工业的生产关系更为密切。

然而,低温等离子法对 VOCs 含量过高的污染气体的治理效率差强人意,且有发生爆炸的隐患,具有不稳定性。另外,该技术在应用过程中可能会产生有机废气,因此,在实际操作中还需要针对中间产物的特性增设专门的处理设备。

总体来说,低温等离子法具有应用范围广泛、设备简单、能耗较低、操作条件容易达到、治理效率较高等优点。这项新型技术在空气净化方面的优势十分卓越,得到了人们的广泛认可,目前是空气净化技术的研究热门。

### 5.4.2 降解机理

低温等离子体降解 VOCs 主要包括气体离子间的再结合过程与同气体分子间的反应两部分。一般而言,产生等离子体的气体放电可分为辉光放电、电晕放电、射频放电和微波放电,用于处理挥发性有机物的主要是电晕放电,其降解的主要机理为:在外加电场的作用下,电极空间里的电子获得能量开始加速运动。电子在运动过程中与气体分子发生碰撞,使得气体分子电离、激发或吸附电子形成负离子。电子在碰撞过程中,会出现三种情况,一种是电离中性气体分子产生离子和衍生电子,衍生电子又加入电离电子的行列,以维持放电过程的进行;第二种是与电子亲和力高的分子(如 $O_2$、$H_2O$ 等)碰撞,被这些分子吸收形成负离子;第三种是和一些气体分子碰撞使其激发,激发态的分子极不稳定,很快回到基态辐射出光子,具有足够能量的光子照射到电晕极上,可能导致光电离而产生光电子,光电子有利于放电的维持。气体分子经过电子碰撞过后,形成了具有高活性的粒子,这些活性粒子对 VOCs 分子进行氧化、降解,最终将有毒有害污染物转化为 $CO_2$、$H_2O$ 等无毒无害物质。

科学家 Space 对低温等离子体降解 VOCs 提出了以下假设:氧气、超氧化物、过氧化物和羟基均属于"活性氧元素",这三种元素通常通过 UV 射线或空气氧化电离得到,其中,$O_2$ 可以由 $\cdot O^-$、$\cdot O_2^-$ 和 $\cdot O_3^-$ 电离氧化得到,由于 $\cdot O_2^-$ 活性最小,处于最稳定状态,因此,最有可能反应生成周围大气中的氧气,这个化学反应要求有水的参加,以形成羟基离子。反应式如下:

$$2O_2^- + 2H_2O \longrightarrow O_2 + HO_2 + HO\cdot$$

$O_2^-$ 和 $H_2O$ 反应,一方面能够产生人体必需的氧气,另一方面得到羟基(自由基)和过羟基(自由基),这两种激发态粒子可以有效地降解挥发性有机物。

利用低温等离子法治理 VOCs,有以下优点:① 可在常温常压下操作;② 有机化合物反应的最终产物为 $CO_2$、CO 和 $H_2O$,若有机物是氯代物,则产物应加上氯化物,无中间副产物,降低了有机物的毒性,同时也避免了其他方法中的后期处理问题;③ 没有催化剂失活问题;④ 工艺流程简单,运行费用低,是直接燃烧法的一半;⑤ 运行管理方便;⑥ 对 VOCs 的去除率高,对 VOCs 的适应性强。

利用低温等离子法因其独特的优势而备受瞩目。目前,因工业 VOCs 的大量排放,对该技术的商业化需求越来越大。然而,国内利用低温等离子法治理 VOCs 的商业化产品仍然空白,主要有以下原因:

(1) 技术不成熟,治理 VOCs 的传统方法是采用吸附、冷凝、催化燃烧、直接电离等技术,这些技术都存在相应的缺点,而国内对利用低温等离子法治理 VOCs 的研究报道较少。

(2) 资金投入不足,一方面,作为一种新技术,其技术成果尚未得到社会的认可,企业不愿意投资研发;另一方面,研发一种新技术需要经过多次试验,资金缺乏通常是制约研开的主要因素。

(3) 领域间协作力度不够,离子体技术涉及电子器材、等离子体化学、耐高压材料等多个方面,需要多领域、多方协作才能取得成功。

(4) 成本高,目前工业废气一般有气流量大、气流不稳定的特点,需要大型处理设备,因此,投入设备的成本也就相应提高了。

总之,利用低温等离子法治理 VOCs,开发难度大、资金有限、涉及面广,因此,技术成熟并取得商业化应用较难。

## 课后习题

1. 催化燃烧设备的组成单元主要有哪些?
2. 请简述催化燃烧法的催化剂性能要求及催化剂按活性成分的分类。
3. 请简述双蓄热室热力焚化炉的结构设置及工艺流程。
4. 蓄热体的基本要求有哪些?
5. 某 RTO 焚烧炉的均温为 850 ℃,RTO 的进口温度为 30 ℃,RTO 热效率为 95%,求 RTO 的出口温度及进出口温差。
6. 用于降解气相污染物的微生物种类有哪些?
7. 请简述生物过滤法的主要流程及其设备的主要性能参数。
8. 国内利用低温等离子法治理 VOCs 的商业化产品仍然空白的原因主要有哪些?

## 参考文献

[1] 中国环境保护产业协会废气净化委员会.我国有机废气治理行业 2011 年发展综述[J].中国环保产业,2012(9):33-37,42.
[2] 赵永才,郑重.VOCs 催化燃烧技术及其应用[J].绝缘材料,2007,40(5):70-74.
[3] 林探厅,余倩,李永峰,等.有机废气催化燃烧用贵金属钯整体式催化剂的研究.化工新型材料[J],2011,39(2):10-11,19.
[4] 欧海峰.吸附-催化燃烧法处理喷漆废气实例[J].环境科学与技术,2006,29(4):93-94.
[5] 萧琦,姜泽毅,张欣欣.蓄热式热氧化器的改进与应用[J].环境工程学报,2011,5(6):1347-1350.
[6] 萧琦,姜泽毅,张欣欣.多室蓄热式有机废气焚烧炉应用工程研究[J].环境工程,2011,29(2):69-72.
[7] Deshusses M A. Biological waste air treatment in biofilters [J]. Environmental Biotechnology, Current Opinion in Biotechnology, 1997, 8(3): 335-339.
[8] Paques J H. Biological waste gas treatment: a competitive alternative, biological waste gas cleaning [C]//Proceeding of an International Symposium, 1-4. Maastricht, The Netherland, 28-29 April 1997.

[9] Heslinga D C, et al. Thermophilic biological waste gas cleaning, Biological waste gas cleaning [C]//Proceeding of an International Symposium, 353-357. Maastricht, The Netherlands, 28-29 April 1997.

[10] 秦张峰,关春梅,王浩静,等.有害废气的低温等离子体脱出研究[J].宁夏大学学报,2001,22(2):201-210.

# 第 6 章
# 控 制 系 统

VOCs治理控制系统作为废气治理工艺的核心环节,必须选用可靠性高、抗干扰能力强的控制器。控制系统主要对电器元件、仪器仪表,以及监测系统进行控制。目前,运用较为广泛的VOCs治理控制系统包括:集散控制系统(Distributed Control System,DCS)、现场总线控制系统(Fieldbus Control System,FCS)和可编程逻辑控制器(Programmable Logic Controller,PLC)。

## 6.1 控制系统概述

在VOCs治理系统中,基本上都选择PLC作为整个系统的核心控制器,同时配备相应的触摸屏,以监视系统的运行情况和对系统进行相关操作。与其他控制系统相比,PLC可靠性高、抗干扰能力强,且配套齐全、功能完善、适用性强,维护工作量小、维修方便。但是,在大型的VOCs治理系统中,为方便企业的智慧管理,也会有选择DCS的要求。

控制类产品种类繁多,通常使用的是DCS、PLC两大类,从DCS的概念又可拓展到FCS。

### 6.1.1 集散控制系统

集散控制系统(DCS),又称分布式控制系统,是相对于集中式控制系统而言的一种计算机控制系统,是在集中式控制系统的基础上发展演变而来的,是一个以通信网络为纽带的计算机系统。DCS对生产过程进行集中操作、管理和监视,同时实现分散控制。在该系统中,将若干台微机分散应用于过程控制,全部信息通过通信网络由上位管理计算机监控,以实现最优化控制;通过阴极射线管(Cathode Ray Tube,CRT)装置、通信总线等,进行集中操作、显示、报警。DCS兼具常规仪表的分散控制优势和计算机的集中管理功能,克服了常规仪表功能单一、人机联系差,以及单台微型计算机控制系统危险性高度集中的缺点。DCS的核心特点在于集中性（管理集中、操作集中、显示集中）和分散性（功能分散、负荷分散、危险性分散）。

### 6.1.2 现场总线控制系统

利用现场总线这一开放的、具有互操作性的网络将现场各个控制器和仪表、仪表设备互联，构成现场总线控制系统（FCS）。FCS的控制功能彻底下放到现场，降低了安装成本和维修费用。FCS是一种先进的工业自动化控制系统，采用开放式、标准化的通信技术，突破了DCS采用专用通信网络的局限，同时改变了DCS的"集散"系统结构，形成了全分布式系统架构，将控制功能彻底下放到现场。从本质上来说，现场总线是一种数字通信协议，其连接智能现场设备和自动化系统，形成了一个数字式、全分散、双向传输、多分支结构的通信网络。简而言之，现场总线将控制系统最基础的现场设备变成网络节点并连接起来，实现了自下而上的全数字化通信。这可以被认为是通信总线在现场设备中的延伸，使企业信息沟通的覆盖范围延伸到了工业现场。

FCS的主要特点包括：

（1）高可靠性：采用分布式控制方式，具有故障自动隔离、快速恢复等功能，大大提高了系统的稳定性和可靠性。

（2）高性能：采用先进的通信技术，可以实现高速数据传输和实时控制，支持多种通信协议和数据格式。

（3）灵活性好：采用模块化结构和PLC技术，具有很强的可扩展性和可定制性，能适应不同的工业自动化系统的需求。

（4）易维护：可以进行远程监控和远程维护，可实现快速的故障排除和维护保养。同时，也具有很强的自诊断和自修复功能，可以根据具体的情况自动调整和修复系统。

FCS主要用于工业自动化领域，比如生产线、机器人、工厂设备等的控制和管理。FCS可以帮助企业高效地管理和控制生产过程，提高生产效率，减少生产成本。

VOCs治理系统主要涉及的设备有控制柜、变频器、连续排放监测系统（Continuous Emissions Monitoring System，CEMS）及其他电器元件等，其都在FCS的系统框架内。

### 6.1.3 FCS与DCS对比

FCS是在DCS与PLC的基础上发展起来的，它不仅继承了DCS与PLC的特性，更实现了划时代的突破。FCS与DCS的详细对比见表6-1。

表 6-1  FCS 与 DCS 对比

| | FCS | DCS |
| --- | --- | --- |
| 结构 | 一对多：一对传输线接多台仪表，双向传输多个信号 | 一对一：一对传输线接一台仪表，单向传输一个信号 |
| 可靠性 | 可靠性好：数字信号传输抗干扰能力强，精度高 | 可靠性差：模拟信号传输不仅精度低，而且容易受到干扰 |
| 控制状态 | 操作人员在控制室中既可以了解现场设备、现场仪表的工作情况，也可对设备进行参数调整，还可以预测或寻找故障，使设备始终处于操作人员的过程监控与可控状态之中 | 操作人员在控制室中既不了解模拟仪表的工作情况，也不能对其进行参数调整，更不能预测故障，导致操作员对仪表处于"失控"状态 |
| 控制功能 | 控制功能分散在各个智能仪器中 | 所有的控制功能集中在控制站中 |
| 互换性 | 用户可以自由选择不同厂商提供的性能价格比最优的现场设备和仪表，并将不同品牌的仪表互连，实现"即插即用" | 尽管模拟仪表统一了信号标准（4～20 mA DC），但是大部分技术参数仍由厂商自定，致使不同品牌的仪表互换性差 |
| 仪表 | 智能仪表除了具有模拟仪表的检测、变换、补偿等功能外，还具有数字通信能力，并且具有控制和运算功能 | 模拟仪表只具有检测、变换、补偿等功能 |
| 通信方式 | 采用双数字化、双向传输的通信方式。从最底层的传感器、变送器和执行器就开始采用现场总线网络，逐层向上直到最高层均为通信网络互联。多条分支通信线延伸到生产现场，用来连接现场数字仪表，采用一对 $n$ 连接 | 采用层次化的体系结构，通信网络分布于各层，并采用数字通信方式，唯有生产现场层的常规模拟仪表仍然是一对一模拟信号（如 4～20 mA DC）的传输方式。DCS 是一个"半数字信号"系统 |
| 分散控制 | 废弃了 DCS 的输入/输出单元，由现场仪表取而代之，即把 DCS 控制站的功能化整为零，功能块分散地分配给现场总线上的数字仪表，实现彻底的分散控制 | 生产现场的模拟仪表集中接于输入/输出单元，而与控制有关的输入、输出、控制、运算等功能块都集中于 DCS 的控制站内。DCS 只是一个"半分散"系统 |
| 互操作性 | 现场设备只要采用同一总线标准，不同厂商的产品既可互联也可互换，并可以统一组态，从而彻底改变传统 DCS 控制层的封闭性和专用性，具有很好的可集成性 | 现场级设备都是由各制造商自行研制开发的，不同厂商的产品由于通信协议的专有与不兼容，彼此难以互联、互操作 |

## 6.1.4  PLC 与 DCS 对比

DCS 的关键是通信，也可以说数据总线是 DCS 的脊柱。由于 DCS 的任务是为系统所有部件之间提供通信网络。因此，数据总线自身的设计就决定了系统总体的灵活性和安全性。数据总线的媒体可以是一对绞线、同轴电缆或光纤电缆。通过数据总线的设计参数，基本上可以了解一个特定 DCS 的相应优点与弱点。

为保证通信的完整性，大部分 DCS 厂商都能提供冗余数据总线。为了保证系统的安全性，DCS 厂商使用了复杂的通信规约和检错技术。通信规约即一组规则，用以保证所传输的数据被接收,并且被理解得与发送的数据一样。目前,在 DCS 中一般使用同步的和异步的两类通信手段。同步通信依靠一个时钟信号来调节数据的传输和接收,而异步网络采用没有时钟的报告系统。

在工业自动化领域中,PLC 和 DCS 是两种常用的控制系统,它们各有特点和优势,对比如下:

(1) 结构与功能:PLC 是一种专门为工业环境设计的数字电子设备,通过编程实现顺序控制、逻辑运算、计数、定时等功能。它通常由中央处理器、输入/输出模块、存储器等组成,结构简单、功能强大。DCS 则是一种更为复杂的分布式控制系统,由多个控制器、通信网络、输入/输出设备等组成,可实现更为广泛的监控和控制功能,如数据采集、过程控制、调度等。DCS 的分布式结构使其具有更高的可靠性和灵活性。

(2) 适用范围:在工业自动化领域中,PLC 广泛应用于多种单机和自动化流水线,比如包装机械、传动系统、电机控制等。其优点是结构紧凑、编程简单、可靠性高。DCS 则更适用于大规模、复杂的工业生产过程,如石油化工、电力、制药等。DCS 的分布式结构和强大功能可以满足复杂生产过程的控制需求。

(3) 通信与网络:PLC 的通信通常较为简单,通过串行通信或以太网进行数据交换。DCS 通常采用高速、稳定的通信网络,可实现大规模的数据传输和实时控制。

(4) 编程与开发:PLC 的编程语言通常采用类似于继电器逻辑的指令,如顺序功能图(STL)或梯形图(Ladder Diagram),易于理解和实现。DCS 的编程语言可能更加复杂,但提供了丰富的控制算法和工具,可实现更高级的过程控制和优化。

(5) 扩展性与维护:PLC 的扩展通常较为简单,只需要增加输入/输出模块即可。维护时只需对单个控制器进行操作。DCS 的扩展和维护可能更加复杂,需要考虑整个系统的架构和网络配置。

(6) 成本:PLC 通常成本较低,适用于小型设备和项目。与 PLC 相比,DCS 的成本可能更高,但可以实现更大的规模和更高级的功能,适用于大型项目。

综上所述,PLC 和 DCS 在结构与功能、适用范围、通信与网络、编程与开发、扩展性与维护及成本等方面存在差异,选择使用哪种控制系统取决于具体的应用需求和场景。在某些单机或小型自动化系统中,PLC 可能是更好的选择;而在大规模、复杂的工业生产过程中,DCS 可能更具优势。

## 6.2 可编程逻辑控制器

### 6.2.1 定义与分类

PLC 是一种数字运算操作电子系统,以微处理器为基础,综合了计算机技术、自动控制技术和通信技术。通过采用面向控制过程、面向用户的"自然语言"编程，PLC适应了工业环境的需求，具有简单易懂、操作方便、可靠性高的特点，是新一代通用工业控制装置。它采用了可编程序的存储器，在其内部存储执行逻辑运算、顺序控制、定时、计数和算术运算等操作指令，并通过数字的、模拟的输入和输出，控制多种类型的机械或生产过程。PLC 主要由中央处理器（Central Processing Unit，CPU）、输入模块、输出模块、编程设备等部分构成。CPU 是 PLC 的核心部件，负责执行程序和处理输入信号，并控制输出信号；输入模块用于接收外部设备的信号输入，输出模块用于控制外部设备的操作；编程设备则用于编写、修改和上传程序到 PLC 中。

PLC 的工作原理可概括为："输入采样—用户程序执行—输出刷新"三个阶段。第一个阶段，PLC 根据预定义的程序和逻辑来处理输入信号。程序通常使用类似于梯形图的图形化编程语言进行编写。第二个阶段，输入信号被采集并传送给 PLC 的 CPU，CPU 根据程序中的逻辑条件进行判断和计算。第三个阶段，基于计算结果，CPU 通过输出模块控制相应的输出信号，进而控制外部设备的操作。

在工业自动化过程中，PLC 的优势包括可编程性、灵活性、可靠性、监控功能等。其可编程性允许用户根据需求进行编写和修改程序，以实现不同的控制逻辑和功能。灵活性使 PLC 能够适应多种工业环境和应用需求，成为可定制的控制解决方案。可靠性使 PLC 具有较高的稳定性和抗干扰能力，以适应工业现场恶劣条件下的长时间运行。监控功能则使 PLC 能够实时监测和记录工业过程中的各种参数和状态信息，便于故障排查和优化调整。

在实际应用中，选择 PLC 时需要考虑一些关键因素，如点数估算、存储器容量、控制功能选择、控制器类型、输入类型、输出类型等。同时，也需要根据实际需求选择合适的 PLC 机型、结构型式、安装方式、功能要求、响应速度等。

PLC 产品种类繁多，其规格和性能也各不相同。通常，根据 PLC 的结构形式、功能和 I/O 点数（输入/输出点数），对其进行大致分类。

(1) 结构分类：根据 PLC 的结构形式，可将 PLC 分为整体式和模块式两类。整体式 PLC 是将电源、CPU、I/O 接口等部件集中装在一个机箱内，该类型 PLC 具有结构紧凑、体积小、价格低的特点。小型 PLC 一般采用这种整体式结构。模块式 PLC 是将 PLC 的各组成部分分别做成若干个单独的模块，如 CPU 模块、I/O 模块、电源模块（有的含在 CPU 模块中）及各种功能模块。模块式 PLC 的特点是配置灵活，可根据需要选配不同规模的系统，而且装配方便，便于扩展和维修，大中型 PLC 一般采用模块式结构。

(2) 功能分类：根据 PLC 功能的不同，可将其分为低档、中档、高档三类。低档 PLC 具有逻辑运算、定时、计数、移位及自诊断、监控等基本功能，主要用于逻辑控制、顺序控制或少量模拟量控制的单机控制系统；中档 PLC 除具有低档 PLC 的功能外，还具有较强的模拟量输入/输出、算术运算、数据传送和比较、数制转换、远程 I/O、子程序及通信联网等功能；高档 PLC 除具有中档 PLC 的功能外，还增加了带符号算术运算、矩阵运算、位逻辑运算、平方根运算及其他特殊功能函数的运算、制表及表格传送功能等。

(3) I/O 点数分类：根据 PLC 的 I/O 点数的多少，可将其分为小型(I/O 点数小于 256)、中型(I/O 点数为 256~2 048)和大型(I/O 点数大于 2 048)三类。

## 6.2.2 功能

PLC 在 VOCs 治理系统中发挥着重要的作用。PLC 是一种以微处理器为核心，综合了计算机技术、自动控制技术和通信技术而发展起来的通用的工业自动控制装置，其具有可靠性高、体积小、功能强、程序设计简单、灵活通用及维护方便等优点，是现代化工业控制的三大支柱(PLC、机器人和 CAD/CAM)之一。基于 PLC 的特性，可以将其功能形式概括为以下几种类型。

### 1. 开关量逻辑控制

PLC 具有强大的开关量逻辑运算与控制能力，可以实现各种简单和复杂的逻辑控制。这是 PLC 最基本也是最广泛的应用，其取代了传统的继电器接触器控制。

### 2. 模拟量控制

PLC 中配置有 A/D 和 D/A 转换模块。A/D 模块能将现场的温度、压力、流量、速度等模拟量转换为数字量，再利用 PLC 中的微处理器进行处理(微处理器只能处理数字量)，然后进行控制；或者经 D/A 模块转换后变为模拟量，然后控制被控对象，即可实现 PLC 对模拟量的控制。

### 3. 过程控制

现代大中型的 PLC 一般都配备了比例-积分-微分控制(Proportional-Integral-Derivative Control，PID)模块，可进行闭环过程控制。当控制过程中某一个变量出现偏差时，PLC 能按照 PID 算法计算出正确的输出，进而控制、调整生产过程，把变量保持在整定值上。目前，许多小型 PLC 也具有 PID 控制功能。

### 4. 定时和计数控制

PLC 具有很强的定时和计数功能，它可以为用户提供几十甚至成百上千个定时器和计数器。其计时的时间和计数值可以由用户在编写程序时任意设定，也可以由操作人员在工业现场通过编程器进行设定，进而实现定时和计数的控制。如果用户需要对频率较高的信号进行计数，可以选择高速计数模块。

### 5. 顺序控制

在工业控制中，可采用 PLC 步进指令编程或用移位寄存器编程来实现顺序控制，保证治理过程的顺利进行。在 VOCs 治理系统中，顺序控制非常重要。

### 6. 数据处理

现代的 PLC 不仅能进行算术运算、数据传送、排序及查表等操作，而且还能进行数据比较、数据转换、数据通信、数据显示和打印等操作。PLC 具有很强的数据处理能力，在 VOCs 治理系统中，这有助于实现对各种参数的精确控制和优化。

7. 通信和联网

现代的 PLC 大多数都采用了通信、网络技术,有 RS-232 或 RS-485 接口,可进行远程 I/O 控制。多台 PLC 彼此间可以联网、通信,外部器件与一台或多台可编程控制器的信号处理单元之间可以实现程序和数据交换,如程序转移、数据文档转移、监视和诊断等。通信接口或通信处理器按标准的硬件接口或专有的通信协议完成程序和数据的转移。

8. 优化运行

利用 PLC 的数据处理能力,可以优化 VOCs 的治理过程。例如,根据实时数据调整设备的运行参数,提高治理效率。

在 VOCs 治理系统中,PLC 的应用非常广泛。以下是一些具体的应用案例:

(1) 燃烧技术控制:在 VOCs 燃烧治理过程中,PLC 可以控制燃烧器的启停、温度和压力的调节等操作,以确保燃烧过程的安全、稳定和高效。

(2) 吸收技术控制:在 VOCs 吸收治理过程中,PLC 可以控制吸收剂的流量、吸收塔的压力和温度等参数,从而确保吸收过程的高效运行。

(3) 吸附技术控制:在 VOCs 吸附治理过程中,PLC 可以控制吸附剂的再生、吸附塔的切换等操作,从而提高吸附效率并延长吸附剂的使用寿命。

(4) 生物净化技术控制:在生物净化过程中,PLC 可以控制生物反应器的温度、pH、营养物质供给等参数,以确保微生物的活性及治理效果。

(5) 除尘技术控制:在 VOCs 的排放控制过程中,PLC 可以控制除尘设备的运行,以确保烟气经过治理后达标排放。

(6) 检测与监控:PLC 可以与各种传感器和检测仪表连接,实时监测 VOCs 的浓度、流量、压力等参数,并将数据传输至上位机监控系统,进行显示和报警。

(7) 与其他系统的集成:PLC 还可以与其他控制系统进行集成,如 SCADA (Supervisory Control and Data Acquisition) 系统或 FCS 系统等,实现整个 VOCs 治理过程的远程监控和管理。

(8) 优化与改进:通过对采集到的数据进行处理和分析,PLC 还可以协助进行 VOCs 治理过程的优化和改进,从而提高治理效果和经济效益。

综上所述,PLC 在 VOCs 治理系统中有着广泛的应用,从简单的开关量控制到复杂的模拟量处理和数据处理都离不开 PLC 的支持。通过合理的选型和应用,PLC 能够为 VOCs 治理系统的稳定运行和优化管理提供有力保障。

### 6.2.3 设计选型的依据与原则

进行 PLC 系统的设计选型时,首先应根据使用需要来确定 PLC 系统的控制结构是采用单机控制还是网络控制。目前,常用的 PLC 系统的控制结构和方式主要有单机控制、集中控制、分布式控制、就地控制和远程 I/O 控制等。每种结构形式都有其各自的优缺点；单机控制系统，虽然存储容量较小，输入、输出点数较少，但结构简单，可选 PLC 类型较多，适用于只有简单时序控制的单机电气；远程 I/O 控制系统可通过 I/O 模块对 PLC 及设备进行远程控制，具有距离远、精度高、多对象控制的优点，可在很大程度上改善生产作业环境，提高工艺指标的控制精度，目前在工业自动化中应用广泛。

确定好 PLC 系统的选型布局以后，据此计算 PLC 输入、输出点数，并为系统的调试、检修和改造留下一定的余量(一般为 10%)。随后，根据 PLC 输出端的负载情况、使用环境等因素，确定负荷类型、运行速率、存储容量等参数，进而选择合适的 PLC 产品。

1. 电源部分

由电源及线路产生的阻抗耦合是干扰进入 PLC 的主要途径，因而电源是 PLC 稳定运行的保证。应尽量对 PLC 采用单独供电，以保证供电稳定，避免在供电线路中其他设备启停时对 PLC 造成干扰。针对可靠性要求较高或存在较大干扰源的场合，应在 PLC 电流输入端设置滤波器和带屏蔽的隔离变压器。PLC、I/O 电源、动力回路及控制回路需分别配线，其中，PLC、I/O 电源应采用双绞线连接，系统电源动力线应有足够大的截面。

2. 输入/输出模块

输入/输出模块的主要作用是对外部传感器采集的信号进行检测、转换和输入 PLC，并将 PLC 控制信号传输至执行单元。在选择输入/输出模块时，应综合考虑信号的电压大小、传输距离长短、供电形式、是否需要隔离等问题。距离较远时可选用较高电压等级的模块，避免远距离传输信号衰减而造成误差；同时，模块总点数设计和使用应留有一定余量，保证输入/输出点数在所能承受的负荷范围内。应尽量在柜内集中布置输入/输出模块，以便于布线和系统调试。输入端的一项主要功能就是对采集信号的模数进行转换，该转换由相应的模块完成，并分为电流型和电压型两种。为了便于模块驱动和提高信号的统一性、阻抗的匹配性，目前一些厂商推出了智能模块，这些智能模块可提高 PLC 的处理速度，用户可根据情况选用。输入端连接配线时，应考虑漏电流情况，在输入端并联上适合的电容或电阻，可降低输入总阻抗；目前常用的内置电源式 PLC 基本上采用 DC 24 V 电源，如果电源容量要求超过该定额值，则需要外接稳压电源，并做好相应的防干扰措施。输出模块主要有继电器输出和晶闸管输出两种输出方式。其中，继电器属于有触点开关，具有导通压降小、适用电压范围广、抗过压和过流能力强的优点，但响应速度慢、故障率较高，适用于动作不频繁的交直流负载；晶闸管则属于无触点开关，适用于需要高频率通断和具有低功率因数的交直流负载。系统输出频率在 6 次/分以下时，建议选用继电器输出。

3. 面板及元器件安装

PLC 对于安装位置与环境有较高的要求。PLC 开关柜内不得装有任何高压电器，柜体应远离大功率设备等强干扰源；与 PLC 在同一柜内的电感性元件，如接触器、继电器线圈等，应并联续流二极管或 RC 消弧电路。PLC 及其外部电路可靠工作温度为 0~55 ℃，因此，PLC 及其外部电路必须远离发热元件，柜内发热元件处应设置散热风扇，还应在柜体所处的室内环境中装设空调等降温设备,以确保 PLC 系统的良好运行。此外,PLC 控制柜还要远离振动源和充满尘埃粉末的污浊环境,避免造成线路设备腐蚀或开关接触不良。柜内元件安装时,应核对元器件的型号、规格、数量等是否与设计图纸相符,是否有损坏。柜内元器件组装时,应在面板前视角度按照从左往右、由上至下的顺序安装,以避免错装和漏装。组装所用的金属部件应有表面防护层,在螺钉表面和过孔边缘的毛刺等打磨平整后,再涂抹导电膏。紧固安装时,应合理选择工具,并以合理扭矩谨慎操作,避免损坏紧固件防护层。主回路上的变压器、电抗器需要接地,断路器不需要接地;所有元器件必须紧固安装在面板或支架上,不得有虚接、悬吊;对于容易因振动而损坏的元器件,应在元件与安装板之间加装橡胶垫。

电气系统组件划分时,应遵循以下原则:

(1) 功能集中。尽量将功能类似的元件组合在一起。比如,电源元件集中放置,易损易耗件集中放置,从而便于检修调试。

(2) 紧凑集成。柜内空间紧凑,为了简化线路和方便布线,应尽量将接线关系密切的控制电气置于同一组件内。

(3) 强弱分离。强电存在较大的电流磁场,会对弱电系统及线路产生干扰。因此,需要尽量将强电和弱电系统及其线路分开布置;同时对易受干扰的弱电控制器设置保护罩,以减少干扰。

(4) 整齐美观。在满足前述要求的前提下,尽量将外形尺寸相近的元器件组合放置在一起;接线应整齐并排、规格统一。

控制柜布线有以下要求:

(1) 一次回路布线。一次回路应尽量选择矩形铜母线,特殊情况下,对于 100 A 以下的电流,可选择绝缘导线。汇流母线应按设计要求选取,分支母线应按照断路器(空开)脱扣器的额定电流选取,主进线柜子及联络柜母线按照汇流选取。母线应避开飞弧区域,当交流主电路穿过金属框架形成的闭合磁路时,三相母线应从同一框孔中穿过,并且需将所有导线压入线槽。当柜体框孔与电缆存在碰擦时,应在框孔周边加入橡胶垫圈以保护电缆。在门板或面板上连接的电缆,应安装线槽和加塑料管以保护电缆,为防止柜体边缘割伤线缆绝缘层,必须在柜体出线部分加装塑料护套。

(2) 二次回路布线。线路连接均应牢固可靠,布线应整齐美观、横平竖直、层次分明。通信线、电源线等不同类型的线路应分别装入不同的管槽,信号线应尽量靠近接地线路或金属导体;相同元件走线方式应一致。对于导线的截面尺寸规格,在设计规范中都有具体要求,其中要求单股导线截面积 $\geqslant 1.5 \ mm^2$,电流回路与接地保护线的导线截面积 $\geqslant 2.5 \ mm^2$,弱电回路的导线截面积 $\geqslant 0.5 \ mm^2$。每个电气元件、端子接线点一般只允许接一根线,最多允许两根线,连接必须牢靠。信号线最好只从柜体一侧进入,尽量减少通信线缆的长度并使用屏蔽电缆。PLC 系统一般与控制柜内开关电源负端接在一起作为控制系统接地,工频接地阻值一般不大于 4 Ω。

## 6.3 变频器

在VOCs治理系统中,变频器发挥着重要作用。它可以控制和优化系统的运行,从而提高系统的可靠性和效率。

首先,变频器可以优化系统的风量控制。在VOCs治理过程中,风量是一个关键参数。通过使用变频器,可以调节风机的转速,从而精确控制风量的大小,满足不同处理工况的需求。这有助于确保VOCs的充分收集和治理,防止气体泄漏和环境污染。

其次,变频器可以提高系统的稳定性。由于VOCs治理系统的运行条件可能发生变化,变频器可以根据系统需求进行自动调节,保持系统运行的稳定性。同时,变频器具有优良的动态响应性能,可快速应对突发的工况变化,避免系统超负荷或不稳定运行。

最后,变频器还有助于节能降耗。它可以优化风机的运行效率,减少不必要的能源浪费。通过精确控制风量,变频器可以降低治理系统的能耗,从而达到节能的目标。这对于降低VOCs治理成本和减少环境污染都具有重要意义。

### 6.3.1 设备简介

变频器是一种在保证电机原有性能的情况下,通过改变电机的供电频率和电压的方式来实现电机转速调节的现代化电力电子设备。它根据电机的负载不同,可分别实现节能、提高生产效率和产品质量、自动化、增加设备使用寿命,以及使设备小型化等用途。交流电动机变频器节电显著、调速性能卓越、产品技术成熟,是风机首选的配套节能产品。

针对交流异步电机,改变电动机定子绕组电源频率可以改变电动机的同步转速和转子转速,同步转速的改变也会引起电动机转速的改变,因此,改变电源频率可以实现电动机转速的控制,交流变频调速正是应用此原理来实现电动机转速控制的。简单来说,交流变频调速是通过为电动机提供可变频率电源来实现电动机转速的控制。理论研究表明,仅依靠改变电源频率来实现电动机转速控制,容易造成电动机运行失稳,运行性能下降,因此,在利用交流变频技术时,往往会引入恒磁通、恒功率等技术来实现变频调速。利用交流变频调速,不仅可以根据所需风量进行实时调节,降低电动机启动电流,节约电能,也有利于保护供电网络和延长通风机使用寿命。

### 6.3.2 对系统稳定性的作用

变频器可通过多种方式提高VOCs治理系统的稳定性:

(1) 自动调节:变频器可以根据系统的实时需求自动调节电机的转速,从而精确控制风量、流量、压力等参数。这有助于确保系统在不同工况下稳定运行,避免因参数波动而引起的系统不稳定。

(2) 动态响应：变频器具有快速的动态响应性能，能够迅速应对系统中的突发变化，如突然的流量增大或减小。这有助于减少系统超负荷或欠负荷的情况，从而保持系统的稳定性。

(3) 软启动：传统的电机启动方式可能会对电网和电机造成冲击，而变频器可以实现电机的软启动。通过逐渐增加电机的转速和负载，变频器可以减小启动过程中的电流冲击，提高系统的稳定性。

(4) 故障保护：变频器具有多种故障保护功能，比如过载保护、过压保护、欠压保护等。当系统出现异常时，变频器可以自动切断电源或降低电机转速，保护系统免受过载或其他潜在因素的损坏。

(5) 通信功能：一些高端的变频器还具有通信功能，可以通过总线或网络与上位机进行通信。这使得操作人员可以远程监控和调节系统的运行状态，及时发现并解决潜在问题，进一步提高系统的稳定性。

综上所述，变频器可通过多种方式提高 VOCs 治理系统的稳定性。它能够实现电机的自动调节、快速动态响应、软启动、故障保护及远程通信等功能，从而确保系统能够在不同工况下稳定运行。

### 6.3.3 设备设计选型

变频器设计需统筹考量输入/输出电压、输出频率、额定电流、额定功率等参数。同时，还需要考虑使用环境、散热设计等因素。以下是一些设计选型要点：

#### 1. 变频器运行参数

变频器的设定参数较多，每个参数都有一定的选择范围，使用中常常出现因个别参数设置不当导致变频器不能正常工作的现象。

(1) 变频器的控制方式包括速度控制、转矩控制、PID 控制和其他控制方式。选取控制方式后，通常需要根据控制精度进行静态或动态辨识。

(2) 最低运行频率一般指电机运行的最小转速。电机在低转速下运行时，其散热性能很差，长时间在低转速下运行会导致电机烧毁。此外，低转速时电缆中的电流也会增大，导致电缆发热。

(3) 最高运行频率一般指变频器能够达到的最大频率。常规变频器的最大频率为 60 Hz，有些特殊的可达 400 Hz。高频率将使电机高速运转，对普通电机来说，其轴承不能长时间超额定转速运行，需要考虑电机的转子系统是否能承受这样的离心力。

(4) 载波频率设置得越高，其高次谐波分量越大。这与电缆的长度、电机发热、电缆发热和变频器发热等因素密切相关。

(5) 电机参数包括功率、电流、电压、转速和最大频率等，可以从电机铭牌中直接获得。

(6) 跳频一般指在某个频率点上避免共振现象。特别是在整个装置振动频率比较高时,在控制压缩机时要避免压缩机的喘振点。

**2. 散热设计**

变频器在运行过程中会产生大量的热量,因此需要进行散热设计,保证其可以正常工作。散热设计的关键在于减小热阻、增大散热面积和提高散热效率。

**3. 可靠性**

变频器是工业自动化系统中重要的组成部分,其可靠性至关重要。在设计时需要考虑其可靠性问题,采用高质量的元器件和成熟的电路设计,可提高系统的可靠性。

**4. 选型总要求**

(1) 变频器的额定容量应对应所适用的电动机。

(2) 变频器的额定电流应大于等于电动机的额定电流。

(3) 变频器的额定电压应大于等于电动机的额定电压。

(4) 同步电动机必须在电压、频率和相位都相同时才能切换,即同步切换问题。而异步机通常可以方便地切换,所以应尽量采用异步电动机。

一般说来,在逆变电源下,电动机的效率降低、功率因数降低,而电流增大。由于高次谐波的影响,附加损耗和温升增大,限制了电机的出力,因此,电机容量应按下式选择:

$$P_e \geqslant 1.1q \cdot p/(k_F \cdot k_R)$$

式中:$P_e$ 为电机额定功率,W;$q$ 为流量,$m^3 \cdot s^{-1}$;$p$ 为压力,Pa;$k_F$ 为风机效率;$k_R$ 为传动装置的效率。

由于异步电动机的冷却能力随转速的降低而降低,因此,应尽量选择额定转速较高的电动机,以确保其在调至低速时仍有较好的冷却能力。

## 6.4 在线监测系统

### 6.4.1 在线监测系统概述

VOCs 在线监测系统是一种对环境中固定污染源释放的 VOCs 进行实时在线监测的气体检测设备。该监测系统是集气体采样、气体过滤、气体干扰、流量控制、实时浓度显示、无线数据上传、环保联网、本地声光报警、设备联动等功能于一体的标准化、模块化、专业化集成设备。

VOCs 在线监测系统分为两种类型:一种是针对有组织废气的监测,即对有烟囱排放的废气进行采集,这种也被称为固定源 VOCs 在线监测系统。另一种是无组织废气的监测,一般指的是室外环境监测,即工厂环境废气监测,也被称为厂界 VOCs 在线监测系统。

VOCs连续排放监测系统(Continuous Emissions Monitoring System，CEMS)是用于监测VOCs排放的烟气在线监测系统。该系统由烟气采样系统、分析仪器、数据传输系统、数据处理与记录系统等部分组成。通过实时监测工业企业排放废气的成分、浓度和流量等信息，利用该系统能够对废气排放进行及时监测和控制。

CEMS广泛应用于各种工业污染源的VOCs排放监测，如半导体、电子、医药、石化、化工、印刷、汽车、涂料、橡胶等行业。该系统的性能稳定可靠、集成度高，可提供定制化如防爆柜式、高温伴热式、移动监控等解决方案。

该系统可以监测多种有机化合物，如甲烷($CH_4$)、总烃(Total Hydrocarbons，THC)、非甲烷总烃(Non-Methane Hydrocarbons，NMHC)、苯系列(Benzene, Ethylbenzene, Toluene, and Xylenes，BETX)，以及包括恶臭有机物在内的其他特征VOCs。监测的数据可用于实时控制和调整工业生产过程中的废气排放，从而减少对环境的污染。

### 6.4.2 设计与参数

在设计上，CEMS需要满足准确度、精密度、响应时间、线性范围等参数要求。其中，准确度是指测量值与真实值之间的差异；精密度是指多次测量值之间的接近程度；响应时间是指系统对被测气体浓度的变化做出反应所需的时间；线性范围是指系统在一定范围内保持线性关系的范围。

此外，CEMS还需要具备抗干扰能力强、可靠性高、稳定性好等特点，以确保测量数据的准确性和可靠性。在系统设计时，需要考虑采样位置、采样方式、预处理、分析方法等多种因素，以确保系统的性能和精度。

同时，CEMS的参数也需要根据具体的应用场景和需求进行选择和调整。例如，在测量低浓度气体时，需要选择高灵敏度的检测器和分析方法；在监测高温、高压、腐蚀性气体时，需要选择耐高温、耐腐蚀的材料和设备。

总之，CEMS的设计和参数选择需要综合考虑多种因素，包括监测精度、稳定性、可靠性、抗干扰能力等，以确保系统的性能和精度能够满足实际应用的需求。

1. 工作原理

对被测气体进行降温、除湿、过滤粉尘等预处理，将被测气体的温度和湿度恒定在一定范围内，再送入专业气室内进行UV灯电离检测，在气体检测单元通过PID(Photo Ionization Detector)光离子检测器对气体进行分析，在显示屏上实时显示被测气体浓度，并将数据信号向外传输至PLC或电脑等终端(图6-1)。VOCs在线监测系统支持无线HJ 212协议(《污染物在线监控(监测)系统数据传输标准》)数据上传，可无缝对接当地的环保监测平台。VOCs在线监测系统不仅可以用于企业内的有组织或无组织VOCs气体排放监测，还可以为环保监测等部门提供数据决策支持，从而推动对VOCs排放的长效管理。

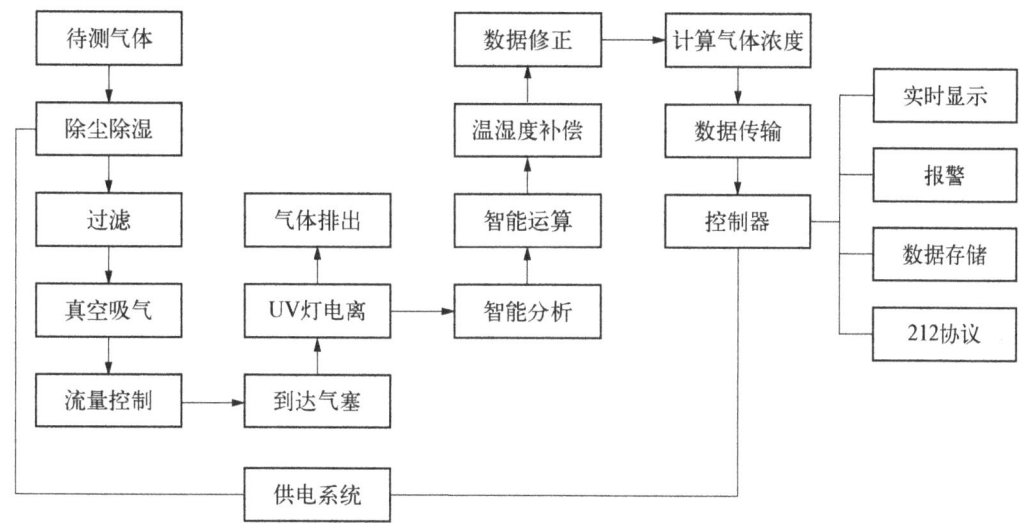

图 6-1 VOCs 在线监测系统工作原理

**2. 功能特点**

VOCs 在线监测系统内置开关量信号,可联动风机、阀门、喷淋系统等设备,当检测气体超标时即时报警,同时启动/关闭联动设备,排除险情。VOCs 在线监测系统的监测数据还可以通过专用配套软件(如 PC 端/手机 APP)实时接收,可以实现多路统一管理及容量无限扩展。存储的数据还可以任意选取时间段进行查询,曲线显示、数据导出等,使监测数据一目了然,现场图如图 6-2 所示。

图 6-2 VOCs 在线监测系统现场图

**3. 技术参数**

VOCs 在线监测系统广泛应用于石油化工、生物制药、包装印刷、电子半导体、表面涂装、橡胶与塑料制品、家具制造、线路板、汽车制造等行业。VOCSs 在线监测产品涉及的主要参数包括与输出结果有关的设计参数及与运行条件参数:设计参数包括检测量程、分辨率、精确度、重复性、线性误差、响应时间等;运行条件参数包括功耗、工作电压、工作温度、工作湿度、工作压力等。具体参数根据系统中采用的实际设备来确定。

选择合适的 VOCs 在线监测系统的参数是确保系统性能和精度的关键。以下是选择合适的 VOCs 在线监测系统参数的一些建议:

(1) 测量范围:根据实际应用需求,选择适合的测量范围。确保所选的测量范围能够覆盖被测气体浓度的变化范围,并具有足够的精度和稳定性。

(2) 分辨率和采样频率:分辨率决定了系统能够分辨出的气体浓度的最小变化量,采样频率则决定了系统能够获取的数据量。根据实际需要,选择适合的分辨率和采样频率,以确保系统能够准确地监测气体浓度的变化。

(3) 响应时间:选择响应时间较短的 VOCs 在线监测系统,以便能够快速地监测到气体浓度的变化。这对实时控制和调整工业生产过程中的废气排放非常重要。

(4) 测量精度和误差:选择测量精度高、误差小的 VOCs 在线监测系统,以提高检测数据的准确性和可靠性。了解系统的测量精度和误差范围,有助于判断系统的性能和可靠性。

(5) 抗干扰能力和稳定性:VOCs 在线监测系统在运行过程中可能会受到多种干扰因素的影响,如温度、湿度、压力等。了解系统的抗干扰能力和稳定性,有助于确保系统在各种环境条件下正常运行并获得准确的监测数据。

(6) 售后服务和技术支持:选择具有良好售后服务和技术支持的 VOCs 在线监测系统供应商,可以获得及时的技术支持和设备维护,确保系统的稳定运行和长期使用。

## 课后习题

1. FCS 与 DCS 各自有哪些优点与缺点?
2. PLC 如何分类?不同类别的 PLC 分别有什么模块?
3. PLC 有哪些功能?不同类别的 PLC 之间是相互独立的吗?
4. 控制柜二次回路布线时,对导线有哪些要求?
5. PLC 控制柜的输入/输出模块需要考虑哪些因素?应如何选择?
6. PLC 控制系统中哪个设备对节约能耗有重要意义?

## 参考文献

[1] 范体波,何晓辉.PLC 控制柜布置与结构设计[J].现代商贸工业,2015,36(9):192-193.
[2] 周博,王浩.基于 PLC 的通风机智能变频调速系统[J].煤矿电机.2012(5):110-112.
[3] 孟晓光.燃煤电厂超低排放湿法烟气脱硫系统 CEMS 系统的选型及应用[J].科技传播,2016(14):236-237.
[4] 张思锐.CEMS 系统在火电厂应用和工程设计探讨[J].自动化与仪器仪表,2013(2):70-73.

# 第7章 调试与验收

VOCs治理项目设计完成后,须按照国家、地区的相关规定进行工程施工、调试与验收作业。本章主要介绍调试与验收的相关内容,包括调试工作的内容与相关资料,并给出了具体调试案例,以及验收的概念、要求与重点行业治理项目验收的基本内容。调试与验收是关乎治理设施能否正常运行的必要步骤,也关乎设施后续的日常化运维、管理与维护工作。

## 7.1 工程施工与调试

### 7.1.1 工程施工

项目的工程施工是一个复杂且严谨的工作阶段,须按照国家要求编写相应的施工方案。项目施工方案主要包括:工程概况、编制依据、组织机构、施工机具与材料、人员配置、进度计划、施工准备与技术措施、质量控制保证、风险评价与环境评估、应急预案等。

1. 工程设计

工程设计是VOCs工程施工的第一步,由专业的设计团队进行。设计时,需要充分了解工程需求,包括处理量、排放标准、工艺流程等,并考虑设备选型、管道布局、安全环保等方面的因素。设计过程中还需要遵循国家和地方的法律法规,确保工程符合相关标准。

2. 施工准备

在施工准备阶段,需要完成以下工作:

(1) 制订施工计划和进度表,明确各阶段的任务和时间节点。
(2) 准备所需的设备和材料,确保施工所需的物资充足。
(3) 搭建临时设施,如施工办公室、仓库、宿舍等。
(4) 组建施工队伍,并进行技术交底和安全培训。

3. 施工过程

在VOCs治理项目进入实际工程施工阶段时,需注意以下规范要求:

(1) 工程设计单位、施工单位应具有相应的资质。

(2) 工程施工应符合国家和行业施工程序及管理文件的要求。

(3) 工程施工应按设计文件进行建设，对工程的变更应在取得工程设计单位的设计变更文件后再进行。

(4) 工程施工中使用的设备、材料和部件应符合相应的标准和规范。

(5) 需要采用防腐蚀材质的设备、管路和管件等的施工和验收，应符合《工业设备、管道防腐蚀工程施工及验收规范》(HG/T 20229—2017)的规定。

(6) 施工单位除应遵守相关的施工技术规范外，还应遵守国家有关部门颁布的劳动安全、环境保护及卫生消防等强制性标准的要求。

施工过程需要遵循以下步骤：

(1) 按照设计图纸进行基础施工，包括设备基础、管道支架等。

(2) 安装设备，包括VOCs处理设备、管道、阀门等。

(3) 进行电气安装，包括电缆、电线、控制柜等。

(4) 进行系统调试和检测，确保设备正常运行并达到设计要求。

(5) 进行验收并记录相关数据。

4. 质量检测

质量检测是保证施工质量的重要环节，由专业的检测机构或人员完成。检测内容包括：设备的性能参数、管道的密封性、电气系统的安全性等。在检测过程中，需要遵循国家和地方的法律法规，以确保检测结果的准确性和可靠性。

### 7.1.2 调试工作

VOCs治理项目的调试工作十分重要。VOCs治理项目调试工作的目标通常包括：确保设备能准确地反映环境空气中的VOCs浓度变化、保证数据的精度，以及设备使用的实时性和长期稳定性等。为了达到这些目标，必须在项目调试阶段进行全面的检查和测试。

在调试过程中，需要检查设备的分析周期是否符合相关标准或规范，以确保测量结果的实时性和准确性。同时，需要测试设备对VOCs浓度变化的响应速度，以确保设备能够及时准确地反映环境空气中的VOCs浓度变化。在一定时间内，还需要检查设备的零点漂移和量程漂移，以评估设备的长期稳定性和准确性。此外，通过比较设备的测量值与标准参考值之间的差异，可以评估设备的准确度。

通过调试，可以确保VOCs治理项目的设备性能达到预期标准，从而提高设备的运行效率和稳定性，降低故障率，并保证VOCs治理项目能满足环保法规和标准的要求。

此外，调试过程中还可以发现和修复设备在设计和制造过程中可能存在的问题，从而提高设备的可靠性和安全性。同时，调试过程也是对项目团队技术能力检验和提高的过程，可以提高项目团队对类似项目的理解和处理能力。

综上所述，VOCs治理项目的调试工作十分重要，它是确保项目成功实施的关键步骤之一。通过精心细致的调试工作,可以保证设备性能达到预期标准,从而提高项目的整体效果和可靠性。

VOCs治理项目的调试工作主要包括:

(1) 设备检查:在开始调试与验收之前,需要对所有相关设备进行全面检查,确保设备处于良好状态并符合设计要求,包括检查设备外观、紧固件、密封件等是否完好,以及设备内部的各个部件是否正常工作。

(2) 管道泄漏测试:在进行管道泄漏测试时,应使用适当的检测方法对管道系统进行全面检查,以确保管道连接处和阀门无泄漏。测试完成后,应记录所有发现的问题并进行修复。

(3) 电气安全测试:在电气安全测试中,应对设备的电气系统进行全面检查,以确保设备符合电气安全法规和标准。测试范围包括电源、电路、控制面板等,防止设备在运行过程中出现电气故障或事故。

(4) 排放测试:排放测试是验证VOCs治理设备是否符合相关环保法规和标准的重要步骤。测试应包括对设备排放的气体进行采样和分析,确保其浓度和排放量符合相关标准。

(5) 控制系统校准:在调试过程中,应对控制系统的各个参数进行校准,以确保设备的正常运行和准确性。这包括对传感器、控制器和执行器的校准,确保它们能够准确反映和处理设备的运行状态。

(6) 性能测试:性能测试是验证VOCs治理设备是否达到设计要求的必要步骤。测试应包括设备的处理能力、效率、稳定性和可靠性等方面。同时,还需要对设备的能耗和资源消耗进行评估,确定其经济性能。

VOCs治理项目调试工作的主要内容与准备的资料有:调试计划流程图;硬体设备检查;单机手动运转测试;自动控制运转测试;警报系统测试;参数表对照准备;操作记录表准备;PLC现场/遥控点对点测试。

**案例**:对炼油芳烃工厂的储运罐区各类油品储罐呼吸废气的治理系统在运行中碰到的问题进行针对性的调试优化,使系统达到"安、稳、长、优"运行。该项目主要的处理装置的工艺结构为:活性炭吸附+真空脱附+油品吸收+催化氧化。

1. 吸附脱附单元

问题:活性炭吸附系统存在易吸附饱和、难解吸、工作周期短,且无法在线进行热氮深度解吸,不能满足生产与环保长周期稳定运行要求等。

解决思路:

(1) 脱附的工作原理:吸附质从吸附剂表面脱附的根本原因是,吸附质分子必须克服吸附剂表面对它的引力,增大其脱离表面的推动力。

(2) 脱附的方法:升温、降压、吹扫、置换和化学转化脱附法。

(3) 探索过程:实际运行经验总结,通过单一的脱附工艺很难快速有效地对已饱和活性炭床层进行脱附,无法达到环保装置连续在线运行的需求;由于下游配置有催化氧化装置,对于脱附的手段就有所限定,因此在已有的 5 种脱附方法中采用降压、吹扫、置换三种组合脱附。

降压的作用在于降低压强也就是降低吸附质分子在气相中的分压,以增大吸附质分子由固体表面逸出的推动力,使吸附质分子从固相转入气相,从而达到脱附的目的;同时,在同样的环境温度下,减压后可达到很高的相对常压温度,例如,在常温 20 ℃时,将压力降低至 3 kPa,相当于减压温度约 120 ℃(温度越高则分子动能越大,分子更加活跃故更易于脱附)。

吹扫脱附的原理与降压脱附类似,即降低吸附质在气相中的分压,使吸附质脱附,但在实际调试过程中,可以见到吹扫在降压的基础上会有极佳的效果,在脱附干燥过程的压力维持在 2~9 kPa 时注入氮气进行吹扫,明显可见大量的吸附质蒸气被脱附出来。

置换脱附是采用在脱附条件下与吸附剂亲和能力比原吸附质更强的物质,将原吸附质置换下来的方法;此处在减压条件下,以脉冲的方式注入氮气,以达到置换脱附的效果。

将三种脱附方式以计算机逻辑语言编译到吸附、脱附的程序中,DCS 系统按照既定的逻辑参数精准控制,操作人员可根据气量、气温等环节变量灵活地对参数加以调整;经过脱附方式的叠加使用,预处理效果得到明显改善,能够在线吸附、脱附切换,满足了长周期的生产需求。

2. 催化氧化单元

问题:催化剂的装填量不足及装填细节处理;温度控制精度不足,自动化程度不高(需要人为干预);容易飞温;小分子烷烃类(甲烷、乙烷)处理效率低。

解决思路:

(1) 催化剂的用量和装填:催化剂的用量须严格以催化剂设计的空速为基础来进行计算,计算公式为:装填量=设计处理风量÷空速;除装填量外,装填时的缝隙处理也需要特别注意。为避免气流旁路的产生,所有催化剂块装填必须紧密排列,缝隙用防火耐热材料压实填充。

(2) CO 反应器内部分为预热区、加热区、催化反应区,热量的三种传导方式(辐射、对流、传递)中,除热辐射以外的两种方式均存在其中。催化床层的热量来源有两个:一个是来自"加热器"热量、一个是自身的反应热,CO 内部热量的传递除了热辐射(没有可见光)外,主要靠热传导和热对流。其中,主要问题为热对流,反应器内部的气流小、空速低时,加热器的温度传递至催化剂床层的过程中存在很大的滞后性,该滞后就是仪表控制中所涉及的"纯滞后",这种滞后的存在将导致温度控制的滞后,气流过低时即会导致控温超调,即使将 PID 控制的微分值无限放大也无法消除这种"纯滞后"。为了解决这个问题,可以在常规 PID 控制的基础上,创新地采取无模型自建树叠加多变量 SP 输入,智能精准控温,平均小时控温精度为±10 ℃。

(3) 系统中甲烷、乙烷对排放指标的影响:在种类繁多的 VOCs 中,烷烃是化学性质最稳定的一类,也是最难催化燃烧的物质,例如,常规的氧化催化剂对丙烷的完全氧化温度高达 600 ℃,而这种催化剂对丙烯的完全氧化温度只需要 170 ℃。甲烷的处理效率低下虽不会导致排放超标(环保要求以非甲烷总烃计数)的问题,但是,由于非甲烷总烃检测仪表多有检测上限,若仪表检测甲烷总烃值超出上限,则会对其非甲烷数值造成扰动或直接造成仪表报错;进气中乙烷的浓度高,常规温度(300 ℃)下经过催化剂,处理效率约为 15%,即使温度为 500 ℃,处理效率也不足 90%,所以乙烷也是目前催化氧化达标排放的一个较大壁垒。工艺上,可以通过提高反应温度来实现达标排放,但会面临弊端,即设备的高温损坏性、能耗问题,以及温度控制过高时,遇到高浓度气流缓冲空间较小,极易飞温。因此,只能从源头进行控制、优化,尽量减少甲烷、乙烷的积聚排放。

3. 调试结论

针对不同浓度范围、不同组成、不同流量的 VOCs 气源,需要科学地计算、合理地选择多种处理工艺组合来有的放矢地治理,以达到较高的治理效率,进而达标排放;一套好的治理装置不仅需要稳定、可靠的硬件配置支撑,更需要一套安全、灵活的控制逻辑程序来驾驭;就本案例中的这套 VOCs 治理装置,经过综合分析、挖潜优化、逻辑调整,治理效率得到了大幅提升,能够实现稳定运行、达标排放;但系统的长周期、抗冲击能力需要进一步巩固、提升。具体的优化思路总结如下:

(1) 针对系统中存在较高浓度甲烷、乙烷的治理装置,在下个周期进行催化剂选型时需要着重考虑,建议选用高活化能、耐高温、高比表面的氧化锆涂层且以铁铬合金蜂窝为载体的新型催化剂,温度在 400 ℃ 左右时对乙烷的催化氧化效率即可达到 90% 左右。

(2) 针对吸收环节,夏季高温加上阳光照射,吸收剂温度过高会导致吸收效率降低,且吸收液自身被加温挥发出大量的重组分 VOCs 因子,给活性炭带来极大的负担和损坏,应采取降温措施,将吸收液温度控制在 30 ℃ 以下。

(3) 针对催化氧化反应器,建议在以后的检修中优化调整,可采取以下措施:

1) 在电加热周边增设蜂窝网状导热耐热材质,增加气体加温的均匀性及加温效率;

2) 在电加热与催化剂床层之间的空隙中装入蜂窝网状导热耐温材质,加大蓄热及热量传导,避免控温的"纯滞后"情况;

3) 催化剂床层的测温探头安装宜越贴近催化剂越好,能更精确地检测催化剂的实际温度。

## 7.2 验　　收

VOCs 治理项目验收的重要性主要体现在以下几个方面:

(1) 确保项目质量:通过 VOCs 治理项目的验收,可以全面检查项目的施工质量、设备性能等是否符合设计要求和相关标准。这有助于确保项目的整体质量和长期稳定性。

(2) 保证安全性：VOCs 治理项目涉及的化学物质通常具有挥发性和刺激性，如果处理不当，可能对人员健康及生态环境造成风险。因此，验收时，需要对项目的安全性进行评估，包括设备的防爆、防腐、防泄漏等方面的测试和检查，确保项目的安全性能得到保障。

(3) 实现项目目标：VOCs 治理项目的目标是减少 VOCs 废气的排放，改善环境质量。通过验收，可以确认项目是否达到了预定的目标，包括治理效率、排放浓度等方面的测试和评估。

(4) 保证合规性：VOCs 治理项目需要符合国家和地方的环保法规和标准。验收时，需要对项目的合规性进行评估，确保项目符合相关法规和标准的要求，避免由违规行为导致的处罚和纠纷。

(5) 促进项目交接：通过 VOCs 治理项目的验收，可以确认项目是否具备交付使用的条件，促进项目的顺利交接。同时，验收结果还可以作为项目竣工报告的一部分，为项目的最终验收和结算提供依据。

综上所述，VOCs 治理项目验收的重要性不容忽视。只有经过严格的验收程序，才能确保项目的质量和安全性，实现项目的目标，符合相关法规和标准的要求，并为项目的顺利交付和使用打下坚实的基础。

### 7.2.1 评估方法

VOCs 治理项目的验收是一个保证治理效果的重要环节，涉及多个方面的评估。

首先，需要评估废气治理工程的设计和施工质量是否符合相关标准和技术规范，是否满足工艺需求和安全要求。这包括对废气治理设施的外观、结构、材料、设备等进行检查，以及对治理工艺的合理性、可靠性和先进性进行评估。

其次，需要检查废气治理设施的运行情况。这包括对设施的日常运行记录进行检查，评估设施的运行状态是否正常，是否能够达到预期的治理效果。同时，需要对废气治理设施的排放情况进行监测，确保其排放浓度符合相关标准和规定。

另外，需要评估废气治理设施的维护和管理情况。这包括对设施的维护保养记录进行检查，评估设施的维护保养是否到位，以及管理是否规范。同时，需要对废气治理设施的操作人员进行考核，确保其具备相应的操作技能和管理能力。

最后，需要检查废气治理设施的环保验收报告和相关资料是否齐全、规范，以及是否符合相关规定的要求。这包括对废气治理设施的设计资料、施工资料、运行记录、监测报告等进行检查，确保其符合验收要求。

综上所述，VOCs 治理项目的验收是一个系统性的工作，需要从多个方面进行评估和检查，以确保治理效果符合要求。同时，验收过程中还需要注意安全问题，确保验收工作的顺利进行。

VOCs 废气治理验收标准是指对 VOCs 废气治理工程的质量进行评估和验收的标准，其主要包括以下方面：

（1）废气治理工程的设计和施工质量是否符合相关标准和技术规范，是否满足工艺需求和安全要求。

（2）废气治理设施的运行情况是否正常，是否达到预期的治理效果，是否能够稳定地治理 VOCs 废气。

（3）废气治理设施的维护和管理情况是否到位，是否能够定期进行维护和保养，是否存在安全隐患。

（4）废气治理设施的运行数据是否准确和完整，是否能够提供详细的治理效果评估报告。

VOCs 废气治理验收标准的评估方法主要包括：

（1）对废气治理工程的设计和施工质量进行评估。评估设计是否合理、施工质量是否符合相关标准和技术规范，是否满足工艺需求和安全要求。

（2）对废气治理设施的运行情况进行评估。评估设施的运行状态是否正常，是否能够达到预期的治理效果，是否能够稳定地治理 VOCs 废气。

（3）对废气治理设施的维护和管理情况进行评估。评估设施是否定期进行维护和保养，是否存在安全隐患，是否能够定期提供维护和保养的报告。

（4）对废气治理设施的运行数据进行评估。评估设施的运行数据是否准确和完整，是否能够提供详细的治理效果评估报告。

综上，VOCs 治理项目的验收需根据相关标准和技术规范，结合废气治理工程的实际情况，制定合理的验收标准，确保验收结果的准确性和可操作性；在 VOCs 废气治理工程验收过程中，应按照验收标准进行严格评估和验收，确保治理工程的质量和效果符合要求；验收工作后，须对验收标准的执行情况进行监督和检查，确保验收标准得到有效执行。

## 7.2.2 验收要求

VOCs 治理项目验收的总体要求如下：

（1）所有产生 VOCs 污染的企业均应采用密闭化的生产系统，封闭一切不必要的开口，尽可能采用环保型原辅料、生产工艺和装备，从源头控制 VOCs 废气的产生和无组织排放。

（2）鼓励回收利用 VOCs 废气，并优先在生产系统内回用。宜对浓度和性状差异大的废气进行分类收集，采用适宜的方式进行有效处理，确保 VOCs 总去除率满足管理要求。其中，有机化工、医药化工、橡胶和塑料制品、溶剂型涂料表面涂装、包装印刷等行业的 VOCs 总去除率不低于 90%，其他行业总去除率原则上不低于 75%。废气治理的工艺路线应根据废气产生量、污染物组分和性质、温度、压力等因素，综合分析后合理选择。

（3）含高浓度 VOCs 的母液和废水宜采用密闭管道收集，存在 VOCs 和恶臭污染的污水处理单元应予以封闭,废气经有效治理后达标排放。更换产生的废吸附剂应按照相关管理要求规范处置,防范二次污染。

(4) 企业废气处理方案应明确确保处理装置长期有效运行的管理方案和监控方案,经审核备案后作为环境监察的依据。管理方案和监控方案应满足以下基本要求:

1) 凡采用焚烧(含热氧化)、吸附、等离子、光催化氧化等治理方式的企业,必须建设中控系统;

2) 凡采用焚烧(含热氧化)治理方式的企业,必须对焚烧温度实施在线监控,温度记录至少保存3年,未与环保部门联网的应每月报送温度曲线数据;

3) 凡采用非焚烧治理方式的重点监控企业,推广安装TVOCs浓度在线连续检测装置,包括光离子检测器(PID)、火焰离子检测器(FID)等,也允许其他类型的检测器,但必须对所测VOCs有响应,并安装进出口废气采样设施。

(5) 企业在VOCs污染防治设施验收时,应监测TVOCs治理效率,并记录在线连续检测装置或其他检测方法获取的TVOCs排放浓度,作为设施日常稳定运行情况的考核依据。环境监察部门应不定期对净化效率、TVOCs排放浓度或其他替代性监控指标进行监察,其结果作为减排量核定的重要依据。

(6) 需定期更换吸附剂、催化剂或吸收液的企业,应有详细的购买及更换台账,提供采购发票复印件,每月报环保部门备案,台账至少保存3年。

具体而言,VOCs治理项目的验收可以分为工程验收和竣工环境保护验收两个方面。其中,工程验收主要包括:

(1) 工程验收应根据《建设项目(工程)竣工验收办法》组织进行。

(2) 工程安装、施工完成后应首先对相关仪器、仪表进行校验,然后根据工艺流程进行分项调试和整体调试。

(3) 通过整体调试,各系统运转正常,技术指标达到设计和合同要求后启动试运行。

竣工环境保护验收主要包括:

(1) 竣工环境保护验收应按《建设项目竣工环境保护验收管理办法》的规定进行。

(2) 工程验收前治理工程应进行试运行和性能试验,性能试验的主要内容包括:

1) 废气中非甲烷总烃和国家或地方相关排放标准中所规定的污染物进出口浓度(至少检测三次);

2) 风量;

3) 催化燃烧装置的治理效率;

4) 系统压降;

5) 耗电量或燃气耗量等。

### 7.2.3 验收步骤

一般而言,VOCs治理项目的验收步骤主要为:

1. 准备工作

在进行 VOCs 治理项目验收之前,需要进行充分的准备工作。这包括制订验收计划、确定验收标准和验收流程,以及准备相关的验收工具和设备。同时,需要通知相关人员参与验收工作,确保验收工作的顺利进行。

2. 现场检查

现场检查是验收工作的重要环节,需要对废气治理设施的外观、结构、设备等进行检查,确保其符合设计要求和相关标准。同时,需要对废气治理设施的安装情况进行检查,确保其安装质量合格。在现场检查过程中,需要注意安全问题,确保检查工作的顺利进行。

3. 设备运行测试

设备运行测试是验收工作的重要环节,需要对废气治理设施的运行情况进行测试,确保其能够正常运行并达到预期的治理效果。在设备运行测试过程中,需要对设备的各项参数进行记录和分析,发现问题及时进行调整和维修。同时,需要注意安全问题,确保测试工作的顺利进行。

4. 数据记录与分析

数据记录与分析是验收工作的重要环节,需要对废气治理设施的运行数据、监测数据等进行记录和分析,以评估废气治理设施的治理效果是否达到预期目标。在数据记录与分析过程中,需要采用专业的分析方法和工具,确保数据的准确性和可靠性。同时,需要注意数据的安全性和保密性。

5. 问题反馈与整改

问题反馈与整改是验收工作的重要环节,需要对废气治理设施存在的问题进行反馈和整改。在问题反馈与整改过程中,需要与相关人员进行充分沟通和协调,制定整改方案和计划,并监督整改工作的实施。同时,需要注意整改工作的安全性和可行性。

6. 验收报告编制

验收报告是验收工作的总结性文件,需要全面反映验收工作的过程和结果。在验收报告编制过程中,需要按照规定的格式和要求进行编写,确保报告的规范性和可读性。同时,需要注意报告的数据准确性和结论客观性。

7. 验收评审与结论

验收评审是对验收工作的评估和审查,需要对废气治理设施的治理效果进行综合评价。在验收评审过程中,需要邀请专家或第三方机构进行评审,确保评审的客观性和公正性。同时,需要根据评审意见和建议进行整改和完善。最终形成验收结论,对废气治理设施是否达到预期目标进行评价和确认。

8. 后续工作安排

后续工作安排是对验收工作结束后的工作进行规划和安排。需要制订后续的维护和管理计划,对废气治理设施进行定期的检查和维护,确保其长期稳定运行。同时,需要根据验收结果和整改情况对项目进行总结和评估,对项目实施过程中存在的问题和不足之处进行总结和反思,为今后的项目实施提供经验和借鉴。

### 7.2.4 重点行业 VOCs 治理项目的验收

根据治理行业的不同,重点行业 VOCs 治理项目验收在满足上述章节总体要求的前提下,其主要验收内容如下:

1. 炼化、化工行业

根据《国民经济行业分类》(GB/T 4754—2017),石油加工、炼焦和核燃料加工业(C25)、化学原料和化学制品制造业(C26)、医药制造业(C27)等行业的 VOCs 防治,应参照执行。

连续生产的石化、基础有机化工及合成材料行业:

(1) 加强生产、输送和储存过程中对挥发性有机物泄漏的监测和监管,全面推行泄漏检测与修复(LDAR)技术,对泵、压缩机、阀门、法兰等易发生泄漏的设备与管线组件,定期检测、及时修复,对泄漏率超过标准的设备实施改造,防止或减少跑、冒、滴、漏现象。

(2) 严格控制储存、运输环节的呼吸损耗,原料、中间产品、成品储存设施应全部采用高效密封的浮顶罐,或者安装顶空联通置换油气回收装置。

(3) 生产工艺单元排放的有机工艺尾气(包括间歇排放的排放气、安全阀泄压排气等)应回收利用,不能(或不能完全)回收利用的,应采用锅炉、工艺加热炉、焚烧炉、火炬等予以焚烧处理,或者采用冷凝、吸收、吸附、膜分离等非焚烧方式,以及耦合技术予以高效处理。VOCs 去除效率应达到 95% 以上,原油加工损失率控制在 6‰ 以内。

(4) 废水收集系统液面与环境空气之间应采取隔离措施,VOCs 和恶臭污染物排放单元应加盖密闭,并收集废气净化处理。

(5) 加强回收装置与有机废气治理设施的监管,确保 VOCs 排放稳定达标,重点控制区执行特别排放限值。有组织废气排放按照生态环境部的要求,逐步安装在线连续监测系统,在厂界安装挥发性有机物环境监测设施,并与环保部门联网。

间歇生产的化工、医化行业:

(1) 鼓励采用绿色化学技术生产绿色产品。鼓励符合环境标志产品技术要求的低有机溶剂含量、低毒、低挥发性涂料、油墨、胶黏剂等企业扩大生产规模,鼓励企业生产水性溶剂、低有机溶剂、低毒、低挥发性的农药制剂、医药制剂和其他专用化学品,鼓励企业使用非卤化和非芳香性溶剂(如乙酸乙酯、酒精和丙酮等)来代替有毒溶剂(如苯、氯仿和三氯乙烯等)。

(2) 采用密闭生产工艺。大力提升工艺装备水平,封闭所有不必要的开口,尽可能提高工艺设备密闭性,尽可能提高自控水平,通过密闭设备或密闭空间收集废气,减少无组织逸散排放和不必要的集气处理量。涉及易挥发有机溶剂的固液分离的不得采用敞口设备,鼓励采用隔膜式压滤机、全密闭压滤罐、"三合一"压滤机和离心机等封闭性好的固液分离设备。

(3) 规范液体有机化学品储存。沸点低于 45 ℃ 的甲类液体应采用压力储罐储存,沸点高于 45 ℃ 的易挥发介质若选用固定顶储罐储存时,须设置储罐控温和罐顶废气回收或预处理设施,在原料、中间产品、成品储罐的气相空间宜设置氮气保护系统,原则上呼吸排放废气须收集、处理后达标排放。

(4) 采用先进输送设备。优先采用设有冷却装置的水环泵、液环泵、无油立式机械真空泵等密闭性较好的真空设备,应冷凝回收真空尾气中的物料,鼓励泵前、泵后安装缓冲罐并设置冷凝装置。

(5) 提升介质传输工艺。设备之间输送介质应采用气相平衡管技术,涉及有机危险化学品的介质输送宜采用氮气保护措施。原则上,应采用密闭机械泵和管道输送液态和气态有机物料,因特殊原因无法做到的,应对输送排气进行统一收集、处理。

(6) 优化进出料方式。鼓励反应釜采用底部给料或使用浸入管给料,顶部添加液体宜采用导管贴壁给料,投料和出料均应设密封装置或设置密闭区域,不能实现密闭的,应采用负压排气并收集至尾气处理系统处理。在使用剧毒物品的区域,设备布置应相对独立。

(7) 采用密闭干燥设备。鼓励使用"三合一"干燥设备或双锥真空干燥机、闪蒸干燥机、喷雾干燥机等先进干燥设备。活性、酸性、阳离子染料和增白剂等水溶性染料的制备,宜直接干燥原浆,或者通过膜过滤提高染料纯度及含固量后,直接干燥。干燥过程中产生的挥发性溶剂废气须冷凝回收有效成分后,接入废气处理系统,存在恶臭污染的应进行有效治理。

(8) 提升末端治理水平。对反应、蒸馏、抽真空、固液分离、干燥、投料、卸料、取样、物料中转等生产全过程,配备废气收集系统,收集的废气宜预处理与末端处理结合,并选择成熟技术及其组合工艺分类、分质处理。单一组分的高浓度废气优先考虑采用各种回收工艺预处理;含酸性或碱性无机废气污染物的可选择降膜吸收、水喷淋、碱喷淋等措施预处理;有机废气可选用冷凝、吸附、催化焚烧、热力焚烧及其他适用的新技术处理,并宜优先考虑蓄热式热力焚烧方式进行高效处理。

(9) 在密闭易产生恶臭影响的污水处理单元收集的废气,可采取化学吸收、生物处理、焚烧及其他适用技术处理。

(10) VOCs 废气收集率和总净化效率原则上不低于 90%,重点监管企业探索开展在线连续监测系统的建设,并与环境保护主管部门联网。

2. 表面涂装行业

根据《国民经济行业分类》(GB/T 4754—2017),家具制造业(C21),造纸和纸制品业(C22),金属制品制造(C33),通用设备制造业(C34),专用设备制造业(C35),汽车制造业(C36),铁路、船舶、航空航天和其他运输设备制造业(C37),电气机械及器材制造(不含

C3825 光伏)(C38),仪器仪表制造业(C40),机械和设备修理业及汽车修理与维护业(O8111)等行业的 VOCs 防治,应参照执行。

(1) 根据涂装工艺的不同,鼓励使用水性、高固体分涂料、粉末、紫外光固化涂料等低 VOCs 含量的环保型涂料,限制使用溶剂型涂料,其中汽车制造、家具制造、电子和电器产品制造企业环保型涂料使用比例达到 50% 以上。

(2) 推广采用静电喷涂、淋涂、辊涂、浸涂等涂着效率较高的涂装工艺,推广汽车行业先进涂装工艺技术的使用,优化喷漆工艺与设备,小型乘用车单位涂装面积的 VOCs 排放量控制在 $35 \text{ g} \cdot \text{m}^{-2}$ 以下。

(3) 喷漆室、流平室和烘干室应设置成完全封闭的围护结构体,配备有机废气收集和处理系统,除工艺有特殊要求外,禁止露天和敞开式喷涂作业。

(4) 烘干废气应收集后,采用焚烧方式处理,流平废气原则上纳入烘干废气处理系统,一并处理。

(5) 喷漆废气宜在高效除漆雾的基础上,采用吸附浓缩+焚烧方式处理,宜采用干式过滤高效除漆雾,也可采用湿式水帘+多级过滤除湿联合装置。规模不大、不致于扰民的小型涂装企业,也可采用低温等离子技术、活性炭吸附等方式净化,达标后排放。

(6) 使用溶剂型涂料的表面涂装应安装高效回收净化设施,有机废气总净化率达到 90% 以上。

(7) 溶剂储存可参考"间歇生产的化工、医化行业"相关要求。

3. 合成革行业

根据《国民经济行业分类》(GB/T 4754—2017),塑料人造革、合成革制造行业(C2925)的 VOCs 防治,应参照执行。

(1) 禁止使用苯作为溶剂,优化设计以实现溶剂单一化配方,推广应用水性树脂生产工艺。

(2) 开展溶剂储存储罐化和配料生产线封闭化改造,有机溶剂均应采用大型储罐储存,含溶剂树脂应使用 1 吨以上的密闭容器(特种树脂除外)储运,淘汰小型料桶装运。应采用密闭管道方式输送溶剂并进行配料;禁止涂台人工上浆,釜残放料实施密封和气相平衡措施。

(3) 按照《合成革与人造革工业污染物排放标准》(GB 21902—2008)中附录 A 的有关规定,生产线、配料系统等产生废气的工序设备应实现全封闭集气:

1) 实施全线封闭,湿法浆料停放区、湿法车间涂台设密闭的涂台间,预含浸槽、含浸槽、凝固槽、水洗槽密封,合成革半成品(贝斯)进出口局部设小包围间,确保内部风速控制在 $0.4 \text{ m} \cdot \text{s}^{-1}$ 以上。

2) 实施全线封闭,干法配料、过滤等工序设置负压式入料分离密闭配料间、过滤间,采用密闭并自带输送浆料装置标准化料桶,涂台区域应确保内部风速控制在 $0.4 \text{ m} \cdot \text{s}^{-1}$ 以上;增加水洗区间数量,控制最后一道水洗槽浓度在 0.2% 以下。

3) 涂台设置移门,使工人通过移门进出,宜采用操作台上吹气,顶部、底部分别抽气的方式。

4) 在后处理工序中,对涂台、烘箱等区域应进行密闭,喷涂车间分区单独隔断,并对每个区间采用风口吸风,捕集废气通入喷淋废气回收塔。

5) 应科学合理地设计废气回收系统,回收 DMF(N,N-二甲基甲酰胺)应配备三塔及以上精馏装置,对可回收污染物可以采用喷淋或静电等回收装置,干法生产线配套"一线一塔"废气喷淋回收装置,聚氯乙烯(PVC)生产线配套静电回收装置。

6) 对不可回收的污染物进行规范收集后,采用高效、稳定的工艺进行统一处理,精馏釜残放料产生的废气及污水站废气,应收集并处置。废气的收集和处理效率均需满足环保要求,其中精馏脱胺的二甲胺尾气经多级冷凝后,宜单独采用直接焚烧技术、吸附技术或化学吸收技术等净化后,达标排放。

7) DMF 精馏塔塔顶水经脱胺处理后,严禁直接回用于冷却塔、锅炉除尘或冲洗等,经冷却回用至生产线的塔顶水二甲胺浓度必须低于 $50 \text{ mg} \cdot \text{L}^{-1}$。

8) 禁止将二甲胺废液送锅炉或导热油炉焚烧处理。

**4. 橡胶和塑料制品行业**

根据《国民经济行业分类》(GB/T 4754—2017),橡胶和塑料制品业(C29)的 VOCs 防治,应参照执行。

(1) 参照化工行业要求,对所有有机溶剂及低沸点物料采取密闭存储,以减少无组织排放。

(2) 橡胶制品企业产生 VOCs 污染物的生产工艺装置,必须设立局部气体收集系统和集中高效净化处理装置,确保达标排放。

(3) 密炼机单独设吸风管,进出料口设集气罩局部抽风,出料口水冷段、风冷段生产线应密闭化,风冷废气收集后集中处理。

(4) 硫化罐泄压宜先抽负压再常压开盖,硫化机群上方设置大围罩导风,并宜采用下送冷风、上抽热风方式集气。

(5) 炼焦废气优先采用袋除尘+介质过滤+吸附浓缩+蓄热催化焚烧方式处理,在规模不大、不致于扰民的情况下,也可采用低温等离子、光催化氧化、多级吸收、吸附等方式处理。

(6) 硫化废气可采用复合光催化、吸收、吸附、生物处理、浓缩燃烧或除臭剂处理法等适用技术处理。

(7) 打浆、浸胶、喷涂、烘干应采用密闭设备和密闭集气,禁止敞开运输浆料,溶剂废气应采用活性炭或碳纤维吸附再生方式回收利用。橡胶企业车间应整体密闭化并换风,废气通过屋顶集中排放。

(8) PVC 制品企业使用的增塑剂应密闭储存,在配料、混炼、造粒、挤塑、压延、发泡等生产环节,应设集气罩局部抽风集气,废气应采用静电除雾器处理。

(9)其他塑料制品企业应对工艺温度高、易产生 VOCs 废气的岗位进行抽风排气,废气可采用活性炭吸附或低温等离子技术处理。

5. 印刷包装行业

根据《国民经济行业分类》(GB/T 4754—2017),印刷业(C231)的 VOCs 防治,应参照执行。

(1)鼓励使用通过中国环境标志产品认证的环保型油墨、胶黏剂,禁止使用不符合环保要求的油墨、胶黏剂。在印刷工艺中,推广使用醇性油墨和水性油墨;在印铁制罐行业中,鼓励使用紫外光固化(UV)油墨;在软包装复合工艺中,推广无溶剂复合技术。

(2)企业应对印刷机设备密闭化,采取废气收集措施,提高废气的收集效率。

(3)根据废气的组成、浓度、风量等参数选择适宜的技术,对车间的有机废气进行净化处理。

(4)废气的总净化效率应达到 90% 以上。

6. 纺织印染行业

根据《国民经济行业分类》(GB/T 4754—2017),棉纺织及印染精加工(C171)、化纤织造及印染精加工(C175)的定型机废气整治,应参照执行。

(1)鼓励研究开发以蒸汽或天然气作为热定型热源的后整理工艺技术,逐步推进中温、中压蒸汽定型代替后整理加工中的导热油锅炉定型工艺,鼓励使用低毒、低挥发性溶剂含量的印染助剂。

(2)定型机高温废气宜经过热能回收系统回收热量,废气收集率应达到 95% 以上,车间内无明显的定型机烟雾和刺激性气味。

(3)定型机废气宜采用机械净化与吸收技术或高压静电技术等组合工艺处理,机械净化包括冷凝、机械除尘、过滤及吸附等技术,废气总颗粒物的去除率应达到 80%,油烟去除率应达到 75% 以上,油剂回收率 90% 以上。

(4)净化回收的废油应妥善处置,防止二次污染。

7. 木业行业

根据《国民经济行业分类》(GB/T 4754—2017),木材加工和木、竹、藤、棕、草制品业(C20)的胶合加工工序中的 VOCs 防治,应参照执行。

(1)鼓励使用通过中国环境标志产品认证的环保型胶黏剂,鼓励使用水性环保型胶黏剂。

(2)人造板企业的干燥和黏合工序应在车间内进行,严禁露天开展干燥、黏合操作,干燥机、热压机密闭化,禁止露天堆放涂胶和空的制(调)胶桶。

(3)干燥、涂胶、热压过程中的废气应进行有效收集,采用吸附技术、生物处理技术等净化后,达标排放。

(4)用于室内装饰装修材料的人造板及其制品中甲醛释放量应符合《室内装饰装修材料 人造板及其制品中甲醛释放限量》(GB 18580—2017)的要求。

8. 制鞋行业

根据《国民经济行业分类》(GB/T 4754—2017),制鞋业(C195)的VOCs防治,应参照执行。

(1) 企业使用的胶黏剂应符合国家强制性标准《鞋和箱包用胶粘剂》(GB 19340—2014)的要求,鼓励企业使用水性环保型胶黏剂,积极推动使用低毒、低挥发性溶剂。

(2) 高频压合、印刷、发泡、注塑、鞋底喷漆、黏合等产生VOCs废气的工序应设有机气体收集系统,须密闭效果良好,且配套净化装置。

(3) 废气净化处理,可采用低温等离子、光催化氧化、吸附、吸附浓缩-焚烧等工艺,确保设施正常运行。

(4) 含有机溶剂的原料须密闭储存。

9. 化纤行业

根据《国民经济行业分类》(GB/T 4754—2017),化学纤维制造业(C28)的VOCs防治,应参照执行。其中,化纤有机单体合成、聚合等工艺单元应执行"连续生产的石化、基础有机化工及合成材料行业"的相关规定。

(1) 应回收涤纶聚酯生产过程中酯化反应蒸气中的乙醛,尾气宜采用直接焚烧、蓄热焚烧、催化焚烧等高效净化措施处理后,达标排放。

(2) 针对氨纶生产聚合反应中的二甲基乙酰胺(DMAC)废气、纺丝甬道废气,应设置精制回收系统先行回收DMAC,精馏尾气宜采用吸收技术、吸附技术等净化后,达标排放。

(3) 应收集全拉伸丝/拉伸变形丝(Fully Drawn Yarn/Draw Textured Yarn,FDY/DTY)纺丝上油、加热、牵引拉伸等环节中的油剂废气,宜采用机械净化与吸收技术或高压静电技术等组合工艺净化后,达标排放。其中,机械净化包括冷凝、机械除尘、过滤及吸附等技术,处理设施净化效率不低于80%。无上油、加热工序的预取向丝(POY)纺丝工艺等的生产线暂不作要求。

10. 生活服务业

根据《国民经济行业分类》(GB/T 4754—2017),餐饮业(H62)、洗涤服务业(干洗业)(O8251)的VOCs防治,应参照执行。

其中,餐饮行业整治,应满足以下要求:

(1) 禁止在敏感区域和场所新设会产生油烟、恶臭等污染的服务项目。

(2) 厨房的炉灶、蒸箱、烤炉(箱)等加工设施的上方应设置集气罩,油烟气与热蒸汽的排风管道宜独立设置。油烟集气罩罩口投影面应大于灶台面,罩口下沿离地高度宜取 1.8~1.9 m,罩口面风速不应小于 $0.6 \text{ m} \cdot \text{s}^{-1}$。

(3) 饮食服务业者应当采取具有油雾回收功能的抽油烟机和高效油烟净化设施,宜采用运水烟罩、静电型和等离子型油烟处理设备,油烟排放应符合《饮食业油烟排放标准(试行)》(GB 18483—2001)的相关规定。

(4) 饮食服务经营者应当定期对油烟净化设施进行维护保养,保证油烟净化设施的正常运转,并保存维护保养记录。

城市服装干洗行业整治,应满足以下要求:

(1) 淘汰开启式干洗机,必须使用配备溶剂回收制冷系统、不直接外排废气的全封闭式干洗机。

(2) 干洗溶剂为四氯乙烯或石油衍生溶剂,不得使用"三无"、过期等不符合国家有关规定的干洗和染色溶剂。干洗剂、染色剂必须密闭储存。

(3) 制定干洗设备的管理制度,定期进行干洗机及干洗剂输送管道、阀门的检查,防止干洗剂泄漏。

(4) 干洗溶剂经蒸馏后的废弃物残渣、废溶剂残渣,必须密封存放,并由有资质的废溶剂处理商统一回收处理。

11. 储存和运输业

储油库、加油站、油罐车,以及有机化学品的仓储、运输业,在其运营过程中产生的VOCs防治,应遵循以下要求:

(1) 所有储油库、加油站和油罐车应配备相应的油气回收系统,并宜采用冷凝、吸收、吸附-热脱附、膜分离等技术及其组合技术。现已完成整治的储油库、加油站和油罐车应健全长效机制,确保油气排放达到《储油库大气污染物排放标准》(GB 20950—2020)、《加油站大气污染物排放标准》(GB 20952—2020)、《油品运输大气污染物排放标准》(GB 20951—2020)等三项标准规定的要求。

(2) 低沸点油品和有机化学品储罐宜采用高效密封的内(外)浮顶罐,当采用固定顶罐时,应采用密闭排气系统将VOCs蒸气输送至回收设备,并应安装压力控制系统。

(3) 液体危险化学品的运载工具(液体危化品槽车、火车和轮船)应配备蒸气密闭回收(气相平衡)设施,在装载过程中排放的VOCs应密闭收集输送至回收设备,或者通过蒸气连通系统返回储罐。

(4) 各地应建设油气回收在线监控系统平台试点,实现对重点储油库和加油站油气回收的远程集中监测、管理和控制。

12. 建筑装饰行业

根据《国民经济行业分类》(GB/T 4754—2017),建筑装饰业(E501)的VOCs防治,应参照执行。

(1) 倡导绿色装修,推广使用符合环境标志产品技术要求的建筑材料,尤其是建筑涂料、黏合剂、建筑板材和家具等。

(2) 按照室内建筑装饰、装修材料有害物质限量的相关标准,比如,《室内装饰装修材料 人造板及其制品中甲醛释放限量》(GB 18580—2017)、《室内装饰装修材料 胶粘剂中有害物质限量》(GB 18583—2008)等,严格控制装饰材料市场准入,逐步淘汰溶剂型涂料,建筑内外墙涂饰应全部使用水性涂料。

(3) 规范建筑装饰、装修行业。通过宣传引导和严格监督管理,倡导绿色装修,完善装修标准合同,增加环保条款,促进淘汰非正规的装修公司,培育扶持诚实守信的绿色装修企业。推广鼓励开展装修监理和装修后室内空气质量检测验收,逐步淘汰劣质装饰材料生产商和经销商。

13. 电子信息行业

根据《国民经济行业分类》(GB/T 4754—2017),计算机、通信和其他电子设备制造业(C39)、光伏设备及元器件制造(重点是溶剂清洗、光刻、涂胶等工序)(C3825)的 VOCs 防治,应参照执行。

(1) 推广采用免清洗工艺、无溶剂喷涂工艺等先进工艺,推广采用环保型、低溶剂含量的油墨、清洗剂、显影剂、光刻胶、蚀刻液等环保材料,减少 VOCs 污染物的产生量。

(2) 对各废气产生点采取密闭隔离、局部排风、就近捕集等措施,尽可能地减小排气量,提高废气中 VOCs 的浓度。

(3) 本行业有机废气具有大风量、低浓度的特点,优先采用吸附浓缩与焚烧相结合的方法处理。在排放规模较小、不至于扰民的情况下,也可根据废气特点,采用活性炭吸附、低温等离子、光催化、喷淋洗涤等方式处理。

(4) 注塑等低污染工序应减少无组织排放,采用收集后高空排放方式处理,不得直排室外低空排放。

## 课后习题

1. VOCs 治理项目施工方案主要有哪些?
2. 请简述 VOCs 治理项目调试的主要工作内容与准备资料。
3. VOCs 废气治理验收标准是指对 VOCs 废气治理工程的质量进行评估和验收的标准,请对验收标准作简单阐述。
4. 含高浓度 VOCs 的母液和废水及存在 VOCs 和恶臭污染的污水处理单元的废气应如何收集处置?
5. 采用焚烧方式治理 VOCs 时的管理和监控有哪些基本要求?
6. 请简述 VOCs 治理工程验收和竣工环境保护验收的主要内容。

## 参考文献

[1] GB/T 50726—2023,《工业设备及管道防腐蚀工程技术标准》[S].住房和城乡建设部,2023.
[2] HJ 2026—2013,《吸附法工业有机废气治理工程技术规范》[S].环境保护部(今生态环境部),2013.
[3] HJ 1093—2020,《蓄热燃烧法工业有机废气治理工程技术规范》[S].生态环境部,2020.
[4] 浙环函〔2015〕,《重点行业 VOCs 污染整治验收基本标准》[S].浙江省环境保护厅(今浙江省生态环境厅),2015.
[5] GB/T 4754—2017,《国民经济行业分类》[S].国家标准化管理委员会,2017.
[6] 生态环境部大气环境司、生态环境部环境规划院,《挥发性有机物治理实用手册》[M].2 版.北京:中国环境出版社,2021.

# 第 8 章
# 污染治理工程设计案例

本章节综合前面七章的主要内容,从实际工程案例出发,介绍了完整的 VOCs 污染治理工程案例的设计计算流程。该设计计算须明确相关设计资料,包括国家、地方、行业的相关标准和规定,遵照设计要求,划定设计范围。

## 8.1 设计资料及要求

### 8.1.1 设计依据

污染治理工程设计案例的设计依据为:《中华人民共和国环境保护法》;厂方提供的有关资料,治理要求及参考原始技术资料、图纸;相关文献,技术资料、技术规范、产品说明书;排放标准参照相应省市的地方标准;厂方的环保审批文件;公司对治理同类废气的工程经验及工程实例;《环境工程设计手册》;《废气监测分析方法》;工业企业电气设计系列标准,如《爆炸危险环境电力装置设计规范》(GB 50058—2014)、《供配电系统设计规范》(GB 50052—2017)等。

### 8.1.2 设计文件格式与要求

设计文件格式与要求需符合《环境工程设计文件编制指南》(HJ 2050—2015);《化工工厂初步设计文件内容深度规定》(HG/T 20688—2021);《化工工艺设计施工图内容和深度统一规定》(HG/T 20519—2022);《化工采暖通风与空气调节详细设计内容和深度规定》(HG/T 20656—2024);《化工装置管道布置设计规定》(HG/T 20549—2018);《石油化工建设工程项目交工技术文件规定》(SH/T 3503—2017)等的规定。此外,对要求建立各种模型和数值模拟的设计,还需结合各种专业的模拟软件,提出工艺的边界条件和技术要求。

## 8.1.3 设计标准与规范

国家标准与规范(作为设计净化工艺技术选择的参考依据):《涂装作业安全规程 涂漆工艺安全及其通风》(GB 6514—2023);《大气污染治理工程技术导则》(HJ 2000—2010);《吸附法工业有机废气治理工程技术规范》(HJ 2026—2013);《催化燃烧法工业有机废气治理工程技术规范》(HJ 2027—2013);《蓄热燃烧法工业有机废气治理工程技术规范》(HJ 1093—2020);《环境保护产品技术要求 工业有机废气催化净化装置》(HJ/T 389—2022);《环境保护产品技术要求 湿法漆雾过滤净化装置》(HJ/T 388—2022);《环境保护产品技术要求 工业废气吸收净化装置》(HJ/T 387—2022);《工业有机废气蓄热催化燃烧装置》(JB/T 13733—2019);《工业有机废气蓄热热力燃烧装置》(JB/T 13734—2019);《挥发性有机物无组织排放控制标准》(GB 37822—2019);《饮食业环境保护技术规范》(HJ 554—2010);《煤质颗粒活性炭 气相用煤质颗粒活性炭》(GB/T 7701.1—2008);《蜂窝陶瓷》(GB/T 25994—2010);《工业建筑供暖通风与空气调节设计规范》(GB 50019—2015);《化工采暖通风与空气调节设计规范》(HG/T 20698—2018);《固定床蜂窝状活性炭吸附浓缩装置技术要求》(T/CAEPI 34—2021);《颗粒活性炭吸附-蒸汽脱附溶剂回收装置技术要求》(T/CAEPI 61—2023);《旋转式沸石吸附浓缩装置技术要求》(T/CAEPI 31—2021);《包装印刷业有机废气治理工程技术规范》(HJ 1163—2021);《纺织工业污染防治可行技术指南》(HJ 1177—2021);《石灰、电石工业大气污染物排放标准》(GB 41618—2022);《无机化学工业污染物排放标准修改单》(GB 31573—2020);《油气回收装置通用技术条件》(GB/T 35579—2017);《烟囱设计规范》(GB 50051—2013);《石油化工石油气管道阻火器选用、检验及验收标准》(SH/T 3413—2019);《储油库大气污染物排放标准》(GB 20950—2020);《油品运输大气污染物排放标准》(GB 20951—2020);《加油站大气污染物排放标准》(GB 20952—2020);《石油炼制工业废气治理工程技术规范》(HJ 1094—2020);《工业企业挥发性有机物末端治理效果综合评价指南》(T/ACEF 035—2022);《挥发性有机物治理设施运行维护与安全管理技术规程》(T/ACEF 036—2022);《废气预处理设备 几何形折板除雾器》(T/ACEF 043—2022);《含尘废气处理设备 涡流强化式除尘器》(T/ACEF 044—2022)。

行业环境保护设计、产品、材料等规范与标准(不同行业 VOCs 废气处理参考):《机械工业环境保护设计技术规范》(GB 50894—2013);《石油化工企业环境保护设计规范》(SH/T 3024—2017);《化工建设项目环境保护设计规范》(GB/T 50483—2019);《石油化工企业燃料气体系统和可燃性气体排放系统设计规范》(SH 3009—2013);《医药工业环境保护设计规范》(GB 51133—2015);《钢铁工业环境保护设计规范》(GB 50406—2017);《港口工程环境保护设计规范》(JTS 149-1—2018);《汽车加油加气站设计与施工规范》(GB 50156—2021);《油品装载系统油气回收设施设计规范》

(GB 50759—2021);《储油库、加油站大气污染治理项目验收检测技术规范》(HJ/T 431—2021);《油气回收系统工程技术导则》(Q/SH 0117—2020);《排污许可证申请与核发技术规范 炼焦化工行业》(HJ 854—2017);《便携式载体催化甲烷检测报警仪》(AQ 6207—2019);《催化剂和吸附剂表面积测定法》(GB/T 5816—2021);《光催化空气净化材料性能测试方法》(GB/T 23761—2020);《光催化材料性能测试用紫外光光源》(GB/T 30809—2014);《蜂窝陶瓷》(JC/T 686—2020);《蜂窝陶瓷蓄热体》(JC/T 2135—2019);《机械安全局部排气通风系统安全要求》(GB/T 35077—2018);《局部排风设施控制风速检测与评估技术规范》(AQ/T 4274—2016);《粉尘爆炸危险场所用除尘系统安全技术规范》(AQ 4273—2016);《家具制造业手动喷漆房通风设施技术规程》(AQ/T 4275—2016);《排风罩分类及技术条件》(GB/T 16758—2008);《通风罩》(JBZQ 4523—2006);《涂漆工艺安全及其通风净化》(GB 6514—2023);《安全管理通则》(GB 7691—2022);《涂装作业安全规程 涂漆工艺安全及其通风》(GB 6514—2023);《涂装作业安全规程静电喷漆工艺安全》(GB 12367—2022);《涂装作业安全规程涂层烘干室安全技术规定》(GB 14443—2022);《涂装作业安全规程喷漆室安全技术规定》(GB 14444—2022);《涂装作业安全规程静电喷枪及其辅助装置安全技术条件》(GB 14773—2021);《涂装作业安全规程粉末静电喷涂工艺安全》(GB 15607—2023);《涂装作业安全规程浸涂工艺安全》(GB 17750—2012);《涂装作业安全规程有机废气净化装置安全技术规定》(GB 20101—2019)。

### 8.1.4 设计范围

项目的设计范围：主要设备，如过滤装置、催化燃烧设备、设备间连接管道及控制柜等的供货及安装调试；涉及系统的配电箱总供电、总供水、系统安装所需场地的改造，以及土建及相关改造，均由业主方负责。

### 8.1.5 设计原则

(1) 严格执行国家及地方的环境保护法律、法规，按照规定的排放标准，处理后废气的各项指标达到且优于标准值。

(2) 根据企业的产品结构及所生产废气的特征，结合已有的工程实例，在确保尾气达标的前提下，尽可能采用简单、成熟、可靠、处理效率高的处理工艺，从而实现功能可靠、经济合理、管理方便等目的。

(3) 工艺设计，应根据企业的具体情况及发展规划，结合现场调研情况，优先考虑恶臭、有毒化学品的防治，确保达标排放。

(4) 设备选型具有较大的灵活性和调节余地，选用优质、低能耗的设备。

## 8.2 设 计 案 例

### 8.2.1 RTO 处理涂布废气的工程案例

江苏某材料包装生产企业有含 VOCs 废气的产排特征,采用"三室 RTO+热能回收"处理工艺,进行企业废气的末端处理,取得了良好的经济效益、环境效益和社会效益。

1. 产污环节

企业的主要产品包括:PET(聚对苯二甲酸乙二醇酯)普通烟包转移膜、OPP(双向拉伸聚丙烯)镭射防伪转移膜、PET 镭射防伪转移膜等。项目涂布、烘干工段均在涂布机上进行操作,该机由放卷、前放卷张力、纠偏系统、涂布头、干燥箱(烘箱)、冷却系统、后收卷纠偏、张力系统、收卷系统组成。涂布头包括:涂布网纹辊、背辊(压辊)、刮刀和刮刀调节机构。涂布头是涂布机的核心部分,其技术能力取决于涂布头。

采用 5 段式电加热、GSN 热风循环,最高温度为 140 ℃。安放在放卷装置上的基膜(厚度 12~18 μm)经自动纠偏后,进入浮辊张力系统;调整前放卷张力后进入涂布头,调配好的涂料按涂布系统的设定进行连续涂布;涂布后湿膜进入干燥箱(烘箱),由热风进行干燥;干燥后带信息涂层的塑料薄膜经冷却系统冷辊定型后,调整系统控制好张力,同时控制好收卷速度(80~100 m·min$^{-1}$),使其与涂布速度相同;冷却后的膜由纠偏系统自动纠偏,使其保持在中心位置,并由收卷装置进行收卷。生产过程中会有调配废气、涂布废气、烘干废气产生,主要含有乙酸乙酯、醋酸正丁酯、丁酮、丙二醇甲醚等有机污染物。本方案采用了蓄热式热氧化炉来治理生产过程中产生的有机废气,并结合余热回收利用设备,为企业开辟一条既环保又节能的治理工艺路线。

2. 设计要点

(1) 风量设计:在车间调配区,采用排风罩收集,并进行局部通风,排风罩设置在污染物上方,根据下列公式计算排风量:

$$Q = k \cdot p \cdot h \cdot v_x$$

式中:$Q$ 为排放量,m$^3$·h$^{-1}$;$p$ 为排风罩口敞开面的周长,m;$h$ 为罩口至污染源的距离,m;$v_x$ 为污染物边缘控制风速;$k$ 为安全系数,一般取 1.4。

最终确定,排放量 $Q_1$ 为 1 200 m$^3$·h$^{-1}$。对涂布机头区域进行密闭,并采取全面通风。全面通风风量,可根据换气次数来确定:

$$Q = n \cdot V$$

式中: $n$ 为换气次数,按每小时记; $V$ 为通风房间体积, $m^3$。

由于厂房内的空间洁净度等级为 7 级,根据《洁净厂房设计规范》(GB 50073—2013)规定,换气次数为每小时 15~25 次,方案选定 $n=20$,排放量 $Q_2$ 为 $2\,400\,m^3 \cdot h^{-1}$。设备烘箱配有热风循环系统及排放装置,其排风机额定风量 $Q$ 为 $5\,000\,m^3 \cdot h^{-1}$,因此两套生产线合计风量 $Q_3$ 为 $10\,000\,m^3 \cdot h^{-1}$。综上所述, $Q_总=Q_1+Q_2+Q_3=13\,600\,m^3 \cdot h^{-1}$。考虑处理系统会留有 10% 的操作余量,最终确定进入 RTO 装置的废气处理风量 $Q$ 为 $15\,000\,m^3 \cdot h^{-1}$。

(2) 余热回收系统: 余热利用系统设计数据见表 8-1,根据项目的实际运行情况,收集废气中的主要污染物为乙酸乙酯溶剂,其浓度为 $4\,000\,mg \cdot m^{-3}$,通过计算可知,该股废气的热量为 $424.87\,kW$,维持 RTO 设备自运行所需的热量为 $204.54\,kW$。因此,可通过利用换热器等方法回收 VOCs 氧化后的余热,用于涂布干燥用热,实现设备烟气排放余热回收利用的目的,热量平衡方程式如下:

$$C_xH_yO_z + \left(x+\frac{y}{4}-\frac{z}{2}\right)O_2 \longrightarrow xCO_2 + \frac{y}{2}H_2O + Q$$

其余热回收经济效益计算公式如下:

$$220.33 \times 0.7 \times 24 \times 300 \div 35.6 = 112\,432\,m^3 \cdot a^{-1}$$

$$112\,432 \times 3.65 = 41\,万元/年$$

在上述计算中,效益将随生产线的实际工作时间(年时基数)变化而变化。

表 8-1 余热利用系统设计数据表

| 设备 | 参数 | 单位 | 数值 |
| --- | --- | --- | --- |
| RTO | 风量 | $m^3 \cdot h^{-1}$ | 15 000 |
| | 溶剂乙酯量 | $kg \cdot h^{-1}$ | 60 |
| | 溶剂氧化放热量 | kW | 424.87 |
| | RTO 需要热量 | kW | 204.54 |
| | 富余热量 | kW | 220.33 |
| | 850 ℃高温气流量 | $Nm^3 \cdot h^{-1}$ | 797 |
| 空预器 | 冷侧流量 $V_1$ | $Nm^3 \cdot h^{-1}$ | 10 000 |
| | 热侧流量 $V_2$ | $Nm^3 \cdot h^{-1}$ | 797 |
| | 热侧进口温度 $T_1$ | ℃ | 820 |

续表

| 设 备 | 参 数 | 单 位 | 数 值 |
|---|---|---|---|
| 空预器 | 冷侧进口温度 $t$ | ℃ | 20 |
| | 冷侧出口温度 $t_2$ | ℃ | 70～80 |
| | 热侧出口温度 $T_2$ | ℃ | 90～110 |
| | 传热面积 $A$ | m² | 40 |

（3）主体设备参数：该企业所产废气中不含卤素、氮、硫等元素，腐蚀性不强。因此，焚烧炉壳体采用6 mm厚的Q235B钢板密封满焊；蓄热陶瓷体采用国内专利产品与抗硅填料混合制成，该填料在急热、急冷时具有良好的化学、物理稳定性，且可以改善气流分布。RTO燃烧室的设计温度需要燃烧器来维持，本项目采用低压头比例调节式天然气燃烧器，该燃烧器具有双电磁阀，可避免燃料不燃烧而进入炉膛，且其同时具有自动吹扫、自动点火、紫外线扫描仪火焰检测、火焰燃烧状况监视等功能。RTO主要设计参数见表8-2。

**表8-2 RTO主要设计参数[型号：XYQ-R-15(三床式)]**

| 名 称 | 单 位 | 数 值 |
|---|---|---|
| 集气室 | 个 | 3 |
| 燃烧室 | 个 | 1 |
| 蓄热室数 | 个 | 3 |
| 蓄热室切换时间 | min | 3 |
| 设计尾气量 | m³·h⁻¹ | 15 000 |
| 陶瓷床换热器的热回收率 | % | ≥96 |
| 装置压降 | mmH₂O | 500 |
| 燃烧室氧化温度 | ℃ | 850～900 |
| 启动燃料（天然气） | Nm³·h⁻¹ | 150～200 |
| RTO装机功率 | kW | 55 |
| 余热换热器 | kCal·h⁻¹ | 20×10⁴ |
| 设备总质量 | t | 约75 |
| 占地面积（约） | m² | 92 |
| 设备尺寸 | m×m×m | 15(长)×6(宽)×8(高) |
| 烟囱尺寸 | m×m | ⌀1.5×20 |

（4）控制系统：完善的自动控制是安全生产的保障。项目采用DCS系统对RTO本体及热能回收系统进行自动控制。由于涉及多个功能区，一方面，各区域设备由于生产用

能相互关联;另一方面,设备又具有相对独立的要求,导致各区域电控联锁关系较为复杂,其控制要点如下:

停机状态下,RTO为原始状态,超温安全自动阀位置密闭,烟气不经余热换热器;新风系统为原始状态,新风管路气动阀打开,新风风机启动,新风始终经过余热换热器。

运行状态下,RTO炉内温度<850 ℃,超温安全自动阀密闭;RTO炉内温度≥850 ℃,向DCS系统提供高温信号,超温安全自动阀(耐温960 ℃)打开,高温烟气经过余热换热器。

热风温度过高(>120 ℃)报警信号。烟气出余热换热器后,在热风回风管上设一个温度探头。当热风温度高于120 ℃时,给RTO提供高温报警信号,RTO超温安全自动阀将进行调节,减少经过余热换热器的高温烟气量。

3. 运行效果

项目于2017年通过环保"三同时"(同时设计、同时施工、同时投产使用)验收,废气净化系统出口的检测结果见表8-3,结果表明,经处理后的各类废气污染因子均能达标排放。

表8-3 车间排气筒出口断面检测结果($n=3$)

| 检测因子 | 进气量/($Nm^3 \cdot h^{-1}$) | RTO装置进口 | | RTO装置出口 | | 去除率/% | 排放标准 | | 排气筒参数 |
| --- | --- | --- | --- | --- | --- | --- | --- | --- | --- |
| | | 浓度/($mg \cdot m^{-3}$) | 进气速率/($kg \cdot h^{-1}$) | 浓度/($mg \cdot m^{-3}$) | 排放速率/($kg \cdot h^{-1}$) | | 浓度/($mg \cdot m^{-3}$) | 排放速率/($kg \cdot h^{-1}$) | 高度/m,出口尺寸/mm |
| 乙酸乙酯 | 15 000 | 5 334 | 80.01 | 74.68 | 1.12 | 98.6 | 252.9 | 3.1 | 20, Ø700 |
| 非甲烷总烃 | | 5 810 | 87.15 | 69.72 | 1.05 | 98.8 | 120 | 17 | |

注:(1) 乙酸乙酯允许排放浓度,按式$DMEG=45\times LD_{50}/10\,000$计算(美国EPA工业环境实验室推荐方法),其中DMEG为每日最大暴露指导值,$LD_{50}$为半数致死剂量;
(2) 乙酸乙酯允许排放速率依据《制定地方大气污染物排放标准的技术方法》(GB/T 38401—2019)计算;
(3) 非甲烷总烃执行《大气污染物综合排放标准》(GB 16297—1996)中的二级标准。

4. 经济分析

(1) RTO系统,包括炉体、余热回收设备、新风风机等,总投资共计160万元。

(2) RTO系统有一台11 kW·h的新风风机,一台37 kW·h的主引风机,一台3 kW·h的助燃风机,一台5.5 kW·h的吹扫风机,控制柜耗电量为1.5 kW·h;按每年工作7 200 h计算,1 kW·h以0.75元计算,共计:58 kW·h×7 200 h×0.75元=31.32万元/年。

(3) 系统正常运行后,余热回收经济效益约为41万元/年。

5. 结论

采用RTO技术治理涂膜废气,现场运行数据表明:非甲烷总烃排放限值满足《大气污染物综合排放标准》(GB 16297—1996)中的二级标准,乙酸乙酯排放值低于根据《制定地方大气污染物排放标准的技术方法》(GB/T 38401—2019)计算的限值。RTO系统总投资共计160万元,通过安装烟气余热回收装置,每年可产生经济效益约41万元。该套设备的使用,不仅大幅减小了VOCs的排放量,还具有良好的社会效益、环境效益和经济效益。

## 8.2.2 RTO处理医药化工废气的工程案例

1. 设计条件

某医药化工企业生产装置产生废气中的主要污染物为氯化氢、甲醇、甲苯、二氯乙烷、氨气等。废气流量为10 000 $m^3 \cdot h^{-1}$,各污染物排放量:氯化氢排放速率为4.801 $kg \cdot h^{-1}$;甲醇排放速率为2.067 $kg \cdot h^{-1}$;甲苯排放速率为0.53 $kg \cdot h^{-1}$;二氯乙烷排放速率为1.938 $kg \cdot h^{-1}$;氨气排放速率为0.323 $kg \cdot h^{-1}$;拟建项目甲苯排放速率为9.775 $kg \cdot h^{-1}$;拟建+现有甲苯排放速率为10.305 $kg \cdot h^{-1}$。

2. RTO工作原理

RTO技术是一种通过氧化过程将VOCs废气转化为无害的$CO_2$与$H_2O$,同时利用蓄热材料的蓄热及放热原理进行设计的高温氧化技术(图8-1)。

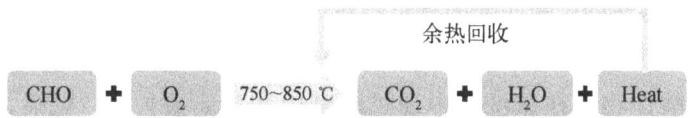

图8-1 RTO蓄热氧化过程示意图

RTO的核心部件为蓄热/切换装置,其蓄热过程如图8-2所示。

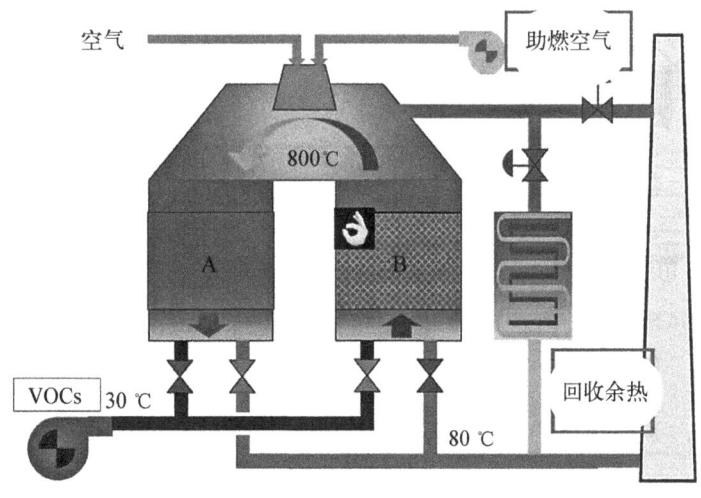

图8-2 RTO蓄热过程示意图

蓄热氧化炉(RTO)利用超过800℃(正常控制在820℃左右,)的高温将废气中的VOCs氧化为$H_2O$和$CO_2$。

常温的废气进入燃烧室时,从事先预热的入口端高温蓄热层吸收热量,达到750℃以上温度,辅以燃烧器加热至设定温度,进行氧化分解,再由出口端蓄热层吸收大部分热量后排出。通过气流切换阀门定时切换气流方向,原来的入口箱变成反吹箱(吹扫残留在蓄热陶瓷里面的微量VOCs气体,避免在切换为出口箱时污染已治理的气体),出口箱变成入口箱,反吹箱变成出口箱,在循环蓄热层进行周而复始的吸热和放热过程。因热回收效率很高,可达95%以上,在有机物浓度较高时无需燃烧器供热,利用有机物氧化释放的热量就可以保持燃烧室的温度,达到节能效果,RTO的出口温度一般为入口温度+40℃左右。

3. 工艺流程

如图8-3所示,来自生产装置的废气,首先经预处理碱洗塔和水洗塔清洗去除废气中的酸性和碱性物质。然后通过风机废气被引入阀箱,气体通过阀门和导流孔进入蓄热陶瓷床。在原料气穿过蓄热陶瓷时,气体被陶瓷内的热量预热至接近氧化温度,污染物在燃烧室内被氧化(有机物与原料气中的氧气反应)。接着,洁净气体离开燃烧室进入另外一个蓄热陶瓷床,同时将热量留在蓄热陶瓷内。洁净气体随之降温至接近原料气入口的温度。当气体流经第一、第二个蓄热陶瓷床时,一小股气体对第三个蓄热陶瓷床进行反吹,以脱除残留在蓄热陶瓷床底部的有机物残留,反吹气体进入炉膛然后从陶瓷床排出,依次循环往复。随后,洁净气体通过导流孔、提升阀和洁净气管道进入冷却洗涤塔和碱洗塔,反应生成的酸性物质在碱洗塔中通过酸碱中和反应被去除。最后,气体经排气筒排放。

工艺路线:"前碱洗塔+前水洗塔+三床式RTO+冷却塔+后碱洗塔+排气筒"。

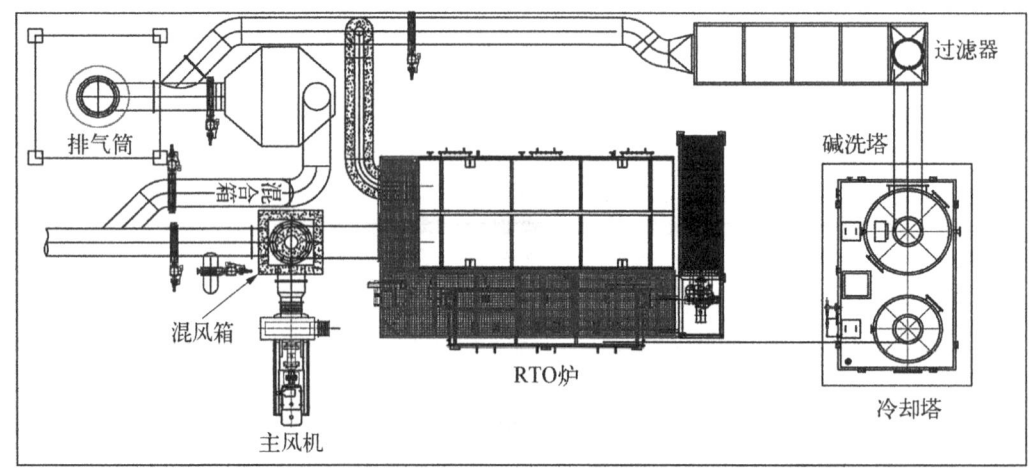

图8-3 设备布置示意图

4. RTO 主要设计参数

RTO 的主要设计参数见表 8-4。

表 8-4 RTO 主要设计参数[型号：YZTG-3-10(三床式)]

| 名　称 | 单　位 | 数　值 |
| --- | --- | --- |
| 集气室 | 个 | 3 |
| 燃烧室 | 个 | 1 |
| 蓄热室数 | 个 | 3 |
| 蓄热室切换时间 | min | 2 |
| 设计尾气量 | $m^3 \cdot h^{-1}$ | 10 000 |
| 陶瓷床换热器的热回收率 | % | ≥96 |
| 装置压降 | $mmH_2O$ | 500 |
| 燃烧室氧化温度 | ℃ | 850～900 |
| 启动燃料(天然气) | $Nm^3 \cdot h^{-1}$ | 50 |
| RTO 装机功率 | kW | 55 |
| 设备总质量 | t | 约 35 |
| 设备尺寸(约) | m×m×m | 7.5(长)×4.5(宽)×5.5(高) |

5. 运行效果

项目于 2023 年通过环保"三同时"验收，采用高效 RTO 工艺处理后的废气中 VOCs 排放浓度可持续控制在 20 mg·$m^{-3}$ 以下，远低于山东省地方排放标准《挥发性有机物排放标准　第 6 部分：有机化工行业》(DB37/2801.6—2018)中 VOCs 60 mg·$m^{-3}$ 的排放要求。废气中的氯化氢、氨等各类酸碱污染因子也均能达标排放，工艺设备如图 8-4 所示。

图 8-4　工艺设备现场图

### 8.2.3 浓缩转轮+蓄热式催化燃烧工艺处理喷涂废气的工程案例

**1. 设计条件**

某汽车制造企业在喷涂工序产生的工艺废气中的主要污染物为漆雾、二甲苯、VOCs等,排放量为 $73×10^4 \ m^3 \cdot h^{-1}$,具体见表8-5。

**表8-5 某汽车制造企业喷涂工序产生的工艺废气组分及处理要求**

| 项 目 | 浓度或排放量 | 要求去除率/% | 备 注 |
|---|---|---|---|
| 漆雾/$(mg \cdot m^{-3})$ | 4.07 | 90 | |
| 二甲苯/$(mg \cdot m^{-3})$ | 54 | 90 | |
| VOCs/$(mg \cdot m^{-3})$ | 151.8 | 99 | |
| 烟气量/$(m^3 \cdot h^{-1})$ | 730 000 | | |

根据《环境空气质量标准》(GB 3095—2012),环境空气功能区分为两类:一类区为自然保护区、风景名胜区和其他需要特殊保护的区域;二类区为居住区、商业交通居民混合区、文化区、工业区和农村地区。假设该工产位于二类区,根据《大气污染物综合排放标准》(GB 16297—1996),其排放要求见表8-6。

**表8-6 对某汽车制造企业喷涂工序产生的工艺废气的排放要求**

| 污染物 | 排气筒高度/m | 最高允许排放浓度/$(mg \cdot m^{-3})$ | 最高允许排放速率/$(kg \cdot h^{-1})$ | 设计排放浓度/$(mg \cdot m^{-3})$ | 设计排放速率/$(kg \cdot h^{-1})$ |
|---|---|---|---|---|---|
| 漆雾 | 15 | — | — | 0.407 | 0.3 |
| 二甲苯 | | 70 | 1.0 | 5.400 | 3.9 |
| VOCs(按非甲烷总烃计算) | | 120 | 10.0 | 1.518 | 1.1 |

本案例进行下述设备的选型计算:漆雾处理装置、浓缩转轮、蓄热式催化燃烧(RCO)、混合换热器、主风机、RCO风机。

**2. 装置计算**

(1) 漆雾处理装置。漆雾处理装置由玻璃纤维棉和装置框架组成。玻璃纤维棉由无序排列的短切玻璃纤维构成,形成高孔隙率的多孔网状结构,具备优异的隔热、吸音及防火性能。玻璃纤维棉通过多孔纤维结构有效捕集漆雾颗粒,其低阻力、高容尘量及结构稳定性使其成为工业喷涂废气处理的优选材料。

利用玻璃纤维棉捕集来自喷涂工序的边量油漆(即漆雾),避免影响后续的废气处理装置。通过咨询某玻璃纤维棉供应商,获得其产品参数(表8-7):

表8-7 玻璃纤维棉产品参数

| 型 号 | LH/PA-50/60 | LH/PA-100 |
| --- | --- | --- |
| 平均计重效率/% | 92～96 | 97～99 |
| 初阻力/Pa | 15 | 20 |
| 终阻力/Pa | 250 | 280 |
| 风速/(m·s$^{-1}$) | 0.7～1.5 | 0.7～1.75 |
| 容尘量/(g·m$^{-2}$) | 3 200～3 600 | 3 600～4 900 |
| 最高耐温温度/℃ | 170 | 170 |
| 瞬间温度/℃ | 190 | 190 |
| 厚度/mm | 50/60 | 100 |

为保证漆雾处理效果,本方案选择 LH/PA-100(型号),设计参数见表8-8。

表8-8 LH/PA-100型号漆雾处理装置参数

| 型 号 | LH/PA-100 |
| --- | --- |
| 平均计重效率/% | 97～99 |
| 初阻力/Pa | 20 |
| 终阻力/Pa | 220 |
| 风速/(m·s$^{-1}$) | ≤0.8 |
| 容尘量/(g·m$^{-2}$) | 3 600～4 900 |
| 最高耐温温度/℃ | 170 |
| 瞬间温度/℃ | 190 |
| 厚度/mm | 100 |

因处理风量较大,设计4套漆雾处理装置,进行并联设置,如图8-5所示。

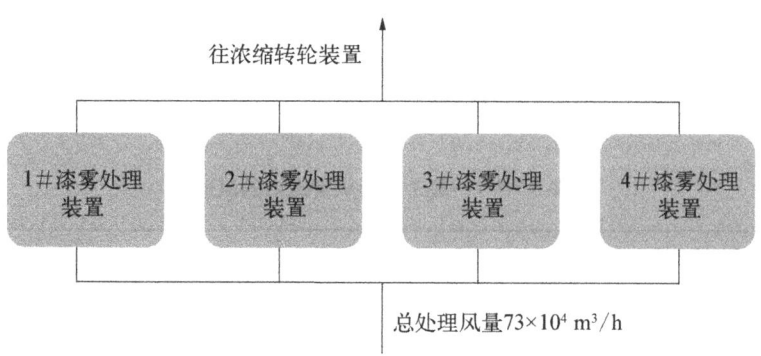

图8-5 漆雾处理装置设置示意图

则每套漆雾处理装置的处理风量为：

$$Q = \frac{730\,000}{4}\,\mathrm{m^3 \cdot h^{-1}} = 182\,500\,\mathrm{m^3 \cdot h^{-1}}$$

根据单套漆雾处理装置的风量及设计过滤风速，每套漆雾处理装置的过滤面积为：

$$A = \frac{182\,500}{0.8 \times 3\,600}\,\mathrm{m^2} = 63.73\,\mathrm{m^2}$$

根据该过滤面积，设置漆雾处理装置长度为 10 m，则宽度为：

$$d = \frac{63.37}{10}\,\mathrm{m} = 6.337\,\mathrm{m}$$

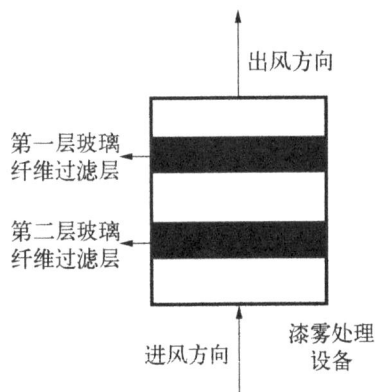

图 8-6　两层漆雾过滤装置的结构示意图

对数据进行圆整，取 $d = 6.4$ m。

同时，为保证漆雾处理效果，避免影响后端浓缩转轮的使用性能，采纳玻璃纤维棉供应商的建议，设置两层漆雾过滤装置，其结构示意图如图 8-6 所示：

为保证设备能装入两层厚度为 100 mm 的过滤层，同时留有检修孔等，设置漆雾处理装置的高度为 1.5 m。

漆雾处理装置的阻力为：

$$P = 2 \times (20 \sim 220) = (40 \sim 449)\,\mathrm{Pa}$$

漆雾浓度为 $4.07\,\mathrm{mg \cdot m^{-3}}$，则单套漆雾处理装置每小时处理的漆雾量为：

$$M = \frac{182\,500 \times 4.07}{1\,000\,000} = 0.74\,\mathrm{kg \cdot h^{-1}}$$

根据玻璃纤维棉供应商提供的参数，其容漆雾量取 $4.5\,\mathrm{kg \cdot m^{-2}}$，则单套漆雾处理装置的处理量为：

$$W = \frac{0.74}{4.5} = 0.16\,\mathrm{m^2 \cdot h^{-1}}$$

根据《环保装置设计手册——大气污染控制装置》，一般工业通风管道内的风速见表 8-9。

表 8-9　一般工业通风管道内的风速　　　　　　　　　　　单位：$\mathrm{m \cdot s^{-1}}$

| 风道部位 | 钢板和塑料风道 | 砖和混凝土通道 |
| --- | --- | --- |
| 主管 | 6～14 | 4～12 |
| 支管 | 2～8 | 2～6 |

漆雾处理装置进出口半径设计为 1.1 m,则对应风管的风速为:

$$S = \frac{182\,500}{1.1 \times 1.1 \times 3.14 \times 3\,600} = 13.34 \text{ m} \cdot \text{s}^{-1} < 14 \text{ m} \cdot \text{s}^{-1}$$

因此,该半径符合相关设计要求。

综合上述计算,单套漆雾处理装置的各项参数统计见表 8-10:

**表 8-10　单套漆雾处理装置的各项参数统计**

| 装置尺寸(长×宽×高)/m | $10 \times 6.4 \times 1.5$ |
|---|---|
| 过滤风速/(m·s$^{-1}$) | 0.79 |
| 设置过滤层数/层 | 2 |
| 设计阻力/Pa | 40～440 |
| 玻璃纤维消耗量/(m$^2$·h$^{-1}$) | 0.16 |

(2) 浓缩装置。因总处理风量较大,本方案设置两套浓缩转轮装置,进行并联,则单套处理风量为:

$$Q = \frac{730\,000}{2} = 365\,000 \text{ m}^3 \cdot \text{h}^{-1}$$

转轮处于连续转动状态时,工厂排出的处理气($V_1$),部分可用作冷却气,经过转轮冷却区后,进入换热器加热至约 200 ℃,再进入转轮脱附区。从转轮脱附区脱附的 VOCs 废气进入 RCO 或其他燃烧装置中,经氧化分解转化为 $H_2O$ 和 $CO_2$。脱附区经冷却区冷却至可吸附温度后,获得再生,并转入吸附区进行吸附作业。吸附区净化后的处理气($V_2$)排放至大气中。浓缩倍率 $L = V_1/V_2$。浓缩转轮的工艺如图 8-7 所示。

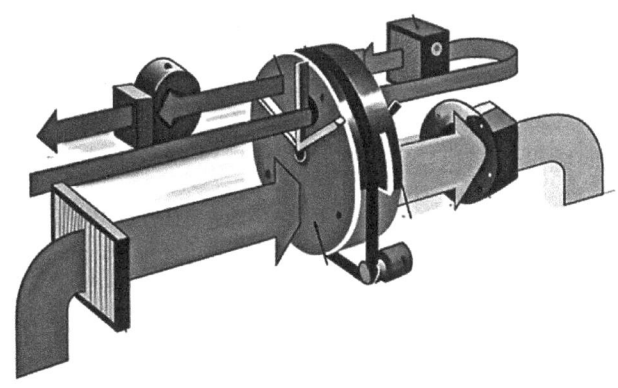

**图 8-7　浓缩转轮工艺示意图**

过滤面积:咨询浓缩转轮供应商,其建议过滤风速 $V \leqslant 2$ m·s$^{-1}$。据供应商介绍,浓缩转轮分为吸附区、脱附区及冷却区,其中吸附区占截面面积的 10/12,脱附区占截面面

积的 1/12,冷却区占截面面积的 1/12,则在该半径下,其过滤面积最小为:

$$S = \frac{Q}{3\,600V} \cdot \frac{360°}{300°} = \frac{365\,000}{3\,600 \times 2} \times \frac{360°}{300°} = 60.8 \text{ m}^2$$

设浓缩转轮半径为 4.5 m,则其过滤面积为 63.585 m²>60.8 m²,满足设计要求。核算当转轮半径为 4.5 m 时,其过滤风速:

$$V = \frac{365\,000}{3\,600 \times 63.585} \times \frac{360°}{300°} = 1.9 \text{ m} \cdot \text{s}^{-1} < 2 \text{ m} \cdot \text{s}^{-1}$$

符合供应商的参数要求。

浓缩转轮转速:吸附与脱附在转轮运行周期中是同步进行的,两者互相影响并共同决定了转轮的去除效率,转速的大小意味着吸附和脱附时间的长短。

转速过低时,吸附区停留时间过长会造成吸附质穿透,此种情况须提高转速加快吸附剂的更替。

转速过高时,脱附区停留时间过短会造成再生不足,此种情况须降低转速给再生区足够的再生时间。

根据供应商推荐,最佳转速实质是通过对吸附与脱附时间的控制,达到最高的去除率。转轮的电机必须可调并满足转轮转速在 $2 \sim 6 \text{ r} \cdot \text{h}^{-1}$ 之间,而在系统调试时,须根据工况实际进行调整。

转轮厚度:设计转轮的吸附容量时,应确保吸附区转入再生区时,吸附区还未达到饱和。转轮厚度越大其吸附容量越大,但厚度大会带来脱附不均的问题。根据供应商的建议,转轮厚度取 600 mm。

脱附温度:脱附温度主要由三个因素决定,即吸附质的性质(沸点)、转轮设备的隔热效率、冷却区的冷却能力。

要使吸附质脱附,脱附温度一般要高于吸附质的沸点温度。因为沸石分子筛甚至能承受上千度的高温,所以脱附温度越高,对脱附过程越有利。但若脱附温度太高,因传热作用,会造成靠脱附区一侧吸附区的吸附效率降低;再者会加重冷却区负荷,若超出冷却区极限,转入吸附区时温度过高也会降低吸附效率。

根据供应商介绍,本方案脱附温度设置为 200 ℃。综合上述计算,单套浓缩转轮装置的各项参数统计见表 8-11。

表 8-11 单套浓缩转轮装置的各项参数统计

| | |
|---|---|
| 装置尺寸(长×宽×高)/m×m×m | 10×4.45×10 |
| 过滤风速/(m·s⁻¹) | 1.9 |
| 吸附风量/(m³·h⁻¹) | 365 000 |

| 续 表 | |
|---|---|
| 装置尺寸(长×宽×高)/m×m×m | 10×4.45×10 |
| 脱附风量/(m³·h⁻¹) | 36 500 |
| 浓缩比 | 10 |

(3)催化氧化装置:因总处理风量较大,本方案设置两套催化氧化装置,进行并联,则单套处理风量为:

$$Q = \frac{73\,000}{2} = 36\,500 \text{ m}^3 \cdot \text{h}^{-1}$$

以下为单套RCO的计算过程。

催化剂用量计算:通过咨询某RCO催化剂供应商,获取其产品参数,见表8-12。

**表8-12 某RCO催化剂产品参数**

| 外形尺寸/mm×mm×mm | 50×50×50 |
|---|---|
| 堆积密度/(kg·L⁻¹) | 0.6±0.05 |
| 比表面积/(m²·g⁻¹) | 76 |
| 空速/h⁻¹ | 8 000~20 000 |
| 催化剂活性温度/℃ | 250~350 |

根据催化剂供应商提供的参数,取空速为15 000 h⁻¹、堆积密度为0.6 kg·L⁻¹,则单套RCO所需催化剂的质量和体积分别为:

$$M = \frac{35\,600 \times 1\,000}{15\,000} = 2.43 \text{ t}$$

$$V = \frac{2.43 \times 10^3}{0.6} \times 10^{-3} = 4.05 \text{ m}^3$$

RCO计算参数汇总:因二甲苯也属于VOCs中的一类,假设总VOCs浓度为54+151.8=205.8 mg·m⁻³,因浓缩转轮浓缩倍数为10,因此进入RCO的浓度为205.8×10=2 058 mg·m⁻³。

根据任务书,并咨询蓄热体等重要部件供应商,获取参数后,汇总各计算参数见表8-13。

**表8-13 蓄热体等重要部件的计算参数**

| 项 目 | 依 据 | 数 据 | 单 位 |
|---|---|---|---|
| 处理风量 $V$ | 任务书 | 36 500 | m³·h⁻¹ |
| VOCs浓度 $\varepsilon$ | 任务书 | 2.058 | g·m⁻³ |

续表

| 项目 | 依据 | 数据 | 单位 |
| --- | --- | --- | --- |
| VOCs 进气温度 $T_i$ | 任务书 | 25 | ℃ |
| VOCs 燃烧热 $h$ | 假设 VOCs 均为二甲苯 | 43 377 | kJ·kg$^{-1}$ |
| VOCs 净化率 $\eta$ | 设置参数 | 99 | % |
| RCO 蓄热室加热侧设计换热效率 $\eta_1$ | 设置参数 | 98 | % |
| RCO 蓄热室蓄热侧设计换热效率 $\eta_2$ | 设置参数 | 95 | % |
| RCO 氧化温度 $T_r$ | 设置参数 | 320 | ℃ |
| 进气/烟气密度 $\rho$ | 按空气 1 atm、25 ℃的密度选取 | 1.169 1 | kg·m$^{-3}$ |
| RCO 散热损失 $\psi$ | 经验常数 | 150 000 | kJ·h$^{-1}$ |
| 间接头系数 $\omega$ | 经验常数 | 1 | % |
| 切换时间 $T$ | 设置参数 | 1.5 | min |
| 空塔流速 $v_k$ | 设置参数 | 1.2 | m·s$^{-1}$ |
| 助燃燃料 | 设置参数 | CH$_4$ | |
| 助燃燃料过量空气系数 $\beta$ | 设置参数 | 1.05 | |
| 空气温度 $T_e$ | 设置参数 | 25 | ℃ |
| 助燃燃料低位发热量 $H_{com}$ | 物性参数 | 35 900 | kJ·m$^{-3}$ |
| 蓄热体导热率 $\lambda$ | 物性参数 | 1.5 | W·(m·K)$^{-1}$ |
| 蓄热体孔隙率 $\alpha$ | 物性参数 | 59 | % |
| 蓄热体比表面积 $X$ | 物性参数 | 900 | m$^2$·m$^{-3}$ |
| 蓄热体密度 $\rho$ | 物性参数 | 800 | kg·m$^{-3}$ |
| 蓄热体热容量 $C_x$ | 物性参数 | 950 | kJ·(m$^3$·℃)$^{-1}$ |
| VOCs 停留时间 $T_v$ | 设置参数 | 1 | s |
| 蓄热体当量孔径 $d_e$ | 物性参数 | 0.003 | m |
| 蓄热体孔壁厚 $\delta$ | 物性参数 | 0.001 | m |
| 实际海拔 $Z$ | 任务书 | 50 | m |
| 标准大气压 $P$ | 物性参数 | 101.325 | kPa |
| 0 ℃空气密度 $\rho_1$ | 物性参数 | 1.293 | kg·m$^{-3}$ |
| 标准系统压力损失(500 m)$\Delta P$ | 经验常数 | 4 000 | Pa |
| 风机组整体效率 $\eta_3$ | 经验常数 | 0.7 | |
| 逆清洗排烟温度 $T_{rb}$ | 设置参数 | 300 | ℃ |
| 环境平均风速 $V_{air}$ | 设置参数 | 2 | m·s$^{-1}$ |

保温层计算：咨询保温材料供应商后，本方案采用耐火硅酸铝纤维模块，获取耐火硅酸铝纤维模块产品参数，见表 8-14。

表 8-14 耐火硅酸铝纤维模块产品参数

| 参数 \ 温度/℃ | 耐 1 050 ℃产品 | 1 260 | 1 400 |
|---|---|---|---|
| 理论导热系数 $\lambda/[W \cdot (m \cdot K)^{-1}]$ | $= 0.121\,48 + 8.148 \times 10^{-5} \times T + 3.703 \times 10^{-8} \times T^2$ | | |
| 渣球含量 ($\psi \geqslant 0.212$ mm)/% | $\leqslant 20$ | | |
| 理论体积密度/(kg·m$^{-3}$) | $200 \pm 10; 220 \pm 10$ | | |
| 常用产品规格/(mm×mm×mm) | $300 \times 300 \times 250$ | | |
| $Al_2O_3$/% | | | |
| $ZrO_2$/% | | | |
| $Al_2O_3 + SiO_2$/% | | | |
| $Fe_2O_3$/% | $\leqslant 1.0$ | $\leqslant 0.2$ | $\leqslant 0.2$ |
| $K_2O + Na_2O$/% | $\leqslant 0.5$ | $\leqslant 0.2$ | $\leqslant 0.2$ |
| 包装形式 | 纸箱/编织袋 | | |

注：$T$ 为环境温度。

a) 计算参数设置见表 8-15。

表 8-15 计算参数设置

| 项 目 | 数 据 | 单 位 |
|---|---|---|
| RCO 氧化室温度 $T_r$ | 320 | ℃ |
| RCO 氧化室温度 $T_i$ | 25 | ℃ |
| RCO 最高排气温度 $T_{rb}$ | 300 | ℃ |
| 空气环境温度 $T_e$ | 25 | ℃ |
| 环境平均风速 $V_{air}$ | 2 | m·s$^{-1}$ |

b) RCO 保温外壁温度：$T_{w1} = 33.4 + 0.028 \times (T_r - 50) = 33.4 + 0.028 \times (320 - 50) = 40.96$ ℃；

c) 保温层平均温度 $= 1/2(T_r + T_{w1}) = 1/2 \times (320 + 40.96) = 180.48$ ℃；

d) 保温棉导热系数 $\lambda_2$ 由供应商提供，取 $\lambda_2 = 0.139$ W·(m·K)$^{-1}$；

e) 外界空气对流换热：$h_{air} = 11.63 + 6.95 \times V_{air} 0.5 = 11.63 + 6.95 \times 20.5 = 21.46$ W·(m$^2$·K)$^{-1}$；

f) 综上计算，保温层厚度 $D_{w1} = \lambda_2 \times (T_r - T_{w1})/[h_{air} \times (T_{w1} - T_e)] = 0.139 \times (320 - 40.96)/[21.46 \times (40.96 - 25)] = 0.113$ m。

为保证保温效果，对保温层厚度取整，即 $D_{w1} = 0.15$ m。

燃烧平衡计算见表 8-16。

**表 8-16 燃烧平衡计算表**

| 计 算 项 目 | 数 据 | 单 位 |
| --- | --- | --- |
| 风量 $V$ | 36 500 | $m^3 \cdot h^{-1}$ |
| VOCs 浓度 $\varepsilon$ | 2 058 | $mg \cdot m^{-3}$ |
| 进气温度 $T_i$ | 25 | ℃ |
| 燃烧热 $h$ | 43 377 | $kJ \cdot kg^{-1}$ |
| VOCs 净化率 $\eta$ | 99 | % |
| RCO 氧化温度 $T_r$ | 320 | ℃ |
| RCO 蓄热室加热侧换热效率 $\eta_1$ | 95 | % |
| 进气/烟气密度 $\rho$ | 1.169 1 | $kg \cdot m^{-3}$ |
| RCO 散热损失 $\psi$ | 150 000 | $kJ \cdot h^{-1}$ |
| 助燃燃料 | $CH_4$ | |
| 助燃燃料过量空气系数 $\beta$ | 1.2 | |
| 助燃空气温度 $T_e$ | 25 | ℃ |
| 助燃燃料低位热值 $H_{com}$ | 35 900 | $kJ \cdot m^{-3}$ |
| 间接头系数 $\omega$ | 1.05 | |

a) 进气比热容 $C_i$：查 25 ℃时空气的比热容，得到进气的比热容 $C_i = 1.006\ 26\ kJ \cdot (kg \cdot ℃)^{-1}$；

b) RCO 入口带入总能量 $Q_1 = \omega \cdot V \cdot \rho \cdot C_i \cdot T_i = 1.05 \times 36\ 500 \times 1.169\ 1 \times 1.006\ 26 \times 25 = 1\ 127\ 159.56\ kJ \cdot h^{-1}$；

c) 加热侧气体温度 $T_{i2} = \eta_1 \cdot (T_r - T_i)/100 + T_i = 305.25\ ℃$；

d) 加热侧气体比热容 $C_{i2} = 1.05\ kJ \cdot (kg \cdot ℃)^{-1}$；

e) 加热侧气体总能量 $Q_2 = \omega \cdot V \cdot \rho \cdot C_{i2} \cdot T_{i2} = 1.05 \times 36\ 500 \times 1.169\ 1 \times 1.05 \times 305.25 = 14\ 360\ 805.4\ kJ \cdot h^{-1}$；

f) VOCs 总产热 $Q_v = (V \cdot \varepsilon \cdot h/1\ 000\ 000) \cdot (\eta/100) = (36\ 500 \times 2\ 058 \times 43\ 377/1\ 000\ 000) \times 99\% = 3\ 225\ 767\ kJ \cdot h^{-1}$；

g) 加热侧交换热量 $Q_{ex} = Q_2 - Q_1 = 13\ 233\ 645.8\ kJ \cdot h^{-1}$（扣除热量损失 $\psi$ 后为 $13\ 083\ 645.8\ kJ \cdot h^{-1}$）；

h) 单位质量助燃燃料所需实际空气量 $V_k = (0.264 H_{com}/1\ 000 - 0.25) \cdot \beta = 11.3\ m^3 \cdot m^{-3}$；

i) 助燃空气的比热容 $C_k = 1.006\ kJ \cdot (kg \cdot ℃)^{-1}$；

j) 单位质量助燃燃料所需空气自带热量 $Q_{k1} = V_k \cdot \rho \cdot C_k \cdot T_e = 11.3 \times 1.302 \times 1.006 \times 25 = 370.02\ kJ \cdot h^{-1}$；

k) 氧化室内烟气比热容 $C_r = 1.05\ kJ \cdot (kg \cdot ℃)^{-1}$；

l) 助燃燃料量 $M=(Q_v+Q_2-\omega \cdot V \cdot \rho \cdot C_r \cdot T_r-\varphi)/(H_{com}+Q_{kl}-V_k \cdot \rho \cdot C_r \cdot T_r)=(3\,225\,767+14\,360\,805.4-1.05\times36\,500\times1.169\,1\times1.05\times320-150\,000)/(35\,900+370.02-11.3\times1.302\times1.006\times25)=66.35\text{ m}^3 \cdot \text{h}^{-1}$；

m) 助燃燃料释放能量 $Q_{com}=M \cdot H_{com}=2\,381\,965\text{ kJ} \cdot \text{h}^{-1}$；

n) 助燃空气量 $V_r=M \cdot V_k=750\text{ m}^3 \cdot \text{h}^{-1}$；

o) 氧化室总烟气量 $V_3=M \cdot V_k+\omega \cdot V=39\,075\text{ m}^3 \cdot \text{h}^{-1}$；

p) 氧化室总能量 $Q_3=(M \cdot V_k+\omega \cdot V) \cdot \rho \cdot C_r \cdot T_r=15\,349\,348\text{ kJ} \cdot \text{h}^{-1}$；

q) 蓄热侧入口总热量 $Q_4=Q_3=15\,349\,348\text{ kJ} \cdot \text{h}^{-1}$；

r) 蓄热侧出口总能量 $Q_5=Q_4-Q_{ex}=2\,115\,702.2\text{ kJ} \cdot \text{h}^{-1}$；

s) 蓄热侧总排烟量 $V_4=V_3=39\,075\text{ m}^3 \cdot \text{h}^{-1}$；

t) 蓄热侧出口温度取 $T_o=50\text{ ℃}$；

u) 蓄热侧出口烟气的比热容估算 $C_o=1.013\,6\text{ kJ} \cdot (\text{kg} \cdot \text{℃})^{-1}$；

v) 蓄热室出口烟气温度核算 $T_o=Q_5/V_4/\rho/C_o=45.7\text{ ℃}$；

w) RCO 蓄热室蓄热侧换热效率 $\eta_2=(T_r-T_o)/(T_r-T_i)=93\%$。

蓄热体用量计算。

a) 计算参数（见表 8-17）。

表 8-17 蓄热体计算参数表

| 项 目 | 数 据 | 单 位 |
| --- | --- | --- |
| 空塔流速 $V_k$ | 1.4 | $\text{m} \cdot \text{s}^{-1}$ |
| 进气温度 $T_i$ | 25 | ℃ |
| 加热侧氧化室进气温度 $T_{i2}$ | 305 | $\text{kJ} \cdot \text{kg}^{-1}$ |
| RCO 氧化温度 $T_r$ | 320 | ℃ |
| 最大蓄热室交换热力 $Q_{ex}$ | 13 206 452 | $\text{kJ} \cdot \text{h}^{-1}$ |
| 蓄热侧出口烟气温度 $T_o$ | 45.7 | ℃ |
| 蓄热体导热率 $\lambda$ | 1.5 | $\text{W} \cdot (\text{m} \cdot \text{K})^{-1}$ |
| 蓄热体孔隙率 $\alpha$ | 59 | % |
| 蓄热体比表面积 $X$ | 900 | $\text{m}^2 \cdot \text{m}^{-3}$ |
| 蓄热体当量孔径 $d_e$ | 0.003 | m |
| 蓄热体孔壁厚 $\delta$ | 0.001 | m |
| 切换时间 $T$ | 1.5 | min |

b) 蓄热室加热侧气体定性温度 $T_j=(1/2)(T_i+T_{i2})=165\text{ ℃}$；

c) 蓄热室蓄热侧气体定性温度 $T_x=(1/2)(T_r+T_o)=182.85\text{ ℃}$；

d) 蓄热室加热侧进气流速 $V_i=V_{k/\alpha}=2.37\text{ m} \cdot \text{s}^{-1}$；

e) 蓄热室加热侧定性流速 $V_{jp}=V_i \cdot (273.15+T_j)/(273.15+T_i)=3.48\text{ m} \cdot \text{s}^{-1}$；

f) 蓄热室加热侧出口气体流速 $V_{i2}=V_i \cdot (273.15+T_{i2})/(273.15+T_i)=4.6 \text{ m} \cdot \text{s}^{-1}$；

g) 氧化室内烟气平均流速（截面等同蓄热室）$V_{y1}=[V_k \cdot (273.15+T_r)/(273.15+T_i)]=2.79 \text{ m} \cdot \text{s}^{-1}$；

h) 蓄热室蓄热侧定性流速 $V_{xp}=V_i \cdot (273.15+T_x)/(273.15+T_i)=3.62 \text{ m} \cdot \text{s}^{-1}$；

i) 蓄热室蓄热侧出口流速 $V_o=V_i \cdot (273.15+T_o)/(273.15+T_i)=2.53 \text{ m} \cdot \text{s}^{-1}$；

j) 蓄热室加热侧对流传热系数 $h_j=(0.03/d_c \times 0.17) \times (0.0526 \times 0.678 \times 0.4 \times V_{jp} \times 0.83/[(63.85 \times 10^{-6}) \times 0.83] = 31 \text{ W} \cdot (\text{m}^2 \cdot \text{K})^{-1}$；

k) 综合传热系数 $K=1/(1/h_j+1/h_x+0.5\delta/2/\lambda)=15.7 \text{ W} \cdot (\text{m}^2 \cdot \text{K})^{-1}$；

l) 蓄热室气体定性温度下比热容 $C_d=1.02215 \text{ kJ} \cdot (\text{kg} \cdot \text{℃})^{-1}$；

m) 蓄热室对数温差 $\Delta T=[(T_r-T_{i2})-(T_o-T_i)]/\ln[(T_r-T_{i2})/(T_o-T_i)]=[(320-305)-(45.7-25)]/\ln[(320-305)/(45.7-25)]=17.7 \text{ ℃}$；

n) 单个蓄热室换热面积 $A=(T/60) \cdot Q_{ex} \times 1000/(K \cdot \Delta T \cdot T)=19539 \text{ m}^2$；

o) 单个蓄热室蓄热体体积 $V_{xrs}=A/X=21.7 \text{ m}^3$；

p) 设置两塔式 RCO，则蓄热体总用量 $V_{xrs} \times 2=43.4 \text{ m}^3$。

RCO 尺寸计算：综合上述计算，RCO 保温层厚度 ≥ 0.15 m，单塔催化剂用量 ≥ 2.03 m³，单塔蓄热体用量 ≥ 21.7 m³。

设计单塔蓄热体尺寸为 3.2 m × 3.2 m × 2.2 m，经核算其体积为 22.528 m³ > 21.7 m³，符合设计要求；

设计单塔催化剂层尺寸为 3.2 m × 3.2 m × 0.2 m，经核算其体积为 2.048 m³ > 2.03 m³，符合设计要求；

为保证 RCO 单塔体积能容纳 0.15 m 的保温层及蓄热体、催化剂，并且留有进出风管道安装空间，RCO 单塔长度设置为 3.4 m，宽度设置为 3.4 m，高度设置为 4.25 m，则蓄热室的尺寸为 3.4 m × 3.4 m × 4.25 m；

VOCs 停留时间 $T_v=1 \text{ s}$，则氧化室体积 $V_{氧化室}=36500/3600=10.14 \text{ m}^3$，氧化室宽度与蓄热室保持一致，设置其长度为 7.5 m，则其高度：

$$H=10.14/(7.5-0.15-0.15)/(3.4-0.15-0.15)+0.15=0.604 \text{ m}$$

取整数为 0.6 m，则氧化室的尺寸为 7.5 m × 3.4 m × 0.6 m。

综合上述计算，单套 RCO 装置的各项参数汇总见表 8-18。

表 8-18 单套 RCO 装置的各项参数汇总

| 装置尺寸（长×宽×高）/m×m×m | 7.8×3.4×4.9 |
| --- | --- |
| 单塔蓄热体用量/m³ | 22.528 |
| 单塔催化剂用量/m³ | 2.048 |
| 氧化室停留时间/s | 0.85 |

(4) RCO 风机计算。

1) 假设厂区所在地海拔为 50 m，汇总各计算参数见表 8-19。

表 8-19 RCO 风机计算参数

| 项 目 | 数 据 | 单 位 |
|---|---|---|
| 海拔 $Z$ | 50 | m |
| 标准大气压 $P$ | 101.325 | kPa |
| 0 ℃ 空气密度 $\rho_1$（标准大气压） | 1.293 | kg·m$^{-3}$ |
| 标准系统压力损失(500 m,50 ℃)$\Delta P$ | 4 000 | Pa |
| 处理风量（单套 RCO）$V$ | 36 500 | m$^3$·h$^{-1}$ |
| VOCs 进气温度 $T_i$ | 25 | ℃ |
| 空气温度 $T_e$ | 25 | ℃ |

2) 海拔 500 m 大气压 $P_n = P \times (1 - 500/44\,330) \times 5.255 = 95.46$ kPa；

3) 实际大气压 $P_1 = P \times (1 - Z/44\,330) \times 5.255 = 100.73$ kPa；

4) 标准状态密度 $\rho_n = \rho_1 \times [273.15/(273.15+50)] \times P_1/P = 1.03$ kg·m$^{-3}$；

5) 实际气体密度 $\rho_{21} = \rho_1 \times [273.15/(273.15+T_i)] \times P_1/P = 1.177\,6$ kg·m$^{-3}$；

6) 实际空气密度 $\rho_{22} = \rho_1 \times [273.15/(273.15+T_e)] \times P_1/P = 1.177\,6$ kg·m$^{-3}$；

7) 实际处理风量 $V_a = V \cdot \omega = 36\,500$ m$^3$·h$^{-1}$；

8) 实际压力损失 $\Delta P_1$(50 m, 50 ℃) $= \Delta P \cdot (\rho_{21}/\rho_n) = 4\,574.475$ Pa；

9) 风机轴功率实际计算风量 $V_{a1} = V_a \times [(273.15+50)/(273.15+20)] \times (P/P_1) = 42\,706.56$ m$^3$·h$^{-1}$；

10) 标准状态所需功率 $P_w$(500 m, 25 ℃) $= (V_{a1} \cdot \Delta P/3\,600/1\,000) \times 1.2 = 56.94$ kW。

(5) 主风机计算：因系统总处理风量太大，设置 4 台主风机并联，则每台主风机处理风量为 $18.25 \times 10^4$ m$^3$·h$^{-1}$，参照上述计算原理，则其标准状态所需功率 $P_{w2}$ 为 325.6 kW。

(6) 混合换热器计算：混合式换热，其换热效率能达到 100%，且设备结构简单，易于维护。

汇总各计算参数，见表 8-20。

表 8-20 热风混合器设计数据

| 项 目 | 混合端 | 热端 | 冷端 |
|---|---|---|---|
| 风量/(m$^3$·h$^{-1}$) | $Q_o = 36\,500$ | $Q_1$ | $Q_2$ |
| 温度/℃ | $T_o = 200$ | $T_1 = 320$ | $T_2 = 25$ |

经查询：200 ℃时空气的比热容为 1.026 kJ·(kg·℃)$^{-1}$，密度为 0.465 kg·m$^{-3}$；320 ℃时空气的比热容为 1.051 kJ·(kg·℃)$^{-1}$，密度为 0.37 kg·m$^{-3}$；25 ℃时空气的比热容为 1.006 kJ·(kg·℃)$^{-1}$，密度为 1.169 kg·m$^{-3}$。

根据设计条件，混合端所含有的热量为：

$$36\,500 \times 200 \times 0.465 \times 1.026 = 3\,482\,757 \text{ kJ}$$

根据热量守恒定律：

$$Q_1 \cdot T_1 \cdot \rho_1 \cdot C_1 + Q_2 \cdot T_2 \cdot \rho_2 \cdot C_2 = 3\,482\,757 \text{ kJ},$$

即 $\quad 124.438\,4Q_1 + 29.400\,35Q_2 = 3\,482\,757 \text{ kJ}$

设 $Q_1 = 20\,000$ m$^3$·h$^{-1}$，则 $Q_2 = 16\,500$ m$^3$·h$^{-1}$。

混合换热器半径计算：咨询混合换热器供应商，其建议内部风速≤8 m·s$^{-1}$，则混合换热器半径为：

$$\sqrt{[36\,500/(8 \times 3\,600)]/3.14} = 1.99 \text{ m}$$

取整数，则换热器内部半径为 2.0 m，同时加厚度为 0.3 m 的保温层，则换热器外部半径为 2.3 m。

混合换热器高度计算，咨询混合换热器供应商：

塔顶至热端管口：$L_1 = D_i = 0.12$ m；

热端管口至扰流板：$L_2 = D_i = 0.12$ m；

扰流板至混合端管口：$L_3 = D_i = 0.12$ m；

混合端管口至塔底：$L_4 = D_i + 0.1 = 0.22$ m；

塔顶至热端管中心：$M_1 = L_1 = 0.12$ m；

热端管中心至混合端管中心：$M_2 = 4 \times L_2 = 0.48$ m；

混合端管中心至塔底：$M_3 = M_2 = 0.48$ m；

则混合换热器高度：$H = L_1 + L_2 + L_3 + L_4 + M_1 + M_2 + M_3 = 1.66$ m，取整数得 $H = 2$ m。

综合上述计算，单套混合换热器的各项参数统计见表 8-21。

表 8-21 单套混合换热器的各项参数统计

| 装置尺寸（直径×高）/m | ⌀3×2 |
|---|---|
| 保温层厚度/m | 0.3 |
| 热端温度/℃及风量/(m$^3$·h$^{-1}$) | 320，25 000 |
| 冷端温度/℃及风量/(m$^3$·h$^{-1}$) | 25，12 646.2 |
| 混合端温度/℃及风量/(m$^3$·h$^{-1}$) | 200，36 500 |

3. 经济性计算

系统主要运行费用为 RCO 风机、主风机电费,漆雾过滤棉更换费用,RCO 补充燃料费等。

(1) 漆雾处理装置:漆雾处理装置的运行费用主要是玻璃纤维过滤棉的更换费用。根据前述内容计算,单套漆雾处理装置过滤棉用量为 $0.16 \ m^2 \cdot h^{-1}$,根据供应商提供的过滤棉单价(500 元/平方米),假设日运行 24 h,则日运行费用为 $0.16 \times 500 = 80$ 元/天。

(2) RCO 运行费用:

1) 单套催化剂更换费用方面,通过咨询供应商,催化剂单价在 50 000 元/立方米左右,在连续使用的前提下,使用寿命约为 3 年,换算可得每天的使用成本为 $(50\ 000 \times 4.096)/(3 \times 365) = 187.03$ 元/天。

2) 单套 RCO 燃料费用方面,浓缩后的 VOCs 在 RCO 中被氧化,释放出热量,该热量不仅能供应 RCO 的自行运转,还有富余的热量可供利用。常温常压下,$CH_4$ 的密度为 $0.716 \ kg \cdot m^{-3}$,则其质量流量为 $74 \times 0.716 = 52.984 \ kg \cdot m^{-3}$,则每小时富余的热量为

$$52.984 \ kg \cdot h^{-1} \times 35\ 900 \ kJ \cdot kg^{-1} = 1\ 902\ 125.6 \ kJ \cdot h^{-1}$$

天然气的低位热值为 $33\ 280 \ kJ \cdot m^{-3}$,价格约为 4 元/立方米,则 $1\ 902\ 125.6 \ kJ \cdot h^{-1}$ 相当于 $1\ 902\ 125.6/33\ 280 = 57.16 \ m^3 \cdot h^{-1}$ 的天然气,可节省 $57.16 \times 4 \times 24 = 5\ 487.36$ 元/天。

(3) 单套 RCO 风机运行费用:按工业电价 1 元/千瓦时计算。

$$56.94 \ kW \times 1 \ 元/千瓦时 \times 24 \ h/d = 1\ 366.56 \ 元/天。$$

(4) 单套主风机运行费用:按工业电价 1 元/千瓦时计算。

$$325.6 \ kW \times 1 \ 元/千瓦时 \times 24 \ h/d = 7\ 814.4 \ 元/天$$

(5) 综合费用:综上计算,系统共 4 套漆雾处理装置、2 套 RCO 装置、2 台 RCO 风机、4 台主风机,则综合费用为:

$$80\ 元/天 \times 4\ 套 + 187.03\ 元/天 \times 2\ 套 - 5\ 487.36\ 元/天 \times 2\ 套 +$$
$$1\ 366.56\ 元/天 \times 2\ 台 + 7\ 814.4\ 元/天 \times 4\ 台 = 23\ 710.06\ 元/天。$$

即系统每天运行费用为 23 710.06 元。但环保设施的经济性不能单纯以运行费用考虑,环保设施的运行有利于环境保护、职业健康防护等方面,因此,本方案认为该环保设施综合效益还是正向的。

## 8.2.4 热交换预热与直接燃烧装置治理彩涂线焚烧炉 VOCs 的案例

项目涉及彩涂车间彩涂线于 2004 年投用,用于高档建材板的生产,采用的是"二涂二

烘"涂敷工艺。该生产线是国外某公司设计、生产、安装,其中的 VOCs 焚烧炉采用国外进口设备。

彩涂线废气处理方法是利用热交换余热和直接燃烧设备(Direct Thermal Oxidizer,DTO)来处理 VOCs 废气,因设备长时间运行和老化等多方面原因,2021 年,燃烧设备出现排放不稳定、能耗高及运行不稳定等一系列问题。为了解决上述问题,需进行焚烧炉改造:将原有的燃烧设备(DTO)拆除,更换为蓄热焚烧炉(RTO),利用其治理 VOCs 废气。

1. 设计依据

本案例项目的设计依据见表 8-22。

表 8-22 VOCs 综合治理项目设计依据

| 现行标准/规范名称 | 现行标准/规范号 |
| --- | --- |
| 《中华人民共和国环境保护法》 | |
| 《中华人民共和国大气污染防治法》 | |
| 《建设项目环境影响报告书及其环保部门批复文件》 | |
| 《挥发性有机物(VOCs)污染防治技术政策》 | 环境保护部公告 2013 年第 31 号 |
| 《重点行业挥发性有机物综合治理方案》 | 环大气〔2019〕53 号 |
| 《大气污染物综合排放标准》 | GB 16297—1996 |
| 《山东省区域性大气污染物综合排放标准》 | DB 37/2376—2019 |
| 《挥发性有机物排放标准 第五部分:表面涂装行业》 | DB 37/2801.5—2018 |
| 《挥发性有机物无组织排放控制标准》 | GB 37822—2019 |
| 《石油化学工业污染物排放标准》 | GB 31571—2015 |
| 《蓄热燃烧法工业有机废气治理工程技术规范》 | HJ 1093—2020 |
| 《恶臭污染物排放标准》 | GB 14554—1993 |

2. 设计条件

(1) 有机物成分:二甲苯、正丁醇、醋酸丁酯等;

(2) 废气风量:40 000 $Nm^3 \cdot h^{-1}$;

(3) 废气温度:220 ℃;

(4) VOCs 浓度:4 000~5 000 $mg \cdot Nm^{-3}$。

3. 设计范围

(1) VOCs 治理工艺设计;

(2) RTO 设计;

(3) 余热回收利用设计;

(4) 通风管道设计。

4. 设计参数

(1) 设计风量:40 000 $Nm^3 \cdot h^{-1}$;

(2) 设计净化效率：≥99.5%；

(3) 设计入口浓度：≤5 000 mg·Nm$^{-3}$；

(4) 设计出口浓度：≤25 mg·Nm$^{-3}$；

(5) 设计入口温度：220 ℃；

(6) 设计出口温度：260 ℃（平均）；

(7) 设计RTO热能回收效率：≥95%；

(8) 设计设备总功率：220 kW。

5. 设计计算

本案例项目中RTO设计计算参数如图8-8所示。

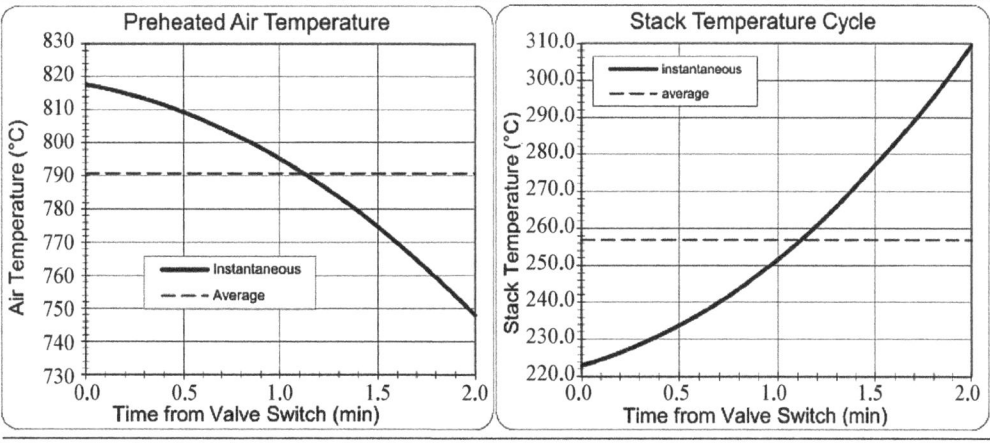

图8-8 RTO设计计算参数（该图由系统内截得）

一级换热与二级换热相关参数计算见表8-23和表8-24。

**表8-23 一级换热计算表**

| 序号 | 名称 | 单位 | 热侧 | 冷侧 |
|---|---|---|---|---|
| 1 | 介质 | | 烟气 | 废气 |
| 2 | 介质特性 | | 无毒、非易爆、不含尘、无腐蚀 | 无毒、非易爆、不含尘、无腐蚀 |
| 3 | 流量 | $Nm^2 \cdot h^{-1}$ | 40 000 | 33 600 |
| 4 | 进口温度 | ℃ | 200 | 20 |
| 5 | 出口温度 | ℃ | 约131 | 约100 |
| 6 | 传热量 | kW | 1 003 | |
| 7 | 阻力损失 | Pa | 490 | 320 |
| 8 | 换热面积 | ml | 350 | |

**表8-24 二级换热计算表**

| 序号 | 名称 | 单位 | 热侧 | 冷侧 |
|---|---|---|---|---|
| 1 | 介质 | | 烟气 | 废气 |
| 2 | 介质特性 | | 无毒、非易爆、不含尘、无腐蚀 | 无毒、非易爆、不含尘、无腐蚀 |
| 3 | 流量 | $Nm^2 \cdot h^{-1}$ | 40 000 | 33 600 |
| 4 | 进口温度 | ℃ | 550 | 100 |
| 5 | 出口温度 | ℃ | 约364 | 约320 |
| 6 | 传热量 | kW | 2 778 | |
| 7 | 阻力损失 | Pa | 450 | 450 |
| 8 | 换热面积 | $m^2$ | 430 | |

**表8-25 设备选型**

| 名称 | 型号/规格 |
|---|---|
| RTO | YH-RTO-40K |
| 燃烧器 | TJ 1500 |
| 助燃风机 | 9-19-13No5.6C 15 kW |
| 主风机 | BOCF95-1400D 200 kW |
| 一级换热器 | YR-LA350I |
| 二级换热器 | YR-LA430I |

6. 技术要求

针对彩涂线固化炉产生的高温高浓度有机废气,涂机房和调漆房产生的常温低浓度有机废气,分别进行收集后,通过管路输送至废气处理设备区域进行处理,之后达标排放。

在固化炉高温废气处理工艺中，拟采用三室RTO的处理方式，其中固化炉产生的高温高浓度废气直接送入RTO焚烧，焚烧后达标排放；涂机房产生的低温低浓度废气经换热后送入固化炉，再经RTO处理后达标排放。

本项目将该彩涂线的DTO系统改造成RTO系统；同时在改造后的RTO系统中增设余热利用装置，为固化炉、前处理、化涂炉、热风吹扫供热提供热源，进一步回收利用尾气中的热能。但不包含化涂炉排风废气治理。

该项目为"全流程承包工程"，工程范围包括：工艺废气处理装置及其各个辅助系统的设计，设备和材料采购供货、安装、试验及检查，试运行及培训，现场风管管线等的恢复安装，RTO与现有生产工艺、电控等系统的衔接配合。

7. 设计能力与运行方式

本VOCs治理设施设计处理风量为 40 000 Nm³·h⁻¹，设计最大处理浓度为5 000 mg·Nm⁻³；运行方式可分为自动操作和手动操作，设备受程序和检测信号控制。正常情况下，操作人员只需要把控制方式选择按钮旋转到自动操作状态，并按下启动按钮，系统即能完成各设备之间的自动运行与控制，不需要操作人员的干预（特殊情况除外）。

8. 性能指标

经双方认可的第三方检测机构对排放的尾气进行取样检测，最终排放情况见表8-26。

表8-26 污染物排放情况

| 污染物项目 | 排放浓度/(mg·m⁻³) | 标准要求浓度/(mg·m⁻³) |
| --- | --- | --- |
| 苯 | ≤0.5 | ≤0.5 |
| 甲苯 | ≤5 | ≤5 |
| 二甲苯 | ≤15 | ≤15 |
| 非甲烷总烃 | ≤40 | ≤50 |

大气污染物排放浓度限值：颗粒物小于 10 mg·m⁻³，$SO_2$ 小于 40 mg·m⁻³，氮氧化物（以 $NO_2$ 为计）小于 100 mg·m⁻³。

9. 工艺流程及说明

两座板线烘炉的烘干废气经收集后，输送至RTO内进行高温氧化分解，分解后流出RTO的气体温度在260 ℃左右，进入一级换热器对用于烘炉烘干的新风进行二次加热，然后进入余热锅炉，对生产用水进行加热，再进入二级换热器，对用于烘炉烘干的新风进行预热，最后通过烟筒高空达标排放（图8-9）。

10. 技术特点

该系统将原有的DTO炉升级为RTO炉，并采用两级换热器和一台余热锅炉对

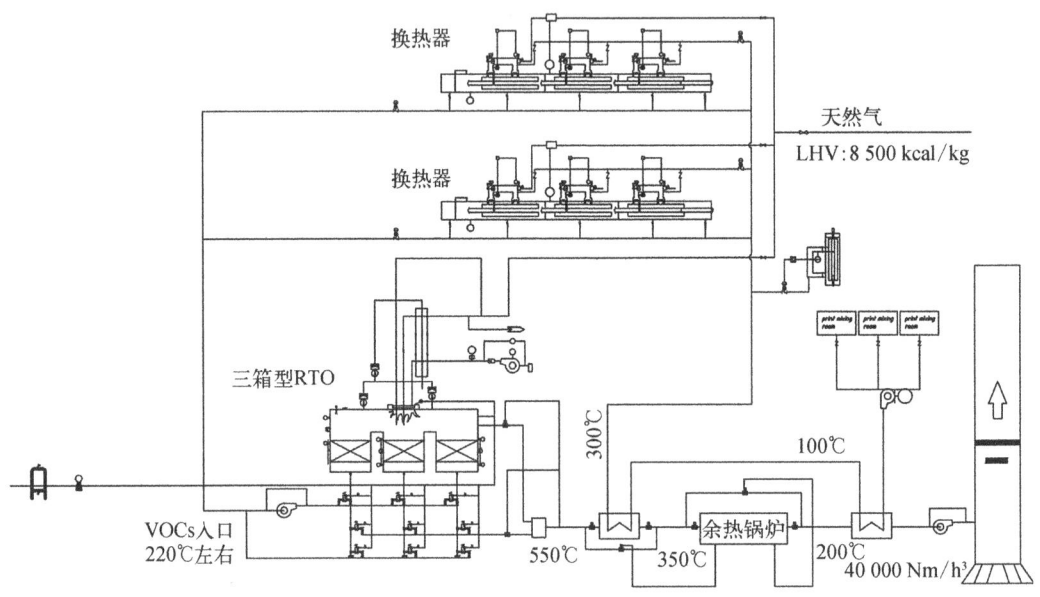

图 8-9 工艺流程示意图

RTO的余热进行回收利用,大幅提升了系统的节能效果。RTO的气流切换阀采用刚性气密封结构,无软性密封材料(无需定期更换密封材料),耐高温、免维护,使用寿命长,密封效果好。

11. 主要设备配置

主要设备配置见表 8-27 至表 8-31。

表 8-27 RTO 规格参数

| 项 目 | 型号/规格 |
|---|---|
| 数量/套 | 1 |
| 型式 | 3 箱型 |
| 材料 | Q235 |
| 保温 | 内保温,陶瓷纤维模块 200 mmT |
| 容量/(Nm³·h⁻¹) | 40 000 |
| 废气滞留时间/s | 1 |
| 处理效率/% | ≥99.5 |
| 热回收效率/% | ≥95 |
| 工作温度/℃ | 750~850 |
| 极限温度/℃ | 1 000 |
| 设计温度/℃ | 1 200 |
| 压力损失/Pa | 2 500 |

表 8-28 燃烧器规格参数

| 项 目 | 型号/规格 |
| --- | --- |
| 型式 | 低氮氧化物燃烧器 |
| 数量/套 | 1 |
| 燃料 | NG |
| 单套容量/(kcal·h$^{-1}$) | 3 700 000 |
| 调节比 | 10∶1 |
| 火焰探测 | 紫外线火焰探测器 |
| 阀组主要阀门 | 减压阀　　　2 套<br>快速切断阀　2 套<br>压力开关　　2 套<br>流量调节阀　1 套 |

表 8-29 换热器规格参数

| 项 目 | 型号/规格 |
| --- | --- |
| 一级换热器 | YR-LA350I<br>2 300 mm×2 100 mm×2 434 mm<br>板片材质 S30408 |
| 二级换热器 | YR-LA430I<br>2 300 mm×2 430 mm×2 470 mm<br>板片材质 S32168 |

表 8-30 主风机规格参数

| 项 目 | 型号/规格 |
| --- | --- |
| 型式 | 离心式 |
| 数量/台 | 1 |
| 风量/(Nm$^3$·h$^{-1}$) | 41 000 |
| 风压/Pa | 5 500 |
| 材料 | Q235 |
| 润滑方式 | 稀油润滑 |
| 电机型式 | 交流感应,变频 200 |
| 功率/kW | 90 或 110 |
| 附件 | 软连接,电动风门 |

表 8-31　RTO 切换阀门规格参数

| 项　目 | 型号/规格 |
| --- | --- |
| 数量/台 | 6 |
| 执行器 | 气动开关 |
| 密封方式 | 刚性气密封 |
| 材料 | Q235 |
| 泄漏率/% | <0.1 |

12. 能源消耗

改造前,正常生产情况:

(1) 天然气消耗量:平均 300 $m^3 \cdot h^{-1}$;

(2) 每小时电能消耗:平均 300 kW·h。

改造后,正常生产情况:

(1) 天然气消耗量为:平均 50 $m^3 \cdot h^{-1}$;

(2) 每小时电能消耗:平均 200 kW·h。

13. 经济效益

天然气节约年效益为:

$(300-50) m^3 \cdot h^{-1} \times 8 h/d \times 300 d/a \times 3.5$ 元/立方米 $= 2\,100\,000$ 元/年

电能节约年效益为:

$(300-200) kW \cdot h \times 8 h/d \times 300 d/a \times 0.7$ 元/千瓦时 $= 168\,000$ 元/年

14. 运行效果

该项目于 2021 年 11 月投入使用,项目排气口设有在线监测设备,且与当地环保局联网,净化效率稳定,排放符合山东省地方排放标准。

## 8.2.5　活性炭吸附+蒸汽脱附治理萃取剂车间废气的工程案例

湖北省某高新技术开发区废气治理设备项目,对车间萃取槽和储罐产生的废气进行专业性治理,有效减少 VOCs 排放,治理工艺选用"二级碱洗+一级水洗+活性炭吸附+蒸汽脱附"。废气先经过碱洗和水洗,去除部分酸性物质和降尘,再经过除雾过滤冷却箱预处理,保证进入活性炭的最佳温度和湿度,废气经过活性炭吸附后,从烟囱达标排放。活性炭吸附饱和后采用蒸汽进行脱附,经换热器冷凝分层槽分离后回收溶剂,实现循环利用。总设计风量为 34 000 $m^3 \cdot h^{-1}$,废气主要是 260#溶剂油、204#溶剂油、507#溶剂油、硫酸、氯化氢等,废气的平均浓度为 500 $mg \cdot m^{-3}$、最高浓度为 1 000 $mg \cdot m^{-3}$,温度为 30~50 ℃,受昼夜温差影响,夏季白天浓度高,夜晚浓度低。

治理后,严格按照《无机化学工业污染物排放标准》(GB 31573—2015)、《大气污染物

综合排放标准》(GB 16297—1996)及《工业企业挥发性有机物排放控制标准》(DB 12/524—2014)的相关排放限制执行,见表 8-32。

表 8-32 有机物排放标准

| 序号 | 污染物项目 | 最高允许排放浓度 /(mg·m$^{-3}$) | 排放高度 /m | 最高允许排放速率 /(kg·h$^{-1}$) |
| --- | --- | --- | --- | --- |
| 1 | 非甲烷总烃 | 80 | 15 | 2.0 |
| 2 | 硫酸雾 | 20 | 15 | 1.5 |
| 3 | 氯化氢 | 20 | 15 | 0.26 |

其中,废气经有效收集后,未经治理前,VOCs 排放浓度约为 500~1 000 mg·m$^{-3}$。选用本工艺后,按在线监测设备 VOCs 总体挥发物超低排放数据:平均排放浓度为 3.4~5.6 mg·m$^{-3}$。该排放浓度满足国内最严格限制(TOC≤20 mg·m$^{-3}$),达到了国际领先水平。

1. 工艺说明

本废气处理工艺主要分为四部分:第一部分为废气预处理工艺;第二部分为活性炭吸附工艺;第三部分为活性炭脱附工艺;第四部分为活性炭干燥工艺。本工艺系统立面图与平面图如图 8-10 和图 8-11 所示。

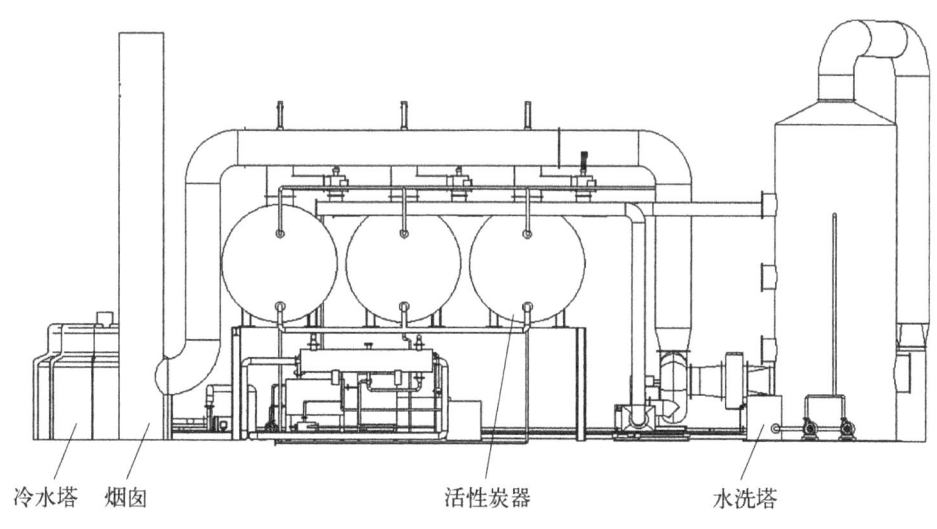

图 8-10 系统立面图

(1) 过滤系统:废气预处理工艺包括一级碱洗、除雾过滤、冷却箱。碱洗塔的作用是去除废气中的酸性成分,同时去除废气中的部分氨气。去除酸性成分后,为减少废气中夹带碱液对后续吸附设备的影响,本工艺增加一台废气净化水洗塔,去除废气中夹带的碱液,同时吸收废气中的氨气成分。

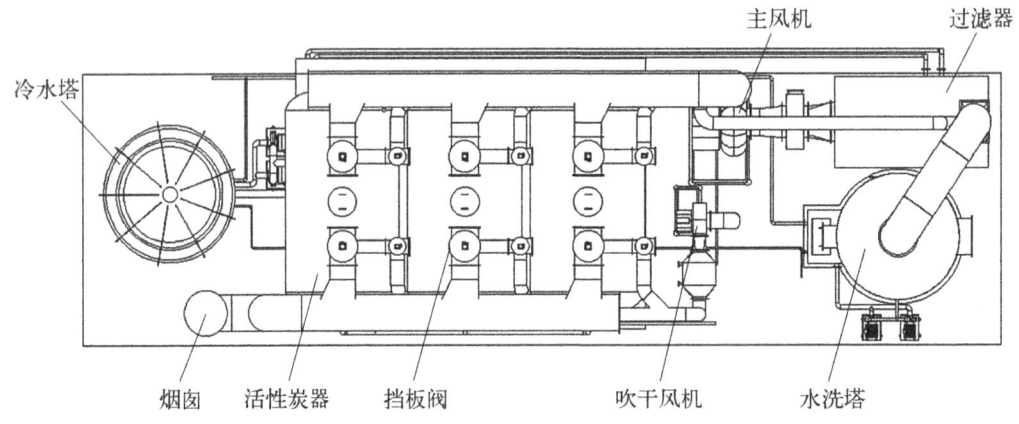

图 8-11 系统平面图

(2) 废气温湿度调节系统：利用吸收工艺将废气中的酸性和碱性气体去除后，废气进入除雾过滤冷却箱，由于废气经过过滤设备后，其废气相对湿度较大，可能会影响活性炭的吸附效率，因此，方案设计时增加丝网除雾段进行调温调湿，保证废气温湿度满足进入活性炭的要求。除雾过滤冷却箱主要有三段组成，即丝网除雾段、空气过滤段、废气冷却段，废气进入除雾过滤冷却箱后，先利用丝网除雾器去除废气中的显水，降低废气含水量从而使活性炭有较好的吸附活性。再利用 F9 空气过滤器去除废气中的少量灰尘，保证活性炭的使用寿命。因车间废气温度较高，最高可达 60 ℃，因此在除雾过滤冷却箱的最后段设置表冷器，使废气温度降至 40 ℃ 以下。经过预处理的废气通过风机加压，送至活性炭吸附箱。

(3) 活性炭吸脱附系统：活性炭作用原理为活性炭表面具有大量的微孔结构，从而提供了较大的表面积，又因为所有的分子间具有相互的引力，活性炭微孔上大量的分子产生强大的引力，将废气中的有机分子吸附在活性炭微孔内部。活性炭吸附箱的作用就是利用活性炭的吸附性能将废气中的有机物和空气分离，以达到治理有机废气的目的。活性炭的固态苯吸附容量可达 50%，一般工业应用中，动态吸附容量按照 10% 设计。当活性炭吸附一段时间后，其吸附饱和吸附性能下降，需定期将有机废气从活性炭表面脱附出来，恢复活性炭的吸附性能。因为活性炭在常温下吸附容量大，高温下吸附容量小，本工艺利用活性炭在不同温度下的吸附容量不同的特性，达到活性炭循环使用的目的，这一过程工业上称为变温吸附(Temperature Swing Adsorption，TSA)。

本工艺采用 3 个活性炭器，2 个活性炭器进行吸附，1 个活性炭器处于脱附或等待状态。图 8-12 和图 8-13 所示为该废气处理系统立体示意图。活性炭吸附饱和后，本工艺利用低压水蒸气加热活性炭，从而提高有机物分子的动能，使有机物分子从活性炭表面逃离出来，以达到活性炭活化的目的。蒸汽从上部进入活性炭箱，加热活性炭层，有机蒸气和水蒸气从活性炭箱下部被引至有机蒸气冷凝器，冷凝后的有机水溶液进入分液槽分液后,分别进入溶剂回收箱和废水箱。定期利用输送泵将废水和回收溶剂输送至业主指定的位置。本冷却系统包括常温水冷器和低温水冷器。使用低温水冷器的目的是进一步将高浓度废气冷凝,从而提高回收量,为防止活性炭吸附器(碳器)底层积液,本装置设置排水降温装置,提高活性炭装置吸附性能。

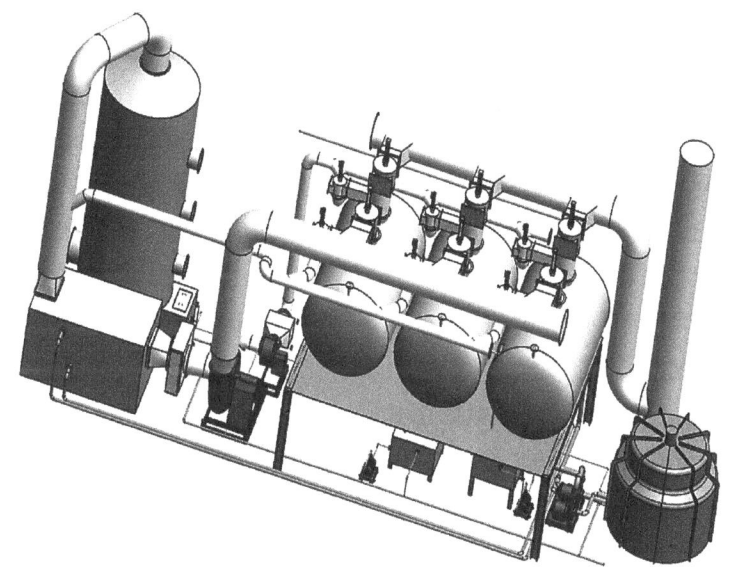

图 8-12 系统立体图(1)

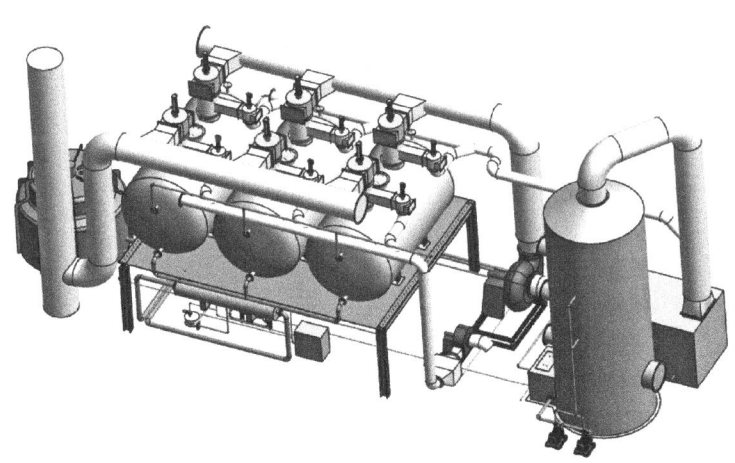

图 8-13 系统立体图(2)

(4) 活性炭干燥系统:脱附完成后,因活性炭温度较高,且碳器内含有一定量的水分,故利用新鲜空气将碳器吹干。吹干后,活性炭器进入等待状态,当其他碳器饱和后,阀门切换,使等待的碳器进入吸附状态,其他碳器进入脱附状态,阀门依次循环,使有机废气始终可以被有效地吸附处理。

(5) 连接风管系统:连接风管包含所有与设备相关的进风、排烟风管,以及系统设备之间的风管,将车间废气处理设备连接成完整系统,所有管路不漏气。在风管的合理位置设计有凝结水排放口;各风管预留检修门,设计有合理数量的风管检修门及其位置。

(6) 废气处理控制系统:废气处理控制系统采用集中监控 PLC 分布式控制,以满足废气处理系统安全、长期、稳定、可靠运行的需求,即采用 PLC+触摸屏与电源柜、电气控制柜、PLC 控制柜、电磁阀箱、现场就地操作箱、现场仪表等组成整个控制系统,实现系统的独立监控。在控制柜上设有触摸屏,对系统进行集中动态监视和自动控制,对工艺系统设备状态和报警参数自动生成报表,并且所有信息保存至少 2 个月。系统可扩充传输控制协议/互联网协议(Transmission Control Protocol/Internet Protocol,TCP/IP 协议),与车间中央控制室的计算机相连;废气处理系统设有独立的控制系统和中控室,安装在平台上;废气处理系统与萃取车间送排风信号交互,从而实现中控室的一键联锁启动。

(7) 废气处理系统运行模式:废气处理系统可分为运行模式、紧急模式和节能模式。

2. 主要设备说明

(1) 喷淋系统:喷淋塔采用填料塔形式,由 PP 材料制作;传质及除雾填料选用 PP 鲍尔环。传质填料可有效增大废气与吸收液的接触面积,增强废气的降温效果。除雾填料可有效拦截填料塔带出的水雾,且压降小、运行能耗低。喷淋塔参数见表 8-33。

表 8-33 喷淋塔参数

| 序号 | 名称 | 单位 | 规格型号 |
| --- | --- | --- | --- |
| 1 | 型号 | | YXKJ-PLT-24K |
| 2 | 单台处理风量 | $m^3 \cdot h^{-1}$ | 24 000 |
| 3 | 设备数量 | 台 | 1 |
| 4 | 设备阻力 | Pa | ≤1 000 |
| 5 | 空塔气速 | $m \cdot s^{-1}$ | 1.2 |
| 6 | 外形尺寸 | mm | $\varnothing 2\,800 \times 7\,500$ |
| 7 | 填料 | $m^3$ | 10 |
| 8 | 设备材质 | | PP |
| 9 | 空塔质量 | kg | 约 2 000 |

(2) 过滤系统:过渡系统主要采用气液分离器,其设备参数见表 8-34。

表 8-34 气液分离器的设备参数

| 序号 | 名称 | 单位 | 规格型号 |
| --- | --- | --- | --- |
| 1 | 型号 | | YXKJ-GLQ-24K |
| 2 | 单台处理风量 | $m^3 \cdot h^{-1}$ | 24 000 |

续 表

| 序号 | 名 称 | 单 位 | 规格型号 |
|---|---|---|---|
| 3 | 设备数量 | 台 | 1 |
| 4 | 设备阻力 | Pa | ≤800 |
| 5 | 外形尺寸 | mm | 3 500×2 000×2 000 |
| 6 | 金属丝网 | m² | 4 |
| 7 | F9 过滤器 | 只 | 9 |
| 8 | 冷凝器 | 台 | 1 |
| 9 | 设备材质 | | 304 不锈钢 |
| 10 | 质量 | kg | 约 1 200 |

（3）活性炭吸附系统：吸附器采用卧式吸附床，由不锈钢材料制作。活性碳选用耐水型颗粒活性炭。活性炭的使用参数，见表 8-35、表 8-36。

表 8-35 活性炭吸附器设备参数

| 序号 | 名 称 | 单 位 | 规格型号 |
|---|---|---|---|
| 1 | 型号 | | YXKJ-XFQ-12K |
| 2 | 单台处理风量 | m³·h⁻¹ | 12 000 |
| 3 | 过滤风速 | m·s⁻¹ | <0.3 |
| 4 | 吸附箱数量 | 个 | 3 |
| 5 | 设备阻力 | Pa | ≤2 000 |
| 6 | 外形尺寸 | mm | ∅2 800×4 000 |
| 7 | 炭层厚度 | mm | 800 |
| 8 | 活性炭装填量 | m³ | 9 |
| 9 | 设备材质 | | 304 不锈钢 |

表 8-36 活性炭技术参数

| 项 目 | 性能指标 |
|---|---|
| 颗粒直径/mm | 4 |
| 比表面积/(m²·g⁻¹) | 800~1 000 |
| 碘吸附值/(mg·g⁻¹) | 900~1 000 |
| 装填密度/(g·L⁻¹) | 450±30 |
| 四氯化碳吸附率/% | >70 |
| 机械强度/% | >90 |
| 水分/% | <5 |

(4) 蒸汽解吸系统：根据表 8-35 可知，单台吸附器中活性炭装填量为 9 m³，两台吸附器并联使用。按活性炭装填密度为 450 kg·m⁻³，则装填量为 8 t。活性炭对有机废气饱和吸附量为 10%，则接近饱和时，单台活性炭吸附器单次吸附的有机溶剂量为 400 kg。

废气处理设备采用"两吸一脱"形式，即 2 台活性炭吸附器处于吸附状态，1 台吸附器处于脱附或等待状态。本装置中活性炭吸附器正常脱附时间为 3～5 h，吹干时间约为 1 h，故活性炭吸附时间应大于 6 h。根据以上计算，本系统活性炭装填量能满足系统正常循环。为保证有机物能有效脱附，且减少蒸汽使用量和废水排放量，脱附蒸汽用量与吸附有机物的质量比为 6:1。

(5) 吹干系统：蒸汽解吸完成后，开始对吸附器进行吹干，在蒸汽解吸的过程中，吸附剂温度会升到 100 ℃ 左右，需要将吸附器的温度降下来才能进行后续的吸附过程，利用吹干风机对吸附器进行降温吹干冷却操作，在吹干过程中吹出的高温气体与原始废气混合后经过表冷器进行降温再次吸附后排放。

(6) 在线监测 FID 系统：VOCs 在线监测系统由气体监测单元、废气参数监测单元、数据采集与处理单元组成。该系统采用抽取法采样，配置基于先进的气相色谱分离技术和火焰离子化检测器（Flame Ionization Detector，FID）的检测方法，测量废气中的总烃（THC）、非甲烷总烃（NMHC）、苯系物（苯、甲苯、二甲苯）、温压流湿参数，并将测量数据远距离传输至环保部门或用户中心的环境信息监测管理系统。

本项目中，在烟囱处配置了一台在线监测 FID 设备。在线监测 FID 系统设备的性能指标见表 8-37。

表 8-37 在线监测 FID 系统设备的性能指标

| 型　　号 | VOCs 在线监测 FID 系统 |
| --- | --- |
| 测量因子 | 苯、甲苯、二甲苯、非甲烷总烃 |
| 检出限 | 非甲烷总烃：0.05 mg·m⁻³<br>苯：0.05 mg·m⁻³ |
| 测量范围 | 非甲烷总烃：0～1 000 mg·m⁻³<br>苯：0～10 mg·m⁻³ |
| 重复性 | ±3.0% FS |
| 零点漂移 | ±1% FS/d |
| 量程漂移 | ±5% FS/4 h |
| 取样流速 | 6 L·min⁻¹ |
| 使用气体 | 氢气、零值空气、氮气 |
| 使用电源 | 220 V，50/60 Hz，<3 kW（不含采样及样气传输系统） |
| 包括工业计算机数据处理器，可连接流量及温度等信号，实时计算出流速、排放量和处理设备处理效率 | |

**3. 主要技术指标与国内外同类技术先进水平的比较**

(1) 节能方面：

1) 活性炭脱附后烘干需要的热量，国外同类项目主要采用电加热的方式，本项目采用换热的方式。以本项目为例，吹干风机风量为 5 000 Nm³·h⁻¹，按年运行 5 000 h，常温气体温度为 20 ℃，加热至 80 ℃，调温 $\Delta t_1 = 60$ ℃，电费 0.5 元/千瓦时，则换热烘干装置（换热效率：60%）可节约电费 16.1 万元/年。

$$R = 1 \times \frac{5\,000}{3\,600 \times 1.293} \times (80-20) \times \frac{5\,000 \times 0.5}{10\,000} = 16.1 \text{ 万元/年}$$

2) 假设本项目风量为 24 000 Nm³·h⁻¹，平均浓度为 1 200 mg·m⁻³，去除效率为 98%，年运行 8 000 h，回收溶剂主要为 260♯溶剂油，回收率按 80% 计，目前市场价约为 7 000 元/吨，回收溶剂可节省的费用为：

24 000 × 1 200 × 98% × 80% × 8 000/1 000/1 000/1 000 × 7 000 = 126.5 万元/年

3) 两项合计节省费用：142.6 万元/年。

本技术属于伴随含 VOCs 废气处理过程的能量回收，对比国外采用电加热工艺同类项目，经济效益显著，是致力于实现"30·60"双碳目标（即 2030 年前实现碳达峰、2060 年前实现碳中和）的节能型绿色产品。

**4. 项目治理综合评价**

本项目于 2020 年 5 月进场施工，2020 年 7 月完成项目安装，2020 年 8 月完成系统调试，设备运行正常，项目于 2020 年 12 月完成整体验收过程。2022 年 2 月再次对烟囱进行第三方检测，关键检测项目非甲烷总烃及挥发性有机物等指标达标情况良好，满足《工业企业挥发性有机物排放控制标准》(DB 12/524—2020) 的要求，设备运行情况良好。项目实现 VOCs 总体挥发物超低排放（平均 3.4～5.6 mg·m⁻³），达到了国际领先水平。

**5. 环保效益和社会效益**

(1) 环保效益：在雾霾污染日趋严重，公众环保意识提高，政府对污染物排放提出更严格要求的新形势下，包含新能源行业在内的化工行业作为大气污染治理的关键行业，在环保方面承受着比其他企业更多关注的目光和社会使命。因此，采用高效率的 VOCs 治理设备，将 VOCs 排放总量与排放浓度控制在标准范围内，从环保角度而言，有着积极的意义，与国家提出的节能减排的大目标也是一致的。

通过实际环保改造项目，按第三方检测报告及在线监测设备连续监测，VOCs 总体挥发物超低排放数据为 3.4～5.6 mg·m⁻³。满足国内最严格限制，达到了国际领先水平。

(2) 社会效益：

1) VOCs 处理效率提高，污染物排放浓度降低，使企业的形象得以提升，同时也是对国家环保政策的积极响应；

2) 降低VOCs排放浓度,提高空气质量,减少对人体危害,体现了对企业员工及周围居民的人文关怀;

3) 活性炭吸附+蒸汽脱附的资源回收工艺是成熟、可靠的,具有高效、节能功效的特点,符合国家环保法律法规要求,因此有着广泛的社会意义,值得推广。

### 8.2.6 浓缩转轮+RTO工艺治理集装箱喷涂废气的工程案例

**1. 设计条件**

某企业在集装箱制造企业喷涂工序产生的废气中的主要污染物为漆雾、二甲苯、乙酸酯类、VOCs等。本项目根据现场风机的风量及实测风量、实测废气排放浓度,并结合车间前端收集管道的走向,分区设计两套废气治理系统,具体见表8-38。

表8-38 某集装箱制造企业喷涂工序产生的废气排放工况

| 序号 | 废气来源 | 排放风量/$(m^3 \cdot h^{-1})$ | 最大设计浓度/$(mg \cdot m^{-3})$ |
|---|---|---|---|
| 1 | 底漆冷却房 | 140 000 | 1 000 |
| 2 | 中层漆喷漆房1 | | |
| 3 | 进箱时内面漆排喷 | | |
| 4 | 调漆区(大)1/2 | | |
| 5 | 调漆区(大)1/2 | 100 000 | 500 |
| 6 | 中层漆喷漆房2 | | |
| 7 | 中层漆流平房 | | |
| 8 | 内面漆调漆区(小) | | |

本项目排放标准按浙江省《工业涂装工序大气污染物排放标准》(DB 33/2146—2018),排气筒中废气经治理后,排放限值参照该标准中大气污染物排放限值(见表8-39)。

表8-39 大气污染物排放限值要求汇总表

| 序号 | 污染物项目 | 使用条件 | 排放限值/$(mg \cdot m^{-3})$ | 污染物排放监控位置 |
|---|---|---|---|---|
| 1 | 颗粒物 | 所有 | 30 | 车间或生产设施排气筒 |
| 2 | 苯 | | 1.0 | |

续 表

| 序号 | 污染物项目 | | 使用条件 | 排放限值/<br>(mg·m⁻³) | 污染物排放<br>监控位置 |
|---|---|---|---|---|---|
| 3 | 苯系物 | | 所有 | 40 | 车间或生产<br>设施排气筒 |
| 4 | 总挥发性有机<br>物(TVOCs) | 汽车制造业 | | 120 | |
| | | 其他 | | 150 | |
| 5 | 非甲烷总烃<br>(NMHC) | 汽车制造业 | | 60 | |
| | | 其他 | | 80 | |
| 6 | 甲醛 | | 涉甲醛 | 4.0 | |
| 7 | 乙酸酯类 | | 涉乙酸酯类 | 60 | |
| 8 | 苯乙烯 | | 涉苯乙烯 | 15 | |

考虑到日趋严格的环保要求及现场安装有在线监测装置,实际设计预留充分余量,非甲烷总烃(NMHC)排放限值按照 60 mg·m⁻³ 进行设计。

2. 设计结果

(1) 废气治理工艺流程:废气治理工艺流程如图 8-14 所示。

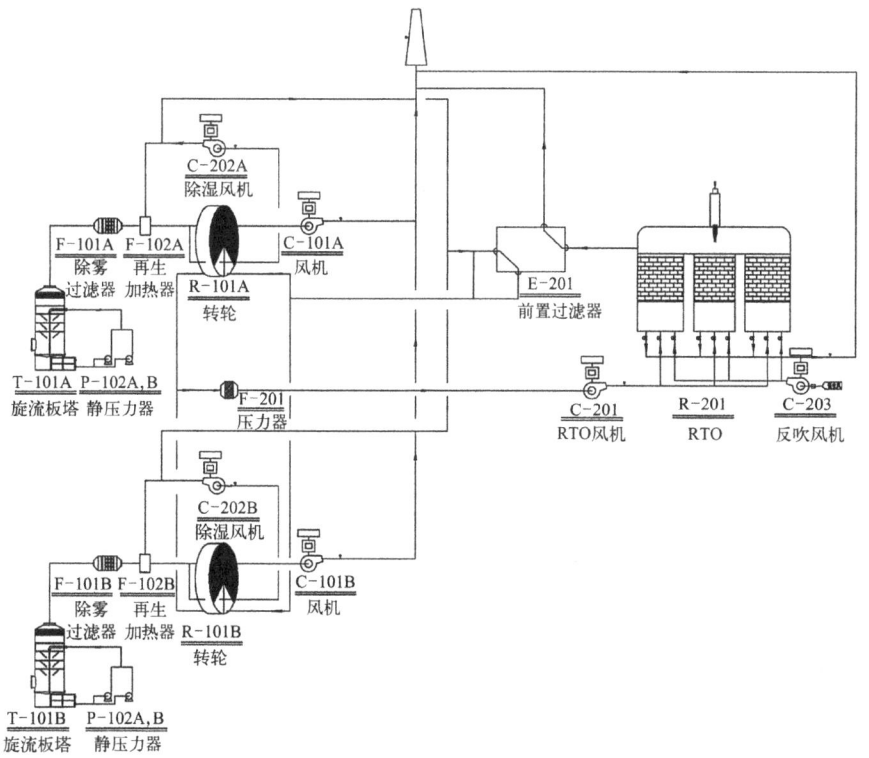

图 8-14 废气治理工艺流程示意图

1) 待治理废气进入废气处理系统前端的旋流板塔去除大部分漆雾、漆渣后,再进入高效过滤器去除细微颗粒物及粉尘,使废气的粉尘含量符合转轮的进气要求,而后再通过除湿混风箱调节废气的相对湿度,保证沸石转轮的净化效率和使用寿命。

2) 在吸附风机的变频控制作用下,有机废气均匀进入转轮的吸附区,废气中的VOCs被沸石转轮吸附区的分子筛吸附、拦截,净化后的气体和RTO净化后的气体汇入烟囱排放。

3) 吸附在沸石转轮上的有机组分在进入转轮脱附区后,被小风量高温气体(约200 ℃)吹扫,使得吸附在转轮脱附区上的有机组分被解吸下来,从而形成小风量高浓度的有机废气;同时,另一股冷却风对脱附后的沸石转轮进行冷却,使转轮降低至常温后再进入吸附区,重新吸附有机组分。冷却后的废气与RTO炉膛抽取的高温热风在换热器中间接换热,使气体温度达到200 ℃后,再对沸石转轮进行脱附。

4) 转轮脱附区形成的小风量高浓度有机废气,经脱附风机牵引进入RTO系统被氧化分解,使有机废气中的碳氢化合物迅速分解为$H_2O$和$CO_2$。引入废气时,有机废气先通过蓄热体进行换热,再进入炉膛,碳氢化合物分子在炉膛的高温下,迅速氧化分解。

(2) 主要装置计算。

1) 预处理装置:预处理装置由旋流板塔和除雾过滤器组成。旋流板塔结构如图8-15所示。

旋流板塔的除尘机制主要为尘粒与液滴的惯性碰撞、离心分离和液膜黏附等。这种塔板由于开孔率较大,允许高速气流通过,因此,负荷较高、处理能力较大、压降较低、操作弹性较大。旋流塔板叶片如固定的风车叶片,气流通过叶片时产生旋转和离心运动,吸收液通过中间盲板均匀分配到各叶片上,形成薄液层,与旋转向上的气流形成旋转和离心的效果,喷成细小液滴,甩向塔壁后。液滴受重力作用集流到集液槽,并通过降液管流到下一个塔板的盲板区。具有一定风压、风速的待处理气流从塔的底部进,从塔的顶部出。洗涤液从塔的顶部进,

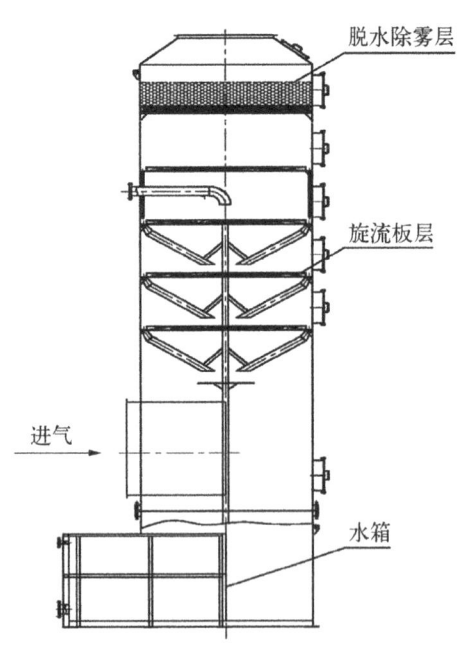

图8-15 旋流板塔结构示意图

从塔的底部出。气流与洗涤液在塔内做相对运动,并在旋流塔板的结构部位形成很大表面积的水膜,从而大幅提升了洗涤效果。每一层的吸收液经旋流离心作用,汇入边缘的收集槽,再经导流管进入下一层塔板,进行下一层的洗涤除杂尘处理。洗涤液排入水箱中。旋流板塔的主要设计参数见表8-40。

表 8-40 旋流板塔的主要设计参数

| 序号 | 参数名称 | 主要设计参数 | | 备注 |
|---|---|---|---|---|
| | | 旋流板塔① | 旋流板塔② | |
| 1 | 处理风量 $Q/(m^3 \cdot h^{-1})$ | 140 000 | 100 000 | 设计要求 |
| 2 | 空塔流速 $v/(m \cdot s^{-1})$ | 3.5 | 3.5 | 建议值:$3.0 \sim 4.0\ m \cdot s^{-1}$ |
| 3 | 塔径 $D/m$ | 3.8 | 3.2 | $D = \sqrt{(Q/3\ 600/3.14/v) \times 2}$ |
| 4 | 空塔流速复核 $v_2/(m \cdot s^{-1})$ | 3.43 | 3.46 | $v_2 = Q/3\ 600/3.14/(D^2/4)$ |
| 5 | 塔高 $H/m$ | 10 | 10 | |
| 6 | 旋流板层数 $n$/层 | 3 | 3 | |
| 7 | 除雾层数 $n$/层 | 1 | 1 | 折流板除雾层 |
| 8 | 液气比 $K/(L \cdot m^{-3})$ | 2.0 | 2.0 | |
| 9 | 循环泵流量 $L/(m^3 \cdot h^{-1})$ | 280 | 200 | |
| 10 | 其他配置 | 顶部配置折流板除雾层 | | |

废气经旋流板塔处理后,再通过除雾过滤器进一步滤除其中的细微粉尘和液态水。除雾过滤器由四级过滤器组成,可确保进入转轮的废气中的颗粒物含量低于 $1\ mg \cdot m^{-3}$。同时,利用过滤器材料纤维改变物质的惯性力方向,亦可对废气中的雾滴进行有效去除。除雾过滤器的主要功能配置见表 8-41、表 8-42。

表 8-41 除雾过滤器的主要功能配置

| 配置 | 组成 | 功能 |
|---|---|---|
| 第一级 | G4 级过滤材料,针对 $\geqslant 5.0\ \mu m$ 的粉尘 | 过滤粉尘,效率为 $90\% > E \geqslant 70\%$<br>单个滤袋 595 mm×595 mm×600 mm |
| 第二级 | F7 级过滤材料,针对 $\geqslant 5.0\ \mu m$ 的粉尘 | 过滤粉尘,效率为 $90\% > E \geqslant 85\%$<br>单个滤袋 595 mm×595 mm×600 mm |
| 第三级 | F9 级过滤材料,针对 $\geqslant 0.5\ \mu m$ 的粉尘 | 过滤粉尘,效率为 $99\% > E \geqslant 90\%$<br>单个滤袋 595 mm×595 mm*×600 mm |
| 第四级 | 亚高效 H11 级过滤材料,针对 $\geqslant 0.5\ \mu m$ 的粉尘 | 过滤粉尘,效率为 $E \geqslant 99\%$ |
| 差压系统 | 智能差压变送器,智能数字现场显示表头,量程:$0 \sim 3\ kPa$ | 显示过滤材料阻力变化,企业可根据相应数值来判断是否需要更换过滤材料;可将数据传送至触摸面板。 |

表 8-42 过滤器的主要参数

| 型号 | 过滤级别 | 外形尺寸($W_宽 \times H_高 \times D_深$)/mm | 额定风量/($m^3 \cdot h^{-1}$) | 计重效率/% | 计数效率/% | 初阻力/Pa | 建议终阻力/Pa |
|---|---|---|---|---|---|---|---|
| DAI/DE 6660 | G4 | 590×590×600 6袋 | 3 400 | 95 | 82@5.0 $\mu m$ | <60 | 100~150 |
| DAI/DE 6660 | F7 | 590×590×600 8袋 | 3 400 | | 85@1.0 $\mu m$ | <85 | 250~300 |
| DAI/DE 6660 | F9 | 590×590×600 8袋 | 3 400 | | 96@0.5 $\mu m$ | <120 | 300~350 |
| MZGL-H11 | H11 | 590×590×290 | 3 400 | | 96@0.5 $\mu m$ | <190 | 400~500 |

预处理装置进出口风管的管径,按照《环保装置设计手册——大气污染控制装置》中一般工业通风管道内的风速进行选型,具体风速要求见表 8-43。

表 8-43 工业通风管道内的风速

| 风道部位 | 钢板和塑料风道/($m \cdot s^{-1}$) | 砖和混凝土通道/($m \cdot s^{-1}$) |
|---|---|---|
| 主管 | 6~14 | 4~12 |
| 支管 | 2~8 | 2~6 |

2) 浓缩装置:本方案根据各排污车间管道布置,设置有两套浓缩转轮装置,进行并联,其中一套转轮处理风量为 140 000 $m^3 \cdot h^{-1}$,另一套转轮处理风量为 100 000 $m^3 \cdot h^{-1}$。

沸石吸附转轮组合(Cassette)的中心轴承与转体是其机械结构的关键组成部分,直接影响设备的运行稳定性与处理效率。转体由沸石吸附介质与陶瓷纤维制成,沸石转轮主要由壳体、转轮、扇区分隔和驱动电机组成(见表 8-44)。

表 8-44 沸石转轮部件

| 部件名称 | 功能 |
|---|---|
| 壳体 | 为沸石转轮提供支撑和围护,将沸石轮盘分隔成不同功能的扇区 |
| 吸附扇区 | 吸附废气中的VOCs,使废气达标排放 |
| 脱附扇区 | 由低温转至高温下,将已吸附的VOCs脱附,且沸石失去吸附能力 |
| 冷却扇区 | 从高温转至低温,沸石重新获得吸附能力 |
| 驱动电机 | 为沸石转轮动提供动力 |

浓缩功能模块结构见表 8-45,核心为沸石转轮和脱附系统,沸石转轮吸附有机废气,脱附系统使沸石可以循环往复地净化废气。

表 8-45　浓缩功能模块结构

| 部件名称 | 功　能 |
| --- | --- |
| 沸石转轮 | 吸附废气中 VOCs 气体分子,净化废气 |
| 脱附系统 | 将加热沸石已吸附的 VOCs 脱附,然后将沸石冷却至常温,恢复其吸附能力 |
| 冷却系统 | 为脱附后的沸石降温,使之重新具备吸附能力 |
| 过滤系统 | 滤除废气中的粒子,保护后续设备,避免出现脏堵 |

沸石转轮吸附浓缩系统利用吸附—脱附浓缩—冷却这一连续性过程,对 VOCs 废气进行吸附浓缩,其工艺原理如图 8-16 所示。

a) 沸石转轮分为吸附区、脱附区和冷却区三个功能区域,沸石转轮在各个功能区域内连续运转。

b) 废气通过前置的过滤器后,被送至沸石转轮的吸附区。在吸附区有机废气中的 VOCs 被分子筛吸附除去,有机废气被净化后,从沸石转轮处理区排出。

c) 吸附在沸石转轮中的 VOCs,在脱附区利用约 200 ℃、小风量的热风进行脱附、浓缩,浓缩倍数一般为 5～20 倍。

d) 再生后的沸石转轮在冷却区被冷却。经过冷却区的空气,在被加热后可作为再生空气使用,从而达到节能的目的。

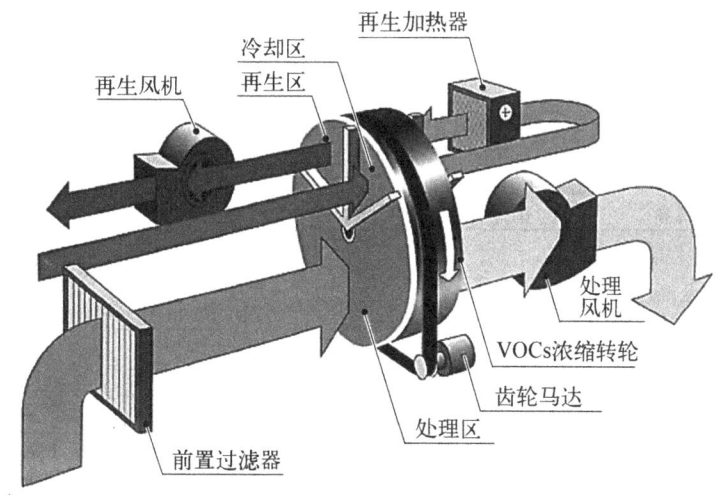

图 8-16　沸石转轮吸附浓缩系统工艺原理示意图(脱附温度 200～220 ℃)

本项目根据待治理废气组分的化学品安全技术说明书(MSDS)并考虑各有机组分的浓度占比,对浓缩系统进行选型计算,结果见表 8-46。

表 8-46 浓缩系统选型计算参数

| 序号 | 参数名称 | 参数 沸石转轮① | 沸石转轮② |
|---|---|---|---|
| 1 | 处理风量/(m³·h⁻¹) | 140 000 | 100 000 |
| 2 | 设计浓度/(mg·m⁻³) | 1 000@35 ℃ | 500@35 ℃ |
| 3 | 废气组分及占比/% | 二甲苯(32)、1-丁醇(32)、2-丁氧基乙烷(15)、丙二醇甲醚醋酸酯(15)、1-乙氧基-2-丙醇(6) | 甲苯(20)、二甲苯(40)、三甲苯(10)、丙酮(5)、丁醇(5)、异丙醇(5)、乙酸乙酯(10)、乙酸正丁酯(5) |
| 4 | 转轮大小/mm | ⌀4 500 | ⌀3 950 |
| 5 | 转轮厚度/mm | 500 | 400 |
| 6 | 浓缩倍数/倍 | 8 | 15 |
| 7 | 去除效率/% | >95 | >90 |
| 8 | 脱附风量/(Nm³·h⁻¹) | 15 512 | 5 909 |
| 9 | 脱附温度/℃ | 220 | 220 |
| 10 | 阻力 吸附区间/Pa | 610 | 490 |
| | 脱附区间/Pa | 1 260 | 540 |
| | 冷却区间/Pa | 1 080 | 460 |

具体物料平衡图如图 8-17 和图 8-18 所示。

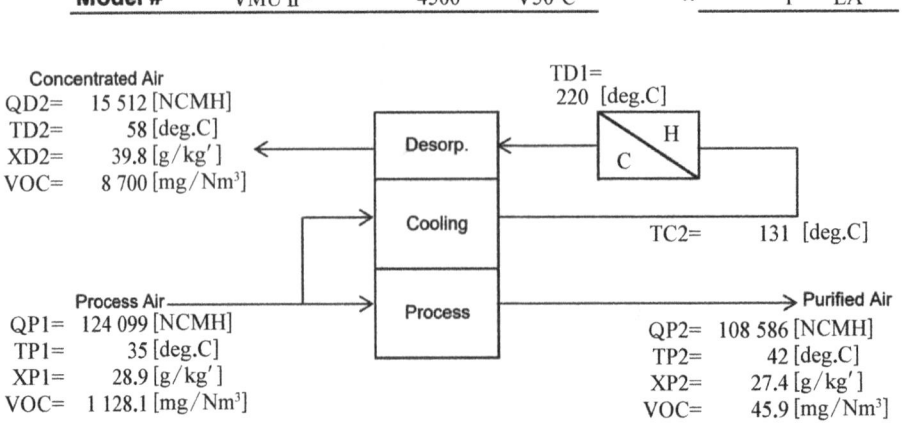

图 8-17 140 000 m³·h⁻¹ 浓缩转轮物料平衡图

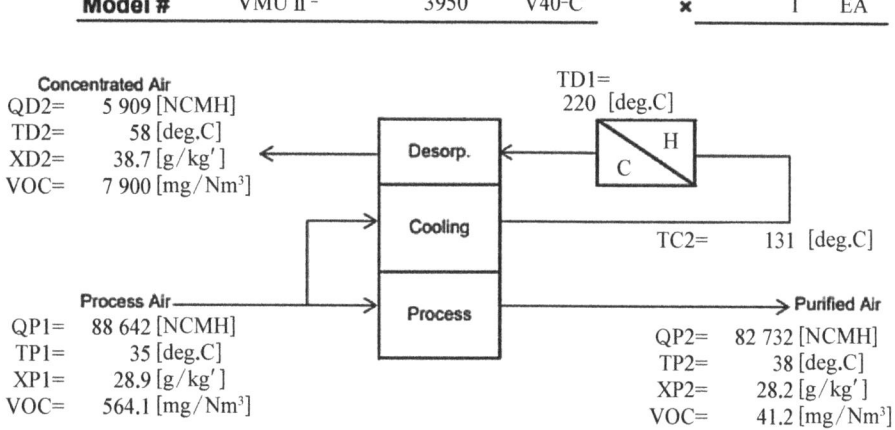

图 8-18　100 000 m³·h⁻¹ 浓缩转轮物料平衡图

有机废气经转轮浓缩后,合并进入一套 RTO 处理装置,RTO 处理装置的处理风量为 21 421 Nm³·h⁻¹(15 512+5 909),本项目 RTO 装置按照 22 000 Nm³·h⁻¹ 进行设计。

3)蓄热式氧化装置:转轮脱附下来的废气经脱附风机引入 RTO 装置中,废气在 RTO 内经 800~870 ℃ 温度下,高温氧化分解后排放。本系统配置的 RTO 采用三床式结构设计,系统处理工艺流程见表 8-47。

表 8-47　RTO 工艺流程

| 周　期 | 时间/s | 蓄热室 1 | 蓄热室 2 | 蓄热室 3 |
|---|---|---|---|---|
| 周期 1 | 50 | 进气 | 排气 | 净化 |
|  | 50 | 净化 | 进气 | 排气 |
|  | 50 | 排气 | 净化 | 进气 |
| 周期 2 | 50 | 进气 | 排气 | 净化 |
|  | 50 | 净化 | 进气 | 排气 |
|  | 50 | 排气 | 净化 | 进气 |
|  | 50 | 进气 | 排气 | 净化 |

一个周期内 RTO 的工作流程:每个蓄热室依次按进气→吹扫→排气→进气的顺序进行。

RTO 系统是由连接风管、燃烧室、蓄热床、气动切换阀组及 RTO 辅助设备、工艺系统管道、热工控制、电气设备等组成,见表 8-48。

表 8-48　RTO 系统组成与主要功能

| RTO 系统配置 | 组成 | 功能及说明 |
|---|---|---|
| 比例调节式燃烧器系统 | 主关断阀、过滤器、稳压阀、调压前后的压力表、紧急切断阀、内漏检测器、高低压开关、手动球阀、天然气流量自动控制调节阀、空气/燃气比例调节及模块支架。点火管路包含：稳压阀、两个点火电磁阀、压力表、手动球阀等；燃烧控制器及控制模块等；采用 MAXON 或北美品牌燃烧器 | 功能：用于 RTO 的预热，以及当废气浓度过低时开启运行，使 RTO 系统以最小燃料消耗来维持正常运转 |
| 保温层 | 保温底膜约 30 mm 厚度的陶瓷纤维毯；保温层约 250 mm 厚度的陶瓷纤维棉可承受工作温度 950～1 350 ℃ | 功能：充分保证设备表面温度≤60 ℃，同时可有效防止气体和钢构件接触 |
| 蓄热体 | 蜂窝陶瓷蓄热体；急热、急冷时具有很好的化学和物理稳定性 | 功能：高效的热能回收效率，可降低系统运行费用；改善气流分布 |
| 切换阀 | 高密封气动挡板阀，垂直动作，并确保阀门垂直度 | 切换阀门精度高，泄漏量<0.05%，启闭迅速≤1 s，寿命长 300 万次 |
| 视镜 | 耐高温石英玻璃 | 用于观察炉腔内燃烧情况 |
| 防爆膜片 | 材质 316 L | RTO 设备异常超压泄压措施 |

设计主要参数见表 8-49。

表 8-49　RTO 的主要设计参数

| 名称 | 规格参数 | 备注 |
|---|---|---|
| RTO 规格型号 | HY-RTO-220C 型 | 三床式 |
| 集气室/个 | 3 | |
| 燃烧室/个 | 1 | |
| 蓄热室数/个 | 3 | |
| 蓄热室切换时间/min | 2～3 | |
| 设计风量/(Nm$^3$·h$^{-1}$) | 22 000 | |
| 去除效率/% | >99 | |
| 陶瓷床换热器的热回收率/% | ≥95 | |
| 装置压降/mmH$_2$O | <300 | 进出口设置压差计实时监控 |
| 燃烧室氧化温度/℃ | 800～870 | 最大承受 1 100 ℃ |
| 蓄热体型号及装填量/m$^3$ | MLM180，20.2 | |
| 停留时间/s | >1.0 | |
| 启动燃料(天然气)/(Nm$^3$·h$^{-1}$) | 100～120 | |
| 燃烧器功率/kW | 929.6 | |
| 切换阀门结构、型号 | 提板阀，$\varnothing$800 | 材质：304 不锈钢 |
| 保温壳外表面温度/℃ | <60 | 低于国家标准 |

4) 控制系统：完善的自动控制是安全生产的保障。本案采用 PLC 全自动化控制系统，配套触摸屏、自动调节阀、变送器、报警系统等。本系统还包括手动模式、自动模式、系统自动开/关机安全程序。

安全保护措施包括温度异常、风机异常、阀门异常、系统设备异常等的报警和停机。

针对系统设备，提供下列信息：风机/马达运转状态、电机运转状态、设备运转状态及进出口压差值、阀门运转状态、各点温度、氧化温度、报警信息等。电控系统的主要特点有：

a) PLC 系统具备设备工况监视、流程画面显示、参数显示、报警显示、自动联锁保护、接收数据软件、数据显示、数据传输、数据储存等功能，并设有紧急停车功能。

b) 整套设备的相关参数（如温度、压力等）可接入该项目中控系统进行在线监控，在中控室中实现相应的模拟监控画面等工作。

c) 控制系统可实现操作过程全自动，操作人员能通过触摸屏对整个工艺流程、工艺参数及设备运行情况进行监控，并达到以下水平：全自动，操作人员只要选择运行的装置并按下启动键，系统即能完成各设备之间的运行、联锁、控制，而不需要操作人员的干预（特殊情况除外）。手动，当现场某个设备的可编程控制器出现故障或在该设备调试时，操作人员可以就地在控制柜上实现某个部件（如阀门）的操作。

d) 系统软件能对越线参数和工艺设备故障进行分析，发出报警并实施相应的联锁保护。

e) 主控系统设有急停开关。

f) 废气处理系统报故障时，会将故障信息传输至废气处理系统主控柜的操作面板中（故障历史记录可随时查询，故障记录需保存 2 年），故障指示灯亮，并可在中控室监控画面显示出处理系统故障，并发出故障指示声音。

g) PLC 及变频器、软启动、断路器等均采用同一品牌。同时，系统配套精度很高的无极限位调节阀，功能介绍见表 8-50。

表 8-50　PLC 控制系统功能介绍

| 序号 | 功　能　介　绍 |
|---|---|
| 1 | 净化处理设备与车间设备可实现联动控制方式 |
| 2 | 能够控制有机废气净化装置 |
| 3 | 能够处理各阀门的开关定位问题 |
| 4 | 能够在人机界面显示运行状态 |
| 5 | 能够在人机界面上操作控制 |
| 6 | 具备在人机界面上进行参数修改的功能 |
| 7 | 具备故障报警功能 |
| 8 | 具备手动、自动两种操作模式 |

续 表

| 序号 | 功 能 介 绍 |
|---|---|
| 9 | 手动操作状态时不可进行自动操作 |
| 10 | 自动操作状态时不可进行手动操作 |
| 11 | 具备定时开关机功能 |
| 12 | 对温度的控制应具备自整定调谐功能,具备超温报警功能 |
| 13 | 发生故障时能够自我判断,并有相应的故障保护措施 |
| 14 | 具备关键数据记录、数据可下载功能 |
| 15 | 自动运行时能够做到无人值守操作 |
| 16 | 手动操作时,可对单体设备进行单车试机调试 |
| 17 | 具备密码保护功能,非操作人员不能进行操作 |
| 18 | 具备误操作自动保护功能 |

3. 运行效果

项目于 2023 年 8 月通过环保验收,经处理后的各类废气污染因子均能达标排放。

4. 能源消耗

(1) 电费:系统主要运行费用为吸附风机、脱附风机、除湿风机等的电费(见表 8-51),生产时间为 11 小时/天。

表 8-51 系统运行所需电费

| 序号 | 用电设备名称 | 额定功率/kW | 金额/(元/天) | 备 注 |
|---|---|---|---|---|
| 1 | 吸附风机① | 200 | 825.4 | $200 \times 0.8 \times 0.7 \times 11 \times 0.67 = 825.4$ 元/天 |
| 2 | 吸附风机② | 160 | 660.3 | $160 \times 0.8 \times 0.7 \times 11 \times 0.67 = 660.3$ 元/天 |
| 3 | 除湿风机① | 15 | 61.9 | $15 \times 0.8 \times 0.7 \times 11 \times 0.67 = 61.9$ 元/天 |
| 4 | 除湿风机② | 11 | 45.4 | $11 \times 0.8 \times 0.7 \times 11 \times 0.67 = 45.4$ 元/天 |
| 5 | 脱附风机 | 55 | 227.0 | $55 \times 0.8 \times 0.7 \times 11 \times 0.67 = 227.0$ 元/天 |
| 6 | 清吹风机 | 7.5 | 67.5 | $7.5 \times 0.8 \times 0.7 \times 24 \times 0.67 = 67.5$ 元/天 |
| 7 | 助燃风机 | 7.5 | 67.5 | $7.5 \times 0.8 \times 0.7 \times 24 \times 0.67 = 67.5$ 元/天 |
|  | 电费小计 |  | 1 955.0 |  |

注:
1) 清吹、助燃系统一天 24 小时连续运行;
2) 电费按当地工业用电价格:0.67 元/千瓦时;
3) 风机实际运行功率按额定功率的 80% 计,变频风机节能系数按 0.3 计;
4) 旋流板塔为利用现有改造项目,该装置循环泵电费未涵盖在内。

(2) RTO 运行费用:RTO-220C 首次开机需要预热,启动天然气消耗量为 100 $Nm^3 \cdot h^{-1}$,冷启动预热时间为 3 h,每天完成生产后进入保温模式。第二天启动前需要预热,预热时间为 1 h。受废气浓度波动的影响,系统运行过程中天然气消耗量约为 20 $Nm^3 \cdot h^{-1}$,生产时间为 11 小时/天(见表 8-52)。

表 8-52  RTO 燃气费用

| 序号 | 费用名称 | 金额/(元/天) | 备注 |
| --- | --- | --- | --- |
| 1 | 燃气费用 | 1 440 | (100×1+11×20)×4.5=1 440 元/天 |

注：首次开机不计，天然气单价为 4.5 元/标准立方米。

(3) 综合费用：综合上述计算，配套的环保设施运行的综合费用为：

$$1\,955.0 + 1\,440.0 = 3\,395.0 \text{ 元/天}$$

通过以上运行费用计算可知，系统每天的运行费用为 3 395.0 元，经治理后大幅减小了企业生产过程中 VOCs 的排放量，且各项污染因子均满足排放限值要求。项目具有良好的社会效益、环境效益，实现了企业生产与环境的可持续发展，因此，本环保设施综合效益是正向的。

## 8.2.7 撬装式治理装置处理石油化工 VOCs 恶臭气体的案例

南方某石油化工企业污水集输系统小型隔油池，在生产运行过程中产生了少量 VOCs 恶臭气体，其浓度超过《挥发性有机物无组织排放标准》(GB 37822—2019)中规定的排放值。通过撬装式 VOCs 恶臭气体治理装置进行处理，达标后就地扩散排放，不仅取得了很好的环保效益，相较其他处理工艺也有更好的节能减排效益，符合"环境友好、资源节约"及"双碳"(碳达峰与碳中和)目标的要求。

1. 污染源介绍

根据要求，石油化工企业在生产、储运过程中产生的生产污水，必须在生产装置或储运单元设置生产污水(预处理)提升池，生产污水经泵提升压力密闭输送至污水处理厂进行处理。生产污水中含有石油类、苯类、酚类、硫化氢、硫醇、硫醚、氨气等多种有毒有害、易燃易爆物质及恶臭物质，这些物质在提升池中大量积聚，甚至逸散至大气环境，影响厂区环境及企业员工职业健康。

本项目的治理对象为某石油化工企业储运单元一座小型含油污水隔油提升池产生的 VOCs 恶臭气体。

2. 设计计算

(1) 风量计算。根据现场勘测数据，本项目隔油提升池的液上空间为：

$$V = 19.6 \times 5.8 \times 2.5 = 284.2 \text{ m}^3$$

$$取 V = 300 \text{ m}^3$$

(2) 方案比选。目前，针对这种小风量的 VOCs 恶臭气体的治理工艺有：

1) 活性炭吸附：其特点是吸附能力强、吸附效率高。这种工艺最早应用于应急处理，如生产过程中有毒有害气体泄漏等，但是，在需要连续生产的场合，长期应用将给企业带来运行成本高(活性炭更换)、危废治理成本高(废活性炭处理)、监控难(活性炭吸附饱和)

等一系列问题;同时,石油化工生产污水中挥发的VOCs恶臭气体中含有易燃易爆成分,在户外高温环境下易产生焖燃,造成安全事故。

2) 催化氧化(CO):采用催化氧化工艺,在催化剂的作用下将VOCs恶臭气体在250~400 ℃的条件下氧化为$CO_2$,去除效率高。这种治理工艺应用在VOCs恶臭气体浓度高,足以维持其自燃的场合较为适合,但对于小风量、浓度波动大、含硫成分高的VOCs恶臭气体就存在投资大、治理效果不稳定、外补能量、催化剂中毒等问题,特别是在石油化工企业厂区的环境下,使设备在250~400 ℃的温度下持续运行,就必须配备专人值守。采用催化氧化(CO)工艺对于有多处(30~60处)VOCs恶臭气体释放源的企业,会给企业增加极大的负担。

3) 撬装式VOCs恶臭气体处理装置:其特点是源头控制、分级处理,稳定达标。密闭的提升池中,VOCs恶臭气体在微负压调控系统的作用下,通过调节池内负压值,减少生产废水中有机物的大量挥发,降低VOCs恶臭气体中污染物的浓度;抽吸出来的VOCs恶臭气体经过二级聚结除油器的处理,可去除其中大部分的油气颗粒和气溶胶;多管旋流处理器的"水喷淋+水膜+气体旋流"的工艺设计,可高效去除VOCs恶臭气体中(易)溶于水的污染物,如硫化氢、氨气等,同时,经过降温既可保证进入生化处理工艺的气体温度满足微生物的生长需要,又可冷凝去除部分有机污染物,减轻后续生化治理的负荷;复合式生物滤塔通过塔内分区设计,将生物过滤和生物滴滤两种工艺有机结合,实现单塔多工艺协同处理。通过控制、调节水喷淋模拟热带雨林晴雨交替和人工湿地潮汐涨落的环境,有利于整个生物滤塔内滤床填料上生物多样性的形成。

(3) 工艺流程:结合方案介绍和比较,本案例采用撬装式VOCs恶臭气体治理装置,工艺流程如图8-19所示。

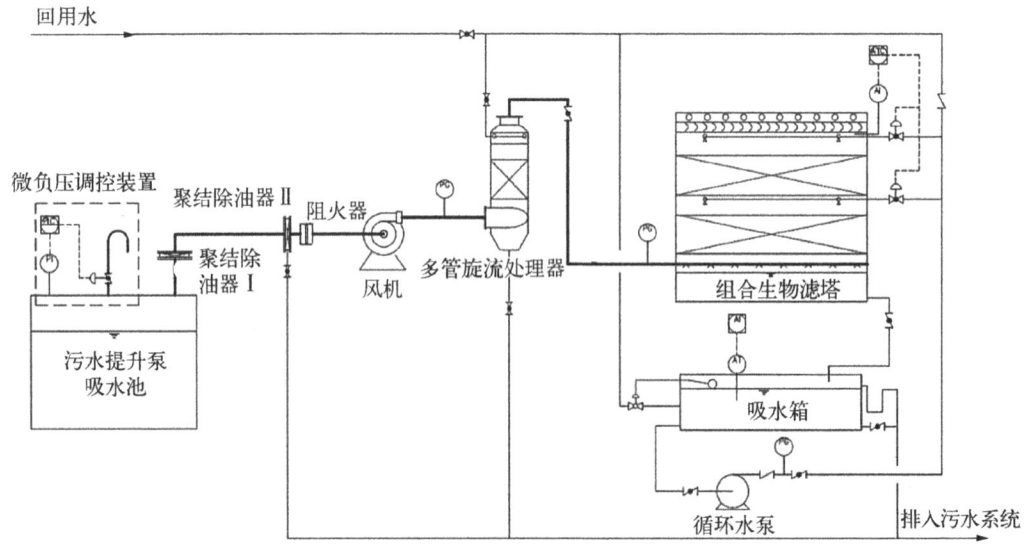

图8-19 撬装式VOCs恶臭气体治理工艺及自控流程

流程说明：撬装式 VOCs 恶臭气体治理装置，由"微负压调控装置＋二级聚结除油器＋阻火器＋多管旋流预处理器＋复合式生物滤塔＋扩散排放"组合而成。

a) 微负压调控装置：污水池 VOCs 恶臭气体的抽吸是在池内完全密封的情况下，对池内液面以上气体进行抽吸，势必会导致池内负压值越抽吸越大，而负压值越大，污水面上有机物挥发量也越大，抽吸出来的 VOCs 恶臭气体中污染物浓度也将随之增大，给后续治理增加了难度。设置微负压调控装置对密闭空间的负压进行调节，既可保证池内 VOCs 恶臭气体被大气压压制在池内不外逸，又可减少有机物在过低负压状态下的大量挥发。

b) 聚结除油器：石油化工企业装置（区域）污水提升池表面的 VOCs 恶臭气体含有挥发性油气、气溶胶等，如不进行预处理，势必会给后续治理设施带来影响。一是油气大量凝结覆盖在生物填料表面，影响生化治理效果；二是油气、水气在风机叶轮的高速剪切作用下形成乳化油，导致风机叶轮负荷增加，同时，乳化油流淌到地面上难以清理，影响环境。

设置聚结除油器可有效去除油气、气溶胶等。聚结除油器设置在阻火器前，一级聚结除油器设置在穿通吸水池顶盖板的立管上，聚结粗粒化的油滴直接滴落回吸水池液面；二级聚结除油器设置在其后的水平管道上，聚结粗粒化的油滴通过其底部排油管，排入污水提升池。

c) 阻火器：阻火器是撬装式 VOCs 恶臭气体治理装置中的关键安全组件，主要由阻火元件（如金属波纹板或金属网）和耐腐蚀壳体（通常采用不锈钢材质）组成。其主要功能是防止火焰或爆炸在管道或设备中传播，保护后续治理单元（如生物滤塔等）免受损坏，同时确保系统在易燃易爆环境下的安全运行。阻火器通过其内部的阻火元件将火焰分割成微小火焰，并迅速吸收热量，使火焰温度降低至燃点以下，从而实现火焰淬灭。在正常工况下，气体可以顺畅通过阻火器，确保系统运行的连续性。此外，阻火器还具有耐高温、耐腐蚀的特性，适用于 VOCs 治理过程中可能产生的高温、腐蚀性气体环境，是保障装置安全性和稳定性的重要组成部分。

d) 多管旋流处理器：通过"气体旋流＋水膜＋水喷淋洗涤"的方式，用水对 VOCs 恶臭气体进行洗涤、溶解、冷凝及预加湿处理。VOCs 恶臭气体快速切向，从处理器底部旋流进入处理器，在处理器内部的蜂窝填料中形成若干小的气体旋流上升；处理器顶部设置螺旋喷嘴逆向对气体旋流喷淋，水雾在填料壁上形成水膜，在"气体旋流＋水膜＋水喷淋洗涤"的共同作用下，处理器内 VOCs 恶臭气体与水雾、水膜充分接触、传质，VOCs 恶臭气体中的（易）溶于水的污染物，如硫化氢、氨气等大部分溶于水中；喷淋水的降温冷凝作用，使一些不能溶于水的污染物，如油气、硫醇、硫醚等冷凝后随水排走，同时，也可对 VOCs 恶臭气体起到降温、加湿作用，有利于后续的生化治理工艺；水喷淋还是生化治理中一个防高温的保护屏障，可防止突发高温（≥40 ℃）废气进入复合式生物滤塔，影响微生物的生长，从而确保生物治理系统正常运行。

e) 复合式生物滤塔："生物过滤＋生物底滤"有机组合在一座生物滤塔内。复合式生物滤塔由布气系统、下层生物滴滤层、生物滴滤喷淋系统、上层生物过滤层、生物过滤喷淋系统、收水除雾装置、扩散排放系统组成。VOCs恶臭气体由布气系统进入生物滤塔底部,均匀布气上升,首先,进入生物滴滤层,在生物滴滤层,VOCs恶臭气体中的污染物通过生物膜表面水膜的传质作用而被微生物捕捉、消化、吸收;经过生物滴滤层处理后的气体再上升进入生物过滤层,在温暖潮湿的环境中,VOCs恶臭气体中的污染物继续被生物过滤层中的微生物捕捉、消化、吸收;随后,处理合格的气体继续上升,经过收水除雾装置收集上升气体中的水滴、水雾;最后,经塔顶扩散孔扩散排放至大气。

下层生物滴滤层的工况要求连续喷淋,上层生物过滤层的工况要求保持填料床层的温暖潮湿环境,故复合式生物滤塔在收水除雾装置下方设置气体湿度检测仪,检测气体湿度,且将信号送至喷淋控制系统并控制生物滴滤喷淋系统和生物过滤喷淋系统。当气体湿度低于设定值时,喷淋控制系统关闭生物滴滤喷淋系统,打开生物过滤喷淋系统,喷淋水从生物过滤层均匀滴落在生物滴滤层,此时,整个生物滤塔内呈生物滴滤工况;连续开启生物过滤喷淋系统,达设定时间或检测湿度大于设定值时,喷淋控制系统关闭生物过滤喷淋系统,打开生物滴滤喷淋系统,喷淋水只在生物滴滤层喷淋,上升气体则携带水汽上升至生物过滤层,此时,复合式生物滤塔内呈生物过滤和生物滴滤两种工况。如此循环交替,相当于在复合式生物滤塔内模拟热带雨林中晴雨交替和人工湿地的潮汐涨落的环境,这有利于整个复合式生物滤塔内滤床填料上生物多样性的形成。

VOCs恶臭气体由下而上依次经过生物滴滤层、生物过滤层,VOCs恶臭气体中的污染物被生长在多孔生物填料表面生物膜上的不同种类的优势菌种捕捉、消化、吸收,通过微生物的代谢作用,有效降解VOCs恶臭气体中的污染物,如硫化物(硫化氢、硫醇、硫醚等)、氨氮、有机胺类、芳香类(苯、甲苯、二甲苯等)及其他烃类物质(非甲烷总烃)。经过撬装式VOCs恶臭气体治理装置处理,可完全满足甚至优于国家排放标准。

(4) 设计参数及计算。

设计条件:隔油提升池的液上空间 $V=300 \text{ m}^3$。

根据《石油化工污水处理设计规范》(GB 50747—2012),取换气次数 $n=4$,则处理废气量 $Q=300\times 4=1\,200 \text{ Nm}^3 \cdot \text{h}^{-1}$。

1) 风管管径:

设计风量 $Q=1\,200 \text{ Nm}^3 \cdot \text{h}^{-1} \approx 0.333 \text{ Nm}^3 \cdot \text{s}^{-1}$;

管道风速 $v \leqslant 7.0 \text{ m} \cdot \text{s}^{-1}$;

过流面积 $A=Q/v=0.333/7.0 \approx 0.048 \text{ m}^2=0.785\times D^2$,$D \approx 247 \text{ mm}$,取 DN250

2) 微负压调控抽吸系统:

池内负压 $P=-150\sim 0 \text{ Pa}$

根据经验,微负压调控装置调节管径取值应比风管大一级,即 DN300。

3) 聚结除油:

设计风量 $Q=1\,200 \text{ Nm}^3 \cdot \text{h}^{-1}=0.333 \text{ Nm}^3 \cdot \text{s}^{-1}$;

空腔风速 $v \leqslant 1.8 \text{ m} \cdot \text{s}^{-1}$；

过流面积 $A = Q/v = 0.333/1.8 \approx 0.185 \text{ m}^2 = 0.785 \times D^2$，$D \approx 483 \text{ mm}$，取 DN500；

压力损失 $h \leqslant 500 \text{ Pa}$。

4）多管旋流处理器：

设计风量 $Q = 1\,200 \text{ Nm}^3 \cdot \text{h}^{-1} = 0.333 \text{ Nm}^3 \cdot \text{s}^{-1}$；

空塔风速 $v \leqslant 1.2 \text{ m} \cdot \text{s}^{-1}$；

过流面积 $A = Q/v = 0.333/1.2 \approx 0.275 \text{ m}^2 = 0.785 \times D^2$，$D \approx 592 \text{ mm}$，取 DN600；

填料高度 $H = 0.8 \sim 1.2 \text{ m}$；

喷淋强度 $q = 2.0 \sim 2.5 \text{ L} \cdot (\text{m}^2 \cdot \text{s})^{-1}$（根据喷头选型及布置复核），取 $q = 2.25 \text{ L} \cdot (\text{m}^2 \cdot \text{s})^{-1}$；

喷淋水量 $Q' = q \times A = 2.3 \text{ m}^3 \cdot \text{h}^{-1}$；

压力损失 $h \leqslant 100 \text{ Pa}$。

5）复合式生物滤塔：

空床停留时间 $t \geqslant 60 \text{ s}$，取 $t = 60 \text{ s}$；

填料床体积 $V = Q \cdot t = 19.8 \text{ m}^3$；

空塔风速 $v = 0.04 \sim 0.06 \text{ m} \cdot \text{s}^{-1}$，取 $v = 0.05 \text{ m} \cdot \text{s}^{-1}$；

过流面积 $A = Q/v = 0.333/0.05 = 6.66 \text{ m}^2 = L \times B$，$L = B = 2\,580 \text{ mm}$，取 $L = B = 2\,600 \text{ mm}$；

填料层高 $H = V/(L \cdot B) = 19.8/(2.6 \times 2.6) = 2.92 \text{ m}$；

填料层数取 $n = 2$；

单层填料高度 $H' = 1.46 \text{ m}$，取 $H' = 1.50 \text{ m}$；

喷淋强度 $q = 0.15 \sim 0.25 \text{ L} \cdot (\text{m}^2 \cdot \text{s})^{-1}$（根据喷头选型及布置复核），取 $q = 0.20 \text{ L} \cdot (\text{m}^2 \cdot \text{s})^{-1}$；

循环喷淋水 $Q' = q \cdot L \cdot B = 4.5 \text{ m}^3 \cdot \text{h}^{-1}$；

气水比 $Q/Q' = 1\,200/4.5 = 267$；

设备压力损失 $h \leqslant 1\,500 \text{ Pa}$。

6）风机：

$Q = 1\,200 \text{ Nm}^3 \cdot \text{h}^{-1}$；

$H = 3\,000 \text{ Pa}$；

$N = 4.0 \text{ kW}$。

7）水泵：

$Q = 4.5 \text{ m}^3 \cdot \text{h}^{-1}$；

$H = 26 \text{ m}$；

$N = 2.2 \text{ kW}$。

(5) 设计废气进出口污染物及净化效果指标，见表 8-53。

表 8-53 设计废气污染物浓度及净化效果指标　　　　单位：mg·m$^{-3}$

| 取样位置 | 污染物 | | | | | | |
|---|---|---|---|---|---|---|---|
| | 氨 | 硫化氢 | 苯 | 甲苯 | 二甲苯 | 非甲烷总烃 | 臭气浓度 |
| 进口 | 20 | 20 | 20 | 75 | 100 | 600 | 10 000 |
| 出口 | 4 | 4 | 4 | 15 | 20 | 120 | 2 000 |

注：进口取样指标系指池内VOCs恶臭气体在微负压调控抽吸系统作用下，经4次换气后进入撬装式VOCs恶臭气体处理装置，进口处的污染物浓度；出口取样指标按照《石油炼制工业污染物排放标准》(GB 31570—2015)的要求。

3. 实际运行效果

实际运行效果，见表 8-54。

表 8-54 实际运行后废气污染物浓度及净化效果指标　　单位：mg·m$^{-3}$

| 取样位置 | 污染物 | | | | | | |
|---|---|---|---|---|---|---|---|
| | 氨 | 硫化氢 | 苯 | 甲苯 | 二甲苯 | 非甲烷总烃 | 臭气浓度 |
| 进口 | 6 | 1.2 | 7.2 | 32.2 | 0.31 | 450.2 | — |
| 出口 | 1.1 | 0.21 | 1.3 | 6.1 | 0.07 | 67.5 | — |

注：实际运行效果委托第三方采样分析，排放数据满足设计及国标要求。

4. 设备配置

本案例中的撬装式治理装置的设备配置见表 8-55。

表 8-55 设备配置表

| 设 备 名 称 | 数　量 |
|---|---|
| 聚结除油器 | 2台 |
| 阻火器 | 1台 |
| 风机 | 1台 |
| 多管道旋流预处理器 | 1台 |
| 组合生物滤塔 | 1台 |
| 水泵 | 1台 |
| 吸水箱 | 1台 |
| 微负压自控系统 | 1套 |
| 喷淋控制系统 | 1套 |
| pH在线监测系统 | 1套 |
| PLC电控柜 | 1套 |

5. 技术特点

(1) 工厂制造，整体运输，现场组装，设备紧凑，减少占地，无人值守。

(2) 分类处理,多工艺组合,可确保治理效果。
(3) 强化源头控制,强化分级处理,强化简单操作。
(4) 优化生化治理工艺,提高了生化治理效率。

6. 能耗及运行费用

能耗及运行费用,见表 8-56。

表 8-56 能耗与费用

| 名 称 | 年 耗 | 单 价 | 费 用 |
|---|---|---|---|
| 工业用电 | 57 800 kW·h·$a^{-1}$ | 0.5 元/千瓦时 | 2.89 万元/年 |
| 工业用水 | 20 000 $m^3$·$a^{-1}$ | 2.5 元/立方米 | 5.0 万元/年 |

## 8.2.8 泄漏检测与修复石化行业案例分析

城市臭氧浓度持续上升,其前体物 VOCs 已成为大气污染治理的关键。目前,无组织排放占石化企业 VOCs 排放总量的 70% 以上,成为 VOCs 排放控制的关键,VOCs 的无组织排放已被国家列为当前 VOCs 治理的突出问题。石化行业是重要的 VOCs 人为排放源,其中设备密封泄漏是石化行业最主要且最难监控的 VOCs 无组织排放源。一家石化企业的阀、泵、法兰、接头等设备密封点数量以数十万乃至百万计,由于松动、变形、腐蚀、密封填料失灵等原因引起的随机泄漏,排放点多、面广、分散、无规则、时空波动大,硫化氢、有机硫等异味污染物常与 VOCs 泄漏伴生排放,排放控制难度很大。目前,最佳的实用控制技术是泄漏检测与修复(Leak Detection and Repair,LDAR)。LDAR 采集设备与管线上涉及 VOCs 物料的受控密封点定位、标识等基础信息,并纳入数据库平台管理,采用便携式仪器以一定频次检测,发现泄漏,并在规定期限内修复。石化企业设备密封点数量大、类型多、空间分布广、工艺流程及介质复杂,其泄漏的随机性决定了 LDAR 是一项复杂的系统工程。

1. 石化企业生产工艺及物料对泄漏检测工作的影响

在石化行业中,物料差异对检测泄漏点的数量有着显著影响。不同物料的化学性质、相态、挥发性等特征,决定了检测其泄漏行为时的检测方法,进而影响泄漏点的检测数量(表 8-57)。

表 8-57 某石化企业装置情况统计

| 序号 | 装 置 名 称 | 含 VOCs 物料 | 检测密封点数/个 | 较大泄漏点数/个 | 严重泄漏点数/个 | 合计泄漏点数/个 |
|---|---|---|---|---|---|---|
| 1 | 110 万吨/年柴油加氢改制装置 | 柴油、石脑油、燃料气、原料油 | 12 542 | 18 | 4 | 22 |
| 2 | 40 000 $Nm^3$·$h^{-1}$ 甲醇制氢装置 | 甲醇、燃料气、燃料油 | 788 | 2 | | 2 |

续 表

| 序号 | 装置名称 | 含 VOCs 物料 | 检测密封点数/个 | 较大泄漏点数/个 | 严重泄漏点数/个 | 合计泄漏点数/个 |
|---|---|---|---|---|---|---|
| 3 | 40万吨/年汽油加氢装置 | 汽油、瓦斯、原料油 | 6 822 | 19 | 5 | 24 |
| 4 | 30万吨/年芳构化装置 | 石脑油、$C_4$、燃料气、芳烃 | 13 903 | 29 | 18 | 47 |
| 5 | 60万吨/年催化裂化装置 | 汽油、柴油、液化气、干气 | 14 871 | 17 | 5 | 22 |
| 6 | 火炬回收装置 | 瓦斯气、柴油 | 307 | 0 | 0 | 0 |
| 7 | 8万吨/年聚丙烯装置 | 液化气、丙烯 | 4 566 | 142 | 45 | 187 |
| 8 | 100万吨/年延迟焦化装置 | 液化气、丙烷、干气、汽油、原料油 | 15 944 | 16 | 4 | 20 |
| 9 | 100万吨/年柴蜡油加氢装置 | 柴油、蜡油 | 4 394 | 1 |  | 1 |
| 10 | 4万吨/年 MTBE 装置 | MTBE、甲醇、$C_4$ | 2 995 | 21 | 5 | 26 |
| 11 | 20万吨/年气体分馏装置 | 液化气、丙烷、$C_2$、$C_3$、$C_4$ | 8 857 | 28 | 11 | 39 |
| 12 | 储运装置 | 汽油、柴油、石脑油、MTBE、丙烷、原油、甲醇、蜡油 | 21 423 | 75 | 29 | 104 |
| 13 | 新石脑油罐区 | 石脑油 | 786 | 0 | 0 | 0 |
| 14 | 50万吨/年重交道路沥青装置 | 原油、汽油、柴油、渣油、燃料气 | 9 274 | 27 | 11 | 38 |
| 15 | 2万方/小时干气制氢装置 | 干气、液化气 | 981 | 17 | 6 | 23 |
| 16 | 10万吨/年异辛烷装置 | 异辛烷、液化石油气、$C_4$ | 5 306 | 58 | 15 | 73 |
| 17 | 200万吨/年连续重整装置 | 石脑油、汽油、苯、甲苯、二甲苯、芳烃 | 22 666 | 7 | 1 | 8 |
| 18 | 新硫黄装置 | 燃料气、污油 | 332 | 20 | 6 | 26 |

从表 8-57 中可知,原料的反应产物为高辛烷值汽油、芳烃或异构芳烃等。这些物质均属于有机气体或挥发性有机液体,蒸气压较高、易挥发,因而导致泄漏点较多。而渣油、蜡油和原料油等原料属于重液体,其反应产物(如汽油、柴油等)的蒸气压低、难挥发,因此泄漏点较少。

2. 石化企业密封点类型及其泄漏率

在 LDAR 技术中,密封点类型的占比对检测结果有显著影响。不同类型的密封点因其结构和使用环境不同,其泄漏率和检测频率也会有所差异(表 8-58)。

表 8-58 某石化企业密封点泄漏数统计

| 序号 | 密封点类型 | 受控密封点数量/个 | 检测密封点数量/个 | 泄漏点数量/个 | 泄漏率/% |
|---|---|---|---|---|---|
| 1 | 法兰(F) | 51 764 | 51 143 | 290 | 0.567 |
| 2 | 阀门(V) | 23 525 | 23 225 | 303 | 1.304 |

续 表

| 序号 | 密封点类型 | 受控密封点数量/个 | 检测密封点数量/个 | 泄漏点数量/个 | 泄漏率/% |
|---|---|---|---|---|---|
| 3 | 开口阀或开口管线(O) | 3 263 | 3 249 | 29 | 0.892 |
| 4 | 连接件(C) | 72 875 | 68 677 | 37 | 0.053 |
| 5 | 泵(P) | 447 | 447 | 3 | 0.671 |
| 6 | 搅拌器(A) | 6 | 6 | 0 | 0 |
| 7 | 压缩机(Y) | 10 | 10 | 0 | 0 |
|  | 合计 | 151 890 | 146 757 | 662 | 0.451 |

(1) 密封点分类：根据《工业企业挥发性有机物泄漏检测与修复技术指南》(HJ 1230—2021)，密封点可分为泵(P)、压缩机(Y)、搅拌器(A)、阀门(V)、泄压设备(R)、取样连接系统(S)、开口阀或开口管线(O)、法兰(F)、连接件(C)和其他(Q)等类型。

(2) 泄漏率统计分析：在统计分析中，泄漏率较高的密封点类型通常需要被重点关注。图 8-20 所示为某石化企业 2023 年某季度的统计数据，结果显示，企业全厂泄漏率为 0.45%。泄漏率较高的密封点类型分别为：阀门，占全厂泄漏点总数的 45.77%；法兰，占全厂泄漏点总数的 43.81%；连接件，占全厂泄漏点总数的 5.59%；开口阀或开口管线，占全厂泄漏点总数的 4.38%；泵泄漏，占全厂泄漏点总数的 0.45%。根据以上分析，多数泄漏点集中在阀门、法兰、连接件及开口阀或开口管线。

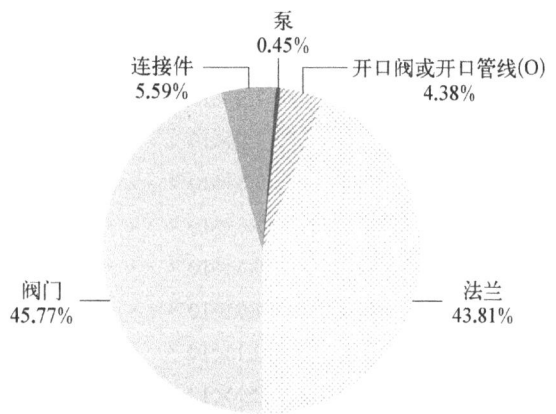

图 8-20 某石化企业各密封点类型泄漏点数量分布

3. 石化行业设备动静密封点 VOCs 排放量核算

石化行业设备动静密封点源项的 VOCs 排放量的核算，采用相关方程法。该方法是目前使用最为广泛的方法。具体计算过程如下：

$$e_{TOC} = \begin{cases} e_0 & (0 \leqslant SV < 1) \\ e_p & (SV \geqslant 50\,000) \\ e_f & (1 \leqslant SV < 50\,000) \end{cases}$$

式中：$e_{TOC}$ 为密封点的总有机碳(TOC)排放速率，$kg \cdot h^{-1}$；$SV$ 为修正后净检测值，$\mu mol \cdot mol^{-1}$；$e_0$ 为密封点的默认零值排放速率，$kg \cdot h^{-1}$；$e_p$ 为密封点的限定排放速率，$kg \cdot h^{-1}$；$e_f$ 为密封点的相关方程核算排放速率，$kg \cdot h^{-1}$。具体取值见表 8-59。

表 8-59 方程式核算取值

| 密封点类型（所有物质类型） | 默认零值排放速率（kg·h⁻¹/排放源） | 限定排放速率(kg·h⁻¹/排放源) $>50\,000\,\mu mol\cdot mol^{-1}$ | 相关方程（kg·h⁻¹/排放源） |
|---|---|---|---|
| 石油炼制的泄漏率（炼油、营销终端和油气生产） | | | |
| 泵 | $2.4\times10^{-5}$ | 0.16 | $5.03\times10^{-5}\times SV^{0.610}$ |
| 压缩机 | $4.0\times10^{-6}$ | 0.11 | $1.36\times10^{-5}\times SV^{0.589}$ |
| 搅拌器 | $4.0\times10^{-6}$ | 0.11 | $1.36\times10^{-5}\times SV^{0.589}$ |
| 阀门 | $7.8\times10^{-6}$ | 0.14 | $2.29\times10^{-6}\times SV^{0.746}$ |
| 泄压设备 | $4.0\times10^{-6}$ | 0.11 | $1.36\times10^{-5}\times SV^{0.589}$ |
| 连接件 | $7.5\times10^{-6}$ | 0.030 | $1.53\times10^{-6}\times SV^{0.735}$ |
| 法兰 | $3.1\times10^{-7}$ | 0.084 | $4.61\times10^{-6}\times SV^{0.703}$ |
| 开口阀或开口管线 | $2.0\times10^{-6}$ | 0.079 | $2.20\times10^{-6}\times SV^{0.704}$ |
| 其他 | $4.0\times10^{-6}$ | 0.11 | $1.36\times10^{-5}\times SV^{0.589}$ |
| 石油化工的泄漏率 | | | |
| 轻液体泵 | $7.5\times10^{-6}$ | 0.62 | $1.90\times10^{-5}\times SV^{0.824}$ |
| 重液体泵 | $7.5\times10^{-6}$ | 0.62 | $1.90\times10^{-5}\times SV^{0.824}$ |
| 压缩机 | $7.5\times10^{-6}$ | 0.62 | $1.90\times10^{-5}\times SV^{0.824}$ |
| 搅拌器 | $7.5\times10^{-6}$ | 0.62 | $1.90\times10^{-5}\times SV^{0.824}$ |
| 泄压设备 | $7.5\times10^{-6}$ | 0.62 | $1.90\times10^{-5}\times SV^{0.824}$ |
| 气体阀门 | $6.6\times10^{-7}$ | 0.11 | $1.87\times10^{-6}\times SV^{0.873}$ |
| 液体阀门 | $4.9\times10^{-7}$ | 0.15 | $6.41\times10^{-6}\times SV^{0.797}$ |
| 法兰或连接件 | $6.1\times10^{-7}$ | 0.22 | $3.05\times10^{-6}\times SV^{0.885}$ |
| 开口阀或开口管线 | $2.0\times10^{-6}$ | 0.079 | $2.20\times10^{-6}\times SV^{0.704}$ |
| 其他 | $4.0\times10^{-6}$ | 0.11 | $1.36\times10^{-5}\times SV^{0.589}$ |

计算 VOCs 的排放速率，需明确 VOCs 在物料流中的质量分数（扣除其他化合物，如氮气、水蒸气等），采用下式计算排放速率：

$$e_{VOCs} = e_{TOC} \times \frac{w_{VOCs}}{w_{TOC}}$$

式中：$e_{VOCs}$ 为物料流中 VOCs 的排放速率，kg·h⁻¹；$w_{VOCs}$ 为物料流中 VOCs 的平均质量分数，%；$w_{TOC}$ 为物料流中 TOC 的平均质量分数，%。

若未提供 TOC 中 VOCs 的质量分数，则取 1 进行核算。在本书中均取 1 进行核算。

根据排放速率和工艺设备的年操作小时数，两者相乘即可计算该密封点在排放时间段的排放量，计算公式如下：

$$E = \frac{\sum_{i=1}^{n} e_{\text{VOCs},i} \cdot H}{1\,000}$$

式中,$E$ 为密封点的 VOCs 年排放量,t/a;$e_{\text{VOCs},i}$ 为密封点 $i$ 的 VOCs 排放速率,kg·h$^{-1}$;$H$ 为年操作小时数,h/a。

由表 8-60 可知,石化企业装置工艺的复杂性和多样性对泄漏点排放量检测至关重要。由表 8-61 可知,企业排放量占比最高的是阀门,达 58.8%,其次是法兰,占 25.7%,然后是开口阀或开口管线,占 12.61%。

(1) 物料的化学性质:不同物料的化学组成和分子结构的不同,导致其与检测仪器的相互作用不同,这可能会影响检测仪器的响应程度和检测限。

(2) 物料的相态:物料可以是气态、液态或固态。例如,VOCs 的挥发性会影响其在空气中的浓度,进而影响泄漏点检测的敏感度。挥发性高的物料更容易被检测仪器检测到。

(3) 物料的物理特性:物料的密度、黏度等物理特性也会影响泄漏点检测的结果。例如,密度较大的物料可能不易在空气中传播,从而导致检测信号较弱,可能遗漏这些泄漏点。

(4) 环境因素:环境条件如温度、湿度、风速等也会影响泄漏点检测的效果。

物料差异对泄漏点检测数量的影响是多方面的,需要综合考虑物料特性、检测技术、环境因素等,以提高泄漏点检测的准确性和效率。

表 8-60 某石化企业装置排放量统计

| 序号 | 装置名称 | 含 VOCs 物料 | 排放量/kg |
|---|---|---|---|
| 1 | 110 万吨/年柴油加氢改制装置 | 柴油、石脑油、燃料气、原料油 | 1 362.908 |
| 2 | 40 000 Nm³·h$^{-1}$ 甲醇制氢装置 | 甲醇、燃料气、燃料油 | 22.127 |
| 3 | 40 万吨/年汽油加氢装置 | 汽油、瓦斯、原料油 | 3 122.711 |
| 4 | 30 万吨/年芳构化装置 | 石脑油、C$_4$、燃料气、芳烃 | 7 929.269 |
| 5 | 60 万吨/年催化裂化装置 | 汽油、柴油、液化气、干气 | 9 089.869 |
| 6 | 火炬回收装置 | 瓦斯气、柴油 | 7.674 |
| 7 | 8 万吨/聚丙烯装置 | 液化气、丙烯 | 2 996.436 |
| 8 | 100 万吨/年延迟焦化装置 | 液化气、丙烷、干气、汽油、原料油 | 12 582.902 |
| 9 | 100 万吨/年柴蜡油加氢装置 | 柴油、蜡油 | 158.222 |
| 10 | 4 万吨/年 MTBE 装置 | MTBE、甲醇、C$_4$ | 1 737.075 |
| 11 | 20 万吨/年气体分馏装置 | 液化气、丙烷、C$_2$、C$_3$、C$_4$ | 5 343.080 |
| 12 | 储运装置 | 汽油、柴油、石脑油、MTBE、丙烷、原油、甲醇、蜡油 | 1 660.767 |
| 13 | 新石脑油罐区 | 石脑油 | 21.569 |
| 14 | 50 万吨/年重交道路沥青装置 | 原油、汽油、柴油、渣油、燃料气 | 2 738.764 |

续 表

| 序号 | 装 置 名 称 | 含 VOCs 物料 | 排放量/kg |
|---|---|---|---|
| 15 | 2万立方米/时干气制氢装置 | 干气、液化气 | 99.496 |
| 16 | 10万吨/年异辛烷装置 | 异辛烷、液化石油气/C4 | 721.406 |
| 17 | 200万吨/年连续重整装置 | 石脑油、汽油、苯、甲苯、二甲苯、芳烃 | 1 593.441 |
| 18 | 新硫黄装置 | 燃料气、污油 | 163.615 |

表 8-61 某石化企业密封点类型及其排放量

| 序号 | 密封点类型 | 受控密封点数量/个 | 检测密封点数量/个 | 排放量/kg |
|---|---|---|---|---|
| 1 | 法兰(F) | 51 593 | 50 968 | 14 776.538 |
| 2 | 阀门(V) | 23 459 | 23 156 | 33 807.800 |
| 3 | 开口阀或开口管线(O) | 3 267 | 3 252 | 1 069.430 |
| 4 | 连接件(C) | 72 870 | 68 671 | 7 250.278 |
| 5 | 泵(P) | 447 | 447 | 586.461 |
| 6 | 搅拌器(A) | 6 | 6 | 2.156 |
| 7 | 压缩机(Y) | 10 | 10 | 3.593 |
| | 合计 | 151 652 | 146 510 | 57 496.260 |

由表 8-62 可以看出,装置内不可达点位对排放量的影响巨大,会导致整体排放量增加,企业应减少不可达点位数量,以有效控制的排放量。

表 8-62 石化企业不可达点位的排放量

| 序号 | 装 置 名 称 | 不可达点位数量/个 | 装置排放量/kg | 不可达排放量/kg |
|---|---|---|---|---|
| 1 | 110万吨/年柴油加氢改制装置 | 38 | 1 362.908 | 947.316 |
| 2 | 40 000 Nm³·h⁻¹甲醇制氢装置 | 0 | 22.127 | 0 |
| 3 | 40万吨/年汽油加氢装置 | 79 | 3 122.711 | 2 823.455 |
| 4 | 30万吨/年芳构化装置 | 254 | 7 929.269 | 6 972.546 |
| 5 | 60万吨/年催化裂化装置 | 289 | 9 089.869 | 8 562.900 |
| 6 | 火炬回收装置 | 0 | 7.674 | 0 |
| 7 | 8万吨/年聚丙烯装置 | 18 | 2 996.436 | 658.638 |
| 8 | 100万吨/年延迟焦化装置 | 4 177 | 12 582.902 | 11 998.982 |
| 9 | 100万吨/年柴蜡油加氢装置 | 0 | 158.222 | 0 |
| 10 | 4万吨/年 MTBE 装置 | 51 | 1 737.075 | 1 231.218 |
| 11 | 20万吨/年气体分馏装置 | 136 | 5 343.080 | 4 546.433 |

续表

| 序号 | 装置名称 | 不可达点位数量/个 | 装置排放量/kg | 不可达排放量/kg |
|---|---|---|---|---|
| 12 | 储运装置 | 0 | 1 660.767 849 | 0 |
| 13 | 新石脑油罐区 | 0 | 21.569 928 96 | 0 |
| 14 | 50万吨/年重交道路沥青装置 | 58 | 2 738.764 965 | 2 290.740 |
| 15 | 2万立方米/小时干气制氢装置 | 0 | 99.496 160 16 | 0 |
| 16 | 10万吨/年异辛烷装置 | 0 | 721.406 057 8 | 0 |
| 17 | 200万吨/年连续重整装置 | 33 | 1 593.441 911 | 703.374 |
| 18 | 新硫黄装置 | 0 | 163.615 322 9 | 0 |

泄漏检测后，企业需要对发现的泄漏点进行及时修复。首次维修应在发现泄漏之日起5天内完成，15天内完成修复，除非存在延迟修复的条件。这样的及时维修可以最大限度地减少因泄漏造成的VOCs排放。

表8-63 某石化企业装置复检前与复检后VOCs减排量计

| 序号 | 装置名称 | 复检前排放量/kg | 复检后排放量/kg | 减排量/kg |
|---|---|---|---|---|
| 1 | 110万吨/年柴油加氢改制装置 | 1 493.032 812 | 1 362.908 632 | 130.124 |
| 2 | 40 000 Nm³/h甲醇制氢装置 | 26.262 235 2 | 22.127 714 4 | 4.134 |
| 3 | 40万吨/年汽油加氢装置 | 3 244.234 19 | 3 122.711 5 | 121.522 |
| 4 | 30万吨/年芳构化装置 | 9 220.938 28 | 7 929.269 109 | 1 291.669 |
| 5 | 60万吨/年催化裂化装置 | 10 040.298 39 | 9 089.869 46 | 950.428 |
| 6 | 火炬回收装置 | 7.674 485 76 | 7.674 485 76 | 0 |
| 7 | 8万吨/年聚丙烯装置 | 4 707.954 194 | 2 996.436 854 | 1 711.517 |
| 8 | 100万吨/年延迟焦化装置 | 12 605.843 32 | 12 582.902 5 | 22.940 |
| 9 | 100万吨/年柴蜡油加氢装置 | 159.897 445 9 | 158.222 854 6 | 1.674 |
| 10 | 4万吨/年MTBE装置 | 1 787.263 721 | 1 737.075 075 | 50.188 |
| 11 | 20万吨/年气体分馏装置 | 6 053.105 41 | 5 343.080 004 | 710.025 |
| 12 | 储运装置 | 1 778.294 183 | 1 660.767 849 | 117.526 |
| 13 | 新石脑油罐区 | 21.569 928 96 | 21.569 928 96 | 0 |
| 14 | 50万吨/年重交道路沥青装置 | 3 064.514 416 | 2 738.764 965 | 325.749 |
| 15 | 2万立方米/时干气制氢装置 | 132.975 513 1 | 99.496 160 16 | 33.479 |
| 16 | 10万吨/年异辛烷装置 | 872.076 579 4 | 721.406 057 8 | 150.670 |
| 17 | 200万吨/年连续重整装置 | 2 116.707 198 | 1 593.441 911 | 523.265 |
| 18 | 新硫黄装置 | 163.615 322 9 | 163.615 322 9 | 0 |

由表 8-63 可知,对企业修复结果进行分析时发现,企业仅采用紧固措施进行修复,会出现密封点修复后短时间内再次泄漏的情况,需要进行二次修复才能解除泄漏。建议企业采用《石化企业泄漏检测与修复工作指南》推荐的修复措施和方法或更换无泄漏和无密封的设备部件等方法,及时修复泄漏的密封点。

4. 企业维修情况统计

企业维修情况统计,见表 8-64。

表 8-64 某石化企业维修情况统计

| 序号 | 密封点类型 | 泄漏点数量/个 | 维修点数量/个 | 不合格点数量/个 |
| --- | --- | --- | --- | --- |
| 1 | 法兰(F) | 290 | 102 | 188 |
| 2 | 阀门(V) | 303 | 126 | 177 |
| 3 | 开口阀或开口管线(O) | 29 | 14 | 15 |
| 4 | 连接件(C) | 37 | 25 | 12 |
| 5 | 泵(P) | 3 | 2 | 1 |
|  | 合计 | 662 | 269 | 393 |

从表 8-64 中可以看出,按照要求,各装置大部分的泄漏密封点修复情况一般,平均修复率为 40.63%。通过修复泄漏密封点,企业各装置 VOCs 排放量均实现了不同程度的降低,对于符合延迟修复的泄漏密封点,将在装置下次停工检修结束前完成修复,VOCs 排放量将进一步降低。由此可见,通过连续实施 LDAR 技术,加大企业维修力度对 VOCs 减排效果影响显著。

我国石化行业已全面实施 LDAR,但总体上仍处于初级阶段,技术水平和实施效果参差不齐,工作规范性或质量问题较为突出,可借鉴美国清洁发展机制及环境领导计划的相关经验,结合国内的具体情况,实施 LDAR"一厂一议"(谈判协议),推进并深化 LDAR 专业化、规范化、信息化、智能化、精细化及提质增效。具体措施建议如下:

(1) 结合炼化企业区位敏感性和工艺设备特点,细化标准实施场景,精准划定 LDAR 受控范围,强化密封点建档及更新监管,通过大数据分析,优化各类密封的检测频次及泄漏阈值,适度提升修复行动水平。

(2) 规范技术与平台的现代化与信息化要求。

(3) 提升受控设备精细化管控要求,试点易漏设备密封升级,推进技术经济可行的低排放技术。

(4) 落实监管与审核,推进外审常规化、内审制度化,监督完善自主实施企业的内控管理与质量保证/质量控制,强化第三方服务单位的专业、规范及实施质量监管,随时随机抽检企业的 LDAR 建档、检测及修复情况,制定并实施质量不达标企业的整改/质量改进计划,以及违规经济处罚细则。

(5) 制定和实施先进的设备泄漏排放控制标准,引导 LDAR 技术向高效检测泄漏、及时发现泄漏和预防泄漏发展,建立 LDAR 等效减排技术的申报及审批机制,鼓励 LDAR 技术革新。

预计近 10 年内,LDAR 仍将由以"传统的建档—周期性检测—修复技术"为主导,向以设备泄漏及时发现和预防等 LDAR 技术革新的主方向转变。LDSN 等连续在线检测技术可能是未来石化企业泄漏无组织排放监控的主要手段;设备密封低排放技术可能是重要的辅助控制手段;红外成像仪(Optical Gas Imaging,OGI)、超声波泄漏检测及其他高时空分辨检测技术也可能是重要的辅助检测手段。

## 8.2.9 沸石浓缩转轮+RTO 工艺治理造船行业涂装废气的工程案例

1. 设计条件

本项目为某造船企业的分段涂装车间 VOCs 治理项目,其设计条件主要包括:送排风设计条件、VOCs 排放工艺设计条件、外部环境条件、VOCs 达标排放标准等。

(1) 送排风通风设计条件:

涂装车间 A 尺寸(长×宽×高):45 m×30 m×14 m(吊顶高度);

涂装车间 B 尺寸(长×宽×高):45 m×30 m×14 m(吊顶高度);

两个涂装车间各对应一处中间机房,中间机房尺寸(长×宽×高):45 m×12 m×8 m,其中间梁底部距离地面高度 6.2 m。涂装车间平面布置图,如图 8-21 所示。

(2) VOCs 排放工艺设计条件:单间涂装车间 1 个生产周期涉及的油漆及溶剂用量见表 8-65;

(3) 外部环境条件:

环境温度:-10~40 ℃;

环境湿度:平均相对湿度为 85%;

气候类型:海洋性气候,有盐雾;

动力电源:三相五线制,380 V±10%,50 Hz±1 Hz;

压缩空气供气压力:0.5~0.7 MPa;

天然气供气压力:30~50 kPa;

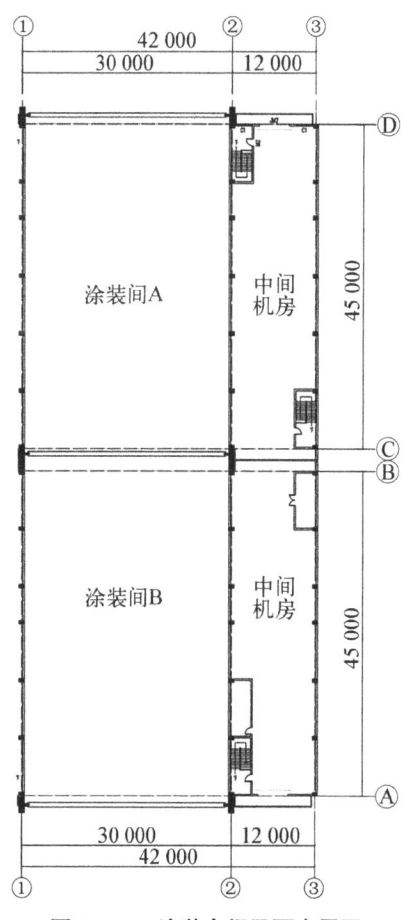

**图 8-21 涂装车间平面布置图**

表 8-65 单间涂装车间 1 个生产周期的油漆及溶剂用量

| 序号 | 编号 | 油漆类别 | 油漆及溶剂用量/L | 喷枪数/把 |
|---|---|---|---|---|
| 1 | 分段 1 | 环氧漆 | 520 | 3 |
| 1 | 分段 1 | 稀释剂 | 100 | 3 |
| 2 | 分段 2 | 环氧漆 | 1 200 | 4 |
| 2 | 分段 2 | 稀释剂 | 200 | 4 |
| 3 | 分段 3 | 环氧漆 | 470 | 3 |
| 3 | 分段 3 | 玻璃鳞片漆 | 90 | 3 |
| 3 | 分段 3 | 醇酸漆 | 128 | 3 |
| 3 | 分段 3 | 稀释剂 | 140 | 3 |
| 合计 | | | 2 848 | 10 |

说明: 本表中喷漆用量是喷漆全周期最大喷漆用量,喷漆周期内平均分布。生产总时长 13 h,其中喷漆时长 5 h,固化时长 8 h。环氧漆中挥发分含量按照 360 g·L$^{-1}$计算,醇酸漆中挥发分含量按照 435 g·L$^{-1}$计算,玻璃鳞片漆挥发分含量按照 210 g·L$^{-1}$计算,稀释剂挥发分含量按照 850 g·L$^{-1}$计算。

(4) 排放依据《船舶工业大气污染物排放标准》(DB 31/934—2015)中规定的 VOCs 达标排放指标见表 8-66。

表 8-66 VOCs 排放指标

| 序号 | 污染物 | 排放限值/mg·m$^{-3}$ | 排放速率/kg·h$^{-1}$ |
|---|---|---|---|
| 1 | 苯 | 1 | 0.3 |
| 2 | 甲苯 | 3 | 0.9 |
| 3 | 二甲苯 | 25 | 5.9 |
| 4 | 苯系物 | 45 | 13 |
| 5 | 非甲烷总烃 | 预处理: 50 | 1.5 |
| 5 | 非甲烷总烃 | 室内涂装: 70 | 21 |
| 6 | 颗粒物 | 20 | 6 |

2. 工艺方案的确定

(1) 风量的确定: 根据《船舶工业工程项目环境保护设施设计标准》,涂装车间内排风量应按车间体积计算,喷漆时换气次数宜为(6~8)次/时,固化时换气次数宜为(3~4)次/时。

单个涂装车间外形尺寸为 45 m×30 m×14 m,车间体积为 18 900 m³,按照 6 次换气,排风量为 113 400 m³,按照 3 次换气,排风量为 56 700 m³。

考虑到设备选型的标准化,确定涂装车间排风量为 120 000 m³·h⁻¹,换气次数为 6.4 次/小时,固化时排风量为 60 000 m³·h⁻¹,换气次数为 3.2 次/时。

(2) 最大设计浓度的确定:根据设计条件,该涂装车间 A 或者涂装车间 B 喷涂生产中,油漆及稀释剂总量为环氧油漆 2 190 L,醇酸漆 128 L,玻璃鳞片漆 90 L,稀释剂 440 L,其产生的 VOCs 总量为:

$$2\ 190 \times 360 + 440 \times 850 + 435 \times 128 + 210 \times 90 = 1\ 236.98 \text{ kg}$$

在 13 小时的生产总时长中,喷漆阶段产生油漆较固化时段多,喷漆阶段总系数取 0.6,固化阶段的总系数取 0.4,计算如下:

喷漆时段的 VOCs 平均浓度:

$$1\ 236.98 \times 60\% / 5 / 120\ 000 = 1\ 237 \text{ mg} \cdot \text{m}^{-3};$$

固化时段的 VOCs 平均浓度:

$$1\ 236.98 \times 40\% / 8 / 120\ 000 = 515 \text{ mg} \cdot \text{m}^{-3}。$$

由于该喷漆用量是喷漆全周期最大喷漆用量,喷漆周期内平均分布,并考虑到实际生产的轻微波动,因此向上取整,以 1 300 mg·m⁻³ 作为本设计的设计浓度。

(3) 工艺的确定:鉴于 120 000 m³·h⁻¹ 的排风量较大,且 VOCs 浓度 1 300 mg·m⁻³ 相对适中,有一定的浓缩空间,因此主要工艺采用"沸石浓缩转轮"的治理工艺,浓缩后的气体浓度应低于该 VOCs 气体爆炸下限值的 25%,根据计算,本设计 VOCs 气体的爆炸极限值为 40 000~45 000 mg·m⁻³,其爆炸下限值的 25% 为 10 000~11 250 mg·m⁻³,考虑一定的安全裕量,取 6 倍浓缩系数,浓缩后废气最大浓度约 7 800 mg/m³。

本项目属于室内涂装,其非甲烷总烃的排放限值为 70 mg·m⁻³,系统的整体治理效率应高于 94.6%,系统治理效率要求很高,因此选用治理效率较高且相对稳定的三室燃气 RTO 作为 VOCs 末端焚烧装置。

3. 设备选型

(1) 预处理:考虑到造船行业涂装生产会产生大量的漆雾和粉尘,出于对沸石浓缩转轮的保护和治理效果的提升,考虑在前端安装五级过滤装置。

第 1 级:排风口粗效过滤,主要材料为阻燃玻璃纤维,过滤效率为 85%;

第 2 级~第 5 级:箱式过滤器,过滤等级分别为 G4、F5、F7、F9(具体参数详见本书其他章节),总体粉尘过滤效率达到 99%。

(2) 沸石浓缩转轮及 RTO 的参数确定:RTO 的废气治理效率为 99% 以上,计算沸石浓缩转轮的吸附效率,应大于 95.6%。

由此,确定沸石浓缩转轮的主要技术指标为:风量 120 000 $m^3 \cdot h^{-1}$,处理浓度 1 300 $mg \cdot m^{-3}$,浓缩倍率为 6 倍,吸附效率≥96%。

RTO 的主要技术指标为:风量为 20 000 $m^3 \cdot h^{-1}$,处理浓度为 7 800 $mg \cdot m^{-3}$,处理效率≥99%,炉膛滞留时间不小于 1.2 s。

(3) 换换器主要参数的确定:换热器的主要功能是提供沸石浓缩转轮脱附所需要的热量,其一次侧从 RTO 炉膛直接取风(760 ℃),经换热后排入烟囱(约 100 ℃);二次侧从沸石转轮吸附后风管取风(60 ℃),经换热后导入沸石转轮脱附区(200 ℃),主要参数确定见表 8-67。

表 8-67 换热器参数表

| 序号 | 名 称 | 单位 | 一次侧 | 二次侧 |
| --- | --- | --- | --- | --- |
| 1 | 介质 | | 烟气 | 废气 |
| 2 | 流量 | $Nm^3 \cdot h^{-1}$ | 5 000 | 20 000 |
| 3 | 进口温度 | ℃ | 760 | 60 |
| 4 | 出口温度 | ℃ | 约 100 | 约 200 |
| 5 | 传热量 | kW | 1 298 | |
| 6 | 设计温度 | ℃ | 一次侧温差-20 ℃ | 二次侧温差+20 ℃ |
| 7 | 设计阻力降 | Pa | 500 | 450 |
| 8 | 换热面积 | $m^2$ | 190 | |
| 9 | 换热效率 | % | ≥95 | |
| 10 | 换热材质 | | S31008/S30408 | |

(4) 控制系统主要功能:控制系统采用集中监控 PLC 分布式控制,主要包括工控机、控制柜、仪表系统、传输系统等。

控制系统的控制功能包含沸石转轮运行控制功能、RTO 运行控制功能、不同设备间关联控制功能、报警功能、提示功能、数据记录存储功能(存储时间不少于 5 年)、紧急状态执行功能等满足设备系统启动、安全稳定运行、停止等要求的一系列控制功能。

(5) 根据上述分析,主要工艺设备配置见表 8-68。

表 8-68 主要工艺设备配置

| 序号 | 设备名称 | 型号规格及主要技术指标 | 单位 | 数量 |
| --- | --- | --- | --- | --- |
| 1 | 预过滤器 | 过滤风量 120 000 $m^3 \cdot h^{-1}$,外形尺寸 7 000 mm× 4 500 mm×3 900 mm | 套 | 1 |
| 2 | 沸石浓缩转轮 | 风量 120 000 $m^3 \cdot h^{-1}$,吸附浓度 1 300 $mg \cdot m^{-3}$,吸附效率≥96%,6 倍浓缩倍率 | 套 | 1 |

续 表

| 序号 | 设备名称 | 型号规格及主要技术指标 | 单位 | 数量 |
|---|---|---|---|---|
| 3 | 吸附风机 | $Q=126\,770\ m^3\cdot h^{-1}$, $H=3\,070\ Pa$, $N=160\ kW$ | 台 | 1 |
| 4 | RTO(蓄热式废气焚烧炉) | 三室燃气 RTO,效率≥99%,配燃烧系统及助燃系统,风量 $20\,000\ m^3\cdot h^{-1}$,炉膛滞留时间不小于 1.2 s | 套 | 1 |
| 5 | 脱附风机 | $Q=20\,000\ m^3\cdot h^{-1}$, $H=2\,000\ Pa$, $N=18.5\ kW$ | 台 | 1 |
| 6 | RTO 风机 | $Q=20\,000\ m^3\cdot h^{-1}$, $H=5\,000\ Pa$, $N=55\ kW$ | 台 | 1 |
| 7 | 换热器 | 一次侧 760/100 ℃;二次侧 60/200 ℃;风量 $20\,000\ m^3\cdot h^{-1}$ | 台 | 1 |
| 8 | 供电系统 | 包含配电柜、电气线路等 | 套 | 1 |
| 9 | 控制系统 | 包含控制柜、工控机、仪表系统、信号传输线路等 | 套 | 1 |
| 10 | 管道系统 | 包含车间排风管路、系统内连接管路、阀门等 | 套 | 1 |
| 11 | 烟囱 | 直径 1 800 mm,高 25 m,配套检修梯、雨帽、避雷针等 | 套 | 1 |
| 12 | 在线监测仪表 | 进口、出口各一套 | 套 | 2 |

4. 设计图

根据机房空间特点,所有设备呈一字形布置,涂装车间 A 相关设备布置如图 8‑22 所示。涂装车间 B 对应设备呈轴对称布置。

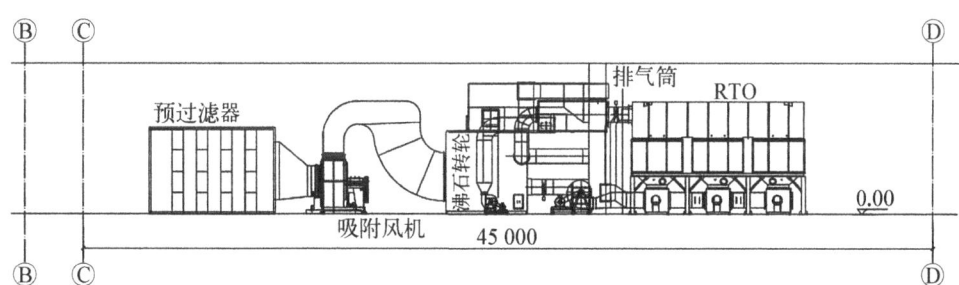

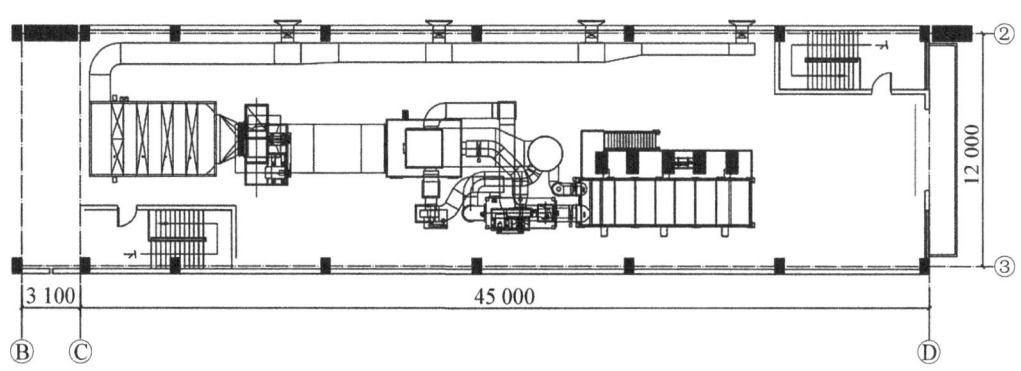

图 8‑22 涂装车间 A VOCs 治理设备平/剖面布置图

## 5. 设备运行

(1) 该项目于2021年2月通过环保验收,经过数年的运行,其VOCs治理效果一直维持稳定,各类污染因子均能达标排放。

(2) 能耗情况:由于船舶行业涂装生产以手工喷涂为主,其实际生产中,VOCs浓度波动较大,且喷漆阶段和固化阶段对风量的要求和VOCs的挥发浓度有着明显的差异,因此将不同的生产状态和VOCs浓度区间进行区分。本文选取单车间生产过程中某一典型喷漆周期的设备运行情况作为基础数据,计算1个喷漆周期内,系统的天然气消耗量及电消耗量,见表8-69。

表8-69 单车间1个喷漆周期内天然气平均消耗量表

| 序号 | 废气VOCs浓度/(mg·m$^{-3}$) | 天然气消耗量(标态)/(m$^3$·h$^{-1}$) | 耗电量/(kW·h) | 喷漆生产持续时长/h | 固化生产持续时长/h | 备注 |
|---|---|---|---|---|---|---|
| 1 | 0~100 | 36 | 244.5 | 0.2 | 2.1 | |
| 2 | 100~200 | 30 | 244.5 | 0.5 | 3.3 | |
| 3 | 200~300 | 24 | 244.5 | 1.1 | 1.7 | |
| 4 | 300~400 | 18 | 244.5 | 1.2 | 0.7 | |
| 5 | 400~500 | 12 | 244.5 | 0.7 | 0.2 | |
| 6 | 500~600 | 6 | 244.5 | 0.3 | 0 | |
| 7 | 600~1 300 | 0 | 244.5 | 1 | 0 | |

注:由于固化时通风要求仅为喷漆时的一半,因此固化时天然气消耗量和电消耗量在上表消耗量的基础上折算一定比例,固化生产时单位时间耗电量约为对应值的50%,单位时间耗气量约为对应值的70%。

根据表8-69中的数据计算,1个喷漆周期内,单套VOCs治理系统的耗电量为2 396.1 kW·h,耗气量为241.6 m$^3$·h$^{-1}$。该项目共两套VOCs治理系统,其1个喷漆周期内的总耗电量为4 792.2 kW·h,总耗气量为483.2 m$^3$·h$^{-1}$。

### 8.2.10 石家庄长安区某汽车产业园区沸石吸脱附浓缩转轮+CO催化氧化焚烧治理项目

#### 1. 案例名称

石家庄长安区某汽车产业园区沸石吸脱附浓缩转轮+CO催化氧化焚烧治理项目。

#### 2. 设计依据

《中华人民共和国环境保护法》;《中华人民共和国大气污染防治法》;《大气污染物综合排放标准》(GB 16297—1996);《河北工业企业挥发性有机物排放控制标准》(DB 13/2322—2016);《固定污染源废气监测技术规范》(HJ 397—2017);《固定污染源废气 非甲烷总烃连续监测技术规范》(HJ 1286—2023);《固定污染源烟气($SO_2$、

$NO_x$、颗粒物)排放连续监测技术规范》(HJ 75—2017);《环境保护产品技术要求 工业废气吸附净化装置》(HJ/T 386—2007);《吸附法工业有机废气治理工程技术规范》(HJ 2027—2013);《环境保护产品技术要求 工业废气吸收净化装置》(HJ/T 387—2007);《涂装作业安全规程 有机废气净化装置安全技术规定》(GB 20101—2006);《建筑设计防火设计规范》(GB 50016—2014);《通风与空调工程施工质量验收规范》(GB 50243—2002);《涂装前钢材表面锈蚀等级和除锈等级》(GB 8923.1—2011);《固定式钢梯及平台安全要求》(GB 4053—2009);《钢制焊接常压容器》(JB/T 4735.1—2009);《建筑物防雷设计规范》(GB 50057—2010);《通用用电设备配电设计规范》(GB 50055—2011);《低压配电设计规范》(GB 50054—2011);《电工设备结构总技术条件》(GB/T 15139—1994);《人机界面标志标识的基本和安全规则 导体颜色或字母数字标识》(GB 7947—2010);《低压成套开关设备和控制设备产品型号编制方法》(JB/T 3752.1—2013);《电缆线路施工及验收规范》(GB 50168—2006);《电气装置安装工程接地装置施工及验收规范》(GB 50169—2006);《信号报警及联锁系统设计规范》(HG/T 20511—2014)。

3. 设计条件

环保设备位于某汽车产业园项目一期 4-4# 喷涂中心楼顶,楼顶承重不低于 800 kg·m$^{-2}$,须搭建钢平台,设备整体置于钢平台。

4. 设计范围

前端钣喷线、末端环保处理设备。

5. 设计参数

废气入口浓度低于 120 mg·m$^{-3}$,75 000 m$^3$·h$^{-1}$ 沸石吸脱附浓缩转轮 2 套,50 000 m$^3$·h$^{-1}$ 沸石吸脱附浓缩转轮 2 套;4 000 m$^3$·h$^{-1}$ 催化氧化焚烧炉 2 套,每套加热功率 270 kW;2 500 m$^3$·h$^{-1}$ 催化氧化焚烧炉 2 套,每套加热功率 180 kW。

6. 设计计算

共 4 套处理设备,2 套 75 000 m$^3$·h$^{-1}$,2 套 50 000 m$^3$·h$^{-1}$,转轮浓缩倍数约 20 倍,4 000 m$^3$·h$^{-1}$ 催化氧化焚烧炉 2 套,每套加热功率 270 kW;2 500 m$^3$·h$^{-1}$ 催化氧化焚烧炉 2 套,每套加热功率 180 kW。

7. 设备选型

项目共设计有 4 套废气治理系统,2 个排气筒:75 000 m$^3$·h$^{-1}$ 沸石吸脱附浓缩转轮 2 套,50 000 m$^3$·h$^{-1}$ 沸石吸脱附浓缩转轮 2 套;4 000 m$^3$·h$^{-1}$ 催化氧化焚烧炉 2 套,每套电加热功率 270 kW;2 500 m$^3$·h$^{-1}$ 催化氧化焚烧炉 2 套,每套电加热功率 180 kW。每套处理设备含 2 个换热器,即一级换热器、二级换热器;含 1 台吸附风机、1 台脱附风机、1 套干式过滤箱(G4+F7+F9),2 套 75 000 m$^3$·h$^{-1}$ 处理设备共用 1 个排气筒,直径 1 800 mm;2 套 75 000 m$^3$·h$^{-1}$ 处理设备共用 1 个排气筒,直径 1 500 mm。

**8. 技术要求**

每个排气筒排放非甲烷总烃浓度经在线 FID 监测,应低于 30 mg·m$^{-3}$。

**9. 设计能力与运行方式**

运行方式:沸石吸脱附浓缩转轮+CO 催化氧化焚烧为连续吸脱附运行模式。

设计能力:满足处理风量要求,并预留 15% 设计余量。

**10. 性能指标**

经环保设备系统处理后,每个排气筒排放非甲烷总烃浓度经在线监测 FID 连续进行监测,应低于 30 mg·m$^{-3}$。

**11. 技术特点**

(1) 沸石吸附浓缩转轮技术是针对低浓度 VOCs 的治理而发展起来的一种技术,与焚烧技术(高温或催化焚烧)进行组合,形成了"沸石转轮吸附浓缩+焚烧技术"。

(2) 低浓度、大风量的 VOCs 排放在目前我国的有机废气污染中占了很大的比例,吸附浓缩技术是低浓度废气治理中最为经济有效的技术路径,从一些大型和较大型企业的经营情况分析,吸附浓缩+催化焚烧集成技术所占比例最大,占到全部项目数量的 50% 以上。

(3) 之前主要采用的是活性炭材料(蜂窝活性炭、颗粒活性炭和活性炭纤维)作为吸附剂,近十多年来在我国的工业 VOCs 净化中占有主导地位,但经过多年来的运行实践,该工艺存在一些明显的缺陷。

(4) 采用沸石作为吸附剂,安全性能好,采用热气流再生时不易发生着火现象。

(5) 采用沸石作为吸附剂,再生温度可提高,适用于从低沸点到高沸点的 VOCs 净化。

**12. 能源消耗、经济效益与运行效果**

(1) 每套系统运行主要费用为风机电费、脱附启动与运行能耗、耗材更换(能耗消耗以 75 000 m$^3$·h$^{-1}$ 为例进行说明)。

每套风机运行时间按 300 天/年×6 小时/天预估运行费用,电费按 0.8 元/千瓦时(以下仅供参考,以实际发生为准),运行成本分析见表 8-70。

表 8-70 风机运行成本分析

| 序号 | 设备 | 额定功率/kW | 数量/台 | 天运行时间/时 | 年运行时间/天 | 电费/(元/千瓦时) | 合计/(元/年) |
|---|---|---|---|---|---|---|---|
| 1 | 系统风机 | 90 | 1 | 6 | 300 | 0.8 | 103 680 |
| 2 | 脱附风机 | 15 | 1 | 6 | 300 | 0.8 | 17 280 |
| | | | | | 合计(元/年) | | 120 960 |
| | | | | | 材耗更换估算 | | |

续 表

| 序号 | 名称 | 更换周期 | 每年更换次数/次 | 系统用量/个 | 单价/元 | 小计/(元/年) |
|---|---|---|---|---|---|---|
| 1 | G4 | 按6月/次 | 2 | 30 | 38 | 2 280 |
| 2 | F7 | 按6月/次 | 2 | 30 | 58 | 3 480 |
| 3 | F9 | 按6月/次 | 2 | 30 | 78 | 4 680 |
| 4 | | 合计(元/年) | | | | 10 440 |

注：以上运行成本费用只是估算，实际运行成本费用情况，以最终实际发生为准。

现分析系统运行时的脱附能耗，分两个阶段：一是系统启动运行费用，启动升温按0.5小时计；二是系统正常运行费用。系统启动运行费用（开车启动）及系统正常运行费用，见表8-71和表8-72。

表8-71 系统启动运行费用（开车启动）

| 电的热值 | 3.60 | $MJ \cdot (kW \cdot h)^{-1}$ |
|---|---|---|
| 所需热量 | 780 | MJ |
| 用电量 | 216 | $kW \cdot h$ |
| 电费 | 0.80 | 元/千瓦时 |
| 开车启动电费消耗 | 86 | 元/次 |
| 启动次数 | 300 | 次/年 |
| 启动费用 | 25 800 | 元/年 |

表8-72 系统正常运行费用

| 按二甲苯计 | 40 000 | $kJ \cdot kg^{-1}$ |
|---|---|---|
| 溶剂量 | 按12计，以实际为准，仅作参考用 | $kg \cdot h^{-1}$ |
| 每小时产热 | 480 | MJ |
| 无废气正常运行时所需热量 | 778 | MJ |
| 热量差 | 298 | MJ |
| 正常运行电费消耗 | 66 | 元/时 |
| 年运行费用 | 118 800 | 元/年 |

按理论估算，当每套处理系统所进入废气浓度约260 $mg \cdot m^{-3}$（实际最大值为120 $mg \cdot m^{-3}$），经沸石转轮浓缩约20倍后进入催化炉的浓度约5 200 $mg \cdot m^{-3}$。系统正常运行时，此时系统达到自平衡状态，催化炉电加热基本停止，依靠有机溶剂（按二甲苯

计)燃烧所释放热量,可维持催化燃烧、转轮脱附所需能量;该运行状态为最佳状态,系统整体能耗最低。上述值仅供参考,以实际发生为准。

(2) 经济效益因环保系统运行时,系统所进入废气浓度较低,一般不超过 120 mg·m$^{-3}$,故运行时仍需要消耗电能。

(3) 经环保设备系统处理后,每个排气筒排放非甲烷总烃浓度的在线监测 FID 连续行监测值低于 30 mg·m$^{-3}$,满足设计要求。

### 8.2.11 石家庄某钣喷中心沸石吸脱附浓缩转轮+CO 催化氧化焚烧治理项目

1. 案例名称

石家庄某钣喷中心沸石吸脱附浓缩转轮+CO 催化氧化焚烧治理项目。

2. 设计依据

《中华人民共和国环境保护法》;《中华人民共和国大气污染防治法》;《大气污染物综合排放标准》(GB 16297—1996);《河北工业企业挥发性有机物排放控制标准》(DB 13/2322—2016);《固定污染源废气监测技术规范》(HJ 397—2017);《固定污染源废气 非甲烷总烃连续监测技术规范》(HJ 1286—2023);《固定污染源烟气(SO$_2$、NO$_x$、颗粒物)排放连续监测技术规范》(HJ 75—2017);《环境保护产品技术要求 工业废气吸附净化装置》(HJ 386—2007);《环境保护产品技术要求 工业废气吸收净化装置》(HJ 387—2007);《涂装作业安全规程 有机废气净化装置安全技术规定》(GB 20101—2006);《建筑设计防火规范》(GB 50016—2018);《通风与空调工程施工质量验收规范》(GB 50243—2016);《涂装前钢材表面锈蚀等级和除锈等级》(GB 8923.1—2011);《固定式钢梯及平台安全要求》(GB 4053—2009);《钢制焊接常压容器》(JB/T 4735.1—2009);《建筑物防雷设计规范》(GB 50057—2010);《通用用电设备配电设计规范》(GB 50055—2011);《低压配电设计规范》(GB 50054—2011);《电工设备结构总技术条件》(GB/T 15139—2015);《人机界面标志标识的基本和安全规则导体颜色或字母数字标识》(GB 7947—2010);《低压成套开关设备和控制设备产品型号编制方法》(JB/T 3752.1—2013);《电缆线路施工及验收规范》(GB 50168—2006);《电气装置安装工程接地装置施工及验收规范》(GB 50169—2006);《信号报警及联锁系统设计规范》(HG/T 20511—2014)。

3. 设计条件

环保设备位于桥西区汽车产业园项目 D8 一期楼顶,楼顶承重不低于 800 kg·m$^{-2}$,须搭建钢平台,设备整体置于钢平台。

4. 设计范围

前端钣喷线、末端环保处理设备。

5. 设计参数

废气入口浓度低于 120 mg·m$^{-3}$,80 000 m$^3$·h$^{-1}$ 沸石吸脱附浓缩转轮 3 套;

$4\ 000\ m^3 \cdot h^{-1}$ 催化氧化焚烧炉 3 套,每套加热功率 270 kW。

**6. 设计计算**

共 3 套处理设备,2 套 $80\ 000\ m^3 \cdot h^{-1}$,1 套 $80\ 000\ m^3 \cdot h^{-1}$,转轮浓缩倍数约 20 倍,$4\ 000\ m^3 \cdot h^{-1}$ 催化氧化焚烧炉 3 套,每套加热功率 270 kW。

**7. 设备选型**

项目共设计有 3 套废气治理系统,2 个排气筒:$80\ 000\ m^3 \cdot h^{-1}$ 沸石吸脱附浓缩转轮 3 套;$4\ 000\ m^3 \cdot h^{-1}$ 催化氧化焚烧炉 3 套,每套电加热功率 270 kW。每套处理设备含 2 个换热器,即一级换热器、二级换热器;含 1 台吸附风机、1 台脱附风机、1 套干式过滤箱(G4+F7+F9),2 套 $80\ 000\ m^3 \cdot h^{-1}$ 处理设备共用 1 个排气筒,直径 1 800 mm;1 套 $80\ 000\ m^3 \cdot h^{-1}$ 处理设备共用 1 个排气筒,直径 1 400 mm。

**8. 技术要求**

每个排气筒排放非甲烷总烃浓度经在线 FID 监测,应低于 $30\ mg \cdot m^{-3}$。

**9. 设计能力与运行方式**

运行方式:沸石吸脱附浓缩转轮+CO 催化氧化焚烧为连续吸脱附运行模式。

设计能力:满足处理风量要求,并预留 15% 设计余量,即每套处理设备最大处理风量为设计值的 115%。

**10. 性能指标**

经环保设备系统处理后,每个排气筒排放非甲烷总烃浓度经在线监测 FID 连续进行监测,应低于 $30\ mg \cdot m^{-3}$。

**11. 技术特点**

(1) 沸石吸附浓缩转轮技术是针对低浓度 VOCs 的治理而发展起来的一种技术,与焚烧技术(高温或催化焚烧)进行组合,形成了"沸石转轮吸附浓缩+焚烧技术"。

(2) 在目前我国的有机废气污染中,低浓度、大风量的 VOCs 排放占了很大的比例,吸附浓缩技术是低浓度废气治理中最为经济有效的技术路径,从一些大型和较大型企业的经营情况分析,吸附浓缩+催化焚烧集成技术所占比例最大,占到全部项目数量的 50% 以上。

(3) 之前主要采用的是活性炭材料(蜂窝活性炭、颗粒活性炭和活性炭纤维)作为吸附剂,近十多年来在我国的工业 VOCs 净化中占有主导地位,但经过多年来的运行实践,该工艺存在一些明显的缺陷。

(4) 采用沸石作为吸附剂,安全性能好,采用热气流再生时不易发生着火现象。

(5) 采用沸石作为吸附剂,再生温度可提高,适用于从低沸点到高沸点的 VOCs 净化。

**12. 能源消耗、经济效益与运行效果**

(1) 每套系统运行主要费用为风机电费、脱附启动与运行能耗、耗材更换(能耗消耗以 $80\ 000\ m^3 \cdot h^{-1}$ 为例说明)。

每套系统运行时间按 300 天/年×6 时/天预估运行费用,电费按 0.8 元/千瓦时(以下仅供参考,以实际发生为准)。风机运行成本分析见表 8-73。

表 8-73 风机运行成本分析

| 序号 | 设备 | 功率/kW | 数量/台 | 天运行时间/时 | 年运行时间/天 | 电费/(元/千瓦时) | 合计/(元/年) |
|---|---|---|---|---|---|---|---|
| 1 | 系统风机 | 90 | 1 | 6 | 300 | 0.8 | 129 600 |
| 2 | 脱附风机 | 15 | 1 | 6 | 300 | 0.8 | 21 600 |
| | | | 合计(元/年) | | | | 151 200 |

材耗更换估算

| 序号 | 名称 | 更换周期 | 每年更换/次 | 系统用量/个 | 单价/元 | 小计(元/年) |
|---|---|---|---|---|---|---|
| 1 | G4 | 按 6 月/次 | 2 | 30 | 38 | 2 280 |
| 2 | F7 | 按 6 月/次 | 2 | 30 | 58 | 3 480 |
| 3 | F9 | 按 6 月/次 | 2 | 30 | 78 | 4 680 |
| 4 | | 合计(元/年) | | | | 10 440 |

现分析系统运行时的脱附能耗,分两个阶段:一是系统启动运行费用,启动升温按 0.5 h 计;二是系统正常运行费用。系统启动运行费用(开车启动)及系统正常运行费用,见表 8-74 和表 8-75。

表 8-74 系统启动运行费用(开车启动)

| 电的热值 | 3.60 | $MJ \cdot (kW \cdot h)^{-1}$ |
|---|---|---|
| 所需热量 | 780 | MJ |
| 用电量 | 216 | $kW \cdot h$ |
| 电费 | 0.80 | 元/千瓦时 |
| 开车启动电费消耗 | 173 | 元/次 |
| 启动次数 | 300 | 次/年 |
| 启动费用 | 52 000 | 元/年 |

表 8-75 系统正常运行费用

| 按二甲苯计 | 40 000 | $kJ \cdot kg^{-1}$ |
|---|---|---|
| 溶剂量 | 按 12 计,以实际为准,仅作参考用 | $kg \cdot h^{-1}$ |
| 每小时产热 | 480 | MJ |

续 表

| | | |
|---|---|---|
| 按二甲苯计 | 40 000 | kJ·kg$^{-1}$ |
| 无废气正常运行时所需热量 | 778 | MJ·h$^{-1}$ |
| 热量差 | 298 | MJ·h$^{-1}$ |
| 正常运行电费消耗 | 66 | 元/时 |
| 年运行费用 | 118 800 | 元/年 |

按理论估算,当每套处理系统所进入废气浓度约 260 mg·m$^{-3}$(实际最大值为 120 mg·m$^{-3}$),经沸石转轮浓缩约 20 倍后进入催化炉浓度约 5 200 mg·m$^{-3}$。系统正常运行时,此时系统达到自平衡状态,催化炉电加热基本停止,依靠有机溶剂(按二甲苯计)燃烧所释放热量,可维持催化燃烧、转轮脱附所需能量;该运行状态为最佳状态,系统整体能耗最低。上述值仅供参考,以实际发生为准。

(2) 经济效益因环保系统运行时,系统所进入废气浓度较低,一般不超过 120 mg·m$^{-3}$,故运行时仍需要消耗电能。

(3) 经环保设备系统处理后,每个排气筒排放非甲烷总烃浓度的在线监测 FID 连续行监测值低于 30 mg·m$^{-3}$,满足设计要求。

## 8.2.12 山西某企业钣喷中心沸石吸脱附浓缩转轮+CO 催化氧化焚烧治理项目

1. 设计依据

《中华人民共和国环境保护法》;《中华人民共和国大气污染防治法》;《大气污染物综合排放标准》(GB 16297—1996);《重点行业 VOCs 污染防治技术指南》(DB 14/T 1788—2019);《固定污染源废气监测技术规范》(HJ 397—2017);《固定污染源废气 非甲烷总烃连续监测技术规范》(HJ 1286—2023);《固定污染源烟气 ($SO_2$、$NO_x$、颗粒物)排放连续监测技术规范》(HJ 75—2017 代替 HJT 75—2007);《环境保护产品技术要求 工业废气吸附净化装置》(HJ/T 386—2007);《吸附法工业有机废气治理工程技术规范》(HJ 2026—2013);《环境保护产品技术要求 工业废气吸收净化装置》(HJ/T 387—2007);《压缩机、风机、泵安装工程施工及验收规范》(GB 50275—2010);《涂装作业安全规程 有机废气净化装置安全技术规定》(GB 20101—2006);《建筑设计防火规范》(GB 50016—2018);《通风与空调工程施工质量验收规范》(GB 50243—2016);《涂装前钢材表面锈蚀等级和除锈等级》(GB 8923.1—2011);《固定式钢梯及平台安全要求》(GB 4053.1~3—2009);《钢制焊接常压容器》(JB/T 4735.1—2009);《建筑物防雷设计规范》(GB 50057—2010);《通用用电设备配电设计规范》(GB 50055—2011);《低压配电设计规范》(GB 50054—2011);《电工设备结构总技术条件》(GB/T 15139—2015);《人机界面标志标识的基本和安全规则导体颜色或字母数字标识》

(GB 7947—2010);《低压成套开关设备和控制设备产品型号编制方法》(JB/T 3752.1—2013);《电缆线路施工及验收规范》(GB 50168—2006);《电气装置安装工程接地装置施工及验收规范》(GB 50169—2006);《信号报警及联锁系统设计规范》(HG/T 20511—2014)。

2. 设计条件

环保设备位于山西运城钢材市场,君和家汽车生活广场钣喷中心,地平面承重不低于 400 kg·m$^{-2}$,设备整体置于混凝土地平面。

3. 设计范围

前端钣喷线、末端环保处理设备。

4. 设计参数

废气入口浓度低于 120 mg·m$^{-3}$,100 000 m$^3$·h$^{-1}$ 沸石吸脱附浓缩转轮 2 套;5 000 m$^3$·h$^{-1}$ 催化氧化焚烧炉 2 套,每套加热功率 360 kW。

5. 设计计算

共 2 套处理设备,2 套 100 000 m$^3$·h$^{-1}$,转轮浓缩倍数约 20 倍,5 000 m$^3$·h$^{-1}$ 催化氧化焚烧炉 2 套,每套加热功率 360 kW。

6. 设备选型

处理量为 100 000 m$^3$·h$^{-1}$ 的沸石吸脱附浓缩转轮 2 套;5 000 m$^3$·h$^{-1}$ 的催化氧化焚烧炉 2 套,每套电加热功率为 360 kW。每套处理设备含 2 个换热器,即一级换热器、二级换热器;含 1 台吸附风机、1 台脱附风机、1 套干式过滤箱(G4+F7+F9),2 套处理量为 100 000 m$^3$·h$^{-1}$ 的处理设备共用 1 个排气筒,直径 2 200 mm。

7. 技术要求

每个排气筒排放非甲烷总烃浓度经在线 FID 监测,应低于 60 mg·m$^{-3}$。

8. 设计能力与运行方式

运行方式:沸石吸脱附浓缩转轮+CO 催化氧化焚烧为连续吸脱附运行模式。

设计能力:满足处理风量要求,并预留 15% 设计余量。

9. 性能指标

经环保设备系统处理后,每个排气筒排放非甲烷总烃浓度经在线监测 FID 连续行监测,应低于 30 mg·m$^{-3}$。

10. 技术特点

(1) 沸石吸附浓缩转轮技术是针对低浓度 VOCs 的治理而发展起来的一种技术,与焚烧技术(高温或催化焚烧)进行组合,形成了"沸石转轮吸附浓缩+焚烧技术"。

(2) 低浓度、大风量的 VOCs 排放在目前我国的有机废气污染中占了很大的比例,吸附浓缩技术是低浓度废气治理中最为经济有效的技术路径,从一些大型和较大型企业的经营情况分析,吸附浓缩+催化焚烧集成技术所占比例最大,占到全部项目数量的 50% 以上。

(3) 之前主要采用的是活性炭材料(蜂窝活性炭、颗粒活性炭和活性碳纤维)作为吸附剂,近十多年来在我国的工业 VOCs 净化中占有主导地位,但经过多年来的运行实践,该工艺存在一些明显的缺陷。

(4) 采用沸石作为吸附剂,安全性能好,采用热气流再生时不易发生着火现象。

(5) 采用沸石作为吸附剂,再生温度可提高,适用于从低沸点到高沸点的 VOCs 净化。

11. 能源消耗、经济效益与运行效果

(1) 每套系统运行主要费用为风机电费、脱附启动与运行能耗、耗材更换。(能耗消耗以 100 000 $m^3 \cdot h^{-1}$ 为例说明)

每套运行时间按 300 天/年×6 小时/天预估运行费用,电费按 0.8 元/千瓦时。风机运行成本见表 8-76。

表 8-76 风机运行成本分析

| 序号 | 设 备 | 功率/kW | 数量/台 | 天运行时间/时 | 年运行时间/天 | 电费(元/千瓦时) | 合计/(元/年) |
|---|---|---|---|---|---|---|---|
| 1 | 系统风机 | 132 | 1 | 6 | 300 | 0.8 | 190 080 |
| 2 | 脱附风机 | 22 | 1 | 6 | 300 | 0.8 | 31 680 |
| | | | | | 合计(元/年) | | 221 760 |

材耗更换估算

| 序号 | 名 称 | 更换周期 | 每年更换/次 | 系统用量/个 | 单价/元 | 小计/(元/年) |
|---|---|---|---|---|---|---|
| 1 | G4 | 按 6 月/次 | 2 | 40 | 38 | 3 040 |
| 2 | F7 | 按 6 月/次 | 2 | 40 | 58 | 4 640 |
| 3 | F9 | 按 6 月/次 | 2 | 40 | 78 | 6 240 |
| 4 | | 合计(元/年) | | | | 13 920 |

现分析系统运行时的脱附能耗,分两个阶段:一是系统启动运行费用,启动升温按 0.5 h 计;二是系统正常运行费用。系统启动运行费用见表 8-77,正常运行费用见表 8-78。

表 8-77 系统启动运行费用(开车启动)

| 电的热值 | 3.60 | $MJ \cdot (kW \cdot h)^{-1}$ |
|---|---|---|
| 所需热量 | 1 296 | MJ |
| 用电量 | 360 | $kW \cdot h$ |
| 电费 | 0.80 | 元/千瓦时 |
| 开车启动电费消耗 | 288 | 元/次 |

| | | 续　表 |
|---|---|---|
| 电 的 热 值 | 3.60 | MJ·(kW·h)$^{-1}$ |
| 启动次数 | 300 | 次/年 |
| 启动费用 | 86 400 | 元/年 |

表 8-78　系统正常运行费用

| 按二甲苯计 | 40 000 | kJ·kg$^{-1}$ |
|---|---|---|
| 溶剂量 | 按 12 kg·h$^{-1}$ 计,以实际为准,仅作参考用 | kg·h$^{-1}$ |
| 每小时产热 | 480 | MJ |
| 无废气正常运行时所需热量 | 1 037 | MJ |
| 热量差 | 557 | MJ |
| 正常运行电费消耗 | 124 | 元/时 |
| 年运行费用 | 223 200 | 元/年 |

按理论估算,当每套处理系统所进入废气浓度约 260 mg·m$^{-3}$,经沸石转轮浓缩约 20 倍后进入催化炉浓度约 5 200 mg·m$^{-3}$。系统正常运行时,此时系统达到自平衡状态,催化炉电加热基本停止,依靠有机溶剂(按二甲苯计)燃烧所释放热量,可维持催化燃烧、转轮脱附所需能量;该运行状态为最佳状态,系统整体能耗最低。上述值仅供参考,以实际发生为准。

(2) 经济效益因环保系统运行时,系统所进入废气浓度较低,一般不超过 120 mg·m$^{-3}$,故运行时仍需要消耗电功耗。

(3) 经环保设备系统处理后,每个排气筒排放非甲烷总烃浓度的在线监测 FID 连续行监测值低于 60 mg·m$^{-3}$,满足设计要求。

### 8.2.13　河北某新材料公司焙烘炉沥青烟尾气净化预处理

1. 设计依据

《大气污染物综合排放标准》(GB 16297—1996);《恶臭污染物排放标准》(GB 14554—1993);《空气质量　恶臭的测定　三点比较式臭袋法》(GB/T 14675—2018)等。

2. 设计条件

河北某新材料股份有限公司采用沥青浸渍和烧结方法生产特种耐火材料,在生产过程中产生大量高浓度沥青烟。该公司具有 6 台焙烘炉、1 台浸渍炉和 4 台烧结炉。每台焙烘炉内部有效工作尺寸为 $\varnothing$1 600 mm×2 600 mm,生产过程中炉子调节温度最高到 450 ℃。其中,四台炉子底部有沥青回收管道和氮气管道。沥青回收管道用于回收滴落的沥青液体,管道直径 DN150。氮气管道用于保护和快速降温,基本是 20 kPa 级六分管,炉体运行时连续提供氮气,并随排烟管道输出,持续工作时间约 20 h。

浸渍炉在开启炉顶密封盖时,伴随炉内沥青烟气溢出,同时沥青熔化罐、工作罐也有部分沥青烟气溢出(24 h)。真空氮化烧结炉在工作时也有少量沥青烟气产生,通过 DN320 管道收集后进入废气处理装置。

前期已经进行了尾气净化,但未能有效预处理,致使管道输送系统和净化设备内壁黏附沥青,清理困难,管道和设备容易堵塞;前期尾气净化已安装有静电除油净化器和催化氧化反应器,由于静电除油净化器为高压放电装置,当内部黏附积累的沥青较多,在高压放电过程中存在安全隐患。本项目开展沥青烟尾气净化预处理的设计及施工,设备符合《防爆电气设备安全规范》(GB 3836—2010),并定期进行防爆检测。

3. 设计范围

废气收集系统包括:集气罩、集气间分隔。多支路废气输送系统包括:多支路废气流量和阻力损失计算、管道增压轴流风机选型、各支管及汇合总管管径计算。沥青烟尾气预处理净化系统包括:沥青烟预处理深度净化超重力洗涤机、除雾器。循环洗涤水系统:包括:循环水箱、循环水泵、沥青洗涤液油水分离器等。动力及控制系统包括:动力柜、变频器、压力传感器等。

4. 设计参数

尾气流量按照 26 000 $m^3 \cdot h^{-1}$ 设计,入口颗粒物浓度为 14 936 $mg \cdot m^{-3}$(实测平均值),净化处理后排放气体指标见表 8-79。

表 8-79 净化处理后排放气体指标

| 项 目 | 指 标 |
| --- | --- |
| 排气筒颗粒物浓度 | <10 $mg \cdot m^{-3}$ |
| 沥青烟 | <10 $mg \cdot m^{-3}$ |

5. 设计计算

(1) 尾气流量计算。浸渍间内部空间:30 m($L$)×8.5 m($H$)×5 m($W$)=1 275 $m^3$;浸渍间尾气每小时循环按照 20 次计算,则尾气总流量:1 275 $m^3$×20(次/小时)=25 500 $m^3 \cdot h^{-1}$;考虑系统裕度,尾气流量设计值取整为 26 000 $m^3 \cdot h^{-1}$。离心风机选型:流量 25 000~28 000 $m^3 \cdot h^{-1}$,全压 2 422~3 422 Pa,功率≥75 kW。

(2) 气体输送管道直径计算:假设气体输送主管道内气体流速 16 $m \cdot s^{-1}$,风机流量 25 000~28 000 $m^3 \cdot h^{-1}$。对应的管道直径为:DN743.6~DN786.9,圆整为 DN800。焙烘炉排气管道内径 DN350;浸渍间排气管道内径 DN600;汇合后总排气管道内径 DN800。

6. 设备选型

本项目设备选型及对应规格见表 8-80。

表 8-80 设备型号表

| 名 称 | 型号/规格 | 单位 | 数量 | 备 注 |
|---|---|---|---|---|
| 缓冲罐 | 直径：1.2 m，长度：1.8 m | 套 | 1 | Q235 防腐，质量约 550 kg |
| 管道轴流风机 | DN800，防爆电机，功率 7.5 kW | 台 | 2 | 电机外置，304 不锈钢 |
| 超重力洗涤机 | 风量：30 000 m³·h⁻¹，功率：15 kW 防爆电机 | 台 | 1 | 304 不锈钢，质量约 4.2 t |
| 除雾器 | 直径：1.2 m，高度：0.6 m；包括内部构件及填料 | 台 | 1 | 316 不锈钢丝网填料 |
| 循环水箱 | 体积 6 m³，带上盖、液位控制器、排污阀等；6 m(长)×1.5 m(宽)×1.2 m(高)，槽钢底座，角钢框架及加强 | 套 | 1 | Q235 防腐；质量约 3.1 t |
| 循环水泵 | 流量：40 m³·h⁻¹，扬程：20 m，功率：7.5 kW | 套 | 2 | 自吸式离心泵 |
| 动力及控制柜 | 含变频器、空开、热保护器、电压表、电流表、指示灯等 | 套 | 1 | 喷塑壳体 |
| 离心风机 | 25 000～28 000 m³·h⁻¹，全压：2 422～3 422 Pa，功率：55 kW | 台 | 1 | |

(1) 尾气处理流量按照 30 000 m³·h⁻¹ 设计计算，气体输送管道内径应当适当放大至 DN800，防止长时间运行后，沥青焦油黏附在管道内壁，降低了管道有效内径。

(2) 管道材质可选择缠绕镀锌管，质量小便于安装和维修；由于尾气中腐蚀性气体成分较少，黏附的沥青也可以起到防腐作用。

(3) 管道采用法兰式连接，便于拆卸；在管道的弯头和长管段适当设置检修孔，以方便清除管道内壁黏附的沥青、焦油。

7. 工艺流程及说明

(1) 工艺流程

本项目对工艺流程进行了优化，原工艺流程如图 8-23 所示，改造后的工艺流程如图 8-24 所示。

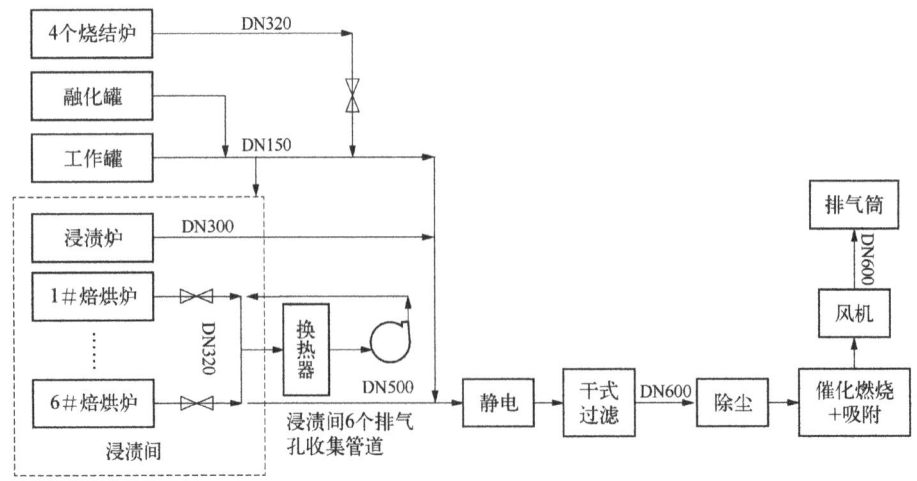

图 8-23 原净化工艺流程图

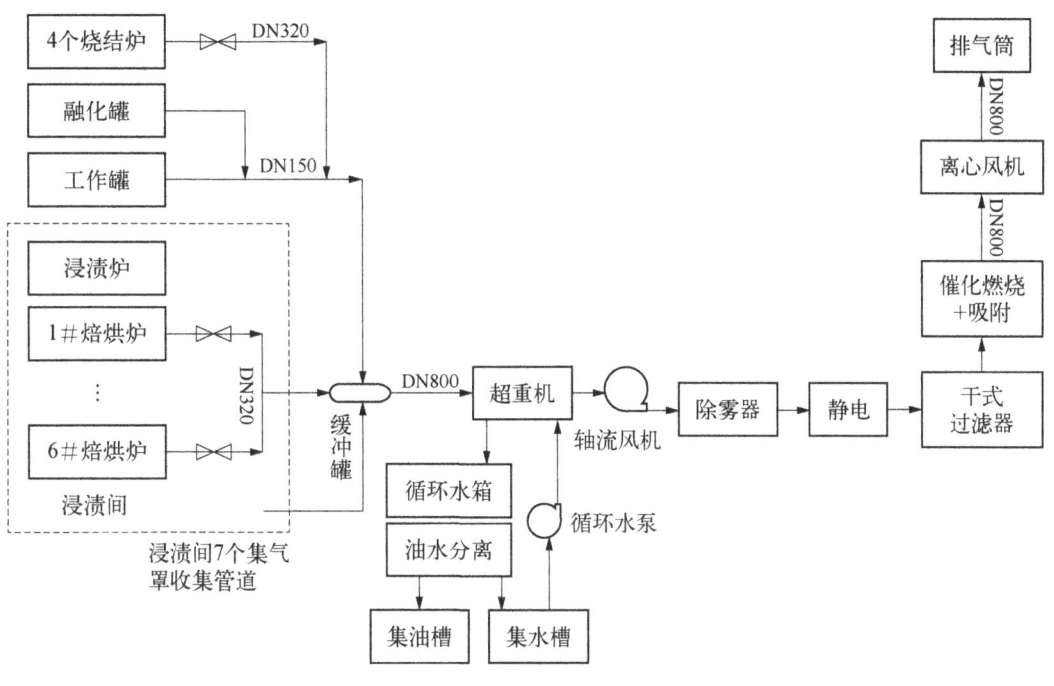

图 8-24 改造工艺流程图

(2) 工艺流程说明

1) 气体收集系统:浸渍间内尾气流量较大,30 m(长)×8.5 m(高)×5 m(宽) = 1 275 m³,为保证浸渍间气体有效吸入,浸渍间按照原有设备空间布置分割成对应的小隔间,每个小隔间具有一个集气罩吸气口。每个炉子单独隔开,顶部三角部分用薄铁皮(马口铁镀锌板)封闭,下半部分用防火布做成自动(手动)门帘。集气罩外形为"天圆地方",放在顶部(现有房顶中间部分去掉),集尘罩下部尺寸:1 500 mm(长)×700 mm(宽),共 16 个缝隙,每个缝隙宽 20 mm;集气罩出口与主管道不得 T 字形连接,需以 60°斜插进去;集气罩出口尺寸 DN500;集气罩数量 7 个(放冷间、4 个焙烘炉体、浸渍罐、预热罐各 1 个)。为保证每个吸气口的吸风量均匀,在每个集气罩出口进入房间顶主管道前,安装调风阀(气动阀),用于调节对应集气罩的气体流量。调风阀材质为镀锌板,采用法兰连接,质量小,价格低,便于更换。如果调风阀黏附沥青严重,可更换之。

2) 气体管道系统:气体管道分为支气管道和汇合管道,材质均为厚 1.5 mm 的缠绕镀锌管。管件包括弯头、三通、检修孔及盲板等。该部分管道能够方便拆卸和更换,缠绕镀锌管质量轻,采用法兰连接,每年更换一次,不需要清理管壁内部黏结的沥青。溃间内焙烘炉排气支管为 DN320 管道,6 个焙烘炉汇总收集后由 DN320 的管道输送进 DN1200 的缓冲罐,在缓冲罐上开口连接。

更换浸渍间 7 个气体吸入支管:房顶主管变径,管道斜度为 5°~7°,中间部分内径 800 mm,依次外延到内径 600 mm、500 mm,在内径 800 mm 的部分留一个放油阀门孔(长度现场确定,参考工程量:内径 500 mm、600 mm、800 mm 各为 8 m),进入超重力洗涤机的主管道在 800 mm 处。氮化炉:来气 320 mm 直径不变,汇入 DN800 的主管道;熔化罐和工作罐:进气管道 150 mm 内径不变,接入氮化炉方向进气的气动阀后进入缓冲罐。在房顶主管道与进入超重力洗涤机之前的主管道之间加一个缓冲罐(管道加粗),直径 DN1 200,长度 1 800 mm,上边开人孔,下边开放油孔。

3)超重力洗涤机:超重力洗涤机是一种新型高效除油雾、除异味一体化净化装置,超重力洗涤机预处理后的气体经除雾器进入静电-催化燃烧装置进一步净化,可实现油雾超低排放,同时可有效净化废气中异味。

废气处理能力为 30 000 $m^3 \cdot h^{-1}$ 的超重力洗涤机,额定功率 15 kW,采用防爆电机。安装尺寸:2 360 mm(长)×2 100 mm(宽)×2 760 mm(高)。超重力洗涤机布置在离心风机位置,高程控制标准为"超重力洗涤机出口高程与静电除尘器高程应一致";超重力洗涤机需加高,具体尺寸现场确定。超重力洗涤机需做一个检修平台(可与现有平台连接,依高度现场确定)。

超重力洗涤机转子为厚度 100 mm 的不锈钢网孔结构,净化后的沥青烟颗粒物浓度小于 10 $mg \cdot m^{-3}$(国家超低排放标准)。由于超重力洗涤机转子为旋转结构,转子表面黏结的沥青可在离心力作用下强制甩脱。在超重力洗涤机壳体上设置有人孔,若长期运行后转子上有干枯结块的沥青黏附物,可打开维修人孔,用高压水枪快速清理(已在多个项目中成熟应用)。主体材质为 304 不锈钢,支架材质为 Q235 工字钢,采用环氧树脂防腐。

4)电机外置式防爆轴流风机(2 台):采用法兰连接,安装在超重力洗涤机后气体出口管道上。超重力洗涤机有 2 个气体出口,每个出口上各安装 1 台轴流风机,每台功率 7.5 kW。从轴流风机排出的气体在合并至内径 800 mm 的气体主管道。

管道轴流风机内径 800 mm,采用防爆电机,电机安装在管道上侧,采用皮带传动,皮带经过密封腔安装。管道轴流风机特点是风量大、风压低,以确保尾气有效进入管道,实现"长抽短吸"功能。

防爆电机功率为 7.5 kW;内径 DN800、长度 800 mm。输送风量为 22 000~30 000 $m^3 \cdot h^{-1}$,全压为 220 Pa,采用 304 不锈钢材质。

5)除雾器(2 台):除雾器用于高效分离经超重力洗涤机后排出气体携带的水雾,有效防止气体带水影响后续设备稳定运行。除雾器直径 ∅800 mm,高度为 400 mm,采用 316 L 规整丝网填料,可快速拆装更换填料。更换黏附沥青后的丝网填料时,打开手孔盖,取出丝网填料,将其放置在烧碱水溶液中加热清洗,可快速清除丝网黏附的沥青。

6)循环水泵:采用自吸式离心泵,用于输送循环洗涤水。水泵流量为 40 $m^3 \cdot h^{-1}$,扬程为 20 m,功率为 12 kW。

7)循环水箱及油水分离器:有效容积 6 $m^3$,尺寸为 6 m(长)×1.5 m(宽)×1.2 m(高)。循环水箱带水箱盖板,有废水单向阀门、排水泵(自吸泵),内部设溢流槽,循环水箱及管道设有保温措施；水箱底部外侧设防水、防渗、防腐围堰。

循环水箱用于洗涤水的循环储存，水箱上面安装盖板，减少水分蒸发和异味气体挥发，水箱内安装浮球式液位控制器，用于控制循环水液位，自动补加洗涤水。循环水箱容积为 6 $m^3$。每天(24 h)蒸发消耗水量小于 1 $m^3$。洗涤水循环使用，无污水外排。为防止循环水箱在冬季结冰，水箱安装在室内并保温。

循环洗涤水中添加适量碱性物质和表面活性剂(乳化剂)，有效捕集废气中不溶于水或难溶于水的有机组分(VOCs)。

根据已有类似项目经验，当洗涤水捕集沥青饱和后，沥青微团发生聚合，合并成一层沥青油层漂浮在洗涤槽水溶液表面，随着水箱表面积累的沥青层厚度增加，浓缩的沥青层分离进入油水分离器，水箱底部的洗涤液继续循环使用，不影响洗涤效果。沥青在洗涤水中的溶解度很小，洗涤水在饱和状态下洗涤捕集沥青雾滴。

循环水箱与油水分离器集成一体。循环水箱设置有三槽隔板，上层的浮油经过溢油隔板从第一槽溢流至第二槽，经第三槽静置分层后，打开液面阀门，把浮油放至储油罐内。饱和后的循环吸收液从池底部排污阀经排污泵排至污水絮凝点处理。

8) 动力柜：动力配电柜内设置有超重力洗涤机变频器、轴流风机变频器，用于控制和调节超重力洗涤机转速；以及三相空气开关、热继电器、电压表、电流表等。箱体为喷塑，尺寸为 1 700 mm(高)×800 mm(宽)×400 mm(厚)。放置在控制室，具有紧急切断功能。

9) 静电-催化燃烧反应器等：除雾器后续的静电装置、蜂窝沸石吸附、RCO 反应器等均采用原有工艺不变，但相应设备位置需要进一步调整。

拆除一层滤筒除尘器；RCO 两端调换方向，东西方向往滤筒除尘器方向(西)、南北方向往南移位安装，改装设备进气口位置。

10) 离心风机：原离心风机气体流量为 25 000～28 000 $m^3 \cdot h^{-1}$，全压为 2 422～3 422 Pa，功率为 55 kW，可以满足系统要求。

11) 排气筒：位置可随整体净化设备安装位置现场调整；内径为 800 mm，材质为缠绕镀锌管，连接管道高度现场确定。

8. 技术特点

(1) 颗粒物净化效率高、设备体积小，能耗低。

(2) 设备内不易结块堵塞：超重力洗涤机转子在高速旋转条件下，强大离心力具有冲刷作用，实现自清理。

(3) 安全可靠，不存在燃烧着火等安全隐患。

9. 主要设备配置

超重力洗涤机在超重力场强化作用下，在液膜表面更新的传质理论基础上，将载有粉尘、烟油、异味气体的废气在旋转超重力场中，通过高强度紊流混合，实现高效传质，使液体捕捉超细粉尘、烟油雾粒、吸收异味气体，其传质系数大于常规洗涤塔 2～3 个指数级，超重力技术作为一种工业废气净化设备和技术,它是基本原理上的技术革命。

在超重力场环境下,分子之间的分子扩散和相间传质过程远大于常规重力场环境,在比地球重力场大百倍甚至千倍的超重力环境下,气-液、液-液、液-固两相在多孔介质和孔道中产生流动接触,巨大的剪切力将液体撕裂成微米甚至纳米级的液膜、液丝和液滴,产生巨大的和快速更新的相界面,微观混合和传质过程得到极大强化。同时,在超重力场环境下,不仅使整个反应过程加快,而且气体的线速度也得到大幅度提高,使单位设备体积内气体的净化效率得到1~2个数量级的提高。

与传统气体净化填料塔相比,超重力洗涤机具有独特的优点:传质强度高,可大幅度减小设备体积,即减少设备投资;停留时间短;不怕振动和倾斜;不易起泡,适宜于处理表面活性物质和高黏度物质;持液量小;易于维修、开停车方便等。用超重力洗涤机代替传统的除尘设备(如填料吸收塔、旋风除尘器等),不仅具有良好的机械运转稳定性、可靠性、长期性和易于维修等优点,而且具有更高的除尘效率和更低的成本。设备能耗低、占地面积小、操作简单、运行费用低、系统运行稳定、压力损失小。技术成熟,已成功应用于多项工程。

10. 能源消耗

本项目的能源消耗情况见表 8-81。

表 8-81 能源消耗表

| 序号 | 名称 | 型号/规格 | 单位 | 数量 |
| --- | --- | --- | --- | --- |
| 1 | 管道轴流风机 | DN800,防爆电机,功率:7.5 kW | 台 | 2 |
| 2 | 超重力洗涤机 | 风量:30 000 $m^3 \cdot h^{-1}$;功率:15 kW;防爆电机 | 台 | 1 |
| 3 | 循环水泵 | 流量:30 $m^3 \cdot h^{-1}$;扬程:20 m;功率7.5 为 kW | 套 | 2 |
| 4 | 离心风机 | 25 000~28 000 $m^3 \cdot h^{-1}$;全压:2 422~3 422 Pa,功率:55 kW | 台 | 1 |

另外,本项目每天回收 40 kg 左右沥青油,具有良好的环保意义和社会效益。

## 课后习题

1. 我国使用较多的 VOCs 治理工艺是哪两种?这两种工艺中的哪个环节能回收大量能耗?
2. 将 8.2.3 表 8-13 中 VOCs 浓度值改为 5.5,并将 VOCs 停留时间值改为 1.5,请完成后续计算。

# 附录一
# VOCs污染治理存在的问题及对策建议

## 一、存在问题

根据生态环境管理部门开展的一系列VOCs污染防治帮扶及专项监督检查等工作，结合编制组去企业现场调研掌握的信息，当前企业VOCs治理设施存在四大方面的问题。总结如下：

### 1. 企业主体责任落实不到位

相关企业主体责任认识不到位，VOCs治理意识和管理措施不足。VOCs排放涉及的门类很多，涉及的中小企业更多，但多数中小企业对VOCs的认识存在明显不足，尽管安装了VOCs治理设施，但对治理设施的运行情况和治理效果等不甚了解，往往效果不佳。

### 2. 治理设施难以正常运行问题凸显

VOCs治理设施设计安装普遍不规范，废气收集率较低；缺乏有效监控手段，设备运行率低；低效工艺设施普遍存在，处理效率低等"三低"问题成为明显短板。有的企业VOCs治理设施还停留在"有没有""上没上"的层次上，普遍存在管理制度不健全、操作规程未建立、人员技术能力不足、运行管理差等问题。不少企业甚至不清楚活性炭、光氧管需要更换，甚至出现活性炭吸附设施中未安装活性炭的问题。

### 3. 监测监管基础极为薄弱

一方面企业VOCs排放底数不清，另一方面尚未建立准确实用的VOCs企业污染源清单。第三方检测市场混乱，监管机制尚待完善。大部分企业VOCs排放监测交由第三方开展，但由于第三方检测市场鱼龙混杂，监测门槛很低，管理部门对此没有监管和处罚措施，部分第三方检测机构存在数据造假行为。

### 4. 科技支撑力量略显不足

目前除了上海市在2019年印发《挥发性有机物治理设施运行管理技术规范（试行）》（沪环气〔2019〕192号）及《重点行业挥发性有机物综合治理方案》（环大气〔2023〕31号），缺乏可行性的VOCs治理设施运行管控技术指南，使VOCs治理缺乏权威性指导。VOCs治理设施管理机制尚不健全，也令管理部门及企业在实际操作中缺乏执行依据。

对部分城市多家企业进行了现场调研。调研发现VOCs治理方面存在突出问题,主要表现在实际作业中的以下困难:

(1) 用户设备运维水平低下,无法做到对环保设备的及时有效维护,导致设备故障率高,厂家或运维公司现场运维成本较高;

(2) 环保设备制造水平及成本价格相差较大,技术水平高低不等,产品质量参差不齐;

(3) 运维设备范围界定存在不确定性;

(4) 运维设备缺少实现评审;

(5) 运维设备缺乏专业管理;

(6) 设施运行过程中出现安全隐患,偶有安全事故发生。

## 二、对策与建议

针对上述问题,提出的对策建议如下:

### 1. 遵循源头、过程控制与末端治理相结合的综合防治原则

废气治理设施的设计和生产车间的通排风系统是相辅相成的,在进行废气治理时两者必须一并进行考虑才会达到理想的治理效果,调研中发现部分企业废气收集效率偏低,无组织排放情况较严重,或只是侧重于末端治理设施的设计与制造,与生产车间的通排风系统不匹配,不但工程规模小,效益差,也难以保证治理效果。建议含VOCs企业应遵循源头和过程控制与末端治理相结合的综合防治原则,在含VOCs产品的使用过程中,采取有效的废气收集措施,提高废气收集效率,减少废气的无组织排放与逸散,并对收集后的废气进行回收或处理后达标排放。鼓励采用密闭一体化生产技术,并对生产过程中产生的废气进行分类收集后处理。

### 2. 强化典型行业VOCs治理技术适用性研究

对于高浓度VOCs废气,宜优先采用冷凝回收、吸附回收技术进行回收利用,并辅助以其他治理技术实现达标排放。对于中等浓度VOCs废气,可采用吸附技术回收有机溶剂,或采用催化燃烧和热力焚烧技术净化后达标排放。当采用催化燃烧和热力焚烧技术净化时,应进行余热回收利用。对于低浓度VOCs废气,有回收价值时可采用吸附技术、吸收技术对有机溶剂回收后达标排放。不宜回收时,可采用吸附浓缩燃烧技术、生物技术、吸收技术、等离子体技术或紫外光高级氧化技术等净化后达标排放;含有有机卤素成分VOCs的废气,宜采用非焚烧技术处理。

### 3. 鼓励新技术、新材料和新装备的研发和推广

收集、制定相关行业最佳可行治理技术指南、清洁生产技术指引和工程技术规范等资料,面向企业定期召开VOCs治理技术培训会,从实际出发,帮助企业理清治理思路,给予治理技术指引,使企业有序有效、低成本、高效率地完成VOCs治理。鼓励企业采用先进的VOCs治理技术,对采用高效蓄热式催化燃烧技术和蓄热式热力燃烧技术、氮气循环脱

附吸附回收技术、高效水基强化吸收技术等当前 VOCs 前沿治理技术,在污染治理设施改造工作中给予一定的财政支持。

4. 加强企业环境监管,确保治理设施正常运行维护与监测

形成对 VOCs 企业环境执法高压态势,加大处罚力度,控制企业污染大气环境的不法行为。企业应建立健全 VOCs 治理设施运行维护规程和台账等日常管理制度,并根据工艺要求定期对各类设备、电气、自控仪表等进行检修维护,确保设施稳定运行。鼓励企业自行开展 VOCs 监测,并及时主动向当地环保行政主管部门报送监测结果。逐步推广应用 VOCs 在线监控技术,并作为日常监管的重要手段。

# 附录二
# VOCs 治理材料的选择与应用

## 一、蓄热体材料

### 1. 蓄热体的概念

蓄热体也称填料,是 RTO 中的重要组成部分,通过吸放热的转换,达到回收能量的作用。预热后的气体进入燃烧室,经反应后热的净化气体通过冷的蓄热体时,蓄热体吸收净化气体的热量,使气体冷却而蓄热体本身被加热(热周期)。当冷的废气通过热的蓄热体时,蓄热体将储存的热量释放,使废气加热到所需的预热温度而蓄热体本身被冷却(冷周期)。

### 2. 蓄热体的发展

RTO 中的蓄热体以氧化铝($Al_2O_3$)为基材,通过硅酸盐体系(如莫来石、堇青石)优化抗热震性能。由于金属材料蓄热性能差且不耐高温,陶瓷成为最佳选择。其发展历程从散堆填料逐步演进至规整填料。

### 3. 蓄热体的特点

目前,散堆填料主要是矩鞍环和陶瓷球两类,主要以填充、底部气流分布、顶部牺牲层等形式存在(图1、图2)。全球有少数 RTO 公司在部分应用中选用矩鞍环作为蓄热体。

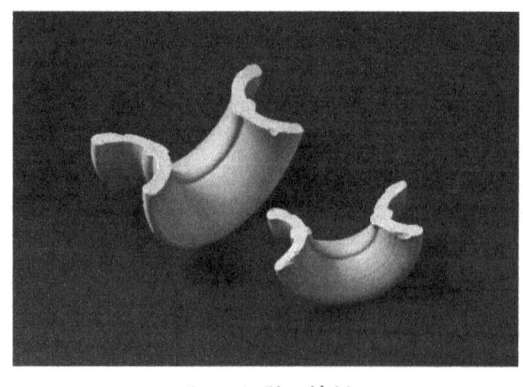

图1 矩鞍环填料

图2 陶瓷球填料

(1)矩鞍环填料:① 使用寿命长,价格低廉;相较拉西环具有通量大、压降小、效率高的优点;② 可用于酸性或化学中性的环境中;可安装于冲孔板和规整蜂窝陶瓷床层之间,以便重新分配空气;③ 可安装于规整蜂窝陶瓷床层顶部,能够减少顶部规整蜂窝陶瓷的破损和堵塞;④ 小尺寸矩鞍环也可安装于规整蜂窝陶瓷四周,填满周边缝隙。

(2) 陶瓷球填料:① 陶瓷球目前主要用于填缝,具有较高的抗压强度和耐磨能力;② 具有热阻小、比热大、密度高的特性;③ 可安装于规整蜂窝陶瓷四周,填满周边缝隙,提高热回收效率;④ 吸水率小,不会吸附水汽和 VOCs;⑤ 安装时要注意逐层安装,禁止最后从上往下一次性倒入,同时注意格栅选用,防止陶瓷球掉落。

1) 规整填料:在 RTO 装置的蓄热室中,常用规整填料主要类型有蜂窝陶瓷填料、板片陶瓷填料、齿状蜂窝陶瓷填料和分层蜂窝陶瓷填料(图 3~图 6)。蜂窝陶瓷填料常用方孔,部分案例采用六角孔。规格有 25 孔、32 孔、40 孔、43 孔、50 孔、60 孔等。根据不同应用和热回收要求选择一个规格或组合规格。目前,RTO 装置中常用的规整填料根据发展历史顺序排列有如下几类。

2) 蜂窝陶瓷填料:① 外形规整,蓄热体横向间排放整齐,整体看起来美观;② 比表面积大,换热效率高(孔径越小,壁厚越薄,比表面积越大);③ 孔壁光滑、背压小;④ 耐热冲击性佳,导热性能好,机械强度大;⑤ 个别可更换及清洗整块结构易于掏出及搬运,清洗后易于回填,由此产生的二次损耗较小(无特殊情况,不建议经常搬出蓄热体清理或水洗,因为这样会增加 RTO 停机的频率,降低填料的使用寿命)。

3) 板片陶瓷填料特点:① 结构独特,采用平行开槽设计,形成互通孔道,使气流横向无阻流动,空隙率大;② 具有抗热震性能,特殊胶泥配方,模块化设计,能释放热应力,耐热冲击能力强;③ 抗堵性能佳,高空隙率的片状气流通道,减少堵塞风险,延长使用寿命;④ 气流通畅,可降低设备运行时的压力和成本;⑤ 安装简便,两层板片交叉安装,增加湍流,改善气流分布,提升热回收和 VOCs 去除效率。

4) 齿状蜂窝陶瓷填料:① 气流分布更均匀,从而提高换热效率,并使废气燃烧充分,提高 VOCs 去除效率;② 抗堵塞性强,使用寿命长;蜂窝式模块设计,物理比表面积大,相同换热效率所需较少蓄热体;③ 克服传统蜂窝陶瓷安装对孔的麻烦,减少安装偏移压降激增从而换热效率降低的问题;④ RTO 总体设备高度降低,初设成本降低。

5) 分层蜂窝陶瓷填料:分层蜂窝陶瓷填料是在解决板片陶瓷填料和蜂窝陶瓷填料产品缺点的基础上开发的创新产品,专门为 RTO(蓄热式氧化炉)设计,并在全球范围内得到广泛应用。

以下是分层蜂窝陶瓷填料的主要特点和改进点:抗堵塞性能:① 传统蜂窝陶瓷填料在单个孔道堵塞后,整个孔道无法通气,导致换热面积丧失。分层蜂窝陶瓷填料采用独特的分层设计,允许气流在层间空隙中横向流动。当单个通道堵塞时,气流可绕障通过,维持换热效率。这大大提高了产品的抗堵塞性能,延长了填料的使用寿命。② 气流分布优化:气流在分层结构的层间空隙中横向流动,使其分布更加均匀。这种设计有效提高了热回收效率和污染物去除效率,优化了 RTO 系统的整体性能。③ 灵活的模块化设计:分层蜂窝陶瓷填料可以由 2 块或 4 块单片组成,模块尺寸灵活,降低了 RTO 系统的投入和运行成本。同时,这种模块化设计使得填料的安装和维护更加便捷。④ 便捷安装与维护:分层蜂窝陶瓷填料无需对孔安装,片层之间留有空隙,使得安装过程更加简便。相比之下,板片陶瓷填料在使用过程中可能因胶泥打开导致清洗和重新安装困难,而分层蜂窝陶瓷填料克服了这一问题,易于取出清洗和回填,大大减少了维护时间和成本。⑤ 材料性能:分层蜂窝陶瓷填料具有低吸水率、高耐酸度和强抗腐蚀能力,能够在苛刻的工况环境中保持稳定运行,增强了系统的可靠性和耐用性。

图 3　蜂窝陶瓷填料

图 4　板片陶瓷填料

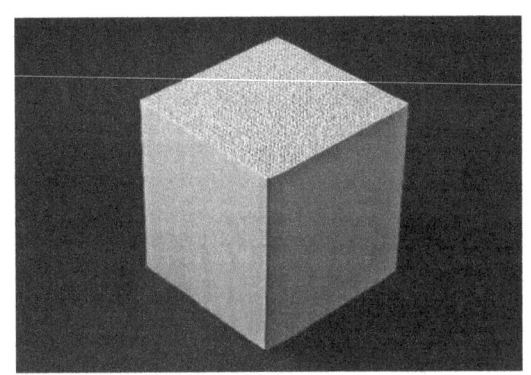

图 5　齿状蜂窝陶瓷填料

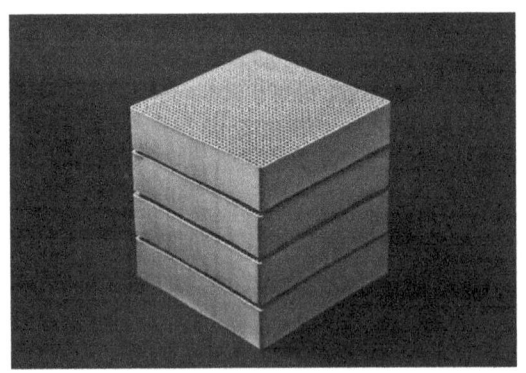

图 6　分层蜂窝陶瓷填料

通过以上改进,分层蜂窝陶瓷填料有效解决了板片陶瓷填料和蜂窝陶瓷填料在使用中遇到的堵塞、气流分布不均及维护困难等问题,成为 RTO 系统中一种高效、可靠且便捷安装的填料。

4. 选择蓄热体需考虑的因素

在选择 RTO 装置的蓄热体时,需要综合考虑以下各个方面,以确保蓄热体在实际操作中的高效、安全和耐用性。

(1) 蓄热体材质的物理和化学性能：抗热震性能：蓄热体需能够承受加热和冷却过程中剧烈的温度波动，防止因热冲击引起的破裂和堵塞。

热容量和导热性能：选择高密度和高比热容的材料，以提供较大的蓄热能力。同时，材料应具有良好的导热性和热辐射性能，以实现快速的热量传递和有效的热吸收。

耐高温氧化和化学腐蚀：材料必须具备优异的耐高温氧化性能，并能抵抗废气中的腐蚀性成分（如 $SO_2$ 和 $HCl$），确保长期稳定地运行。

(2) 蓄热体结构的机械性能：高温机械强度：在高温环境下，蓄热体需保持足够的机械强度，避免因受压而破裂，从而防止系统阻力增加。

(3) 蓄热体几何结构的流体力学和换热性能：抗堵塞性能和流体力学特性：蓄热体的几何结构应设计有足够的流通截面积和低阻力通道，确保气流均匀分布并顺畅通过。同时，设计应最大化比表面积，保持高效换热，并减缓换热面积的递减。

换热性能：几何设计应确保蓄热体具有较大的有效传热面积，以提高换热效率。

(4) 成本效益与应用广泛性：成本和使用寿命：蓄热体的成本应具有竞争力，包括初设成本和长期使用寿命，以降低长期运行和维护成本。同时，需要考虑增值服务、技术支持、售后服务等因素，确保其在工业中的广泛应用和长期稳定性。

这些综合要求确保了蓄热体能够在 RTO 装置中有效地运行，满足实际应用中的各种工况需求。

5. 蓄热体在 RTO 系统中设计方案

**案例一：20 000 $Nm^3 \cdot h^{-1}$ 风量化工行业 RTO 填料应用案例**

本案例废气主要成分：异丁烯、二氧六环、环己烷、乙酰氯、间二氯苯、三氯乙酰氯、戊酮、水合枸橼酸、二甲基吡啶、三乙胺。采用三室 RTO 焚烧炉＋赛格蒙®蜂窝陶瓷（图7）的方案。

设计参数：废气风量为 20 000 $Nm^3 \cdot h^{-1}$；平均有机废气浓度为 3 800 $mg \cdot Nm^{-3}$。

填料选型：赛格蒙®蜂窝陶瓷 40 孔；赛格蒙®蜂窝陶瓷 25 孔；陶瓷矩鞍环 1.5 英寸。填装高度为 1500 mm。热回收效率为 95.8%。总压降为 28.2 kPa。

图 7 赛格蒙®蜂窝陶瓷蓄热体（案例一）

技术特点：本项目采用赛格蒙®蜂窝陶瓷多规格（40孔、25孔）叠加使用方案，提高抗堵性能，降低停机清理频次。赛格蒙产品吸水率低于3%，耐酸度为98%，可有效提升蓄热陶瓷的使用寿命，其特有的结构可增加湍流度，并且让蓄热床层的气流分布更加均匀。

赛格蒙®蜂窝陶瓷产品有专门的安装方法，能有效避免蓄热床层发生短流情况，提升热回收效率和处理效率。

赛格蒙®蜂窝陶瓷通过结构创新,分层后气流可在层间空隙处横向流动,同时具备气流分布均匀、抗堵性能强、抗热震能力强、抗腐蚀能力强、尺寸灵活和安装便捷多个显著特点。这些优势特点可以帮助化工行业的客户解决废气治理诸多痛点。

**案例二:化工行业 RTO 填料应用案例**

项目背景:该项目位于华东地区某化工企业。其生产线所产生的废气主要成分包括三甲胺、丙酮、乙醇、甲醇、乙酸乙醇和二氯甲烷等。企业采用了三室RTO(蓄热式焚烧氧化炉)工艺来治理废气。

在此项目中,最大的难点在于铵盐易堵塞。铵盐的形成主要是由于废气中含有在经过RTO焚烧后含有易形成铵盐的成分,如氯化铵、硫酸铵、碳酸铵等。这些铵盐在蓄热体下部的低温区域形成堵塞,影响蓄热体的使用寿命和RTO的正常稳定运行。

设计参数:废气风量为 30 000 Nm$^3$·h$^{-1}$。

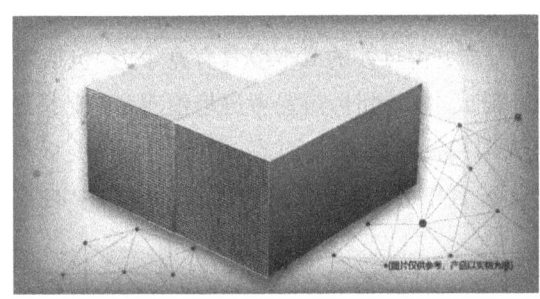

图8 蜂窝陶瓷蓄热体(案例二)

填料选型:蜂窝陶瓷蓄热体(图8)25孔+40孔、陶瓷矩鞍环1.5英寸。填装尺寸(长×宽×高):2 400 mm×2 400 mm×1 500 mm。热回收效率:95.9%。总压降:28.7 kPa。

精确设计:企业根据完整计算参数,评估客户系统设计上可能存在的风险,而后由蓝太克专家团队进行设计计算,并出具计算书,形成最终的填料解决方案。

详细的参数收集是精确设计的前提,专家在设计时所考虑的9种常用因素:不同行业其VOCs种类不同;不同的风量;不同的切换时间;不同的吹扫风量;不同的助燃风量;不同的海拔;不同空气湿度;不同二氧化碳浓度;热气旁通不同的取热值等都会产生不同的设计结果。

为了保证计算结果能够高度贴合系统实际运行效果,利用长期积累的现场数据和涵盖上千种工况的数据库,不断修正和优化设计软件,这仅完成了设计的一部分。另一部分则依赖工程师的经验进行手工调整,以确保计算的精确性,并提供相应的效能保证书。

填料选型:外形规整,蓄热体横向间排放整齐,整体看起来美观;比表面积大,换热效率高(孔径越小,壁厚越薄,比表面积越大);孔壁光滑、背压小;耐热冲击性佳,导热性能好,机械强度大;个别可更换及清洗整块结构易于掏出及搬运,清洗后易于回填,由此产生的二次损耗较小(无特殊情况,不建议经常搬出蓄热陶瓷清理或水洗,因为这样会增加RTO停机的频率,降低填料的使用寿命)。

通过使用蜂窝陶瓷蓄热体25孔+40孔大小孔组合填料方案,有效增强了抗堵性能,改善了铵盐导致的蓄热体堵塞问题。

经济效益:在保证热回收效率的情况下,计算出较适合当前工况的蓄热室尺寸,蓄热材料的填装高度,减少填料成本。较低压降可选用较小风机,风机耗能更少,节省电费。抗压强度大、抗热震性好、吸水率低等特点,可以延长使用寿命,清洗后回填率高,减少更换和维护成本。

6. 蓄热体的安装及使用

(1) 卸货注意:卸货时需要注意叉车和吊车的操作的注意事项,正确装卸货物,防止蓄热体损坏。

(2) 保管注意:蓄热体运输到现场,如不能及时安装,需要注意防雨。并且储存时叠放不能超过2层等注意事项,防止货品受潮泡水或压坏。

(3) 安装注意:蓄热体安装需要专业的线上/线下安装指导,并且将RTO系统调试到参数最佳,才能保障系统稳定运行,延长产品使用寿命。

7. 蓄热体的维护及更换

蓄热体的清洗:RTO处理的废气时候,由于来气成分经常有诸如二氧化硅、铵盐等成分,会堵塞蓄热体床层。所以一般工程公司和终端业主清理蓄热体的方法有以下三种:

(1) 不用移动蓄热陶瓷,在RTO里面直接用水冲洗陶瓷孔道;

(2) 不用移动蓄热陶瓷,使用工业吸尘器清洗表层的灰尘,或者利用高压气枪吹扫陶瓷的孔道;

(3) 将蓄热陶瓷全部搬出来(或只搬上面几层)用水或者高压气枪进行清洗。

如果使用以上或第三种的用水清洗的方式,清洗完并安装在炉膛之后,需要将水分用低温烘炉的方式烘干,在此环节蓄热体本身的吸水率会对陶瓷寿命产生一定的影响。

蓄热体的更换:RTO中蓄热体更换需要专业技术人员进行判断并给出更换方案。如果有计算书,则可以通过参数对比,如压降和热回收效率等,快速判断以减少停机损失。

## 二、吸附材料

吸附法是处理VOCs的最常用的方法,尤其适用于处理低浓度的VOCs污染物。常用的吸附材料有活性炭、分子筛、硅胶等。

1. 活性炭

活性炭吸附回收法主要用于吸附酯类、酮类、烃类、芳香族化合物等。目前,用于治理VOCs污染的活性炭材料已有很多文献报道,很多学者对不同材质活性炭的吸附性能进行了系统研究。活性炭孔径分布均匀,比表面积大,吸附速率快,具有很强的吸附能力,可以吸附大小不同的分子,对甲醛、丙酮、苯系物等吸附和回收效率较高;又因其表面非极性、疏水,所以对非极性分子有较好的吸附选择性;并且活性炭原料来源广泛、便宜易得,制作工艺简单,容易脱附和再生,所以,活性炭目前广泛被用来处理较大风量及浓度较低的中等相对分子质量的VOCs。其中,活性炭纤维微孔密集,吸附能力强,常用于吸附空气中各种有害恶臭物质。但是活性炭纤维加工成本比活性炭颗粒的高,主要应用于电子能源、部分高要求工业领域。然而,活性炭吸附饱和后需要再生,无再生装置时,会消耗大量吸附剂,增加运行成本,废弃的活性炭还会污染环境。目前,常用的是蒸汽再生法回收吸附 VOCs,但再生需要稳定的蒸汽源,这类蒸汽源往往设备庞大,操作费用高;并且活性炭经 3~5 次再生后,吸附容量普遍下降 30%~50%,一般 2~3 年需更换新炭;对于高浓度有机废气和部分含醛、酯、酮等活性的 VOCs 物质不适用,由于该类物质会与活性炭表面发生反应,堵塞碳孔,使活性炭失活。

2. 分子筛

相较于活性炭,分子筛由于其具有不可燃、耐高温等特殊的理化性质以及独特的孔径分布优点,是良好的潜在吸附材料,其应用于 VOCs 方面的吸附也有相关报道,并且在愈来愈多的领域受到重视。分子筛在吸附过程中已有众多研究,具有在相对湿度比较高的条件下仍保持较高的吸附选择性,水的吸附容量较小,有机物的吸附容量较大的疏水性分子筛,同样被广泛应用。但这些传统的疏水性分子筛已经较难适应现代工艺条件,因而就必须对其进行疏水改性,提高其耐水性。

3. 硅胶

硅胶为一种多孔的固体颗粒,是高活性的吸附材料。在工业上硅胶经常用于干燥气体以及废气的回收利用。硅胶是一种亲水性的吸附剂,硅胶在吸附水分时因为水蒸气凝缩热较大,其温度可上升到 100 ℃左右,而在相等的条件下活性炭的升高温度只有 20~30 ℃。普通的硅胶具有较大的比表面积、价格也较低、吸附较强,但大多数都是亲水的,有较强的吸水能力,所以对有机废气吸附能力较差,但通过负载有机官能团能够提高它的疏水性和它对有机气体分子的吸附能力,并且可以强化其在吸附过后的稳定性,故其在环境污染物治理的方面应该会有很大前景。

## 三、催化材料

催化燃烧即在一定温度的条件下,在催化剂的协同下将废气中可燃气体完全氧化为 $CO_2$ 和 $H_2O$ 的燃烧反应。目前,用于催化燃烧 VOCs 的催化剂活性组分材料主要分为贵金属材料、非贵金属材料和复合金属氧化物等。

1. 贵金属材料

贵金属催化剂因成本较高且资源稀缺,实际应用中需负载于高比表面积载体以提高分散性和机械强度。在催化燃烧治理有机污染物的应用中,通常研究较多的是 Pd 基、Pt 基贵金属催化剂。Pt 基催化剂对饱和烷烃催化性能最佳,Pd 基催化剂对 VOCs 有较高的催化活性。总之,在贵金属催化剂材料中,Pt 基催化剂的催化性能最佳,Pd 次之,然而 Pt 基催化剂成本较高,结合经济和催化性能两者同时考虑,实验室 Pd 基催化研究较多。并且如何提高 Pd 的低温催化活性是主要的研究方向。

2. 非贵金属材料

非贵金属材料主要是指元素周期表中 d 区的一系列金属元素及它的氧化物,主要有 Fe、Cu、Mn、V、Zr、Ce 等,这类金属元素的电子构型中都有不少的单电子,易失去,价态可变,进而常常表现出较好的传氧和储氧性质。现阶段研究最多有铜基、锰基和钴基催化剂等。在过渡金属氧化物中,锰基催化剂被认为是优异的环保型催化剂,形成的锰基化合物对 VOCs 均具有一定的催化活性,其中 $MnO_2$ 的催化活性最高。有关文献表明,晶相和隧道结构对 $MnO_2$ 的催化性能影响较大。但其催化性能除与本身性质之外,还受到形貌、制备工艺、载体性质、掺杂技术等的影响。有研究比较了一维、二维、三维 $MnO_2$ 对乙醇的催化性质,结果表明三维 $MnO_2$ 具有高的比表面积,活性位点更多,催化性能最好。部分科研团队制备了片状、线状、花状 $\delta-MnO_2$,其催化苯的活性表明,花状 $MnO_2$ 因具有高的氧空位浓度,催化性能最高。研究人员利用 Cu 改性 $\alpha-MnO_2$ 后,用于 CO 的催化氧化,发现 Mn、Cu 存在相互作用,会产生电荷离域效应,导致活性位增多,利于催化。Cu 基催化剂也被证实具有比较好的催化活性,在处理 VOCs 污染中也得到了较为广泛的应用。也有研究采用活性炭为载体,以 Cu、Fe、Ni 等为活性组分制备了过渡金属氧化物催化剂,发现 Cu 基催化剂催化燃烧甲苯的活性较高。由于 Co 基催化剂也具有较好的催化活性,也受到了国内外学者广泛的关注和研究。

3. 复合金属氧化物

复合金属氧化物分为钙钛矿型复合氧化物和尖晶石型复合氧化物材料。钙钛矿型复合氧化物因为其天然钙钛矿结构而命名,是一类催化燃烧 VOCs 有较高活性的材料,其典型结构式为 $ABO_3$。$A$ 是稀土离子和碱土金属,$B$ 为过渡元素离子,$A$ 位和 $B$ 位可被半径相近的其他金属离子取代,产生晶格缺陷,形成氧空位,表现出催化活性。有学者利用将 $Ce1-xZrxO_2$ 作为载体,负载 10% 及 20% 的 $LaCoO_3$ 催化剂,此种改性的催化剂具有优异的低浓度苯和甲苯的催化燃烧处理活性。在 Ce-Zr 载体表面 $LaCoO_3$ 催化剂高度分散,较同浓度的未负载钙钛矿型催化剂,不仅点火温度得以降低,反应速率也得到增加。尖晶石型复合氧化物结构式为 $ABO$,通常 $A$ 为一种或多种二价金属离子,$B$ 一般为一种或多种三价金属离子。$ABO$ 尖晶石属立方晶系,$A$、$B$ 离子与 O 通过离子键结合,化学物理性质和结构稳定,$A$、$B$ 离子可被半径相似的其他金属离子取代,形成混尖晶石,拥有催化活性点位。

## 四、生物材料

目前,用于生物法生物气相过滤系统的填料通常为合成填料和有机填料两大类。填料通过微生物在表面吸附累积,增大降解率。有机填料由于其含有很多微生物生长过程中必需的营养元素,故而在传统生物法去除污染物中应用较多;常用的合成填料有沸石填料、聚氨酯海绵以及陶瓷粒等,因其结构稳定、来源较广且廉价易得等优势进而应用较多。

## 五、新型 VOCs 处理材料

近几年来,介孔硅材料孔径分布均匀且可调、具有一维到三维规整的孔道结构、比表面积较大、表面可吸附官能基团等众多的优点广受学者们关注,并且已成为材料领域研究的热点。研究结果表明,根据介孔硅材料的优异的宏观形貌特征和微观的孔道结构性能,其能够吸附较多的 VOCs 污染物;除此之外,综合介孔硅材料孔径的几何形貌和电子的束缚特性,其能实现纳米颗粒形状特征和电子性质稳定化,作为低温高效的活性载体。对于介孔硅材料国内外研究者已经做了许多的研究工作,认为其作为吸附法的吸附剂或者以其为载体合成负载型催化剂进而去除 VOCs 将会是材料催化领域去除环境污染物的一个热点方向。介孔材料其水热稳定性高且具有疏水性的表面,是一种有潜力的 VOCs 处理材料。文献调研发现,影响 VOCs 挥发性有机物在介孔硅材料上吸附的主要因素是介孔硅材料的孔径分布、表面环境,以及宏观形貌。研究发现,孔径分布和宏观形貌影响的是吸附质在吸附剂中的扩散情况。因此,研究工作者大多数通过改变实验合成制备方法等来调控材料的孔径分布和宏观形貌。近几年,介孔硅材料及其改性催化剂在去除 VOCs 有机物等方面已经有了长足的进展,不仅开发了新的合成体系,而且在去除 VOCs 方面做了很多研究,制备了很多介孔材料及其负载型催化剂,具有很好的吸附性能及催化活性。但是,仍然存在一部分问题和挑战,需要在未来的研究工作中加以重视。

# 附录三
# 吸 附 理 论

吸附法是当前环保行业中废气治理和废水治理的常用技术手段,在实际工程应用中,往往利用吸附剂对污染物的捕捉富集特性去除废气/废水中的污染物,然而在设计上对于吸附剂的选择和用量往往参考工程经验,理论计算较为模糊,此处作简单概述。

1. 单组分气体吸附

在基础理论研究中,首先考虑单一组分气体的吸附或混合气体中只有一个组分发生吸附而其他组分几乎不被吸附的情况。一般来说,吸附剂对于相对分子质量大、临界温度高、挥发度低的气体组分的吸附要比相对分子质量小、临界温度低、挥发度高的气体组分的吸附更加容易。优先被吸附组分可以置换已经被吸附的其他组分。在溶剂回收、气体精制过程中,经常遇到的情况是用吸附剂处理混有苯、丙酮、水蒸气等组分的空气。这时,挥发度较高的空气的存在可以认为不对吸附剂与这些低挥发度气体组分之间的平衡关系产生任何影响。而只有进行挥发度相近组分的混合气体的吸附分离时,各组分的吸附量存在平衡关系。

在一定条件下吸附剂与吸附质接触时,吸附质会在吸附剂上发生凝聚,与此同时,凝聚在吸附剂表面的吸附质也会向气相中逸出。当两者的变化速率相等,吸附质在气、固两相中的浓度不再随着时间发生变化时,称这种状态为吸附平衡状态。

通常情况下,吸附量随温度的上升而减少,随压力的升高而增大。低温、高压情况下吸附量大,极低温情况下吸附量显著增大。在恒定温度下,吸附剂的平衡吸附量 $q$ 与吸附质在气相中的组分分压 $p$ 的关系曲线称为吸附等温线。许多学者提出了描述等温吸附条件下吸附量与压力的关系式,称为吸附等温方程。具有代表性的等温吸附方程主要有以下几种:

(1) Freundlich 等温方程

平衡吸附量与吸附质分压的关系可以表示为:

$$q = kp^{1/n}$$

式中:$q$ 为平衡吸附量,$mg \cdot g^{-1}$;$p$ 为吸附质的分压,kPa;$k$ 与 $n$ 均为常数。

对该方程取对数,则发现 $q$ 与 $p$ 呈对数线性相关关系。该方程同时表明吸附剂吸附量与吸附质分压的 $1/n$ 次方成正比。但由于吸附等温线的斜率随吸附质分压的增加有变化,该方程往往不能描述整个分压范围的平衡关系,特别是在低压和高压区域不能得到满意的实验拟合效果。

(2) Langmuir 方程

在吸附过程中,假定以下 6 个条件成立:① 吸附剂表面性质均一,每一个具有剩余价力的表面分子或原子吸附一个气体分子;② 气体分子在固体表面为单层吸附;③ 吸附是动态的,被吸附分子受热运动影响可以重新回到气相;④ 吸附过程类似于气体的凝结过程,脱附类似于液体的蒸发过程,达到吸附平衡时,脱附速率等于吸附速率;⑤ 气体分子在固体表面的凝结速率正比于该组分的分相气压;⑥ 吸附在固体表面的气体分子之间无作用力。则单分子层吸附时 $q$ 与 $p$ 的关系可以表示为:

$$q = \frac{k_1 p q_m}{1 + k_1 p}$$

该方程能较好地描述低压力、中压力范围的吸附等温线。当气相中吸附质分压较高,接近饱和蒸气压时,该方程产生偏差。这是由于这时的吸附质可以在微细的毛细管中冷凝,单分子层吸附的假设不再成立的缘故。

(3) BET 方程

在实际的吸附剂结构中,吸附行为往往并非单分子层吸附,而是多分子层吸附,吸附过程主要取决于分子间的范德华力,由于这种力的作用,可使吸附质在吸附剂表面吸附一层后,再一层一层地吸附下去,只不过是逐渐减弱而已,因此多分子层吸附时 $q$ 与 $p$ 的关系可以表示为:

$$q = \frac{k_b p q_m}{(p_0 - p)\left[1 - (k_b - 1)\dfrac{p}{p_0}\right]}$$

该方程是在单分子层吸附的理论上进行了拓展推导,通过范德华力的作用将单分子层拓展到多分子层吸附,方程的适应性更广,可以描述多种类型的吸附等温线。但该方程在吸附质分压很低或很高时,会产生较大误差。

在实际的应用计算中,针对特定吸附剂对单一吸附质的吸附,往往先通过试验得到该吸附质基于特定吸附剂的吸附等温线,然后通过吸附等温线判断吸附过程更贴合哪种类型的吸附(Freundlich 型、Langmuir 型或 BET 型),再通过吸附等温方程去计算设计相关的参数。

2. 双组分气体吸附

混合气体中有两组组分发生吸附时,每一种组分吸附量均受另一种组分的影响。Lewis 等提出,对于碳氢化合物体系,设混合气体吸附平衡时 A、B 组分的吸附量分别为

$q_A$、$q_B$ 各组分单独存在且压力等于双组分总压时的平衡吸附量为 $q_{A0}$、$q_{B0}$，气相中的分压分别为 $p_A$、$p_B$，A 组分在吸附相中的摩尔分数分别为 $x_A$、$x_B$，则下列关系，即 Lewis 方程成立（该关系也可以扩展到三组分体系）：

$$\frac{q_A}{q_{A0}} + \frac{q_B}{q_{B0}} = 1$$

假设吸附剂对混合组分的总平衡吸附量为 $q_0$，则混合物各组分吸附量是总吸附的分量：

$$\begin{cases} q_A = x_A q_0 \\ q_B = x_B q_0 \end{cases}$$

将组合方程代入 Lewis 方程，可得：

$$\frac{x_A}{q_{A0}} + \frac{(1-x_A)}{q_{B0}} = \frac{1}{q_0}$$

根据各纯组分吸附等温线点给出的不同的 $x$ 值，结合该方程，便可求出 $q_0$ 的值，继而求出 $q_A$、$q_B$ 的值。于此之后，按纯组分的等温线测定与吸附相中相应组分的含量 $q_A$、$q_B$ 相对应的分压为 $p_A$、$p_B$，则在气相中各组分的摩尔浓度为：

$$\begin{cases} y_A = \dfrac{q_A}{q_A + q_B} \\ y_B = \dfrac{q_B}{q_A + q_B} \end{cases}$$

### 3. 穿透点和穿透曲线

穿透曲线一般用于解释固定床吸附特性，固定床吸附操作方式为从填充有吸附剂的固定床的上方或者下方送入要连续处理的流体，使之在填充层内吸附分离，被处理后的流体从固定床的另一端流出。该方法在工业上得到了广泛的应用。

当床层内流体的流动状态为理想的活塞流、低浓度或不考虑各组分间的干扰，并忽略吸附质在两相间的传质阻力时，流出吸附塔组分的浓度应答曲线和该组分的输入浓度曲线理论上应该是一致的。但在实际的体系中，由于流体的流动状态不是理想的活塞流，床层内两相间存在传质阻力和轴向弥散，加上各组分吸附等温线的影响，使得浓度应答曲线和输入浓度曲线并不完全一致。

在吸附过程中，最初的吸附发生在床层的最上层，吸附质被迅速有效地吸附，吸附剂很快趋于饱和。大部分吸附质的吸附发生在一个比较窄的区域内，即吸附区（adsorption zone），该区内的浓度急剧变化，残余的小部分吸附质向下层移动。当连续向床层通入流体时，吸附区逐渐下移，但其移动速度远小于流体的通过速度。当吸附区的下端达到床层底部时，出口流体的浓度急剧升高，这时对应的点称为穿透点（break point）。然后，出口流体的浓度不断增大,当吸附区的上端通过床层底部时,出口流体的浓度等于初始浓度。此时,整个吸附塔都成为饱和区,失去了吸附能力,达到吸附饱和状态。

4. 穿透时间

采用固定床进行吸附操作时,为了确定填充床层的高度或循环周期等,需要求出穿透曲线及穿透曲线的形状。Michaels 提出了稀薄浓度条件下,等温吸附曲线对于流体浓度轴为凹形,床层填充高度相对于吸附区高度足够大的情况下,穿透时间的计算方法。

浓度为 $\rho_0$[kg(吸附质)/$m^3$] 的流体以 $G$[$m^3$/(s·$m^2$)] 的速率流入填充高度为 $z$(m) 的固定床吸附塔,任意时间不含溶质的溶剂积累流量为 $\alpha$($m^3/m^2$),$\rho_B$ 为穿透点浓度,$\rho_E$ 为穿透曲线的终点浓度,$\alpha_B$ 为出口处溶质浓度达到 $\rho_B$ 时的累积流量,$\alpha_a$ 为吸附区移动了高度 $z_a$ 区间的累积流量。则吸附区开始转移直至穿透吸附质的吸附量 $W$(kg/$m^2$) 可以表示为:

$$W = \int_{\alpha_B}^{\alpha_E} (\rho_0 - \rho) d\alpha$$

吸附区中的吸附剂全部被饱和时的吸附量为 $\rho_0 \alpha_B$,吸附区的吸附剂剩余吸附量与饱和吸附量之比 $f$ 可以表示为:

$$f = \frac{W}{\rho_0 \alpha_a} = \frac{\int_{\alpha_B}^{\alpha_E} (\rho_0 - \rho) d\alpha}{\rho_0 \alpha_a}$$

设床层的填充密度为 $\rho_b$(kg/$m^3$),与 $\rho_0$ 平衡的吸附浓度为 $x_0$[kg(吸附质)/kg(吸附剂)],则吸附塔全部被饱和时的吸附量为 $z\rho_0 x_0$(kg/$m^2$)。穿透点的吸附量为:

$$(z - z_0)\rho_0 x_0 + z_a \rho_b x_0 (1 - f) = (z - z_a f)\rho_b x_0$$

穿透点吸附剂的饱和度为:

$$饱和度 = \frac{(z - z_0)\rho_0 x_0 + z_a \rho_b x_0 (1 - f)}{z \rho_b x_0} = \frac{z - f z_a}{z}$$

在实际吸附操作中,吸附区是沿吸附塔逐渐向下移动的。这里,假设吸附区停留在吸附塔高度方向的某一位置,而吸附塔以一定的速率沿着与流体流向相反的方向移动。当吸附塔的高度与吸附区高度相比足够大时,从塔顶部移出的吸附剂与流体中的吸附质达到平衡,从塔底流出的流体中吸附质浓度为零。对吸附塔进行物料衡算,得:

$$G(\rho_0 - 0) = L(x_0 - 0), \quad \frac{L}{G} = \frac{\rho_0}{x_0}$$

针对吸附区微小高度 $dz$,流体中吸附质的浓度变化为:

$$-G d\rho = K_F a (\rho - \rho^*) dz$$

总传质单元数用 $N_t$ 表示，则：

$$N_t = \int_{\rho_E}^{\rho_E} -\frac{d\rho}{\rho - \rho^*} = \frac{z_a}{[UTU]_0} = \frac{z_a K_F \alpha}{G}$$

当给定传质单元高度 $[UTU]_0$ 时，即可求出 $z_a$ 的值。在 $z_a$ 高度中浓度为 $\rho$ 的层高用 $z_\rho$ 表示，则：

$$\frac{z_\rho}{z_a} = \frac{\alpha - \alpha_B}{\alpha_a} = \frac{\int_{\rho}^{\rho_B} -\dfrac{d\rho}{\rho - \rho^*}}{\int_{\rho_E}^{\rho_B} -\dfrac{d\rho}{\rho - \rho^*}}$$

用面积积分法求解该式，分别以 $\rho/\rho_0$ 和 $(\alpha - \alpha_B)/\alpha_B$ 为纵横坐标，可以做出穿透曲线，再由穿透曲线求出 $f$ 的值，进而计算出穿透点吸附剂的饱和度。由于流入的流体量已知，则可以计算达到该饱和度所需的穿透时间。

根据前述吸附理论，当吸附态为纯组分（单一组分或多组分）静态吸附（即吸附能达到吸附平衡状态）时，可以通过试验求得特定温度下的吸附等温线，然后选择拟合度更高的吸附方程来解释该吸附行为。静态吸附的研究主要是为了寻找或证明吸附剂针对单一组分的吸附能力或吸附混合组分对各组分之间的影响能力差异。当吸附态为动态吸附时，则采用穿透曲线与穿透时间的理论来计算。在实际工程应用中，往往只能知道污染物的初始浓度、末端浓度，以及吸附剂的部分参数，无法通过实验绘制穿透曲线继而求得穿透时间和饱和度；同时吸附器的操作是非稳定的，其影响因素有很多，因此实际设计计算采用穿透曲线法的简化计算法——希洛夫公式。

# 附录四
# 多技术联用控制 VOCs

多技术联用控制 VOCs 是一种有效的策略,通过结合多种技术手段,可以更全面地解决 VOCs 的排放问题。以下是一些常用的多技术联用控制 VOCs 的方法:

1. 吸附和催化燃烧联用技术

吸附和催化燃烧联用技术是一种有效治理 VOCs 的方法。利用吸附剂对 VOCs 废气进行吸附浓缩后,再结合催化技术对 VOCs 进行净化处理,将大风量、低浓度的 VOCs 转化为小风量、高浓度的 VOCs,然后进行催化燃烧净化。该技术结合了吸附和催化燃烧的优点,实现了对 VOCs 的高效治理。

通过吸附剂对 VOCs 进行吸附,将其从气体中分离出来。常用的吸附剂包括活性炭、分子筛、沸石等,这些吸附剂具有较大的表面积和吸附能力,能够有效地吸附 VOCs。吸附过程可以通过固定床、移动床或流化床等吸附装置进行。

当吸附剂达到饱和状态时,需要进行再生或更换。此时,可以将吸附剂加热至一定温度,利用热解析的原理将 VOCs 从吸附剂中解吸出来。解吸出的 VOCs 气体浓度较高,需要进行进一步处理。

对于解吸出的高浓度 VOCs 气体,可以采用催化燃烧技术进行处理。在催化燃烧过程中,VOCs 在催化剂的作用下被氧化成 $CO_2$ 和 $H_2O$,同时释放出能量。催化剂的作用降低了反应活化能,使得燃烧反应更加高效和稳定。

吸附和催化燃烧联用技术适用范围广,去除效率高,属于目前我国喷涂、印刷等行业大风量、低浓度有机废气治理的主流技术。

2. 吸附和光催化联用技术

吸附和光催化联用技术也是一种治理 VOCs 的有效方法。该技术结合了吸附和光催化的优点,以更高效地去除和转化 VOCs。该技术主要包括以下两个阶段。

吸附阶段:在这一阶段,VOCs 通过被吸附剂(如活性炭、沸石等)吸附而从气流中分离出来。吸附剂具有高比表面积和孔容,能够有效地捕集和富集 VOCs。

光催化阶段:经过吸附处理的吸附剂进入光催化反应器,在光源(通常是紫外光)的作用下,吸附在吸附剂上的 VOCs 被光催化剂(如 $TiO_2$、$ZnO$ 等)激发产生电子-空穴对。

这些电子-空穴对可以与吸附在催化剂表面的 VOCs 发生氧化还原反应,将其转化为无害的物质(如 $CO_2$、$H_2O$ 等)。

通过吸附和光催化的联用,可以实现对 VOCs 的高效治理。一方面,吸附剂能够将 VOCs 从气流中迅速分离出来,避免了传统单一光催化方法中存在的传质限制;另一方面,光催化反应能够将 VOCs 彻底转化为无害物质,降低了对环境的危害。目前运用较多的吸附材料如下:

(1) 碳基吸附材料

碳基吸附材料是目前应用最为广泛的吸附剂,将光催化剂负载在炭材料上,可具有较好的 VOCs 去除能力。有学者在紫外光(波长 254 nm)照射及室温(25 ℃)条件下,将二氧化钛负载在木质颗粒活性炭及活性炭球材料上,通过改变温度及氧化条件制得不同的光催化剂,并研究了低浓度条件下丙烯在催化剂上的光催化性能。研究结果表明,采用活性炭球作为载体时,二氧化钛具有更好的分散性且更易形成锐钛矿晶型,因而对丙烯的光催化性能优于颗粒活性炭载体。

(2) 分子筛材料

分子筛材料也是一类良好的吸附剂,可用于与光催化技术的联合使用。有学者通过化学气相沉积法将二氧化钛沉积在 DAY 分子筛表面,制成 $TiO_2/DAY$ 复合分子筛,以丁醇和甲苯为特征污染物,采用吸附与光催化相结合的方法研究了组合技术对丁醇和甲苯的去除性能。结果表明,采用 DAY 分子筛吸附与二氧化钛光催化的组合方法对丁醇和甲苯具有良好的去除效果,且在二氧化钛存在的情况下,DAY 分子筛表面上的 VOCs 组分会被二氧化钛光催化降解,因而在具有良好 VOCs 去除能力的同时,也具有良好的 DAY 分子筛再生能力。另一些学者以二氧化钛作为光催化剂,将其负载在分子筛 ZSM-5 上,合成吸附/光催化复合材料,并研究了复合材料对甲苯的去除性能,结果表明,在 ZSM-5 负载二氧化钛,甲苯的去除效率得到大大提高。有科研团队将二氧化钛负载在介孔分子筛 MCM-41 上,并通过共沉淀法制得了掺杂不同金含量的 $TiO_2/MCM-41$ 复合材料,采用丙酮作为污染物分子研究了 $TiO_2/MCM-41$ 及 $Au-TiO_2/MCM-41$ 复合材料对丙酮的催化氧化效率,结果表明,尽管 $TiO_2/MCM-41$ 具有较高的比表面积和较大的孔体积,但是当有活性相存在时,$Au-TiO_2/MCM-41$ 对丙酮具有更高的去除效率,且所需的时间也更短。

(3) 其他吸附材料

此外,其他一些吸附材料也可用于和光催化剂的联合使用,如硅胶、碳纳米管、黏土等。一些学者通过溶胶-凝胶的方法合成了负载有二氧化钛的纳米二氧化钛/二氧化硅复合材料,并研究了对甲苯的光催化性能。相对于其他光催化剂,纳米二氧化钛/二氧化硅复合材料具有较高的比表面积和孔体积,因此对甲苯具有较高的吸附量和光催化转化率,且能够在长时间条件下保持较高的转化率。另一些学者采用黏土类矿物作为吸附材料,将其与二氧化钛进行复合制得吸附/光催化复合纳米材料,并研究了复合材料对甲苯的消除性能,研究结果表明,合成的复合纳米材料对甲苯具有良好的去除效果,且去除效果与光源的种类、辐射强度等密切相关。同时,当相对湿度逐渐增高时,甲苯的去除率降低,吸附材料对水的吸附量越高,对甲苯去除效果的影响也就越大。

需要注意的是,该技术的实际应用效果受到多种因素的影响,如吸附剂和光催化剂的选择、光源的波长和强度、操作条件等。因此,在实际应用中,需要根据具体工况和要求进行优化和调整,以获得最佳的处理效果。

3. 等离子体-光催化复合净化

等离子体-光催化复合净化是近年来出现的一种先进的复合式空气净化技术。等离子体场产生高能量的活性粒子,促进催化反应,减少能耗;光催化剂则进一步促进等离子体产生的副产物发生氧化反应,且主导反应方向,提高反应的选择性,减少副产物,将两者进行有机结合,将大大增加VOCs的去除效率。等离子体-光催化复合净化技术主要有两类:一是将光催化剂直接附着在等离子体发生装置上;二是以等离子体产生的紫外波段电磁波,可作为光催化剂的激发光源。

国外研究机构(如欧美、日本等)对低温等离子体催化技术的研究开展得比较早,主要把该技术应用于脱硫脱硝、消除挥发性有机物、净化汽车尾气、治理有毒有害化合物等方面。近年来,我国学者在等离子体协同催化技术领域也取得了显著进展。国内外大量研究表明,等离子体-催化协同作用相比单个作用时能极大增强有机化合物的净化效果。有国外学者将等离子体装置和光催化反应体系进行耦合,形成了平面的反应器,并研究了其对3-甲基丁醛和三甲胺的去除性能,结果表明,等离子体装置本身产生的紫外光对光催化反应的效果可以忽略,而当施加一定强度的外部紫外光源时,VOCs分子的去除率大大增加,且等离子体和光催化剂之间具有明显的协同作用。另一些国外学者则单独采用光催化反应和等离子体法对乙炔进行降解,然后将两者联用,研究了不同方法在对乙炔净化过程中的协同作用,结果表明,在等离子体环境下,光催化剂的光催化性能得到较大的提升。

等离子体-光催化复合净化在处理VOCs、氮氧化物方面都有着广阔的发展前景,但目前在实际应用中还不成熟,需要解决的问题还比较多,如等离子体与光催化剂的结合、等离子体致光效率等。随着相关研究的进一步深入,其应用也必将越来越广泛。